Diskrete Mathematik mit Grundlagen

Sebastian Iwanowski · Rainer Lang

Diskrete Mathematik mit Grundlagen

Lehrbuch für Studierende
von MINT-Fächern

2., vollständig überarbeitete und erweiterte
Auflage

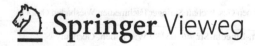 Springer Vieweg

Sebastian Iwanowski
Fachbereich Informatik
Fachhochschule Wedel
Wedel, Deutschland

Rainer Lang
Fachbereich Informatik
Fachhochschule Wedel
Wedel, Deutschland

ISBN 978-3-658-32759-0   ISBN 978-3-658-32760-6   (eBook)
https://doi.org/10.1007/978-3-658-32760-6

Die Deutsche Nationalbibliothek verzeichnet diese Publikation in der Deutschen National-
bibliografie; detaillierte bibliografische Daten sind im Internet über http://dnb.d-nb.de abrufbar.

Planung/Lektorat: Iris Ruhmann
Springer Vieweg ist ein Imprint der eingetragenen Gesellschaft Springer Fachmedien Wiesbaden GmbH
und ist ein Teil von Springer Nature.
Die Anschrift der Gesellschaft ist: Abraham-Lincoln-Str. 46, 65189 Wiesbaden, Germany

Vorwort

Dieses Lehrbuch versucht mehrere Ziele zu vereinen:

- Motivation:
  Es wird eine Einführung in die Welt des mathematischen Denkens gegeben und seine Nützlichkeit für verschiedene Anwendungen demonstriert. Das Buch soll motivieren und Freude an der Mathematik wecken. Es richtet sich an Studienanfänger und Schüler, die Elementarwissen aus der Mittelstufe der Oberschule haben. Die 9. Klasse reicht auf jeden Fall aus.

- Aktive Teilnahmemöglichkeit:
  Unsere Leser werden mitgenommen in unseren Gedankengängen und unserem Verständnis. Es wird ihnen nicht einfach ein fertiges Ergebnis vorgesetzt, das zu lernen ist. Wir arbeiten daher mit möglichst vielen Beispielen, die keine Spezialkenntnisse aus der Praxis voraussetzen, sondern von jedem Oberschüler und Studierenden verstanden werden.

- Zuverlässiger Studienbegleiter auf hohem Niveau:
  Dieses Buch erfüllt die Anforderungen aller Studiengänge außer der Mathematik selbst, was das Verständnis von Mathematik im Allgemeinen und der Diskreten Mathematik im Besonderen angeht (aber nicht von anderen mathematischen Disziplinen wie Analysis oder Statistik). Es werden alle Inhalte in einer Tiefe und Exaktheit erklärt, wie sie auch an anspruchsvollen Fachhochschulen und Universitäten verlangt werden.

- Innere Abgeschlossenheit:
  Es wird die Lektüre keines anderen Buchs verlangt. Dieses Buch darf das erste nicht an einem schulischen Lehrplan orientierte Mathematikbuch sein, das unsere Leser in den Händen halten. Es ist unser Anspruch, dass die Inhalte dieses Buchs im Selbststudium erarbeitet werden können, ohne ein anderes Buch oder eine andere Quelle zu Rate ziehen zu müssen. Daher stellen wir für jedes Kapitel Aufgaben verschiedener Schwierigkeiten, welche unsere Leser in die Lage versetzen, ein eigenes Verständnis für die hier behandelten Inhalte zu entwickeln. Die Lösungen können auf einer öffentlich zugänglichen Webseite nachgelesen werden (siehe Hinweise zur 2. Auflage).

An der FH Wedel wird die Vorlesung Diskrete Mathematik mit 4 SWS Vorlesung und 2 SWS angeleiteter Übung durchgeführt. Für den Arbeitsaufwand, insbesondere in wöchentlich aufgegebenen Übungsaufgaben, vergeben wir 5 ECTS-Punkte. Die Vorlesung umfasst im Groben und Ganzen den gesamten Inhalt dieses Buches, wenn auch nicht alle Details in derselben Ausführlichkeit dieses Buchs erklärt werden, und es gibt hier noch viele weiterführende Anmerkungen, die in einer einsemestrigen Vorlesung nicht unterzubringen sind.

Zum Inhalt

Die Kapitel 1 und 2 richten sich an Studierende beliebiger Fächer, die Mathematik benötigen. Die formale Logik wird hier nicht so intensiv behandelt, wie es Informatiker in höheren Vorlesungen wie der KI oder im Compilerbau benötigen. Wir gehen davon aus, dass das dort direkt behandelt wird und verweisen auf spezielle Logikbücher für Informatiker, welche aber für andere Studiengänge unnötig sind und für Schüler und Studienanfänger zur Motivation eher abschreckend wirken können.

Dafür enthält diese 2. Auflage eine Anleitung, wie man logische Formeln für die semantische Beschreibung von Sachverhalten aus der Alltagswelt einsetzen kann. Neben einer allgemeinen Schulung des logischen Denkens wird das insbesondere für Studiengänge benötigt, in denen man lernen soll, wie man Maschinen etwas beibringt oder wie man sich im Internet klar ausdrückt. Wir sehen diesen Teil als ein Alleinstellungsmerkmal dieses Lehrbuchs.

In den Kapiteln 1 bis 3 werden allgemeine mathematische Grundlagen behandelt, da wir darin keine Vorkenntnisse voraussetzen. Es werden aber auch hier schon viele Themen der Diskreten Mathematik eingestreut. Die folgenden Kapitel behandeln dann ausschließlich Inhalte der Diskreten Mathematik.

Die ersten beiden Kapitel müssten eigentlich gleichzeitig eingeführt werden, da Logik und Mengenlehre gegenseitig aufeinander Bezug nehmen. Wir lösen dieses Dilemma, indem wir im Kapitel 1 (Logik) auf informelle Weise Konzepte der Mengenlehre benutzen, wie sie teilweise schon in der Grundschule verwendet werden.

Im Kapitel 2 (Mengenlehre) wird das dann formalisiert. Ferner werden in diesem Kapitel auch Relationen und Funktionen systematisch eingeführt. Das wesentliche Ziel ist es, ein Verständnis für funktionale Zusammenhänge in vielen Anwendungen zu wecken, das nicht auf die technischen Fertigkeiten einer Kurvendiskussion reduziert wird.

Kapitel 2 schließt mit Booleschen Algebren ab, welche von der Systematik her eher in das spätere Kapitel 5 der Algebraischen Strukturen gehören. Da Boolesche Algebren aber gerade durch die Logik und Mengenlehre motiviert werden, erschien uns der Zeitpunkt ihrer Einführung an dieser Stelle angebracht. Außerdem erhalten wir damit ein anspruchsvolles Beispiel für Definitionen, Axiome und Sätze, welche im dritten Kapitel behandelt werden.

Das dritte Kapitel vermittelt die Technik für das Beweisen mathematischer Aussagen und Sätze. Von der Systematik her müsste dieses Thema eigentlich im ersten Kapitel mitbehandelt werden. Wir hielten die Vermittlung der elementaren Mengenlehre jedoch für dringlicher und anschaulicher.

Im vierten Kapitel werden die natürlichen und die ganzen Zahlen behandelt und ihre wichtigsten Eigenschaften diskutiert. Außerdem wird eine Einführung in die modulare Arithmetik gegeben, einer für die Informatik besonders wichtigen Disziplin der Zahlentheorie.

Im fünften Kapitel werden die Beispiele der modularen Arithmetik abstrahiert zu der Definition von Gruppe und Körper. Dieses Kapitel arbeitet hauptsächlich mit Beispielen anstatt mit formal exakten Beweisen, um es auch für Einsteiger verständlich zu machen.

Den Abschluss des fünften Kapitels bildet eine Konstruktionsanleitung zur Bildung aller endlichen Körper. Diese Konstruktionsanleitung gehört sicherlich nicht zum Standard einer Erstsemestervorlesung und ist ein weiteres Alleinstellungsmerkmal dieses Buchs. Wir haben aber die Erfahrung gemacht, dass die Studierenden gerade hieran viel Spaß haben. Sie werden von dem verblüffenden Vollständigkeitsanspruch des Galoisschen Satzes über endliche Körper fasziniert und können anhand eigenhändig konstruierter Körper besser begreifen, wie hier die Rechengesetze der ihnen bekannten reellen Zahlen auf endliche Mengen verallgemeinert werden. Einige unserer Studierenden schrieben in höheren Semestern sogar aus eigenem Antrieb Software für das Rechnen in endlichen Körpern. Hinzu kommt die Relevanz für kryptographische Verfahren, was die Motivation der Studierenden ebenfalls steigert.

Im sechsten Kapitel geht es um Kombinatorik als Grundlage der in vielen Fächern benötigten Statistik und Wahrscheinlichkeitstheorie. Die letztgenannten Gebiete werden hier aber nicht mehr thematisiert, weil sie nur zu Teilen zur Diskreten Mathematik gehören. Wir verweisen auf Spezialvorlesungen, die auf die jeweiligen Studiengänge ausgerichtet sind. Den Schwerpunkt legen wir auf die Behandlung von Permutationen. Auch hier stellen wir wieder einen Bezug zur Gruppentheorie her. Bis auf diesen letzten Absatz setzt das Kapitel der Kombinatorik aber keine Inhalte der Kapitel 4 und 5 voraus.

Im siebten Kapitel werden die Grundlagen der Graphentheorie behandelt. Ein besonderes Augenmerk wird auf die Diskussion algorithmischer Verfahren gelegt, die in vielen Anwendungsgebieten eine Rolle spielen. Aber auch hier sollen keine besonderen IT-Kenntnisse vorausgesetzt werden. Daher wird der Algorithmusbegriff sehr informell behandelt und kein Pseudocode gegeben.

Manche der hier aufgeführten Aussagen und Sätze werden exakt bewiesen. Wenn Beweise geführt werden, wird das Ende eines Beweises mit „■" gekennzeichnet. Wenn ein formaler Beweis nicht geführt wird, dann erläutern wir das meistens durch informelle Argumente oder am Beispiel. Zuweilen verweisen wir auf vertiefende Literatur, wo die ausgelassenen Beweise nachgelesen werden können.

Hinweise zur 2. Auflage

In dieser Auflage wurde der Abschnitt 1.3 erweitert sowie 1.4 neu hinzugefügt. Ferner wurden in allen Abschnitten die Hinweise unserer Leser auf syntaktische und sachliche Fehler berücksichtigt. Außerdem gab es noch didaktische Hinweise, welche wir ebenfalls für eine klarere Formulierung bzw. Strukturierung verwendet haben. All diesen aufmerksamen Lesern gebührt unser herzlicher Dank. Es gibt auf unserer hochschulinternen Webseite eine Hitliste, wer wie viele und welche Fehler bzw. didaktische Unklarheiten gefunden hat. Wir hoffen, dass auch diese 2. Auflage genau so aufmerksame Leser findet.

Aufgrund des Wunsches vieler Leser haben wir bereits zur 1. Auflage nach und nach die Lösungen der Übungsaufgaben zur Verfügung gestellt. Für die 2. Auflage gibt es die Lösungen von Anfang an unter dieser Webadresse:
`https://www.fh-wedel.de/sebastian-iwanowski/LehrbuchDiskreteMathematik`

Wir wünschen nun allen Lesern viel Spaß und viel Erkenntnisgewinn beim Lesen dieses Buches. Verbesserungsvorschläge sind uns immer willkommen.

Wedel, im November 2020,

Sebastian Iwanowski und Rainer Lang

Danksagung

Wir sprechen unseren besonderen Dank an Helga Karafiat aus, die als Assistentin für Diskrete Mathematik an der FH Wedel wertvolle didaktische Beiträge geliefert hat. Sie hat unsere Vorlage sehr sorgfältig Korrektur gelesen. Vor allem hat sie in ungezählten Stunden ihre profunden LaTeX-Kenntnisse eingesetzt, um unser Buch in diese ansprechende Form zu bringen.

Wir danken ferner Maya Brandl, einer Mitstudentin von Sebastian Iwanowski aus dem Mathematikstudium an der FU Berlin, die das finale Manuskript sehr sorgfältig redigiert hat.

Wir danken auch unserem Studenten und Assistenten Jörg Porath, der die Lösung der Übungsaufgaben bereitgestellt hat. Er gab uns ferner sehr wertvolle Hinweise und Korrekturen aus Sicht eines Betroffenen zur Darstellung des neuen Kapitels 1.4.

An dieser Stelle soll auch Beate und Peter Iwanowski gedankt werden, den Eltern des einen Autors, die als Mathematiker mit Leidenschaft an Schule und Hochschule gelehrt haben. Sie legten dem Autor das Interesse an der Mathematik in die Wiege.

Inhaltsverzeichnis

1 Logik

1.1 Einordnung der Begriffe und deren Bedeutung

Was ist Mathematik?

Wenn ein Kind in der Schule das erste Mal mit Mathematik in Berührung kommt, dann lernt es die Mathematik als Rechnen mit Zahlen kennen. Später, wenn auch Gleichungen mit Unbekannten hinzukommen, wird das als Algebra bezeichnet. Im herkömmlichen Schulunterricht werden noch weitere Konzepte wie Funktionen, später auch mit ausführlichen Kurvendiskussionen, und Geometrie ausführlich behandelt.

Das Wesentliche der Mathematik ist eigentlich etwas anderes, was man schon an ihrem Namen erkennt, der aus dem Griechischen kommt: Mathematik heißt auf Deutsch einfach nur *Wissenschaft*[1]. In der Mathematik geht es darum, Strukturen zu definieren und Gesetzmäßigkeiten zu erkennen, die aus diesen Strukturen folgen. Hierfür versuchen wir, die wesentlichen Bestandteile von natürlichen und künstlichen Konzepten und Gegenständen herauszuarbeiten, Zusammenhänge und Gemeinsamkeiten zu erkennen sowie Verallgemeinerungen anzustellen. Indem wir Mathematik betreiben, üben wir die Fähigkeit zu abstrahieren, d.h. uns auf das Wesentliche zu beschränken, systematisch und logisch vorzugehen sowie uns die Arbeit zu erleichtern, indem wir einmal angestellte Gedankengänge auf möglichst viele Konzepte und Gegenstände, die uns in der Praxis begegnen, übertragen.

In diesem Lichte erscheint die Mathematik als die Schlüsselkompetenz jeglicher akademischen Arbeit, und daher steht sie auch am Anfang vieler Studiengänge.

Nur als Hilfsmittel dienen dem Mathematiker Rechenregeln oder formalisierte Vorgehensweisen (Algorithmen). Sie sind nicht Selbstzweck. Das gilt insbesondere für Formalismen. Der Gebrauch einer Formelsprache dient nur dem Zweck, Sachverhalte klarer auszudrücken und das Verständnis für den Menschen zu erhöhen. Das ist genau das Gegenteil der Botschaft vieler landläufiger Karikaturen, in denen Formeln als gleichbedeutend für etwas besonders Unverständliches dargestellt werden.

---

[1] wörtlich: *mathema*: griechisch für *Lehre des Wissens*

© Springer Fachmedien Wiesbaden GmbH, ein Teil von Springer Nature 2021
S. Iwanowski und R. Lang, *Diskrete Mathematik mit Grundlagen*,
https://doi.org/10.1007/978-3-658-32760-6_1

Was ist Logik?

In der Logik kennt man nur zwei Werte, *wahr* und *falsch*, definiert darauf Operatoren und leitet daraus Regeln ab.

Die Logik ist die Grundlage der Mathematik. Sie dient dazu, Sachverhalte eindeutig zu beschreiben, und bildet die Grundlage für auf ewig gültige Beweise. Die Logik gibt Wissenschaftlern die Möglichkeit, ihre Erkenntnisse nicht auf Vermutungen und Experimenten zu begründen, sondern auf gesicherten Regeln.

Dagegen sind selbst die physikalischen Naturgesetze nur Vermutungen, auch wenn sie durch viele Experimente bestätigt wurden. Aber es kann niemand mit Sicherheit sagen, ob es nicht irgendwann einmal neue Experimente geben wird, welche die bisherigen Gesetze widerlegen, und das ist in der Geschichte der Physik auch schon geschehen. Dann werden die Naturgesetze angepasst und gelten so lange, bis es wieder Experimente gibt, die den aktuell geltenden Naturgesetzen widersprechen.

Im Gegensatz dazu bauen die Mathematiker Gerüste aus Gesetzen, die den strengen Regeln der Logik folgen. Insbesondere dürfen keine nur durch Experimente bewiesene Sachverhalte vorausgesetzt werden. Mathematik ist in diesem Sinne keine Naturwissenschaft, sondern eine Wissenschaft des Geistes. Der enge Zusammenhang zu Naturwissenschaften beruht darauf, dass sich die Naturwissenschaftler der Konzepte der Mathematik bedienen, wenn sie aus den nicht bewiesenen Naturgesetzen andere Gesetzmäßigkeiten ableiten. Alle anderen Wissenschaften profitieren aber ebenfalls davon, sich der Mathematik mit ihren genauen und nachvollziehbaren Gesetzen der Logik zu bedienen.

Man unterteilt die Logik in *Aussagenlogik* und *Prädikatenlogik*:

Die Aussagenlogik definiert die wesentlichen Begriffe und Operatoren der Logik. Mit ihr kann man bereits viele mathematische Sachverhalte eindeutig beschreiben sowie die meisten Beweise führen.

Die Prädikatenlogik erweitert die Aussagenlogik und dient dazu, komplexere mathematische Sachverhalte sowie viele Sachverhalte des täglichen Lebens eindeutig zu beschreiben.

Was versteht man nun unter „diskreter Mathematik"?

Das Wort *„diskret"* kommt aus dem Lateinischen von *„discretus: abgesondert, getrennt"*. Es steht hier im Gegensatz zu *„kontinuierlich: zusammenhängend"*, in der Mathematik häufig mit dem Wort *„stetig"* beschrieben. Man beachte, dass die in der deutschen Umgangssprache gebräuchliche Bedeutung von *„taktvoll, verschwiegen, unaufdringlich, unauffällig"* nichts mit der in der Mathematik verwendeten Bedeutung zu tun hat.

Nicht zur diskreten Mathematik gehören die meisten aus der Schule bekannten mathematischen Gebiete: Analysis, Lineare Algebra sowie deren Anwendung auf unendliche Vektorräume und die Lösungsmöglichkeit von Gleichungssystemen mit rationalen und reellen Zahlen. Diese Gebiete gehören eindeutig zur kontinuierlichen Mathematik.

In der *diskreten Mathematik* beschäftigt man sich vor allem mit endlichen Mengen. Auch unendliche Mengen wie die natürlichen Zahlen werden in der diskreten Mathematik betrachtet, aber diese dürfen nicht **dicht** sein. *Dicht* bedeutet, dass kein Mindestabstand zwischen je zwei Elementen eingehalten wird. Ein Beispiel für eine dichte Menge ist die Menge der reellen Zahlen, welche konsequenterweise nicht in der diskreten Mathematik untersucht wird.

Im Folgenden werden nicht dichte Mengen als diskrete Mengen bezeichnet. Aus den diskreten Mengen werden dann die Gesetze der Zahlentheorie hergeleitet und darauf aufbauend die Gesetze algebraischer Strukturen. Aufgrund ihrer Zweiwertigkeit und damit Endlichkeit gehört auch die Logik zur diskreten Mathematik.

Die diskrete Mathematik ist unter anderem auch die Mathematik des Computers: Ein Computer kennt nur endlich viele Zahlen, Speicherplätze und sonstige Größen. Deshalb ist die diskrete Mathematik in jedem Informatikstudiengang obligatorisch.

Anfangs (und an einigen Fachbereichen sogar noch heute) wurde die Theoretische Informatik ausschließlich als Teilgebiet der Mathematik angesehen. So betrachtet kann die gesamte Theoretische Informatik zur diskreten Mathematik gerechnet werden, aber das würde den Umfang eines Buches sprengen und unseren Anspruch als Hilfe auch für andere Studiengänge verlassen.

Die diskrete Mathematik zergliedert sich wie ihr Gegenstück, die kontinuierliche Mathematik, in verschiedene Teilgebiete, die von Mathematikern eigenständig erforscht werden. Im Einzelnen handelt es sich um folgende:

- **Logik**: Die elementaren Grundlagen der Mathematik

- **Zahlentheorie**: Das Rechnen mit natürlichen und ganzen Zahlen, der Zahlenwelt des Computers

- **Kombinatorik**: Die Theorie des Zählens in endlichen Mengen

- **Graphentheorie**: Die Theorie der endlichen Strukturen aus Knoten und Verbindungen

Ferner hat die Diskrete Mathematik beträchtliche Anteile an folgenden mathematischen Gebieten:

- **Mengenlehre**: Die Basis für das Verständnis von Zusammenhängen und Zuordnungen

- **Algebra**: Die Theorie abstrakter Strukturen als Verallgemeinerung der Rechengesetze

Wir werden uns in diesem Buch im Wesentlichen auf die diskreten Anteile dieser Kombinationsdisziplinen beschränken, aber für ein besseres Verständnis der mathematischen Zusammenhänge auch Beispiele aus der kontinuierlichen Mathematik geben.

1.2 Aussagenlogik

Die **Aussagenlogik** befasst sich mit **Aussagen** und **Aussagenverknüpfungen**.

1.2.1 Aussagen und Wahrheitswerte

Eine **Aussage** in der natürlichsprachlichen Anwendung ist ein Satz, der einen eindeutigen Wahrheitsgehalt aufweist, nämlich entweder *wahr* oder *falsch* zu sein, aber niemals beides zugleich sein kann.

Beispiel 1.1

Natürlichsprachige Aussagen sind:

- Die natürliche Zahl 3 ist eine Primzahl.

- Die natürliche Zahl 10 ist eine Primzahl.

- Heute liegt die Temperatur zwischen 10 und 20 Grad.

Keine natürlichsprachigen Aussagen sind:

- abcde

- Wie heißt Du?

Der Grund dafür, dass die Ausdrücke der letzteren Gruppe keine Aussagen sind, liegt darin, dass man diesen Sätzen keinen Wahrheitswert zuweisen kann, weil sie z.B. nur eine bedeutungslose Buchstabenfolge darstellen oder eine Frage.

Dieses soll jetzt formalisiert werden:

In der Aussagenlogik definiert man zunächst **atomare**[2] **Aussagen**, denen man einen Wahrheitswert beliebig, aber eindeutig zuweist. Ihrer Wortbedeutung gemäß kann eine atomare Aussage nicht weiter zerlegt werden. Aus Gründen der Einfachheit wird daher eine atomare Aussage meistens mit einem Buchstaben oder Wort

---

[2] *atomar*: griechisch für *unteilbar*

dargestellt. Der einer Aussage zugewiesene Wahrheitswert muss genau einer von 2 Werten sein, in der Regel durch w oder f bzw. 1 oder 0 dargestellt. Jede Aussage ist also entweder wahr oder falsch.

Um die Aussagenlogik im täglichen Leben anwenden zu können, wird ein Sachverhalt der Realität zu einer atomaren Aussage gemacht, z.B. der Satz „Heute liegt die Temperatur zwischen 10 und 20 Grad". Dieser Aussage wird ein Wahrheitswert zugewiesen. Es ist nicht Aufgabe der Aussagenlogik zu entscheiden, ob der zugewiesene Wahrheitswert einer atomaren Aussage in der Realität zutrifft. Das ist Aufgabe anderer Wissenschaften wie z.B. der Physik.

In diesem Sinne darf man in der Aussagenlogik auch die Frage „Wie heißt Du?" als atomare Aussage definieren und ihr einen Wahrheitswert zuweisen. Damit kann man vermutlich keinen Sachverhalt der Realität sinnvoll beschreiben, aber das ist für die Anwendung der Aussagenlogik selbst unerheblich.

In künftigen Beispielen werden wir aber nur sinnvoll in der Realität interpretierbare Aussagen definieren, denn wir wollen die Aussagenlogik ja nicht als Selbstzweck betreiben.

1.2.2 Aussagenverknüpfungen

Aus atomaren Aussagen können **zusammengesetzte Aussagen** durch logische Operatoren gebildet werden. Die zusammengesetzten Aussagen können dann entsprechend weiter verknüpft werden, sodass beliebig verkettete und ineinander geschachtelte Aussagen gebildet werden können. Der Wahrheitswert einer verknüpften Aussage wird abhängig von den Wahrheitswerten der einzelnen Aussagenteile und der Bedeutung der verwendeten Operatoren eindeutig festgelegt.

Wir unterscheiden ein- und zweistellige Operatoren, je nachdem, ob für die Verknüpfung nur eine oder zwei Aussagen benötigt werden.

Einstellige Operatoren

Der einzige einstellige Operator $\neg$ ist die **Negation**[3].

Das zugehörige Verknüpfungsergebnis kann folgendermaßen dargestellt werden:

A	$\neg$ A
0	1
1	0

---

[3] *Negation*: lateinisch für *Verneinung*

Hierbei sei A eine beliebige Aussage. Jede Zeile der Tabelle steht für einen der beiden möglichen Wahrheitswerte von A. Dabei bedeutet die 1 in der Spalte von A, dass A eine wahre Aussage ist. 0 bedeutet: A ist eine falsche Aussage. Für jeden Wert ist seine Negation als Verknüpfungsergebnis angegeben. Es entspricht dem Verständnis im natürlichen Sprachgebrauch.

Zweistellige Operatoren

Die zweistelligen Operatoren sind folgende:

$\vee$ steht für die **Disjunktion** (logisches *Oder*).

$\wedge$ steht für die **Konjunktion** (logisches *Und*).

$\rightarrow$ steht für die **Implikation** (logische Schlussfolgerung).

$\leftrightarrow$ steht für die **Äquivalenz** (logische Gleichwertigkeit).

A	B	$A \vee B$	$A \wedge B$	$A \rightarrow B$	$A \leftrightarrow B$
1	1	1	1	1	1
1	0	1	0	0	0
0	1	1	0	1	0
0	0	0	0	1	1

Hierbei seien A und B beliebige Aussagen. Jede Zeile der Tabelle steht für eine der vier möglichen Wertekombinationen von A und B. Für jede Wertekombination ist in der Spalte für die mit Hilfe des jeweiligen Operators kombinierte Aussage angegeben, ob diese wahr oder falsch ist.

Disjunktion   Die Disjunktion ist offensichtlich wahr, wenn wenigstens einer der beiden Operanden wahr ist. Es handelt sich offenbar um das einschließliche und nicht das ausschließliche *Oder*, d.h. es dürfen auch beide Operanden gleichzeitig wahr sein. Im Lateinischen wird dieses einschließliche *Oder* mit dem Wort *vel* bezeichnet, daher auch die abkürzende Bezeichnung $\vee$. Im Gegensatz dazu heißt das ausschließliche *Oder* auf Lateinisch *aut*. Im Deutschen kann Letzteres nur durch die beiden Wörter *entweder ... oder* ausgedrückt werden, während das einfache *oder* sowohl einschließliche als auch ausschließliche Bedeutung haben kann. Die deutsche Sprache ist diesbezüglich also nicht so eindeutig wie die lateinische.

Konjunktion   Die Konjunktion ist offensichtlich nur dann wahr, wenn beide Operanden gleichzeitig wahr sind. Das entspricht dem natürlichen Sprachgebrauch.

Implikation Die Wahrheitswerte der Implikation ergeben eine Überraschung: Während es dem natürlichen Empfinden entspricht, dass es zulässig ist, aus etwas Wahrem etwas Wahres zu folgern und aus etwas Falschem etwas Falsches, ist es auf den ersten Blick erstaunlich, dass aus etwas Falschem auch etwas Wahres gefolgert werden darf.

Dieses wird jedoch durch das folgende Beispiel plausibel gemacht: Stehe A für die Aussage, dass es jetzt regnet und B für die Aussage, dass die Straße jetzt nass ist. Dann gilt die Implikation A → B. Jedoch kann aus der Tatsache, dass es jetzt nicht regnet, nicht geschlossen werden, dass die Straße jetzt trocken ist, denn die Straße könnte ja auch aus anderem Grund nass sein, z.B. weil es vor 5 Minuten geregnet hat oder weil es einen Wasserrohrbruch gegeben hat.

In der Implikation A → B heißt A **Prämisse** (Voraussetzung) und B **Konklusion** (Folgerung oder Behauptung).

Offensichtlich legt die Implikation nur bei einer wahren Prämisse die Behauptung fest, nämlich, dass diese auch wahr ist. Für eine falsche Prämisse wird dagegen kein Wahrheitswert für die Behauptung festgelegt: Sie kann wahr oder falsch sein.

Man sagt auch: A ist eine **hinreichende Bedingung** für B, und B ist **notwendige Bedingung** für A.

Auch diese Bezeichnungen entsprechen dem natürlichen Sprachgebrauch: Wenn A wahr ist, dann ist das ausreichend, um zu wissen, dass B wahr ist, allerdings nicht notwendig, denn B kann auch wahr sein, wenn A falsch ist. Umgekehrt ist die Tatsache, dass B wahr ist, notwendig für A, um wahr zu sein, denn bei einem falschen B muss A falsch sein. Allerdings ist die Tatsache, dass B wahr ist, nicht ausreichend für die Kenntnis, dass A wahr ist, denn A kann - wie das Beispiel oben zeigt - trotzdem falsch sein.

In einer Implikation $A \rightarrow B$ wird A als die **stärkere** Aussage und B als die **schwächere Aussage** bezeichnet. Der Grund besteht darin, dass man bei Feststellung der Aussage A mehr weiß: Dann müssen sowohl A als auch B wahr sein. Wenn man dagegen nur die Aussage B feststellt, dann kann man über den Wahrheitsgehalt von A keine Aussage machen, weiß also weniger.

Äquivalenz Die Äquivalenz A ↔ B ist offenbar genau dann wahr, wenn A und B dieselben Wahrheitswerte haben. Das entspricht genau der Bedeutung der deutschen Übersetzung des Begriffs: *Gleichwertigkeit*. Das oben erwähnte ausschließliche *Oder* ist übrigens genau die Negation der Äquivalenz: Das ausschließliche *Oder* ist genau dann wahr, wenn die Äquivalenz falsch ist.

Aussagenlogische Formeln

Aus einfachen Aussagen lassen sich mittels dieser aussagenlogischen Operatoren beliebig verschachtelte neue Aussagen in Form von Aussagenverbindungen erzeugen, was an folgendem Beispiel verdeutlicht werden soll:

Wenn A und B Aussagen sind, dann ist auch

$$(A \longrightarrow B) \longleftrightarrow (\neg A \vee B) \tag{1.1}$$

eine Aussage, deren Wahrheitswert eindeutig bestimmt ist, wenn die Wahrheitswerte von A und B festgelegt sind.

In der Aussagenverbindung (1.1) stehen die Symbole A und B stellvertretend für beliebige Aussagen. Sie haben damit die Rolle von **Variablen**, die beliebig mit Aussagen belegt werden können. Man nennt eine Aussagenverbindung auch eine **(aussagenlogische) Formel**. Wenn wir für A eine wahre Aussage wählen, so sagen wir, die **Aussagenvariable** A ist mit 1 belegt. Für eine falsche Aussage A ist die Variable mit 0 belegt. Andere Belegungen sind für die Aussagenvariable A nicht möglich.

Im Folgenden befassen wir uns nicht mehr mit konkreten Aussagen, sondern nur noch mit Aussagenvariablen und deren Wahrheitswerten.

Für die Bestimmung des Wahrheitswertes von (1.1) zerlegt man die Aussage in ihre Bestandteile und bestimmt die Wahrheitswerte von innen nach außen, bis man den Wahrheitswert der gesamten Aussage ermittelt. Das muss man für jede Wertekombination getrennt vornehmen:

A	B	$A \longrightarrow B$	$\neg A$	$\neg A \vee B$	$(A \longrightarrow B) \longleftrightarrow (\neg A \vee B)$
0	0	1	1	1	1
0	1	1	1	1	1
1	0	0	0	0	1
1	1	1	0	1	1

- Man sieht, dass der Wahrheitswert dieser Formel stets 1 ist, d.h. die Aussage (1.1) ist immer wahr, ganz egal, welchen Wahrheitswert die einzelnen Aussagen A und B haben.

- Eine Aussage, die bei beliebiger Belegung der Aussagenvariablen immer den Wert 1 hat, nennt man eine **allgemeingültige Aussage** (auch eine **Tautologie** oder ein **logisches Gesetz**).

- Dagegen heißt eine Aussage, die bei beliebiger Belegung der Aussagenvariablen immer den Wert 0 hat, ein **Widerspruch** oder eine **Kontradiktion**.

- Eine Aussage, die für mindestens eine Belegung den Wert 1 ergibt, heißt **erfüllbar**, und eine Aussage, die für mindestens eine Belegung den Wert 0 ergibt, **widerlegbar**.

1.2.3 Logische Äquivalenzregeln

Mathematische Beweise beruhen auf den Gesetzen der Aussagenlogik. Für das Führen von Beweisen ist es nützlich zu wissen, dass zusammengesetzte Aussagen, die durch verschiedene Verknüpfungen zustandegekommen sind, äquivalent sein können, d.h. sie haben bei jeder Belegung der in ihnen vorkommenden Aussagenvariablen denselben Wahrheitswert.

Wir werden die Äquivalenz zweier zusammengesetzter Aussagen mit dem Symbol $\iff$ bezeichnen, um sie vom Verknüpfungssymbol $\leftrightarrow$ als Teil einer zusammengesetzten Aussage zu unterscheiden. Die logische Bedeutung und insbesondere die Wahrheitstafel ist natürlich dieselbe. In diesem Buch ist $\iff$ also niemals Teil einer Aussageformel.

Wir geben nun einige Regeln an, welche zusammengesetzten Aussagen immer äquivalent zueinander sind:

Kontraposition

$$(p \to q) \iff (\neg q \to \neg p) \tag{1.2}$$

Die Gültigkeit dieser Äquivalenzregel ergibt sich durch das Auswerten der beiden Ausdrücke auf der linken und rechten Seite für jede Zeile der Wahrheitstabelle. Man sieht, dass sich jeweils dieselben Wahrheitswerte ergeben. Diese elementare Beweistechnik kann man auch für jede der folgenden Äquivalenzregeln anwenden.

Ersetzen der Implikation durch $\neg$ und $\vee$

$$(p \to q) \iff (\neg p \vee q) \tag{1.3}$$

Diese Regel hat eine ganz praktische Bedeutung für Informatiker: Sie besagt, dass das Implikationszeichen überflüssig ist. Eine Programmiersprache kann also ohne sie auskommen, da jede logische Implikation durch ein logisches *Oder* und eine Negation ersetzt werden kann.

Ersetzen der Äquivalenz durch Implikationen

$$(p \leftrightarrow q) \iff (p \to q) \wedge (q \to p) \tag{1.4}$$

Zusammen mit der vorigen Regel bedeutet das, dass eine Programmiersprache
auch kein Äquivalenzzeichen benötigt. Für Mathematiker ergibt sich dadurch auch
eine praktische Anleitung, wie Äquivalenzbeweise durchzuführen sind: Man beweist einfach die einzelne Implikation für beide Richtungen (siehe Kapitel 3.3).

de Morgansche Regeln

$$\neg(p \wedge q) \iff (\neg p \vee \neg q)$$
$$\neg(p \vee q) \iff (\neg p \wedge \neg q) \tag{1.5}$$

Diese Regeln sind sehr wichtig für die Vereinfachung von logischen Formeln, da
sie angeben, wie man Klammern auflöst. Man beachte, dass das Hineinziehen des
Negationszeichens die Vertauschung der Operatoren $\vee$ und $\wedge$ bewirkt.

doppelte Negation

$$\neg\neg p \iff p \tag{1.6}$$

Eine doppelte Negation hebt also eine einfache Negation wieder auf. Diese Regel entspricht dem logischen Sprachempfinden, widerspricht aber dem umgangssprachlichen Gebrauch in manchen Sprachen oder Dialekten, in denen eine doppelte Negation einer Verstärkung der Negation entspricht.

Kommutativgesetze

$$p \wedge q \iff q \wedge p$$
$$p \vee q \iff q \vee p \tag{1.7}$$

Man kann die Operanden der Operatoren $\vee$ und $\wedge$ offensichtlich vertauschen. Man
beachte, dass diese Regel auch für den Äquivalenzoperator $\leftrightarrow$, nicht aber für den
Implikationsoperator $\rightarrow$ gilt.

Distributivgesetze

$$p \wedge (q \vee r) \iff (p \wedge q) \vee (p \wedge r)$$
$$p \vee (q \wedge r) \iff (p \vee q) \wedge (p \vee r) \tag{1.8}$$

Diese Gesetze entsprechen dem Ausmultiplizieren bzw. Zusammenfassen von Zahlentermen mit den Operatoren „+" und „·". Allerdings gilt bei Zahlentermen nur
das eine der beiden Gesetze: $p \cdot (q + r) = (p \cdot q) + (p \cdot r)$. Während die andere

Variante $p + (q \cdot r) = (p + q) \cdot (p + r)$ offenbar falsch ist, sind bei logischen Operatoren beide Varianten erlaubt.

Der Beweis der Distributivgesetze kann ebenfalls mit Wahrheitstafeln geführt werden. Da es sich aber jetzt um die Belegung dreier voneinander unabhängiger Variablen handelt, sind 8 Zeilen nötig, um alle Kombinationen von Wahrheitswerten zu erfassen. Für jede Zeile muss sich für die linke und rechte Aussage jeweils derselbe Wahrheitswert ergeben.

☞ Man kann sich an einfachen Beispielen schnell klarmachen, dass die beiden Zeilen der Distributivgesetze nicht zueinander äquivalent sind:

$$p \wedge (q \vee r) \text{ ist eine andere Aussage als } p \vee (q \wedge r).$$

Ebenso gilt auch, dass der Wahrheitsgehalt davon abhängt, wie man die linke Seite klammert:

$$p \vee (q \wedge r) \text{ ist eine andere Aussage als } (p \vee q) \wedge r.$$
$$p \wedge (q \vee r) \text{ ist eine andere Aussage als } (p \wedge q) \vee r.$$

Offensichtlich ist es bei verschiedenen Operatoren nicht egal, wie man klammert, selbst wenn man die Reihenfolge der Operatoren beibehält.

Bei der Hintereinanderschaltung gleicher Operatoren spielt dagegen die Klammerung keine Rolle, und diese Gesetze tragen einen Namen:

Assoziativgesetze

$$\begin{aligned}
p \wedge (q \wedge r) &\Longleftrightarrow (p \wedge q) \wedge r \\
p \vee (q \vee r) &\Longleftrightarrow (p \vee q) \vee r
\end{aligned} \tag{1.9}$$

1.2.4 Logische Schlussregeln

Die eben aufgeführten Äquivalenzregeln werden in der Beweisführung häufig nur in einer Richtung benutzt, d.h. man beginnt mit einer Aussage auf der linken oder rechten Seite und schließt aus dieser auf die Gültigkeit der Aussage auf der jeweils anderen Seite. Die Umformungen können aber in beiden Richtungen gleichzeitig verwendet werden.

Es gibt weitere Schlussregeln, die tatsächlich nur in einer Richtung gelten. Sie werden im Folgenden durch das Symbol $\Longrightarrow$ dargestellt und auf diese Weise vom Implikationsoperator $\rightarrow$ innerhalb von Aussagen unterschieden. Auch hier ist die logische Bedeutung und insbesondere die Wahrheitstafel für beide Symbole dieselbe. Wie $\Longleftrightarrow$ ist in diesem Buch auch $\Longrightarrow$ niemals Teil einer Aussageformel.

Modus ponens

$$(p \to q) \wedge p \implies q \tag{1.10}$$

Diese Regel entspricht der grundlegenden Schlussfolgerung der Logik: Wenn wir wissen, dass q aus p folgt, und gleichzeitig wissen, dass p gilt, dann muss auch q gelten. Man beachte, dass die Voraussetzung, dass p gilt, unabdingbar für die Gültigkeit von q ist, denn bei Ungültigkeit der Aussage p kann man keine Aussage über q machen, nicht einmal, dass q ungültig ist, denn aus einer falschen Aussage darf ja auch eine wahre folgen.

Der formale Beweis dieser intuitiv einsichtigen Regel kann ebenfalls mit einer Wahrheitstafel erfolgen. Wiederum gibt es 4 Belegungszeilen für die Kombination von Wahrheitswerten für p und q. Allerdings ist jetzt nicht für beide Aussagen jeweils derselbe Wahrheitswert in jeder Zeile zu erzielen, sondern nur zu gewährleisten, dass die rechte Aussage wahr ist, wenn die linke wahr ist. Im Fall, dass die linke Seite falsch ist, spielt der Wahrheitswert der rechten Aussage keine Rolle.

p	q	$p \to q$	linke Aussage $(p \to q) \wedge p$	rechte Aussage q
0	0	1	0	0
0	1	1	0	1
1	0	0	0	0
1	1	1	1	1

Wie man an Zeile 2 sieht, sind die beiden Aussagen tatsächlich nicht äquivalent. Aber die rechte Aussage folgt aus der linken.

Modus tollens

$$(p \to q) \wedge \neg q \implies \neg p \tag{1.11}$$

Auch dieses Prinzip kann man mit Hilfe einer Wahrheitstabelle beweisen, aber eleganter ist die Anwendung der bereits bewiesenen Regeln Kontraposition (1.2) und Modus ponens (1.10):

$$\begin{aligned} & (p \to q) \wedge \neg q \\ \overset{(1.2)}{\Longleftrightarrow} \quad & (\neg q \to \neg p) \wedge \neg q \\ \overset{(1.10)}{\Longrightarrow} \quad & \neg p \end{aligned}$$

Die letzte Zeile folgt, indem man in (1.10) die Variable p durch $\neg q$ und die Variable q durch $\neg p$ ersetzt.

Kettenschluss

$$(p \to q) \land (q \to r) \implies (p \to r) \tag{1.12}$$

Der Kettenschluss ist die logische Grundlage für das Beweisen von Implikationen, die nicht unmittelbar aus der Prämisse folgen: Die nicht unmittelbar einsichtige Implikation wird in viele kleine elementare Schritte zerlegt: Man beweist die gesamte Implikation über das Erreichen von Zwischenzielen. Selbstverständlich kann jede der beiden oben genannten Implikationen in weitere Implikationen zerlegt werden, sodass es beliebig (aber endlich) viele Zwischenziele geben kann.

Auch wenn der Kettenschluss anschaulich leicht einsichtig ist, muss er dennoch bewiesen werden, bevor man ihn anwenden darf. Das ist wieder über die Wahrheitstafel möglich, in der nachgeprüft werden muss, ob die rechte Seite wahr ist, wenn die linke wahr ist. Der Wahrheitswert der rechten Seite für den Fall, dass die linke falsch ist, spielt keine Rolle.

Indirekter Beweis

$$(\neg p \to q) \land (\neg p \to \neg q) \implies p \tag{1.13}$$

q und $\neg q$ können nicht gleichzeitig gelten. Eine der beiden Aussagen muss also falsch sein, wodurch die andere automatisch wahr ist. Ein Blick auf die Wahrheitstafel zeigt, dass beide Implikationen gleichzeitig nur wahr sein können, wenn $\neg p$ falsch ist. Damit muss p wahr sein. Mit Hilfe der Kontraposition (1.2) und Kettenschluss (1.12) kann man diesen Sachverhalt auch durch Umformung beweisen.

In der Beweisführung wird dieses Prinzip angewendet, wenn man p nicht direkt beweisen kann. Man zeigt einfach, dass $\neg p$ nicht gelten kann.

In vielen Fällen wird nicht der Umweg über eine zweite Aussage q gemacht, sondern die Nichtgültigkeit der Aussage $\neg p$ direkt gezeigt:

Vereinfachter indirekter Beweis:

$$\neg p \to p \implies p \tag{1.14}$$

Auch die Variante, aus $\neg p$ eine Aussage zu folgern, von der man schon weiß, dass sie falsch ist, wird häufig verwendet. In allen eben genannten Fällen kann man die Gültigkeit von p folgern.

Logische Einschränkung

$$\begin{aligned} p \land q &\implies p \\ p \land q &\implies q \end{aligned} \tag{1.15}$$

Dieses ist die triviale Feststellung, dass man aus dem Wissen, dass zwei Aussagen gleichzeitig gelten, natürlich auch auf die Gültigkeit jeder einzelnen Aussage schließen darf.

Logischer Ausschluss (Resolutionsprinzip)

$$(p \lor q) \land \neg q \implies p \tag{1.16}$$

Diese Regel lässt sich elegant über bereits zuvor genannte Regeln beweisen:

$$(p \lor q) \land \neg q$$
$$\overset{(1.3)}{\Longleftrightarrow} \quad (\neg q \to p) \land \neg q$$
$$\overset{(1.10)}{\Longrightarrow} \quad p$$

Da es sich bei der Ersetzungsregel (1.3) um eine Äquivalenzregel handelt, kann man sie auch in der anderen Richtung anwenden. Die dritte Zeile folgt, indem man im Modus Ponens (1.10) p durch $\neg q$ und q durch p ersetzt.

Die Regel des logischen Ausschlusses findet in der logischen Programmierung als Resolutionsprinzip Anwendung: Mit dem Resolutionsprinzip werden in einer Menge von Formeln sukzessiv Variablen eliminiert (in diesem Beispiel ist das die Variable q).

1.3 Prädikatenlogik

1.3.1 Aussageformen, Variable und Prädikate

Der Satz „x ist eine Primzahl" ist keine Aussage im oben definierten Sinne. Dieser Satz enthält eine **Variable** (oder **Unbestimmte**). Und je nachdem, welche natürliche Zahl für x eingesetzt wird, entsteht eine wahre oder falsche Aussage. Wenn man aber andere Objekte als natürliche Zahlen einsetzt, z.B. Brüche oder Wörter oder Figuren, dann ergibt die Aussage keinen Sinn. Daher wird für jede Variable x eine **Grundmenge** (häufig auch **Definitionsbereich** genannt) D vorgegeben, aus der die Werte für x gewählt werden dürfen. Ein sprachlicher Satz, der eine oder mehrere Variablen $x_1, x_2, \ldots$ enthält und der zu einer Aussage wird, wenn man die Variablen durch Elemente aus Grundmengen $D_1, D_2, \ldots$ ersetzt (man beachte, dass jede Variable einen anderen Definitionsbereich haben darf), heißt eine **Aussageform**. Um eine Aussageform zu einer Aussage machen zu können, muss bekannt sein, wie viele freie Variablen die Aussageform hat. „Frei" bedeutet hier, dass man in diese Variable beliebige Werte des Definitionsbereichs einsetzen darf.

Eine Aussageform mit zwei freien Variablen ist z.B. „x ist durch y teilbar". Der Definitionsbereich für diese beiden Variablen sei die Menge der ganzen Zahlen. Je nachdem, welche ganzen Zahlen man für x und y einsetzt, entsteht eine wahre oder falsche Aussage. Setzt man etwa x=3 und y=2, so entsteht die falsche Aussage „3 ist durch 2 teilbar". Für x=4 und y=2 entsteht die wahre Aussage „4 ist durch 2 teilbar".

Bei einer Aussageform $A(x)$, in der die Variable x vorkommt, kann man nach solchen Elementen α aus dem Definitionsbereich D fragen, für die $A(\alpha)$ wahr wird. In diesem Sinne beschreibt eine Aussagenform eine gewisse Eigenschaft, die für bestimmte Elemente aus D erfüllt, für andere nicht erfüllt ist. Wir nennen eine solche durch eine Aussageform beschriebene Eigenschaft ein **Prädikat**.

Die Prädikatenlogik bietet mächtigere Ausdrucksmittel als die Aussagenlogik:

Die Variablen der Prädikatenlogik unterscheiden sich von den Atomen der Aussagenlogik darin, dass ihre Werte aus beliebigen Definitionsbereichen stammen können, während Atome immer nur wahr oder falsch sein können, also aus einem zweielementigen Definitionsbereich stammen.

1.3.2 Quantoren und ihre Rechenregeln

Neben den Operatoren der Aussagenlogik kennt die Prädikatenlogik noch zwei **Quantoren**, den Existenzquantor $\exists$ und den Allquantor $\forall$, die auf eine gesamte Aussageform angewendet werden können.

Existenzquantor $\exists$

$$\exists x \in D : A(x)$$

ist eine von der Aussageform $A(x)$ abgeleitete Aussage, die genau dann wahr ist, wenn es ein x aus dem Definitionsbereich D gibt, für das $A(x)$ eine wahre Aussage ist. Gelesen: „Es gibt ein x aus D mit $A(x)$".

In der Formelnotation wird das Symbol $\in$ verwendet, um auszudrücken, dass ein bestimmtes Objekt (hier x) in einer bestimmten Menge (hier D) liegt:

„$x \in D$" wird gelesen „x Element D" und bedeutet „x ist ein Element von D".[4]

Der Existenzquantor hat nicht die Bedeutung von „genau ein", sondern vielmehr von „mindestens ein".

---

[4] Der Elementbegriff wird in Kapitel 2 systematischer eingeführt und mit weiteren Beispielen belegt, aber für eine einfachere Lesbarkeit soll das Symbol $\in$ in den Formeln dieses Abschnitts schon verwendet werden.

Allquantor ∀

$$\forall x \in D : A(x)$$

ist eine von der Aussageform $A(x)$ abgeleitete Aussage, die genau dann wahr ist, wenn für jedes $x \in D$ die Aussage $A(x)$ wahr ist. Gelesen: „Für alle Elemente x aus D gilt $A(x)$."

Eine Variable x, die in einer Aussageform $A(x)$ durch einen Quantor gebunden wird, heißt eine **gebundene Variable**, im Gegensatz zu einer **freien Variablen** x, welche in einer Aussageform $A(x)$ nicht durch einen Quantor gebunden wird.

Eine gebundene Variable ist nicht mehr frei wählbar. Vielmehr macht der Quantor aus der Aussageform bereits eine Aussage, die eindeutig mit wahr oder falsch beantwortet werden kann.

Selbstverständlich kann man Quantoren auch in Aussageformen einsetzen, die von mehreren Variablen abhängen. In diesem Fall hängt die Aussageform nur noch von den freien, aber nicht mehr von den gebundenen Variablen ab.

Beispiel 1.2

$$A^*(z) := \exists x \in D : \forall y \in E : A(x, y, z)$$

$A(x, y, z)$ sei die Aussageform ist, dass die Zeugnisnote x für das Fach y an den Studenten z vergeben wird. D ist also die Menge der möglichen Zeugnisnoten und E die Menge aller Fächer. Dann besagt die $A^*(z)$, dass es eine Zeugnisnote gibt, sodass für alle Fächer gilt, dass Student z sie erhalten hat. Der Wahrheitswert der Aussageform $A^*(z)$ hängt nur noch davon ab, welcher Student für z eingesetzt wird: Manche Studenten z haben tatsächlich in jedem Fach dieselbe Note erhalten (für diese z ist $A^*(z)$ wahr), andere haben unterschiedliche Noten für verschiedene Fächer erhalten (für jene z ist $A^*(z)$ falsch).

Dies macht aus der Aussageform $A(x, y, z)$ durch die Bindung von x und y an Quantoren also eine neue Aussageform $A^*(z)$, deren Wahrheitswert nur noch von der freien Variablen z abhängt. Im Allgemeinen wird aus einer Aussageform durch die Bindung von Quantoren genau dann eine Aussage, wenn *jede* Variable durch einen Quantor gebunden wird.

Die Interpretation von Beispiel 1.2 bedarf noch einer weiteren Erklärung, denn es wird vielleicht für manche Leser nicht selbstverständlich sein, warum hier die Note x für jedes Fach y dieselbe sein muss.

Bei der Hintereinanderschaltung von Quantoren und der Verwendung des abschließenden Doppelpunkts „:" gilt folgende Vereinbarung:

> ☞ Jeder Quantor bezieht sich auf alle Formelteile, die hinter ihm kommen, aber nicht auf die Teile davor.
>
> Das bedeutet, dass $\exists y \forall x$ gelesen wird: „Es gibt ein x, das für alle y gilt."
>
> Dagegen wird $\forall x \exists y$ gelesen: „Für alle y gibt es jeweils ein x."
>
> Es ist möglich, den Doppelpunkt hinter der Quantorvariable einfach weg-zulassen, ohne dass sich die hier festgelegte Vereinbarung ändert. Das ist insbesondere üblich *zwischen* Quantoren und wird von jetzt an in diesem Buch so gehandhabt.

Wenn man die Reihenfolge von hintereinandergeschalteten Quantoren vertauscht, dann kann sich die Bedeutung ändern, wie folgendes Beispiel zeigt:

Beispiel 1.3

$$A^{**}(z) := \forall y \in E \, \exists x \in D : A(x, y, z)$$

$A^{**}(z)$ muss nach der eben genannten Vereinbarung so interpretiert werden, dass es für jedes Fach y eine Note x geben muss, die in diesem Fach gege-ben wurde. Gelesen: „Für jedes Fach x gibt es jeweils eine Note y." Jetzt ist es klar, dass in verschiedenen Fächern auch unterschiedliche Noten ge-geben werden dürfen (aber nicht müssen). Aussage $A^{**}(z)$ ist offensichtlich deutlich schwächer als Aussage $A^{*}(z)$ von Beispiel 1.2, denn nun muss ein Student lediglich in jedem Fach an der Prüfung teilgenommen haben, aber nicht notwendigerweise überall dieselbe Note erzielt haben, damit Aussage $A^{**}(z)$ wahr wird.

Für die Vertauschung von Quantoren spielt es eine Rolle, ob es sich um dieselben oder um unterschiedliche Quantoren handelt, wie das folgende Beispiel zeigt:

Beispiel 1.4

Sei $K(x, y)$ die Aussageform „$x < y$" mit der Menge $\mathbb{N}$ der natürlichen Zahlen als Definitionsbereich für x und y. Dann gilt:

1) $\forall x \in \mathbb{N} \, \forall y \in \mathbb{N} : K(x, y)$ ist eine falsche Aussage. Denn zum Beispiel für $x = 5$ und $y = 3$ ist die Aussage falsch.

2) $\forall x \in \mathbb{N} \, \exists y \in \mathbb{N} : K(x, y)$ ist wahr, denn für jede natürliche Zahl gibt es eine noch größere. Man beachte, dass hier für jedes x ein anderes y gewählt werden darf.

3) $\exists y \in \mathbb{N} \; \forall x \in \mathbb{N} : K(x,y)$ ist falsch, denn es gibt keine natürliche Zahl, die größer als alle Zahlen ist. Man beachte, dass hier dasselbe y für alle x gewählt werden muss.

4) $\exists x \in \mathbb{N} \; \exists y \in \mathbb{N} : K(x,y)$ ist wahr. Denn zum Beispiel für $x = 3$ und $y = 5$ ist die Aussage wahr.

Man kann sich an den Beispielen 1.4.1) und 1.4.4) klar machen, dass es keine Rolle spielt, wenn man dieselben Quantoren für verschiedene Variablen vertauscht:

- Beispiel 1.4.1) ist äquivalent zu $\forall y \in \mathbb{N} \; \forall x \in \mathbb{N} : K(x,y)$
- Beispiel 1.4.4) ist äquivalent zu $\exists y \in \mathbb{N} \; \exists x \in \mathbb{N} : K(x,y)$.

Es gilt nämlich für alle Aussagen $A(x,y)$:

$$\forall x \forall y : A(x,y) \Longleftrightarrow \forall y \forall x : A(x,y)$$
$$\exists x \exists y : A(x,y) \Longleftrightarrow \exists y \exists x : A(x,y)$$

Die Beispiele 1.4.2) und 1.4.3) belegen aber, dass die Vertauschung *verschiedener* Quantoren den Wahrheitswert einer Aussage verändern kann. Entsprechendes haben wir bereits durch die Unterschiede zwischen Beispielen 1.2 und 1.3 festgestellt.

Es gilt für alle Aussagen A(x,y):

$$\exists x \forall y : A(x,y) \Longrightarrow \forall y \exists x : A(x,y)$$

Das kann man sich dadurch verdeutlichen, dass die linke Seite verlangt, dass ein und dasselbe x die Aussage $A(x,y)$ für *alle* y wahr machen muss, während die rechte Seite lediglich verlangt, dass es für jedes y ein solches x geben muss, und das darf für jedes y ein *anderes* x sein. Natürlich ist es auch auf der rechten Seite nicht verboten, dass $A(x,y)$ für alle y durch dasselbe x erfüllt wird. Damit ist die linke Seite offensichtlich stärker als die rechte.

Im Folgenden geht es um Rechenregeln für Quantoren. Einige Rechenregeln basieren darauf, dass die Quantoren einer Verallgemeinerung der Operationen $\vee$ und $\wedge$ für *alle* Elemente ihres Definitionsbereichs entsprechen. Das kann man sich leicht bei endlichen Definitionsbereichen verdeutlichen:

Sei $D = \{x_1, x_2, \dots, x_n\}$. Dann gilt:

$$\exists x \in D : A(x) \iff A(x_1) \vee A(x_2) \vee \dots \vee A(x_n)$$
$$\forall x \in D : A(x) \iff A(x_1) \wedge A(x_2) \wedge \dots \wedge A(x_n)$$

$$(1.17)$$

Diese Verwandtschaft zwischen den Quantoren und $\vee$ und $\wedge$ gilt auch für unendliche Mengen:

Der Existenzquantor beschreibt nämlich die Aussage, dass die Disjunktion aller $A(x)$ wahr ist, und der Allquantor beschreibt die Aussage, dass die Konjunktion aller $A(x)$ wahr ist.

Aus diesem Grund wurde früher für die Quantoren die Schreibweise $\bigvee$ für $\exists$ und $\bigwedge$ für $\forall$ verwendet. Hierbei wird der Definitionsbereich unter den Quantor geschrieben, also:

$$\bigvee_{x \in D} A(x) \quad \text{für} \quad \exists x \in D : A(x) \quad \text{und} \quad \bigwedge_{x \in D} A(x) \quad \text{für} \quad \forall x \in D : A(x). \quad (1.18)$$

In diesem Buch wird diese an sich einleuchtendere Schreibweise nur deswegen nicht verwendet, weil sie in der internationalen Literatur nicht üblich und daher aus der Mode gekommen ist.

Auch einige Regeln für $\vee$ und $\wedge$ können auf die jeweils verwandten Quantoren übertragen werden, z.B. die de Morganschen Regeln:

Verallgemeinerte de Morgansche Regeln

$$\neg \exists x \in D : A(x) \iff \forall x \in D : \neg A(x)$$
$$\neg \forall x \in D : A(x) \iff \exists x \in D : \neg A(x) \quad (1.19)$$

Diese Regeln kann man sich am unmittelbaren Sprachgebrauch klarmachen: Wenn eine Aussage für kein x gilt, dann muss sie für alle x falsch sein, und wenn eine Aussage nicht für jedes x gilt, dann muss sie wenigstens für ein x falsch sein.

Man beachte, dass die Definitionsbereiche nicht negiert werden: Sie bleiben gleich.

Die de Morganschen Regeln beziehen sich auf das Hineinziehen des Negationszeichens in Disjunktionen und Konjunktionen. Analog kann man das Hineinziehen von Quantoren in Disjunktionen und Konjunktionen betrachten. Das wird am folgenden Beispiel verdeutlicht:

Beispiel 1.5

Sei D die Menge aller Menschen und $F(x)$ die Aussage, dass x ein Fahrrad hat, und $G(x)$ die Aussage, dass x eine Gitarre hat.

Dann gilt:

$$(\exists x \in D : F(x)) \vee (\exists x \in D : G(x)) \iff \exists x \in D : (F(x) \vee G(x))$$

$$(\forall x \in D : F(x)) \wedge (\forall x \in D : G(x)) \iff \forall x \in D : (F(x) \wedge G(x))$$

$$(\exists x \in D : F(x)) \wedge (\exists x \in D : G(x)) \impliedby \exists x \in D : (F(x) \wedge G(x))$$

$$(\forall x \in D : F(x)) \vee (\forall x \in D : G(x)) \implies \forall x \in D : (F(x) \vee G(x))$$

Die ersten beiden Äquivalenzen sind offensichtlich:

Die Aussage, dass es eine Person gibt, die ein Fahrrad hat, oder, dass es eine Person gibt, die eine Gitarre hat, ist dieselbe Aussage wie, dass es eine Person gibt, die ein Fahrrad oder eine Gitarre hat. Die Aussage, dass alle Personen ein Fahrrad haben und dass alle Personen eine Gitarre haben, ist dieselbe Aussage wie, dass alle Personen ein Fahrrad und eine Gitarre haben.

Die Tatsache, dass die letzten beiden Implikationen keine Äquivalenzen sind, sondern der eine Ausdruck stärker ist als der andere, kann man sich folgendermaßen verdeutlichen:

Wenn es eine Person gibt, die sowohl ein Fahrrad als auch eine Gitarre hat, dann ist das eine stärkere Aussage als, dass es eine Person gibt, die ein Fahrrad hat, und dass es eine Person gibt, die eine Gitarre hat. Denn im letzten Fall müssen die beiden Personen nicht dieselben sein.

Wenn alle Personen ein Fahrrad haben oder alle Personen eine Gitarre haben, dann ist das eine stärkere Aussage als, dass alle Personen ein Fahrrad oder eine Gitarre haben. Denn im letzten Fall müssen nicht alle Personen denselben Gegenstand besitzen, sondern einige ein Fahrrad und andere eine Gitarre.

Dieses Beispiel gilt für beliebige Aussagen F und G. Es belegt erneut die Verwandtschaft des Quantors $\exists$ mit der logischen Operation $\vee$ und des Quantors $\forall$ mit der logischen Operation $\wedge$: Das Hineinziehen eines Quantors in die verwandte Operation verändert den Wahrheitswert nicht, während das Hineinziehen in die jeweils nicht verwandte Operation den Wahrheitswert verändert: Wenn der Existenzquantor außen steht, dann ist das die stärkere Aussage, und wenn der Allquantor außen steht, dann ist das die schwächere Aussage.

Was passiert, wenn man die Menge der zulässigen x für eine Quantorenaussage einschränkt?

Wenn die Einschränkung für den Allquantor getätigt wird, dann wird die Aussage für den eingeschränkten Definitionsbereich schwächer, weil sie jetzt eine Aussage über weniger Exemplare macht. Das bedeutet, dass die Aussage für den eingeschränkten Definitionsbereich aus der Aussage für den größeren Definitionsbereich folgt (aber nicht notwendigerweise umgekehrt).

Beispiel 1.6

Die Aussage, dass alle Studierenden des Hörsaals unter 25 Jahre alt sind, ist stärker als die Aussage, dass alle Studierenden in der ersten Reihe des Hörsaals unter 25 Jahre alt sind. Die zweite Aussage folgt aus der ersten.

Wenn die Einschränkung für den Existenzquantor getätigt wird, dann wird die Aussage für den eingeschränkten Definitionsbereich stärker, weil sie jetzt das Vorhandensein eines Exemplars aus einer kleineren Grundmenge fordert. Das bedeutet, dass die Aussage für den größeren Definitionsbereich aus der Aussage für den eingeschränkten Definitionsbereich folgt (aber nicht notwendigerweise umgekehrt).

Beispiel 1.7

Die Aussage, dass es einen Studierenden im Hörsaal gibt, der über 25 Jahre alt ist, ist schwächer als die Aussage, dass es einen Studierenden in der ersten Reihe des Hörsaals gibt, der über 25 Jahre alt ist. Jetzt folgt die erste Aussage aus der zweiten.

Wenn D mindestens ein Element enthält, dann ist die Aussage $\forall x \in D : A(x)$ immer mindestens so scharf wie die Aussage $\exists x \in D : A(x)$, d.h. es gilt:

$$\forall x \in D : A(x) \implies \exists x \in D : A(x) \text{ (wenn } D \text{ mindestens ein Element enthält)}$$

Dieser Sachverhalt besteht auch für die jeweils verwandten Verknüpfungen $\vee$ und $\wedge$:

$$x \wedge y \implies x \vee y$$

Die linke Aussage ist offensichtlich schärfer als die rechte.

Beispiel 1.8

Sei $P(x)$ die Aussageform „*x ist eine Primzahl*" mit der Menge $\mathbb{N}$ der natürlichen Zahlen als Definitionsbereich für x. Dann gilt:

1) $\exists x \in \mathbb{N} : P(x)$ ist eine wahre Aussage. Denn es gibt eine natürliche Zahl, etwa 5, die eine Primzahl ist.

2) $\forall x \in \mathbb{N} : P(x)$ ist eine falsche Aussage. Denn es gibt eine natürliche Zahl, etwa 4, die keine Primzahl ist.

1.4 Logische Formeln als Beschreibungssprache für beliebige Aussagen

Um einem Computer etwas beizubringen, zum Beispiel um ihn mit einer künstlichen Intelligenz zu versehen, muss man in der Lage sein, ihm Sachverhalte genau zu erklären. Dafür eignen sich im besonderen Maße logische Formeln als Beschreibungssprache.

Mit logischen Formeln kann man Aussagen wesentlich genauer beschreiben als mit Aussagen, die in einer natürlichen Sprache gemacht werden. Das liegt daran, dass eine natürliche Sprache häufig Interpretationsspielräume lässt. Ferner gehen Aussagen in einer natürlichen Sprache häufig von allgemeinem Hintergrundwissen aus, welches nicht explizit formuliert wird. In logischen Formeln gibt es diese Schwächen nicht. Wegen ihrer mathematischen Eindeutigkeit lassen sie keinen Interpretationsspielraum zu, d.h. es kann keine Diskussion darüber geben, wie eine Aussage gemeint ist.

Das wird an folgendem Beispiel verdeutlicht:

Beispiel 1.9

Es wird folgende Aussage gemacht:

Anna liebt nur italienisches Essen, das aus biologischen Zutaten besteht.

Um diese Aussage mit einer logischen Formel auszudrücken, braucht man verschiedene Prädikate mit unterschiedlichen Definitionsbereichen. Eine Möglichkeit ist folgende:

- L(x,y) steht für: *x liebt y.*
  Definitionsbereiche: x kann eine beliebige Person sein, y ein beliebiges Objekt.

- Bio(x) steht für: *x besteht aus biologischen Zutaten.*
  Definitionsbereich: x ist ein Essen.

- Italienisch(x) steht für: *x ist italienisch.*
  Definitionsbereich: x ist ein beliebiges Objekt.

- Essen(x) steht für: *x ist etwas Essbares.*
  Definitionsbereich: x ist ein beliebiges Objekt.

Eine Interpretation, den eingangs genannten Sachverhalt auszudrücken, ist:

$$\forall x (\, (\text{Essen}(x) \wedge \text{Bio}(x) \wedge \text{Italienisch}(x)) \leftrightarrow L(\text{Anna}, x)\,)^{(a)} \qquad (1.20)$$

„→" bedeutet, dass Anna solches Essen liebt, und „←" bedeutet, dass Anna nichts anderes liebt.

Besonders „←" war durch die gewünschte Aussage möglicherweise nicht gemeint, da man als Hintergrundwissen hat, dass Personen in der Regel mehrere Dinge lieben.

Vielmehr kann gemeint sein, dass Anna nur unter essbaren Dingen ausschließlich italienisches Essen liebt, das aus biologischen Zutaten besteht, dass aber keine Aussage darüber gemacht wird, unter welcher Bedingung Anna andere Dinge liebt. Die logische Formel dazu ist folgende:

$$\forall x (\, \text{Essen}(x) \rightarrow ((\text{Bio}(x) \wedge \text{Italienisch}(x)) \leftrightarrow L(\text{Anna}, x))\,) \qquad (1.21)$$

Es gibt schließlich noch die dritte mögliche Interpretation, dass Anna nur bei *italienischem* Essen auf biologischen Zutaten besteht, aber nicht bei anderem Essen. Die logische Formel dazu ist folgende:

$$\forall x (\, (\text{Essen}(x) \wedge \text{Italienisch}(x)) \rightarrow (\text{Bio}(x) \leftrightarrow L(\text{Anna}, x))\,) \qquad (1.22)$$

---

[a] Zur Notation in den Formeln von Beispiel 1.9: Es werden hier Klammern statt des Doppelpunktes hinter den Quantoren verwendet, damit eindeutig klar ist, dass sich die Quantoren immer auf die ganze Formel beziehen. Die Bedeutung der Formel kann eine andere sein, wenn sich die Quantoren nur auf einen Teil der Formel beziehen, was in späteren Beispielen noch thematisiert werden wird.

In diesem Beispiel ist mit jeder logischen Formel klar ausgedrückt, was gemeint ist, aber es ist durchaus diskussionswürdig, welche Interpretation mit dem natürlichsprachigen Satz gemeint war. Obwohl die Formeln (1.20), (1.21) und (1.22) offensichtlich verschiedene Aussagen repräsentieren, können sie alle mit derselben natürlichsprachigen Aussage gemeint sein.

Bei den Formeln dieses Beispiels könnten manche Leser auf die Idee kommen, diese anders und vor allem einfacher auszudrücken. Daher wird hier auf mögliche Einwände eingegangen:

Frage: Wozu braucht man überhaupt die Quantoren?

Antwort: Wenn man auf den Quantor für x verzichtet, dann sind die Formeln keine Aussage mehr, sondern nur noch eine Aussageform, deren Wahrheitswert erst bestimmt werden kann, wenn x mit einem Wert belegt wird. In einer Aussage, die ohne weitere Bedingung wahr oder falsch sein soll, müssen alle vorhandenen Variablen durch Quantoren gebunden werden.

Frage: Warum reicht der Existenzquantor nicht aus?

Antwort: Das liegt daran, dass dann eine schwächere Aussage gemacht wird. Zum Beispiel könnte man in (1.20) auf beiden Seiten der Äquivalenz ein Essen einsetzen, das Anna nicht liebt und das auch nicht italienisch ist, welches aus biologischen Zutaten besteht. Dann ist die Aussage bereits wahr, denn etwas Falsches ist äquivalent zu etwas Falschem, und beim Existenzquantor reicht ein erfüllendes Beispiel aus. Es ist aber immer noch möglich, ein weiteres Essen zu finden, welches Anna liebt und das nicht italienisch ist und aus biologischen Zutaten besteht, oder ein Essen, das zwar diese Bedingung erfüllt, aber von Anna nicht geliebt wird. Nur wenn der Allquantor gewählt wird, sind solche Fälle ausgeschlossen.

Frage: Warum wird die Liebe von Anna mit einem Äquivalenzzeichen versehen und nicht mit einem Implikationspfeil?

Antwort: Eine einfache Implikation zur Liebe von Anna würde nur besagen, dass Anna solche Dinge liebt, aber nicht, dass sie *ausschließlich* solche Dinge liebt. Dafür ist die Rückrichtung *von* der Liebe erforderlich.

Man beachte, dass die 3 Formeln sich darin unterscheiden, dass der Term, zu dem die Liebe von Anna äquivalent ist, immer kleiner wird. Die Aussage wird also immer schwächer.

Frage: Warum steht die abschwächende Vorbedingung in (1.21) und (1.22) vor einem Implikationspfeil ($\rightarrow$) und wird nicht mit einem logischen *Und* ($\wedge$) verbunden?

Antwort: Betrachten wir die Formel (1.21): Die Alternative $\forall x($ Essen(x) $\wedge$ $(($Bio$(x) \wedge$ Italienisch$(x)) \leftrightarrow L($Anna$, x)))$ ist eine deutlich schärfere Aussage, denn sie besagt, dass alle Dinge Essen sind und dass Anna nur italienisches Essen liebt, welches aus biologischen Zutaten besteht. Während der zweite Teil dieser Konjunktion noch in Ordnung ist, ist der erste Teil eindeutig zu scharf formuliert. Eine Implikation ist grundsätzlich eine schwächere Aussage als ein logisches *Und* ($\wedge$) oder logisches *Oder* ($\vee$), denn sie fordert nicht, dass die Prämisse (in diesem Beispiel, dass x essbar ist) immer wahr ist, und macht keine Aussage darüber, wenn sie falsch ist.

1.4.1 Allgemeine Regeln zum Übersetzen von umgangssprachlichen Aussagen in prädikatenlogische Formeln

Im Folgenden werden Richtlinien angegeben, wie man bestimmte Formulierungen in prädikatenlogische Formeln übersetzt. Diese sind nicht immer anwendbar, weil manche umgangssprachlichen Formulierungen einen zusätzlichen Kontext annehmen.

In manchen dieser Formeln wird mit dem Gleichheitszeichen gearbeitet. Hierbei muss verdeutlicht werden, dass es sich bei der Gleichheit von 2 Objekten um ein zweistelliges logisches Prädikat handelt, das wahr ist, wenn die beiden Objekte gleich sind, und falsch, wenn sie nicht gleich sind. Da ein Prädikat eine Funktion ist, müsste man eigentlich die funktionale Schreibweise anwenden, in der man den Funktionsnamen voranstellt und dann erst die Parameter angibt, von der die Funktion abhängt:

$$x = y \Leftrightarrow \text{gleich}(x, y)$$

Man spricht bei der linken Darstellung von der **Infix**-Schreibweise, welche in der Analysis und Algebra und damit auch in der Schulmathematik üblich ist, und bei der rechten Darstellung von der **Präfix**-Schreibweise, welche in der formalen Logik angewandt wird. Es gibt logische Programmiersprachen, die bei jedem Prädikat mit der Präfix-Schreibweise arbeiten, auch beim Gleichheitsprädikat. Bei den meisten Programmiersprachen hat sich aber die in anderen mathematischen Disziplinen übliche Infix-Schreibweise durchgesetzt.

Weitere Prädikate, welche üblicherweise in Infixschreibweise angegeben werden, sind: $<, >, \leq, \geq$. In älteren und in logischen Programmiersprachen werden diese mit den Funktionsnamen lt, gt, le, ge[5] oder ähnlich in Präfixschreibweise verwendet, also zum Beispiel:

$$x \leq y \Leftrightarrow \text{le}(x, y)$$

In den folgenden Regeln arbeiten wir allgemein mit Objekten x, für welche die Prädikate E und F definiert sind, welche umgangssprachlich mit Eigenschaften gleichgesetzt werden können.

Als Beispiel wird gewählt, dass x ein Ball ist, und dass $E(x)$ bedeutet, dass der Ball groß ist, und dass $F(x)$ bedeutet, dass der Ball rot ist. In manchen Beispielen mit nur einer Eigenschaft sei x der Ball von Anna, also ein bestimmter Ball.

Im Folgenden werden wir aus Gründen der Übersichtlichkeit nicht jeden Term einklammern, sondern verwenden die übliche Konvention:

☞ In logischen Formeln gelten ohne Klammern folgende Bindungsstärken:

1. $\neg$ bindet am stärksten

2. $\wedge$ und $\vee$ binden etwas schwächer

3. $\rightarrow$ und $\leftrightarrow$ binden deutlich schwächer

4. $\forall$ und $\exists$ binden am schwächsten

---

[5] Abkürzungen für die englischen Wörter *less than, greater than, less or equal, greater or equal*

Insbesondere Quantoren beziehen sich durch diese schwache Bindung immer auf alle Teile der Formel, welche hinter dem Quantor stehen. Das wurde schon in der Vereinbarung für die Interpretation von mehrfach hintereinander geschalteten Quantoren auf Seite 17 beachtet. Wenn sich ein Quantor nicht auf alle Teile der Formel hinter diesem Quantor beziehen soll, dann muss mit Klammer gearbeitet werden. In Abschnitt 1.4.2 wird das noch explizit thematisiert.

Um Fehlinterpretationen auszuschließen, sei noch einmal darauf hingewiesen, dass in diesem Buch die Operatoren $\Rightarrow$ und $\Leftrightarrow$ niemals Teil einer Formel sind, sondern die Implikation bzw. die Äquivalenz zwischen 2 verschiedenen Formeln ausdrücken. Ein Quantor in der Formel auf der einen Seite bezieht sich also niemals auf die Formel auf der anderen Seite. In diesem Sinne binden die Operatoren $\Rightarrow$ und $\Leftrightarrow$ schwächer als alle oben aufgeführten Operatoren innerhalb einer Formel.

Relativsätze

Umgangssprache:
Allgemein: *Objekte, die Eigenschaft E haben, haben auch Eigenschaft F.*
Beispiel: *Bälle, die groß sind, sind auch rot.*

Formel: $\forall x : E(x) \rightarrow F(x)$

Hier ist es wichtig zu beachten, dass ein Relativsatz eine recht schwache Aussage ist: Er sagt nichts darüber aus, welche anderen Eigenschaften Objekte haben, die Eigenschaft E *nicht* haben, d.h. wir wissen im Beispiel nicht, welche Farbe kleine Bälle haben. Es könnte sogar gelten, dass es gar keine großen Bälle gibt und auch keine roten.

Würde man stattdessen den Implikationspfeil durch ein logisches *Und* ersetzen, dann hätte man die wesentlich stärkere Aussage, dass alle Objekte Eigenschaft E und F haben, also im Beispiel, dass alle Bälle groß und rot sind.

Man kann den Relativsatz auch ersetzen durch: *Objekte mit Eigenschaft E haben auch die Eigenschaft F.*

Auf das Beispiel angewendet: *Große Bälle sind rot.*

Die Bedeutung von *nur*

Umgangssprache:
Allgemein: *Nur x hat die Eigenschaft F.*
Beispiel: *Nur Annas Ball ist rot.*

Formel: $\forall y : F(y) \leftrightarrow y = x$

„$\rightarrow$" bedeutet, dass es keine anderen Objekte mit Eigenschaft F gibt als x, d.h. dass kein anderer Ball als der von Anna rot ist. „$\leftarrow$" bedeutet, dass x auch wirklich die Eigenschaft F hat, d.h. dass Annas Ball rot ist.

Umgangssprache:
Allgemein: *Nur Objekte mit Eigenschaft E haben die Eigenschaft F.*
Beispiel: *Nur große Bälle sind rot.*

Formel: $\forall y : F(y) \leftrightarrow E(y)$

„$\rightarrow$" bedeutet, dass es keine anderen roten Bälle gibt als große, d.h. dass kleine Bälle nie rot sind. „$\leftarrow$" bedeutet, dass alle großen Bälle auch wirklich rot sind.

Zusammengefasst: Das Wort *nur* drückt genau genommen immer eine Äquivalenz aus. Wir werden an späteren Beispielen sehen, dass es umgangssprachliche Situationen gibt, in denen *nur* keine Äquivalenz ausdrücken soll, nämlich wenn es im Sinne von *höchstens* verwendet wird.

Selbst in diesem Beispiel könnte es sein, dass manche Leute bei Verwendung dieses Satzes nicht aussagen wollen, dass wirklich *alle* großen Bälle rot sind, aber dass es auf keinen Fall andere rote Bälle als große gibt, d.h. sie meinen eigentlich eine Implikation („$\rightarrow$"). Im Gegensatz dazu wird es im davorliegenden Beispiel mit Annas Ball wohl niemanden geben, der bei Verwendung dieses Satzes in Zweifel zieht, dass Annas Ball wirklich rot ist, d.h. hier wird „$\leftarrow$" immer gedanklich mit eingeschlossen. Allein dieser Unterschied zeigt bereits, wie ungenau natürliche Sprache sein kann. Wenn einem Computer beigebracht werden soll, was gemeint ist, muss man auf die eindeutige logische Formulierung mit Äquivalenz- bzw. Implikationspfeil zurückgreifen.

Die Bedeutung von *höchstens*

Umgangssprache:
Allgemein: *Höchstens x hat die Eigenschaft F.*
Beispiel: *Höchstens Annas Ball ist rot.*

Formel: $\forall y : F(y) \rightarrow y = x$

Jetzt wird nur eine Implikationsrichtung der vorigen Regel verwendet: Es ist klar, dass kein anderes Objekt als x die Eigenschaft F haben darf. Aber es wird keine Aussage darüber gemacht, ob x die Eigenschaft F hat. Auf das Beispiel angewendet bedeutet das, dass mit Sicherheit kein anderer Ball als der von Anna rot ist, aber man sagt nichts darüber aus, ob der Ball von Anna rot ist.

Umgangssprache:
Allgemein: *Höchstens Objekte mit Eigenschaft E haben die Eigenschaft F.*
Beispiel: *Höchstens große Bälle sind rot.*

Formel: $\forall y : F(y) \rightarrow E(y)$

Wir wollen also ausdrücken, dass alle roten Bälle mit Sicherheit groß sind, d.h. es gibt keine kleinen roten Bälle. Das bedeutet, dass *rot* eine schärfere Eigenschaft ist als *groß*, und daher muss die Eigenschaft für *rot* links vom Implikationspfeil stehen. Allerdings weiß man nicht, welche Farbe der Ball hat, wenn man nur weiß, dass er groß ist, denn *höchstens* sagt ja aus, dass nicht alle solchen Bälle die geforderte Eigenschaft haben müssen, im Beispiel, dass nicht alle großen Bälle rot sein müssen. „←" gilt also nicht zwingend.

Wie schon bei dem Wort *nur* beschrieben, kann es Leute geben, die zwischen *höchstens* und *nur* keinen Unterschied machen und eigentlich nur *höchstens* meinen, wenn sie *nur* verwenden.

Die Bedeutung von *kein*

Umgangssprache:
Allgemein: *Kein x hat die Eigenschaft F.*
Beispiel: *Kein Ball ist rot.*

Formel: $\neg \exists y : F(y)$

Alternative Formel: $\forall y : \neg F(y)$

Die Tatsache, dass die beiden Formeln äquivalent sind, folgt aus der verallgemeinerten deMorganschen Regel für Quantoren: Das Verschieben eines Negationszeichens hinter einen Quantor erfordert die Umkehrung des Quantors.

In Worten ist die Gültigkeit der Formeln am Beispiel leicht einzusehen: Die erste Formel steht dafür, dass es keinen Ball gibt, der rot ist. Die zweite Formel steht dafür, dass alle Bälle nicht rot sind.

Umgangssprache:
Allgemein: *Kein Objekt mit Eigenschaft E hat die Eigenschaft F.*
Beispiel: *Kein großer Ball ist rot.*

1. Formel: $\neg \exists y : F(y) \wedge E(y)$

Äquivalente 2. Formel: $\forall y : \neg F(y) \vee \neg E(y)$

Äquivalente 3. Formel: $\forall y : F(y) \rightarrow \neg E(y)$

Äquivalente 4. Formel: $\forall y : E(y) \rightarrow \neg F(y)$

Wiederum folgt die Äquivalenz der ersten beiden Formeln aus der verallgemeinerten deMorganschen Regel. Die Äquivalenz der dritten Formel ergibt sich, wenn man den Implikationspfeil durch $\neg$ und $\vee$ ersetzt, wie das in Abschnitt 1.2.3

behandelt wurde. Die vierte Formel ist die Kontraposition dazu (siehe ebenfalls Abschnitt 1.2.3).

Übersetzt auf unser Beispiel bedeuten die Formeln Folgendes:

Die erste Formel besagt, dass es keinen Ball gibt, der groß und rot ist. Die zweite Formel besagt, dass alle Bälle klein oder nicht rot sind. Die dritte sagt, dass alle Bälle, die rot sind, klein sind, und die vierte, dass alle Bälle, die groß sind, nicht rot sind. Sämtliche Formulierungen sind auch nach unserem natürlichen Sprachempfinden äquivalent, d.h. sie sagen dasselbe aus.

Die folgenden Formeln sind dagegen *keine* Lösung des geforderten Sachverhalts:

Keine Lösung: $\neg \exists y : F(y) \to E(y)$

Auf unser Beispiel übertragen besagt diese Formel, dass es keinen Ball gibt, für den die Aussage wahr ist, dass er, wenn er rot ist, dann auch groß ist. Das ist eine schärfere Aussage als die gewünschte, weil aus etwas Falschem auch etwas Wahres folgen darf: Konkret würde jetzt auch verboten sein, dass es überhaupt andere als rote Bälle gibt, also gefordert werden, dass jeder Ball rot sein muss. Denn ein blauer Ball würde die Prämisse der Implikation nicht erfüllen, und damit ist die Implikation bereits erfüllt, egal ob der Ball groß oder klein ist, und genau solch einen Ball darf es nach dieser Formel nicht geben. Dieser umgangssprachlich etwas schwer nachvollziehbare Sachverhalt kann besser dadurch verdeutlich werden, indem man eine zur eben genannten Formel äquivalente Formel betrachtet:

Keine Lösung: $\forall y : F(y) \land \neg E(y)$

Diese Formel besagt, dass alle Bälle rot und klein sind, was sicherlich etwas anderes ist als die gewünschte Aussage, welche besagte, dass es keine roten *und gleichzeitig* großen Bälle gibt.

Die Äquivalenz zur davor aufgeführten Formel ergibt sich aus der Ersetzung der Implikation durch $\neg$ und $\lor$ aus Kapitel 1.2.3 sowie der doppelten Anwendung der deMorganschen Regel. Die Details des Äquivalenznachweises werden als Übungsaufgabe gelassen.

Mehrfache Quantoren in Implikationen

Implikationen machen es bei mehreren Variablen nicht leicht, den richtigen Quantor zu finden. Wir betrachten in diesem Abschnitt ausschließlich Implikationen, in denen sich die Quantoren auf alle Formelteile dahinter beziehen, arbeiten also ohne Klammern nach den Bindungsregeln auf Seite 25. Erst in Abschnitt 1.4.2 wird dann ein allgemeinerer Fall behandelt.

Es seien $P(x,y)$ und $Q(x,z)$ zwei verschiedene Prädikate. Als verdeutlichendes Beispiel nehmen wir an, dass es sich bei x, y, z um Menschen handelt, dass $P(x,y)$ bedeutet, dass x mit y verheiratet ist, und dass $Q(x,z)$ bedeutet, dass x den Trauzeugen z hat.

Umgangssprache:
Allgemein: *Für alle Objekte x, für die es ein y gibt mit $P(x,y)$, gibt es ein z mit $Q(x,z)$.*
Beispiel: *Alle Leute, die mit jemandem verheiratet sind, haben auch einen Trauzeugen.*

Erste Formel: $\forall x \forall y \exists z : P(x,y) \rightarrow Q(x,z)$

Bevor wir diese Formel interpretieren, sei noch ein Hinweis zu einer weiteren Konvention gegeben: Es ist üblich, dass man alle in einer Formel verwendeten Quantoren schon am Anfang der Formel bringt. Natürlich darf die eben genannte Formel auch so aufgeschrieben werden:

Äquivalente Formel: $\forall x \forall y : P(x,y) \rightarrow \exists z : Q(x,z)$

Schließlich wird die Variable z vor dem Implikationspfeil nicht verwendet. Aber es ist unschädlich, sie vorzuziehen. Man dürfte aber die Variable y nicht erst hinter dem Implikationspfeil mit einem Quantor versehen, weil sie vorher schon verwendet wird. Würde sie erst später mit einem Quantor versehen werden, dann wäre sie in der Verwendung davor eine freie Variable, und die Formel wäre keine Aussage mehr, sondern eine von y abhängige Aussageform.

Doch nun zur logischen Interpretation dieser Formel, welche nicht davon abhängt, wo der Quantor für z steht:

Während der Allquantor für x noch unmittelbar aus dem umgangssprachlichen Satz hervorgeht, ist es unklar, warum die Variable y, die erst im Relativsatz eingeführt wird, ebenfalls einen Allquantor braucht. Wir betrachten die folgende scheinbar äquivalente Aussage:

Falsche Formel: $\forall x \exists y \exists z : P(x,y) \rightarrow Q(x,z)$

Jetzt wird die Aussage zu schwach, denn diese Formel kann man auch erfüllen, wenn es jemanden gibt, der verheiratet ist, aber dennoch keinen Trauzeugen hat: Sei Bernd mit Anna verheiratet, habe aber keinen Trauzeugen. Dann soll Bernd der Wert für x sein. Natürlich darf man jetzt nicht Anna für y einsetzen, denn dann hätte man in der Implikation links ein wahre Aussage und rechts eine falsche unabhängig davon, wen man als z nimmt, denn es gibt ja keinen Trauzeugen. Das würde die Implikation insgesamt falsch machen. Aber wenn man für y einfach Else einsetzt, mit der Bernd nicht verheiratet ist, dann würde links eine falsche Aussage stehen. Damit ist die Implikation bereits wahr unabhängig davon, wen man für z einsetzt, und man hätte mit Else ein erfüllendes y gefunden. In der korrekten

Formel wäre das kein Gegenargument, denn dort steht ein Allquantor vor y, und daher muss man auch Anna einsetzen dürfen, und das macht die Implikation insgesamt zu einer falschen Aussage.

Es sei hier noch einmal explizit darauf hingewiesen, dass sich alle Quantoren auf die gesamte Formel beziehen. Die eben genannte Formel darf also nicht folgendermaßen interpretiert werden: „Wenn für Personen x gilt, dass es einen Ehepartner y gibt, dann gibt es auch einen Trauzeugen z." Dieser Satz müsste mit Hilfe von Klammern mit folgender Formel beschrieben werden:

Andere Formel: $\forall x(\exists y : P(x,y)) \to \exists z : Q(x,z)$

Jetzt wird durch die Klammer eindeutig kenntlich gemacht, dass die Bedeutung des Quantors y schon vor dem Implikationspfeil endet. Auch wenn y nach dem Implikationspfeil nicht mehr vorkommt, ist es bei Implikationen von Bedeutung, ob sich die Wirkung des Quantors noch dorthin bezieht oder nicht. Die andere Formel hier ist wieder äquivalent zur ersten Formel, aber nicht zur falschen Formel. Wir werden das in Abschnitt 1.4.2 vertiefen.

Auch wenn man dem Satz der Umgangssprache schon eher entnimmt, dass z einen Existenzquantor braucht (wegen „es gibt"), soll hier noch einmal verdeutlicht werden, was passiert, wenn man in der ersten Formel doch den Allquantor nimmt:

Falsche Formel: $\forall x \forall y \forall z : P(x,y) \to Q(x,z)$

Jetzt ist die Aussage zu stark, denn sie beschreibt etwas Unmögliches: Nun muss jeder Mensch als Trauzeuge fungieren, wenn man links erst das richtige verheiratete Paar eingesetzt hat.

Für die meisten sinnvollen Sachverhalte des hier besprochenen Typs kann man folgende Faustregeln verwenden:

☞ Wann immer eine Variable in der Prämisse (linke Seite) einer Implikation vorkommt, dann sollte sie mit einem Allquantor versehen werden, unabhängig davon, ob sie auch in der Konklusion (rechte Seite) vorkommt. Wenn sie dagegen nur in der Konklusion vorkommt und in der Prämisse nicht, dann ist der Existenzquantor angebracht.

Natürlich gilt diese Regel nicht immer, denn es kann ja z.B. bewusst die Tatsache formuliert werden, dass jeder Mensch als Trauzeuge für jedes Ehepaar fungiert. Aber die meisten plausiblen Sachverhalte folgen dieser Regel. Außerdem gilt die Faustregel nur, wenn sich die Quantoren auf die gesamte Implikation beziehen, ihre Wirkungsweise also nicht mit Klammern eingeschränkt wird. Das wird noch einmal im nächsten Abschnitt thematisiert.

1.4.2 Anwendung der allgemeinen Regeln auf komplexe Sachverhalte

Beziehungssituationen

Es gebe die folgenden Prädikate auf der Menge der Menschen:

F(x)   x ist weiblich.
M(x)   x ist männlich.
L(x,y)   x liebt y.
K(x,y)   x ist Kind von y.
V(x,y)   x ist mit y verheiratet.

Umgangssprache: *Hans ist der Bruder von Linda.*

Formel:

$$\exists x : M(\text{Hans}) \wedge K(\text{Hans}, x) \wedge K(\text{Linda}, x) \tag{1.23}$$

Ein Bruder ist immer männlich. Dagegen wird in diesem Satz nicht ausgesagt, dass Linda weiblich ist. Wenn man nicht explizit definiert, dass Linda nur der Name einer Frau sein kann, dann lässt dieser Satz offen, ob Linda der Bruder oder die Schwester von Hans ist.

Ein Bruder hat mit seinen Geschwistern mindestens einen Elternteil gemeinsam. Genau das sagt diese Formel aus. Allerdings wird durch diese Lösung nicht ausgeschlossen, dass Hans mit Linda nur einen Elternteil gemeinsam hat, den anderen aber nicht. Hans könnte also nur ein Halbbruder sein, was umgangssprachlich von vielen dennoch als *Bruder* bezeichnet wird.

Sollte dagegen mit *Bruder* eine Halbgeschwisterschaft ausgeschlossen werden, dann muss man verlangen, dass *beide* Elternteile gemeinsam sind, also:

Formel für nicht Halbbruder:

$$\exists x \exists y : M(\text{Hans}) \wedge K(\text{Hans}, x) \wedge K(\text{Linda}, x) \wedge K(\text{Hans}, y) \wedge K(\text{Linda}, y) \wedge (x \neq y) \tag{1.24}$$

Die letzte Ungleichung ist sehr wichtig, denn anderenfalls könnte man auch für Halbgeschwister diese Formel wahr machen, indem man sowohl für x als auch für y den gemeinsamen Elternteil einsetzt. Übrigens wird durch Formel (1.24) noch nicht festgelegt, dass ein Mensch genau zwei Elternteile hat oder dass einer der Elternteile männlich und der andere weiblich sein muss. Das wird durch die Bezeichnung *Bruder* auch nicht ausgesagt.

Umgangssprache: *Erwin ist der Schwager von Hans.*

Als Schwager muss Erwin der Bruder des Ehepartners von Hans sein oder er muss mit einem Geschwisterteil von Hans verheiratet sein. Es soll hier nicht festgelegt werden, dass Hans zwingend männlich ist oder dass nur Männer und Frauen untereinander heiraten dürfen. Die Bezeichnung *Schwager* legt in der Regel auch nicht fest, dass es sich nicht um einen Halbgeschwisterteil handeln darf. Als *Schwager* und nicht *Schwägerin* muss Erwin aber männlich sein. Damit ergibt sich folgende Formel:

Formel für Schwager Erwin von Hans:

$$\exists x \exists y \exists z \exists w : M(\text{Erwin}) \wedge ((V(x, \text{Hans}) \wedge K(\text{Erwin}, y) \wedge K(x, y))$$
$$\vee \; (V(z, \text{Erwin}) \wedge K(\text{Hans}, w) \wedge K(z, w))) \quad (1.25)$$

In dieser Formel entspricht x dem Ehepartner von Hans, y dem gemeinsamen Elternteil von Erwin und x. z entspricht dem Ehepartner von Erwin und w dem gemeinsamen Elternteil von Hans und z.

Es ist nicht möglich, anstelle von z und w die bereits verwendeten Variablen x und y zu nehmen wegen des folgenden Spezialfalls: Es können beide Bedingungen wahr sein, die Erwin zu einem Schwager von Hans machen: Erwin könnte der Bruder von Linda sein, die mit Hans verheiratet ist, aber Erwin könnte gleichzeitig auch mit Anna verheiratet sein, die eine Schwester von Hans ist. Es hätten also 2 Geschwisterpaare über Kreuz geheiratet, was in der Realität durchaus vorkommt. Natürlich sind Linda und Anna nicht identisch, weswegen man die beiden verschiedenen Variablen x und z braucht, um das auszudrücken. Genauso wenig sind die Eltern von Erwin und Linda mit denen von Hans und Anna identisch, wenn nicht alle 4 Geschwister sind, was nicht notwendigerweise sein muss (und meistens natürlich auch nicht der Fall ist). Daher müssen wir auch zwischen y und w unterscheiden.

Im Folgenden werden die bisherigen Konzepte zu einem komplexen Beispiel zusammengefügt. Die entstehende Formel wird genau erklärt und mit verschiedenen Varianten verglichen. Damit beim Lesen der Überblick nicht verloren geht, werden hier die mit Namen versehenen Personen vorgestellt:

- Linda ist die Person, die jemanden liebt.
- Hans ist die Person, deren Schwager untersucht werden.
- Erwin ist ein bestimmter Schwager von Hans.

Umgangssprache: *Linda liebt jeden Schwager von Hans außer Erwin.*

Es ist klar, dass Linda Erwin nicht liebt, was man am besten getrennt formuliert. Es muss dann noch formuliert werden, dass Linda jede Person (außer Erwin) liebt, die ein Schwager von Hans ist. Diese Aufgabe wird erst im nächsten Schritt gelöst, und wir halten erst mal das informelle Zwischenergebnis fest:

Informelles Zwischenergebnis für die Formel:

$\neg L(\text{Linda}, \text{Erwin}) \wedge$

$\Big(\forall u \, \big(u \text{ ist ein Schwager von Hans und } u \neq \text{Erwin} \big) \to L(\text{Linda}, u) \Big)$ (1.26)

Man beachte, dass Erwin in der Implikation explizit ausgeschlossen werden muss, denn anderenfalls muss er wegen des zweiten Teils der Formel geliebt werden, wenn er ein Schwager von Hans ist. Nach dem ersten Teil der Formel darf er aber nicht geliebt werden, und damit wäre die Formel ein Widerspruch.

Der erste Teil der Formel ist auch bei Ausschluss von Erwin im zweiten Teil noch notwendig: Bei Wegfall des ersten Teils wäre es nämlich immer noch erlaubt, dass Erwin geliebt wird. Denn wenn man im zweiten Teil Erwin für u einsetzt, dann ist die Prämisse wegen $u \neq$ Erwin zwar falsch, aber daraus darf trotzdem etwas Wahres (Linda liebt Erwin) folgen.

Wir wenden mit der Nutzung des Zwischenergebnisses ein Prinzip an, das in der Mathematik und auch in vielen anderen Wissenschaften unerlässlich ist: Man sollte eine komplizierte Aufgabe in einfachere Einzelteile zerlegen und diese getrennt lösen.

Außerdem sollte man bereits gelöste Teile wiederverwenden. Hier kann das für die Formulierung verwendet werden, dass u ein Schwager von Hans ist: Man kann dafür Formel (1.25) wiederverwenden, indem man dort Erwin durch u ersetzt und erhält:

2. Teilaufgabe für die Formel (u ist ein Schwager von Hans):

$$\exists x \exists y \exists z \exists w : M(u) \wedge ((V(x, \text{Hans}) \wedge K(u, y) \wedge K(x, y))$$
$$\vee \, (V(z, u) \wedge K(\text{Hans}, w) \wedge K(z, w)))$$ (1.27)

Wenn man Formel (1.27) in den informellen Teil zwischen den inneren großen Klammern von Formel (1.26) einsetzt und dann noch in diesem Teil wie dort verlangt $u \neq Erwin$ hinzufügt, dann erhält man:

Endgültige Formel (Originalfassung):

$\neg L(\text{Linda}, \text{Erwin}) \wedge$

$\Big(\forall u \, \big(\big(\exists x \exists y \exists z \exists w : (M(u) \wedge (V(x, \text{Hans}) \wedge K(u, y) \wedge K(x, y))$

$\vee \, (V(z, u) \wedge K(\text{Hans}, w) \wedge K(z, w))) \big)$

$\wedge \, (u \neq \text{Erwin})) \to L(\text{Linda}, u) \Big)$ (1.28)

Man beachte, dass die 4 Existenzquantoren ausschließlich für die Definition des Schwagers gebraucht werden. Daher dürfen sie sich in Formel (1.28) nicht auf die Teile nach dem Implikationspfeil beziehen, was einen Unterschied macht, wie wir später sehen werden. Das wird hier durch die inneren großen Klammern verdeutlicht.

Allerdings sieht Formel (1.28) immer noch recht unübersichtlich aus. Es ist daher in der Mathematik üblich, dass man Teilformeln einen gesonderten Namen gibt und diese dann nur mit ihrem Namen in der größeren Formel verwendet. Hier führt das zu Folgendem:

Man definiert zunächst ein Prädikat, das ausdrückt, dass u ein Schwager von v ist, indem man in Formel (1.25) den Erwin durch u und den Hans durch v ersetzt:

Prädikat für u *ist ein Schwager von* v:

$$\text{Schwager}(u,v) \Leftrightarrow \exists x \exists y \exists z \exists w : M(u) \wedge ((V(x,v) \wedge K(u,y) \wedge K(x,y))$$
$$\vee (V(z,u) \wedge K(v,w) \wedge K(z,w))) \tag{1.29}$$

Jetzt kann man die Formel (1.28) deutlich übersichtlicher ausdrücken:

Einfachere Formel äquivalent zu (1.28) mit Hilfe von Formel (1.29):

$$\neg L(\text{Linda}, \text{Erwin}) \wedge \Big(\forall u \ (\text{Schwager}(u, \text{Hans}) \wedge (u \neq \text{Erwin})) \rightarrow L(\text{Linda}, u) \Big) \tag{1.30}$$

Die Formel (1.28) in der Originalfassung sieht auf den ersten Blick wie ein Gegenbeispiel zur Faustregel auf Seite 31 aus, denn die Variablen x, y, z, w kommen bereits in der Prämisse vor und erhalten dennoch einen Existenzquantor und keinen Allquantor wie in der Faustregel gefordert. Das soll genauer untersucht werden:

Zunächst einmal muss man sich überzeugen, dass Formel (1.28) zu folgender Formel *nicht* äquivalent ist:

Andere Formel als (1.28):

$$\neg L(\text{Linda}, \text{Erwin}) \wedge$$
$$\Big(\forall u \ \Big(\exists x \exists y \exists z \exists w : ((M(u) \wedge (V(x, \text{Hans}) \wedge K(u,y) \wedge K(x,y))$$
$$\vee (V(z,u) \wedge K(\text{Hans}, w) \wedge K(z,w)))$$
$$\wedge (u \neq \text{Erwin})) \rightarrow L(\text{Linda}, u) \Big) \Big) \tag{1.31}$$

Der Unterschied zu Formel (1.28) besteht darin, dass die Klammer der Existenzquantoren in Formel (1.31) nicht vor dem Implikationspfeil endet, sondern erst am Ende der Formel. Damit beziehen sich die Existenzquantoren auf die gesamte Implikation und nicht nur auf die Prämisse.

Formel (1.28) ist wahr genau dann, wenn jeder Schwager u von Hans, für den es Werte x, y, z, w gibt, von Linda geliebt wird. Es spielt übrigens keine Rolle, ob es noch weitere u gibt, die von Linda ebenfalls geliebt werden, oder nicht.

Formel (1.31) ist wahr genau dann, wenn für jedes u Werte x, y, z, w existieren, für welche die Implikation wahr ist. Das bedeutet aber im Gegensatz zu Formel (1.28) nicht, dass Linda jeden Schwager von Hans lieben muss. Man könnte nämlich für x einfach eine Person einsetzen, die nicht mit Hans verheiratet ist (also nicht den wirklichen Ehepartner, der verschwistert mit u ist). In gleicher Weise kann man für z eine Person einsetzen, mit der Hans nicht verschwistert ist (also nicht das wirkliche Geschwisterteil, das mit u verheiratet ist). Dann wird die Prämisse falsch, und damit ist die Implikation wahr, auch wenn u *nicht* von Linda geliebt wird.

Wenn sich die Gültigkeit aller Quantoren auch auf die Implikation beziehen soll wie in Formel (1.31) und dennoch eine zu Formel (1.28) äquivalente Aussage geschaffen werden soll, dann muss in Formel (1.31) vor x ein Allquantor gesetzt werden: Jetzt muss für x auch der wirkliche Ehepartner von Hans eingesetzt werden dürfen. Dann wird die Prämisse wahr, und dann muss Linda diesen Schwager auch lieben. Analog kann man sich überzeugen, dass die anderen Variablen in Formel (1.31) für die Herstellung der Äquivalenz zu Formel (1.28) ebenfalls einen Allquantor brauchen, und damit die Faustregel wieder gültig ist. Im Ergebnis erhalten wir folgende Formel:

Äquivalente Formel zu (1.28):

$$\neg L(\text{Linda}, \text{Erwin}) \land$$
$$\Big(\forall u \ \big(\forall x \forall y \forall z \forall w : ((M(u) \land (V(x, \text{Hans}) \land K(u, y) \land K(x, y))$$
$$\lor (V(z, u) \land K(\text{Hans}, w) \land K(z, w)))$$
$$\land (u \neq \text{Erwin})) \ \rightarrow \ L(\text{Linda}, u) \big) \Big)$$

Wir fassen zusammen, was wir durch die Beispiele mit den Beziehungssituationen gelernt haben:

1. Die Gegenüberstellung der Formeln für Bruder und Halbbruder zeigt auf, dass man in vielen Fällen hinterfragen muss, was der Verfasser einer natürlichsprachigen Aussage genau meint.

2. Formel (1.28) und ihre Vereinfachung mit Hilfe des eigenständigen Prädikats für *Schwager* (Formel (1.29)) zeigen auf, wie man einen komplizierten Ausdruck mit Hilfe eines darin enthaltenen Ausdrucks modular und damit einfacher darstellt.

3. Die Faustregel auf Seite 31 gilt auch in der komplizierten Formel (1.28), allerdings erst, wenn man den Gültigkeitsbereich der Quantoren genau betrachtet.

4. Es macht einen Unterschied, ob sich ein Quantor nur auf die Prämisse bezieht wie im Fall von Formel (1.28) oder auf die gesamte Implikation wie im Fall von Formel (1.31). Es ändert sich die Bedeutung der Aussage. Die Faustregel auf Seite 31 ist nur anwendbar, wenn sich die Quantoren auf die gesamte Implikation beziehen.

Onlinekredite

Gegeben sei ein Onlineportal zur Kreditvermittlung. Nachdem der Bewerber seine Daten eingegeben hat, soll eine KI[6] entscheiden, ob er den Kredit über die angefragte Summe bekommt. Wichtige Kriterien hierfür sind das Alter des Bewerbers, der Berufsabschluss, das gegenwärtige Monatsgehalt sowie das Vermögen. Das Alter spielt eine Rolle, weil der Bewerber volljährig sein muss, aber nicht zu alt, dass er mit einer zu hohen Wahrscheinlichkeit noch vor der vollständigen Tilgung des Kredits sterben könnte. Der Berufsabschluss macht eine Aussage darüber, wie groß das Potential ist, viel Geld zu verdienen (zum Beispiel bei Zahnmedizinern) oder immer eine Beschäftigung zu haben (zum Beispiel bei Informatikern).

Es soll mit folgenden Prädikaten gearbeitet werden:

hatAlter(x,y)	Person x ist y Jahre alt.
bekommtKredit(x,y)	Person x bekommt eine Kreditsumme in Höhe bis zu y.
hatMonatsgehalt(x,y)	Person x hat das Monatsgehalt y.
hatVermögen(x,y)	Person x hat das Vermögen y (wenn y negativ ist, dann sind das Schulden).
hatAbschlussIn(x,y)	Person x hat einen Berufsabschluss im Fach y.

Man beachte, dass der Definitionsbereich für x in allen Prädikaten die Menge aller Menschen ist. Der Definitionsbereich für y ist eine Zahl für die ersten 4 Prädikate, wobei nur im 4. Fall die Zahl negativ sein darf. Im letzten Prädikat ist y ein Berufsabschlussfach.

Es werden nun einige realistische Regeln aufgestellt, die für die Kreditvergabe beachtet werden müssen:

Umgangssprache: *Kredite werden nur an Personen vergeben, deren Alter zwischen 18 und 80 ist.*

---

[6] Kurzbezeichnung für Künstliche Intelligenz

Formel für die absolute Altersbeschränkung:

$$\forall x \forall y \forall z \text{ bekommtKredit}(x,y) \wedge \text{hatAlter}(x,z) \rightarrow (z \leq 80) \wedge (z \geq 18) \quad (1.32)$$

Nach der Faustregel auf Seite 31 müssen nicht nur x, sondern auch y und z einen Allquantor haben, weil man sonst eine falsche Kreditsumme für y oder ein falsches Alter für z einsetzen könnte, um die Implikation wahr zu machen, unabhängig davon, ob die rechte Seite gilt oder nicht.

Diese Formel folgt im Wortlaut dennoch nicht ganz der Anleitung in Kapitel 1.4.1, denn sie verwendet eine Implikation, obwohl in der Aussage das Wort *nur* verwendet wurde. Nach den Richtlinien in Kapitel 1.4.1 wäre eine Äquivalenz angebracht. Allerdings ist es in diesem Beispiel sehr offensichtlich, dass eine solche Regel mit dem Wort *nur* die Bedeutung von *höchstens* meint: Würde man tatsächlich eine Äquivalenz schreiben, dann müsste jeder Mensch zwischen 18 und 80 einen Kredit bekommen, und es ist sehr stark anzunehmen, dass es noch weitere Kriterien gibt, welche solch ein Mensch erfüllen muss, wie wir im Folgenden sehen werden.

Dennoch ist es auch in allgemeinen Geschäftsbedingungen durchaus üblich, hier das Wort *nur* zu verwenden. Niemand im Bankenwesen würde das falsch interpretieren, weil er eben den Kontext kennt. Diesen muss man berücksichtigen, bevor man der KI diese Regel beibringt.

Wir betrachten nun eine komplexere Regel für die Kredithöhe, welche von Vermögen und Berufsstand abhängt:

Umgangssprache: *Kredite werden an Personen in Höhe ihres Vermögens vergeben, es sei denn, sie sind Zahnmediziner oder Informatiker: Zahnmediziner bekommen einen Kredit unabhängig vom Vermögen in Höhe bis zu 500 000 EUR, sofern sie zwischen 30 und 60 Jahre alt sind. Informatiker bekommen einen Kredit unabhängig von ihrem Vermögen in der Höhe bis zum 100fachen ihres Monatsgehalts.*

Formel für die Kredithöhe:

$$\Big(\forall x \forall y \text{ hatVermögen}(x,y) \qquad\qquad\qquad \rightarrow \text{bekommtKredit}(x,y) \Big)$$

$$\wedge \Big(\forall x \forall y \, (\text{hatAbschlussIn}(x, \text{Zahnmedizin}) \wedge$$

$$\text{hatAlter}(x,y) \wedge (y \geq 30) \wedge (y \leq 60)) \rightarrow \text{bekommtKredit}(x, 500000) \Big)$$

$$\wedge \Big(\forall x \forall y \, (\text{hatAbschlussIn}(x, \text{Informatik}) \wedge$$

$$\text{hatMonatsgehalt}(x,y)) \qquad\qquad \rightarrow \text{bekommtKredit}(x, 100 \cdot y) \Big)$$

$$(1.33)$$

Offenbar werden hier 3 Regeln definiert, und es reicht aus, dass eine Person eine dieser Regeln erfüllt, um einen Kredit zu bekommen. Sie muss nicht alle 3 Regeln gleichzeitig erfüllen. Es folgt aus diesen Regeln zwingend, dass es ausreicht, einen Kredit zu bekommen, wenn man eine dieser Regeln erfüllt.

Daher mag es auf den ersten Blick erstaunen, dass hier ein logisches *Und* (Konjunktion) zwischen die Regeln gesetzt wurde und kein *Oder* (Disjunktion). Das liegt daran, dass die Kreditwürdigkeit in der Konklusion auf der rechten Seite steht und nicht in der Prämisse auf der linken Seite wie bei Formel (1.32). Um einen Kredit zu bekommen, reicht es für die Konjunktion vollkommen aus, dass eine Person lediglich *eine* der Prämissen erfüllt. Denn wenn sie die anderen Prämissen nicht erfüllt, dann darf sie dennoch einen Kredit bekommen, denn aus etwas Falschem darf auch etwas Wahres folgen. Erfüllt sie aber eine der Prämissen, dann *muss* sie auch den Kredit bekommen, weil anderenfalls diese Implikation falsch wäre und damit die gesamte Konjunktion.

Ein *Oder* muss man aber setzen, wenn man die möglichen Prämissen zuerst zusammenfasst und dann erst die Implikation zu der Kreditwürdigkeit setzt:

Zu (1.33) äquivalente Formel für die Kredithöhe:

$$\forall x \forall y \forall z \; \Big(\text{hatVermögen}(x, z)$$

$$\lor \Big(\text{hatAbschlussIn}(x, \text{Zahnmedizin}) \land (z = 500000)$$

$$\land \; \text{hatAlter}(x, y) \land (y \leq 60) \land (y \geq 30)\Big)$$

$$\lor \Big(\text{hatAbschlussIn}(x, \text{Informatik})$$

$$\land \; \text{hatMonatsgehalt}(x, y) \land (z = 100 \cdot y)\Big)\Big) \qquad \rightarrow \text{bekommtKredit}(x, z))$$

$$(1.34)$$

In Formel (1.34) wäre eine Konjunktion zu scharf, weil dann alle Prämissen gleichzeitig erfüllt werden müssten, um die Kreditwürdigkeit zu erlangen.

Wenn man das *Oder* dagegen zwischen die *einzelnen* Implikationen setzt, dann sagt die Formel etwas anderes aus:

Von (1.33) verschiedene Formel für die Kredithöhe:

$$\Big(\forall x \forall y \ \text{hatVermögen}(x, y) \qquad\qquad \rightarrow \text{bekommtKredit}(x, y)\Big)$$

$$\vee \Big(\forall x \forall y \ (\text{hatAbschlussIn}(x, \text{Zahnmedizin}) \wedge$$

$$\text{hatAlter}(x, y) \wedge (y \geq 30) \wedge (y \leq 60)) \rightarrow \text{bekommtKredit}(x, 500000)\Big)$$

$$\vee \Big(\forall x \forall y \ (\text{hatAbschlussIn}(x, \text{Informatik}) \wedge$$

$$\text{hatMonatsgehalt}(x, y)) \qquad\qquad \rightarrow \text{bekommtKredit}(x, 100 \cdot y)\Big)$$

$$(1.35)$$

Wenn in Formel (1.35) nur eine der Implikationen gelten muss, dann ist es erlaubt, dass jemand, der eine der Prämissen erfüllt, *keinen* Kredit bekommt. Denn er könnte eine andere Implikation dadurch erfüllen, indem er deren Prämisse *nicht* erfüllt und dann auch keinen Kredit bekommt.

Beispiel 1.10

Erwin hat ein Vermögen von 20000 EUR und will einen Kredit in dieser Höhe haben. Er ist auch Informatiker und hat ein Monatsgehalt von 5000 EUR, sodass er sowohl nach Regel 1 als auch nach Regel 3 einen Kredit bekommen müsste.

Erwin bekommt aber keinen Kredit, was die Formel (1.33) verletzt.

Formel (1.35) ist aber erfüllt, denn Erwin ist kein Zahnmediziner, erfüllt also nicht die Prämisse der 2. Implikation, womit diese insgesamt wahr wird.

Damit bildet Formel (1.35) nicht die gewünschte Kreditwürdigkeit ab.

Die Floskel *es sei denn* ist in Formel (1.33) übrigens mathematisch nicht korrekt modelliert. *Es sei denn* meint wörtlich, dass für das Folgende etwas anderes gilt als für das Vorhergehende, d.h. es darf das Folgende nicht gleichzeitig mit dem Vorherigen gelten. Das wird durch das logische und damit einschließliche *Oder* in den Voraussetzungen (siehe die äquivalente Formel (1.34)) nicht ausgedrückt. Wir haben die Formel dennoch so angegeben, weil davon ausgegangen werden kann, dass natürlich auch Zahnmediziner einen Kredit in Höhe ihres Vermögens bekommen, wenn dieses über 500 000 EUR liegt. Denn es geht aus dem Kontext hervor, dass Zahnmediziner eigentlich kreditwürdiger sind als Leute, deren Ausbildung man nicht kennt, sodass es unsinnig erscheint, diese bei einem größeren Vermögen schlechter zu stellen als Leute ohne bekannte Ausbildung. Wie bei dem Wort *nur* ist das ein weiteres Beispiel, dass man die Formalisierung einer Regel, die in einer nichtmathematischen aber fachlichen Sprache gegeben wurde (hier im Kreditwesen), nicht immer zu wörtlich interpretieren sollte.

Das hier demonstrierte Prinzip einer Sammlung von mehreren Regeln wird von regelbasierten logischen Programmiersprachen wie Prolog oder allgemein von regelbasierten wissensbasierten Systemen (eine Standardarchitektur der KI) verwendet: Man gibt mehrere Regeln in das System ein und geht davon aus, dass alle Regeln gelten, d.h. man nimmt implizit eine Konjunktion dieser Regeln an.

Wir fassen zusammen, was wir durch die Beispiele mit den Onlinekrediten gelernt haben:

1. Die Kenntnis des Kontexts ist wichtig, um zu entscheiden, wie das Wort *nur* gemeint ist. Konkret sollte hinterfragt werden, ob eine Äquivalenz plausibel ist.

2. Auch bei anderen Formulierungen (z.B. bei *es sei denn*) sollte man immer hinterfragen, was im jeweiligen Kontext plausibel ist.

3. Es ist insbesondere in der KI üblich, Anforderungen in Form von Regeln zu stellen. Diese werden konjunktiv interpretiert, d.h. es sollen alle Regeln gleichzeitig gelten.

4. Wenn mehrere Regeln gleichzeitig für dieselbe Konklusion gelten, dann reicht es aus, nur eine der Prämissen zu erfüllen, damit die Konklusion gilt. Wenn man diese Regeln zu einer einzelnen Regel zusammenfasst, dann müssen die einzelnen Prämissen durch ein *Oder* verbunden werden.

1.5 Übungsaufgaben

Aufgabe 1.1

Gegeben sind die folgenden natürlichsprachigen Sätze. Führen Sie damit folgende Aufgaben durch:

- Identifizieren Sie zwei Aussagen.
- Ordnen Sie jede Aussage einer Variablen zu (z.B. A und B).
- Belegen Sie diese mit einem Wahrheitswert.
- Bestimmen Sie den Wahrheitswert der Verknüpfung (aussagenlogische Formel).

Beispiel: Satz: Der März hat 31 Tage und der April hat 31 Tage.
              Aussage 1: $M :=$ „März hat 31 Tage"   Wert: wahr
              Aussage 2: $A :=$ „April hat 31 Tage"   Wert: falsch
              Formel: $M \wedge A$ Wert: falsch

a) Der März oder der April hat 31 Tage.

b) Entweder der März oder der April hat 31 Tage.

c) Entweder der März oder der Mai hat 31 Tage.

d) Nachts scheint die Sonne und ich gehe spazieren.

e) Wenn Ebbe ist, dann ist keine Flut.

f) Es ist kein Tag genau dann, wenn Nacht ist.

Aufgabe 1.2

Formen Sie aus den vorgegebenen aussagenlogischen Formeln natürlichsprachige Sätze.

Beispiel: Formel: $(p \to q)$
              Aussage 1:   p := „Der Gegner hat mehr Tore geschossen."
              Aussage 2:   q := „Wir haben verloren."
              Lösung: Falls der Gegner mehr Tore geschossen hat, haben wir verloren.

a) $(\neg p \to \neg q)$

p: n ist durch 3 teilbar.
q: n ist durch 12 teilbar.

b) $(\neg p \leftrightarrow q)$

p: Es ist Tag.
q: Es ist Nacht.

c) $((p \lor \neg q) \to r)$

p: Das Auto ist kaputt.
q: Das Auto hat Benzin im Tank.
r: Man muss das Auto schieben.

Aufgabe 1.3

Beweisen Sie die Gültigkeit der folgenden de Morganschen Regel der Aussagenlogik mit Hilfe einer Wahrheitstafel:

$$\neg(p \land q) \Leftrightarrow \neg p \lor \neg q$$

Aufgabe 1.4

Beweisen Sie die Gültigkeit einer Variante des Distributivgesetzes der Aussagenlogik mit Hilfe einer Wahrheitstafel.

Aufgabe 1.5

a) Beweisen Sie den Kettenschluss mit einer Wahrheitstafel.

b) Beweisen Sie den Kettenschluss durch Anwendung anderer logischer Äquivalenz- und Schlussregeln.

Aufgabe 1.6

Beweisen Sie das logische Prinzip des indirekten Beweises entweder mit einer Wahrheitstafel oder durch Anwendung anderer Logikgesetze.

Aufgabe 1.7

a) Betrachten Sie die Aussageform:

$$\forall x \in D \ \exists y \in D : 2 \cdot y = x$$

Setzen Sie für D eine der Zahlenmengen $\mathbb{N}$, $\mathbb{Z}$, $\mathbb{R}$, $\mathbb{C}$ ein, sodass diese Aussageform eine wahre Aussage wird, und setzen Sie für D eine dieser Zahlenmengen ein, sodass diese Aussageform eine falsche Aussage wird.

b) Versuchen Sie dasselbe wie zuvor mit den Aussageformen:

$$\forall x \in D \ \exists y \in D : 2 \cdot x = y \quad \text{und} \quad \exists x \in D \ \forall y \in D : 2 \cdot x = y$$

Begründen Sie, warum bei diesen beiden Aussageformen immer nur derselbe Wahrheitswert erzielt werden kann.

Aufgabe 1.8

Ordnen Sie die folgenden Bedingungen entsprechend ihrer Schwäche/Stärke an.

$$x^2 > 0; x > 0; x > 10, x \geq 10; x < 0$$

Aufgabe 1.9

Betrachten Sie die folgenden Prädikate:

$H(x)$: x ist glücklich.

$F(x)$: x ist weiblich.

$L(x, y)$: x liebt y.

Drücken Sie jede Aussage der folgenden Sätze durch formale prädikatenlogische Formeln aus. Sie dürfen ausschließlich die obengenannten Prädikate, die Konstanten Anna und Bernd, das Gleichheitsprädikat und bei Bedarf Variablen x oder y für Quantoren benutzen:

a) Anna ist glücklich.

b) Anna liebt Bernd.

c) Bernd liebt mehrere Frauen, und seine Liebe zu Anna wird erwidert.

d) Anna ist glücklich, wenn Bernd sie liebt.

e) Anna ist nur glücklich, wenn Bernd sie liebt.

f) Anna ist nur glücklich, wenn Bernd nur sie liebt.

Aufgabe 1.10

Gegeben seien die folgenden Prädikate auf der Menge aller Menschen:

- L(x,y): x liebt y
- F(x): x ist weiblich
- M(x): x ist männlich

Beschreiben Sie in einem deutschen Satz, was die folgenden Aussagen bedeuten. Äußern Sie sich dazu, ob Sie die Aussage für stark (schwierig erfüllbar) oder schwach (leicht erfüllbar) halten.

a) $\exists x : M(x) \implies \neg \exists y : F(y) \wedge L(y,x)$

b) $\exists x : M(x) \wedge \neg \exists y : F(y) \wedge L(y,x)$

c) $\exists x \exists y : M(x) \wedge \neg F(y) \wedge L(y,x)$

d) $\exists y \exists x : M(x) \wedge \neg F(y) \wedge L(y,x)$

e) $\exists x \forall y : M(x) \wedge (\neg F(y) \vee L(y,x))$

f) $\forall y \exists x : M(x) \wedge (\neg F(y) \vee L(y,x))$

Äußern Sie sich auch dazu, wie sich c) und d) sowie e) und f) zueinander verhalten.

Aufgabe 1.11

Sei S die Menge aller Studenten, F die Menge aller Fächer und $N = \{1,2,3,4,5\}$ die Menge aller Klausurnoten.

Gegeben sei das folgende Prädikat:

- $hatKlausurnote(x,y,z)$ bedeutet, dass x die Klausurnote z im Fach y hat.

Beschreiben Sie mit prädikatenlogischen Verknüpfungen, die ausschließlich dieses Prädikat sowie Vergleichsprädikate benutzen, folgende Prädikate:

a) $bestehtKlausur(x,y)$ bedeutet, dass x die Klausur im Fach y besteht.

b) $hatChancen(x)$ bedeutet, dass x mehrere Klausuren besteht.

c) $mindestensSoHart(x,y)$ bedeutet, dass alle Studierenden, die im Fach y durchfallen, auch in x durchfallen.

Verwenden Sie dafür die Charakterisierung, dass man ein Fach besteht, wenn man in der Klausur keine 5 hat, und dass man in einem Fach durchfällt, wenn man in der Klausur eine 5 hat.

Aufgabe 1.12

Drücken Sie die folgenden Sachverhalte jeweils durch eine prädikatenlogische Verknüpfung aus, die ausschließlich die vier Prädikate aus Aufgabe 1.11 benutzt sowie Vergleichsprädikate:

a) Keiner, der im Brückenkurs durchfällt, hat Chancen.

b) Analysis ist mindestens so hart wie Diskrete Mathematik und Lineare Algebra.

c) Nur Studierende, die den Brückenkurs bestehen, haben Chancen.

d) Niemand hat in Diskrete Mathematik und Lineare Algebra Noten, die sich um mehr als 2 unterscheiden.

e) Karl ist in Analysis durchgefallen, hat aber Chancen.

Sind die 5 Sachverhalte in sich konsistent, d.h. können sie gleichzeitig gelten?

g) Erna hat Diskrete Mathematik und Analysis bestanden, aber leider nicht Lineare Algebra.

Sind auch alle 6 Sachverhalte in sich konsistent?

Aufgabe 1.13

Linda liest sich den Abschnitt über ihre Beziehungen aufmerksam durch und findet, dass die Autoren das viel zu umständlich beschrieben haben. Sie will in Formel (1.30) darauf verzichten, dass explizit formuliert wird, dass sie Erwin nicht liebt, und stattdessen die Implikation durch eine Äquivalenz ersetzen, also:

$$\Big(\forall u \left(\text{Schwager}(u, \text{Hans}) \wedge (u \neq \text{Erwin})\right) \leftrightarrow L(\text{Linda}, u)\Big)$$

Ist das wirklich dieselbe Aussage wie in Formel (1.30) oder besteht ein Unterschied?

2 Mengenlehre

2.1 Grundlagen

Mengenbegriff. Die zugehörige Theorie - die **Mengenlehre** - bildet die Grundlage für die gesamte Mathematik. Nur mit Hilfe der Mengenlehre kann man Begriffe wie „Funktion" und „Relation" exakt definieren. Das Konzept der Funktion ist vielen aus den Naturwissenschaften bekannt, das Konzept der Relation ist in vielen weiteren Wissenschaften, sogar in Geisteswissenschaften, von Bedeutung. In der Informatik ist ein grundlegendes Verständnis der Mengenlehre wichtig, um mit Datentypen richtig umgehen zu können.

2.1.1 Definition

Als Begründer der Mengenlehre gilt **Georg Cantor** (1845 - 1918). Er gab 1895 die folgende Definition des Mengenbegriffs [1]:

Mengendefinition nach Cantor:

Definition 2.1 *Eine **Menge** ist eine Zusammenfassung bestimmter wohlunterschiedener Objekte unserer Anschauung oder unseres Denkens zu einem Ganzen. Von jedem dieser Objekte muss eindeutig feststehen, ob es zur Menge gehört oder nicht. Die zur Menge gehörenden Objekte nennt man die **Elemente** der Menge.*

Diese Definition ist mathematisch noch nicht exakt, da sie die Begriffe Zusammenfassung und Unterschiedlichkeit von Objekten nicht genau festlegt. Wir werden dennoch mit dieser Definition als Grundlage weiterarbeiten, da die nicht festgelegten Begriffe intuitiv klar sind und die Genauigkeit dieser Definition für das Verständnis dieses Kapitels vollkommen ausreicht.

Mengen beschreibt man üblicherweise mit großen Buchstaben, die Elemente einer Menge mit kleinen Buchstaben. Dafür, dass ein Element a zur Menge M gehört, schreibt man „$a \in M$". Wenn ein Objekt b nicht zur Menge M gehört, schreibt man „$b \notin M$".

---

[1] GEORG CANTOR, „Beiträge zur Begründung der transfiniten Mengenlehre", Halle, 1895

© Springer Fachmedien Wiesbaden GmbH, ein Teil von Springer Nature 2021
S. Iwanowski und R. Lang, *Diskrete Mathematik mit Grundlagen*,
https://doi.org/10.1007/978-3-658-32760-6_2

2.1.2 Elementare Eigenschaften von Mengen

Für die folgenden Anschauungsbeispiele greifen wir auf eine Darstellungsweise für endliche Mengen vor: Wenn eine Menge M aus den Elementen x, y, z besteht, dann schreiben wir $M = \{x, y, z\}$. Analog verfahren wir bei einer anderen endlichen Anzahl von Objekten.

Demnach ist die Menge $\{\}$ die Menge, die überhaupt kein Element enthält. Diese Menge wird auch **leere Menge** genannt und durch das Symbol $\emptyset$ bezeichnet.

1. Die Elemente einer Menge sind beliebige Objekte: Sie dürfen selbst auch Mengen sein.

   Beispiel 2.1

   $M = \{1, \{1\}, \{1, 2\}\}$ besteht aus 3 Elementen, der natürlichen Zahl 1 und den beiden Mengen $\{1\}$ und $\{1, 2\}$.

2. Eine Menge, die ein Element enthält, ist grundsätzlich verschieden von diesem Element selbst.

   Beispiel 2.2

   Die Elemente 1 und $\{1\}$ sind verschieden, ebenso die Elemente x und $\{x\}$, unabhängig davon, was x ist. Insbesondere ist die leere Menge $\{\}$ verschieden von der Menge $\{\{\}\}$, die eben nicht leer ist, sondern die leere Menge als Element enthält. Dieser Sachverhalt ist unabhängig von der Darstellungsweise: Wenn man die leere Menge mit dem Symbol $\emptyset$ bezeichnet, dann ist sie immer noch verschieden von der Menge $\{\emptyset\}$.

   ☞ **Merke:** $\emptyset = \{\}$, aber $\emptyset \neq \{\emptyset\}$

3. Die Zusammenfassung der Elemente ist grundsätzlich nicht mit einer Reihenfolge versehen, unabhängig davon, wie die Menge dargestellt ist.

   Beispiel 2.3

   Die Menge $\{1, 2, 3\}$ ist identisch mit der Menge $\{2, 3, 1\}$.

4. Jedes Element einer Menge ist nur einmal in der Menge enthalten, unabhängig von der Mengendarstellung.

Beispiel 2.4

Die Menge $\{2, 1, 2, 1, 1\}$ ist identisch mit der Menge $\{1, 2\}$ und enthält genau zwei Elemente, nämlich die beiden natürlichen Zahlen 1 und 2.

In manchen Anwendungen kann es sinnvoll sein, die Eigenschaft 4 fallen zu lassen, d.h. ein mehrfaches Vorkommen von Elementen explizit zuzulassen. Man spricht dann von einer **Multimenge**. Für Multimengen wird zu jedem Element genau angegeben, wie viel Mal es in der Multimenge vorkommt. In Programmiersprachen wird der dazugehörende Datentyp häufig mit **Bag** bezeichnet und vom Datentyp **Set** unterschieden, welcher eine Menge im hier definierten Sinne repräsentiert, also inklusive Eigenschaft 4.

In der klassischen Mengenlehre, auf die wir uns im weiteren Verlauf dieses Kapitels beschränken, wird Eigenschaft 4 immer vorausgesetzt.

Zwei Mengen heißen **gleich**, wenn sie dieselben Elemente enthalten.

Es gibt eine elementare Methode nachzuprüfen, ob zwei Mengen A und B gleich sind: Jedes Element von A muss auch in B enthalten sein, und jedes Element von B muss auch in A enthalten sein.

2.1.3 Darstellung von Mengen

Im Folgenden charakterisieren wir genauer die Darstellungsweise der Elementauflistung, welche im vorherigen Abschnitt bereits verwendet wurde. Diese ist nur für endliche Mengen anwendbar, also Mengen, die endlich viele Elemente haben.

Die alternativen Darstellungen durch vordefinierte Mengen oder über Prädikate sind dagegen sowohl für endliche als auch für unendliche Mengen anwendbar.

Elementauflistung: Eine Menge M kann man angeben, indem man ihre Elemente einzeln auflistet. Zum Beispiel bilden die natürlichen Zahlen von 0 bis 9 die Menge $M = \{0, 1, 2, 3, 4, 5, 6, 7, 8, 9\}$. Das sind die Ziffern unseres Dezimalsystems. Während die Mengenbegrenzungszeichen zwingend die Symbole "{" und "}" sind und nicht etwa "(" oder ")", ist es nicht unbedingt vorgeschrieben, ein Komma "," als Trennzeichen zwischen den Elementen zu benutzen. Vielmehr ist es aus Übersichtsgründen manchmal durchaus nützlich, stattdessen ein Semikolon ";" zu verwenden, z.B. wenn die Elemente Dezimalzahlen sind oder wenn es sich um ineinander geschachtelte Mengen handelt:
$M_1 = \{1, 23; 2, 43; 0, 05\}$ enthält drei gebrochen rationale Zahlen.
$M_2 = \{\{1, 2\}; \{2, 3\}\}$ enthält 2 Mengen.

Vordefinierte Mengen: Einige Mengen sind bereits durch andere Charakterisierungen bekannt und werden mit eigenen Symbolen bezeichnet. Eine wichtige Rolle spielen die aus der Schule bekannten Zahlenmengen, die grundsätzlich mit einem doppelten Strich bezeichnet werden, um sie von beliebigen anderen Mengen, die denselben Buchstaben nur als Platzhaltervariable benutzen, zu unterscheiden:

- $\mathbb{N}$ beschreibt die Menge der natürlichen Zahlen $0, 1, 2, 3, \ldots$

- $\mathbb{Z}$ beschreibt die Menge der ganzen Zahlen, die zusätzlich zu den natürlichen Zahlen auch noch die natürlichen Zahlen mit negativem Vorzeichen enthält.

- $\mathbb{Q}$ beschreibt die Menge der rationalen Zahlen, die aus allen (echten oder unechten) Brüchen besteht.

- $\mathbb{R}$ beschreibt die Menge der reellen Zahlen, die aus allen Zahlen des Zahlenstrahls besteht: Jede dieser Zahlen kann durch eine Dezimalzahl beschrieben werden (unter Umständen aber nur durch eine unendliche nichtperiodische Folge von Ziffern nach dem Komma).

- $\mathbb{C}$ beschreibt die Menge der komplexen Zahlen der Gaußschen Zahlenebene: Jede dieser Zahlen kann durch den Ausdruck $a + ib$ beschrieben werden, wobei $a, b \in \mathbb{R}$ und $i^2 = -1$.

Offensichtlich handelt es sich bei diesen Zahlenmengen um unendliche Mengen.

Prädikat für die Charakterisierung der Elemente: Eine Menge kann man angeben mittels eines Prädikates $A(x)$: M ist die Menge aller Elemente x aus dem Definitionsbereich für x, für die das Prädikat $A(x)$ wahr ist, in Zeichen:

$$M := \{\, x \in D \mid A(x) \,\}.$$

Hierbei ist der Definitionsbereich D offenbar selbst eine Menge, die durch eine der hier aufgeführten Möglichkeiten beschrieben werden kann. Es handelt sich bei der Menge M also um eine Einschränkung des Definitionsbereichs D.

Zur Schreibweise: Es ist auch gebräuchlich, den Definitionsbereich vom Prädikat durch das Zeichen „:" anstelle von „|" abzutrennen.

Beispiel 2.5

$G := \{\ldots, -4, -2, 0, 2, 4, \ldots\}$ beschreibt die Menge der **geraden Zahlen**. Das sind die Zahlen, die man durch 2 teilen kann oder, besser durch ein

Prädikat beschreibbar, die als Produkt von 2 mit einer anderen ganzen Zahl darstellbar sind:

$$G := \{n \in \mathbb{Z} \mid (\exists k \in \mathbb{Z} : n = 2 \cdot k)\}$$

Beispiel 2.6

$P := \{2, 3, 5, 7, 11, \ldots\}$ beschreibt die Menge der Primzahlen. Das sind die natürlichen Zahlen größer als 1, die man nur durch 1 oder durch sich selbst teilen kann. Eine mögliche exakte Schreibweise mit Hilfe eines Prädikats sieht folgendermaßen aus:

$P := \{n \in \mathbb{N} \mid n \neq 1 \wedge$

$((\exists k \in \mathbb{N} \, \exists l \in \mathbb{N} : n = k \cdot l) \rightarrow (((k = 1) \wedge (l = n)) \vee ((k = n) \wedge (l = 1))))\}.$

Informell: Aus der Tatsache, dass n als Produkt zweier natürlicher Zahlen dargestellt werden kann, muss folgen, dass die beiden Faktoren nur die 1 oder n selbst sind.

Es gibt noch andere Möglichkeiten, die Menge P der Primzahlen durch ein Prädikat zu beschreiben. Man beachte, dass 1 explizit von den Primzahlen ausgeschlossen wurde, obwohl $n = 1$ auch den Implikationsteil des Prädikats erfüllen würde. Eine Motivation dafür wird in Kapitel 5 gegeben (Stichwort: Primpolynome).

Beispiel 2.7

$M := \{x \in \mathbb{R} \mid 1 \leq x \leq 3\}$ beschreibt das reelle Zahlenintervall $[1, 3]$, die Menge aller reellen Zahlen, die zwischen 1 und 3 liegen (beide Grenzen eingeschlossen).

Beispiel 2.8

$L := \{x \in \mathbb{R} \mid x^2 + 1 = 0\} = \emptyset$. Da es keine reelle Zahl x mit $x^2 + 1 = 0$ gibt, enthält diese Menge kein Element, ist also identisch mit der leeren Menge.

An diesen Beispielen kann man sehen, dass es möglich ist, über das einschränkende Prädikat aus einer unendlichen Menge eine weitere unendliche Menge zu bilden (Beispiele 2.5 - 2.7), oder auch eine endliche Menge zu erhalten (Beispiel 2.8).

Eine weitere Darstellungsweise ist die bildliche Darstellung von Mengen mit Hilfe von **Venn-Diagrammen**[(2)]:

Ein Venn-Diagramm stellt die Menge in einer Ebene mit einer runden, meistens kreisförmigen Begrenzung dar. Bei einer endlichen Menge können die Elemente innerhalb der Begrenzungslinie eingetragen werden. Mit der abstrakten Darstellung, einer leeren begrenzten Fläche, können beliebige, also auch unendlich Mengen dargestellt werden.

Venn-Diagramme sind sehr nützlich, um Verknüpfungen von Mengen bildlich darzustellen, wie wir im folgenden Abschnitt sehen werden.

2.1.4 Verknüpfungen von Mengen

Wie in der Aussagenlogik gibt es auch zwischen Mengen Operatoren, die aus bereits bekannten Mengen neue Mengen machen. Wir unterscheiden wieder zwischen einstelligen und zweistelligen Operatoren. Außerdem sollte noch beachtet werden, von welchem Typ das Ergebnis der Verknüpfung ist.

Zweistellige Mengenverknüpfungen mit Ergebnistyp Menge

Wir definieren zunächst Operationen, die aus zwei beliebigen Mengen M und N eine neue Menge als Ergebnis erzeugen.

Schnittmenge: Unter der **Schnittmenge** der beiden Mengen M und N verstehen wir die Menge

$$M \cap N := \{x \mid (x \in M) \wedge (x \in N)\}.$$

Die Menge $M \cap N$ besteht also aus den Elementen, die sowohl in M als auch in N liegen. Abbildung 2.1 zeigt das zugehörige Venn-Diagramm.

Vereinigungsmenge: Unter der **Vereinigungsmenge** der beiden Mengen M und N verstehen wir die Menge

$$M \cup N := \{x \mid (x \in M) \vee (x \in N)\}.$$

Die Menge $M \cup N$ besteht also aus den Elementen, die wenigstens in einer der beiden Mengen M oder N liegen. Abbildung 2.2 zeigt das zugehörige Venn-Diagramm.

[(2)] John Venn (1884–1923), englischer Mathematiker

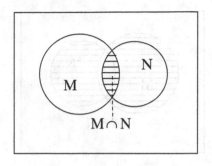
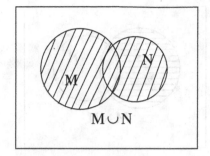

Abbildung 2.1: Schnitt von M und N Abbildung 2.2: Vereinigung von M und N

Differenzmenge: Die **Differenzmenge** $M \setminus N$ ist die Menge

$$M \setminus N := \{x \mid (x \in M) \wedge (x \notin N)\}.$$

Die Menge $M \setminus N$ besteht also aus den Elementen, die in M, aber nicht in N liegen. Abbildung 2.3 zeigt das zugehörige Venn-Diagramm.

Man beachte, dass es für diese Definition nicht erforderlich ist, dass jedes Element aus N auch in M liegt: Es wird nicht verlangt, dass man jedes Element von N aus M „herausnehmen" kann, sondern es wird lediglich verlangt, dass sich kein Element aus $M \setminus N$ in N befindet.

Beispiel 2.9

$$\{1, 2, 3, 4, 5\} \setminus \{3, 4, 5, 6, 7\} = \{1, 2\}$$

Offensichtlich ist diese Definition nicht symmetrisch, denn wenn man die Operation nach Vertauschung der Mengen anwendet, ergibt sich:

$$\{3, 4, 5, 6, 7\} \setminus \{1, 2, 3, 4, 5\} = \{6, 7\}.$$

Die Menge der Elemente, die in genau einer der beiden Ausgangsmengen liegen, wird durch folgende Operation beschrieben:

Symmetrische Differenzmenge: Die **symmetrische Differenzmenge** $M \triangle N$ ist die Menge

$$M \triangle N := \{x \mid ((x \in M) \wedge (x \notin N)) \vee ((x \notin M) \wedge (x \in N))\}.$$

Abbildung 2.4 zeigt das zugehörige Venn-Diagramm.

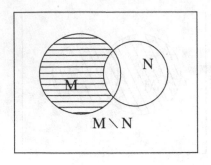
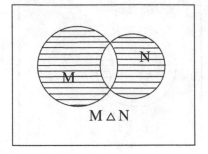

Abbildung 2.3: Differenzmenge $M \setminus N$ Abbildung 2.4:
symmetrische Differenzmenge $M \triangle N$

Beispiel 2.10

$$\{1,2,3,4,5\} \triangle \{3,4,5,6,7\} = \{1,2,6,7\}$$

Zweistellige Mengenverknüpfung mit Ergebnistyp Wahrheitswert

Die folgende Verknüpfung unterscheidet sich von den vorangegangenen darin, dass das Verknüpfungsergebnis keine Menge, sondern ein Wahrheitswert ist.

Gegeben seien zwei Mengen M und N. Dann definiert $M \subseteq N$ einen Wahrheitswert, der folgenden Wert annimmt:

$$M \subseteq N \iff \forall x : x \in M \Rightarrow x \in N$$

$M \subseteq N$ ist also wahr genau dann, wenn jedes Element $x \in M$ auch Element von N ist. Falls das erfüllt ist, dann heißt M **Teilmenge von** N und die Menge N **Obermenge von** M. Wenn $M \subseteq N$ und $M \neq N$, dann sagen wir: M ist eine **echte Teilmenge von** N und schreiben: $M \subset N$.

Zur Schreibweise: Häufig wird für die Teilmengenbeziehung das Symbol $M \subset N$ auch dann verwendet, wenn die Gleichheit von M und N eingeschlossen sein darf. Um eine echte Teilmengenbeziehung davon abzugrenzen, wird dann die Schreibweise $M \subsetneqq N$ verwendet. Wir werden in künftigen Beispielen, in denen das eine Rolle spielt, zur besseren Klarheit immer mit den Symbolen $\subseteq$ und $\subsetneqq$ arbeiten.

Die leere Menge ist Teilmenge einer jeden Menge M. Denn es gilt

$$\forall x : (x \in \emptyset \Rightarrow x \in M).$$

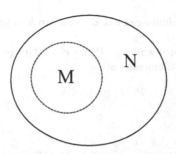

Abbildung 2.5: M ist Teilmenge von N

Da die Prämisse für kein x erfüllt werden kann, ist die Implikation immer wahr.

Die Gleichheit von zwei Mengen M und N kann nun durch eine Teilmengenbeziehung beschrieben werden:

$$M = N \Leftrightarrow M \subseteq N \wedge N \subseteq M.$$

Die **Teilmengenbeziehung** darf **nicht** mit der **Elementbeziehung** verwechselt werden:

In der Beziehung $M \subseteq N$ **muss** M eine Menge sein, d.h. die Aussage $1 \subseteq \{1, 2\}$ ist unzulässig. „Unzulässig" bedeutet hier nicht, dass die Aussage falsch ist, sondern dass ihr Wahrheitswert überhaupt nicht bestimmbar ist, weil der Operator $\subseteq$ auf der linken Seite einen unzulässigen Operanden hat.

In der Beziehung $M \in N$ **darf** M auch eine Menge sein, d.h. die Aussage $\{1\} \in \{1, 2\}$ ist genauso zulässig wie die Aussage $1 \in \{1, 2\}$. Jedoch bedeuten beide Aussagen nicht dasselbe. In diesem Fall ist der Wahrheitswert unterschiedlich:

Die Menge $\{1, 2\}$ enthält das Element 1, aber nicht die Menge $\{1\}$ als **Element**. Die Aussage $1 \in \{1, 2\}$ ist also wahr, während die Aussage $\{1\} \in \{1, 2\}$ falsch ist.

Die Aussage $\{1\} \in \{\{1\}\}$ ist dagegen wahr, denn jetzt ist $\{1\}$ ein Element der Menge $\{\{1\}\}$. Hier ist aber die Aussage $\{1\} \subseteq \{\{1\}\}$ falsch, denn dafür müssten alle Elemente von $\{1\}$ in $\{\{1\}\}$ enthalten sein: Das Element 1 der Menge $\{1\}$ ist aber nicht in $\{\{1\}\}$ enthalten, denn $\{\{1\}\}$ enthält außer der Menge $\{1\}$ kein weiteres Element, also auch nicht das Element 1.

Es ist aber in Spezialfällen möglich, dass eine Menge in einer anderen als Element und Teilmenge enthalten ist:

$$\{1\} \in \{\{1\}, 1\} \wedge \{1\} \subseteq \{\{1\}, 1\}$$

Einstellige Mengenverknüpfungen mit Ergebnistyp Menge

Potenzmenge: Die **Potenzmenge** $\mathcal{P}(M)$ einer Menge M ist die Menge, die alle Teilmengen von M als Elemente enthält:

$$\mathcal{P}(M) := \{X \mid X \subseteq M\}.$$

> **Beispiel 2.11**
>
> Sei $M = \{1, 2, 3\}$. Dann ist $\mathcal{P}(M) = \{\emptyset, \{1\}, \{2\}, \{3\}, \{1, 2\}, \{1, 3\}, \{2, 3\},$
> $\{1, 2, 3\}\}$.

Die bereits oben erwähnte Menge $\{\emptyset\}$ ist die Potenzmenge der leeren Menge. $\{\{1\}\}$ ist dagegen keine Potenzmenge, denn sie könnte nur die Potenzmenge von $\{1\}$ sein, aber dann müsste sie auch noch die leere Menge enthalten.

Während man von jeder Menge die Potenzmenge bilden kann, ist nicht jede Menge die Potenzmenge einer anderen Menge. Es gibt nämlich notwendige Eigenschaften, die für alle Potenzmengen gelten müssen:

1. Jedes Element einer Potenzmenge ist selbst eine Menge.

2. Jede Potenzmenge muss die leere Menge enthalten, weil die leere Menge Teilmenge jeder Menge ist.

3. Eine Potenzmenge enthält immer 2^n Elemente für ein beliebiges n: Dann ist sie nämlich die Potenzmenge einer n-elementigen Menge. Eine Potenzmenge mit einer anderen Anzahl als 2^n Elemente ist nicht möglich.

Komplementärmenge: Die **Komplementärmenge** $\overline{M}$ einer Menge M besteht aus genau den Elementen, die nicht Elemente von M sind.

Hier gibt es ein Problem bei der Definition: Da potentiell alles Element einer Menge sein darf, liegen also alle Objekte außer den Elementen von M in $\overline{M}$. Das sind beliebig, insbesondere unendlich viele. Daher ist es für die Definition der Komplementärmenge praktikabler, von vornherein nur bestimmte Elemente bei der Mengenbildung zuzulassen. Der Definitionsbereich für diese Elemente wird in der Mengenlehre üblicherweise als das zulässige Universum bezeichnet und mit dem Buchstaben Ω abgekürzt.

In Venn-Diagrammen wird das alle Mengen umschließende Universum als Rechteck dargestellt und so von den anderen Mengen (denn auch das Universum ist eine Menge), die mit runden Begrenzungslinien dargestellt werden, optisch abgegrenzt (siehe Abbildung 2.6).

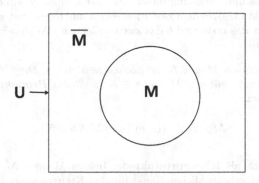

Abbildung 2.6: Universum U mit Menge M und Komplement $\overline{M}$

Wir haben bei der Darstellungsweise von Mengen auch die Variante, eine Menge mit Hilfe eines Prädikats zu beschreiben, angegeben. Dieses Prädikat sei mit $P(x)$ benannt. Bei der Beschreibung eines solchen Prädikats $P(x)$ haben wir vorausgesetzt, dass die Variable x Werte aus einem Definitionsbereich D annehmen kann. Dieser Definitionsbereich entspricht jetzt dem Mengenuniversum Ω. Ausführlicher kann man die Menge M also beschreiben als:

$$M := \{\, x \mid (x \in \Omega) \wedge (P(x) \text{ ist wahr})\,\}.$$

Nun können wir auch das Komplement exakt definieren:

$$\overline{M} := \{\, x \mid (x \in \Omega) \wedge (\neg P(x) \text{ ist wahr})\,\}.$$

Mengenprodukte

Abschließend betrachten wir mit dem Mengenprodukt eine Verknüpfung, die aus zwei Mengen eine neue Menge erzeugt. Das Mengenprodukt gibt die Möglichkeit, aus der Schule bekannte Begriffe wie Funktionen und Relationen eindeutig zu definieren, und spielt damit eine wichtige Rolle in der Mathematik und ihren Anwendungen.

Während es bei der Zusammenfassung von Elementen zu einer Menge weder auf die Reihenfolge noch auf die Vielfachheit der Elemente ankommt, enthält ein Mengenprodukt Objekte, in denen bei einer Zusammenfassung von Elementen sowohl die Reihenfolge als auch die Vielfachheit berücksichtigt wird.

Die einfachste Zusammenfassung dieser Art ist die eines geordneten Paares: Ein
Paar ist ein Objekt (a, b), in dem zwei Elemente a und b geordnet zusammengefasst
werden, d.h. a ist das erste und b das zweite Element. Wenn $a \neq b$ ist, dann soll
$(a, b) \neq (b, a)$ sein.

Definition 2.2 *Seien M und N zwei beliebige Mengen. Die Gesamtheit der geordneten Paare (a, b) mit $a \in M$ und $b \in N$ heißt das **Produkt** der Mengen M
und N, in Zeichen:*

$$M \times N := \{(a, b) \mid a \in M \wedge b \in N\}.$$

$M \times N$ wird auch als **Kreuzprodukt** der beiden Mengen M und N bezeichnet. Ein ebenfalls gebräuchlicher Name für das Kreuzprodukt ist **kartesisches
Produkt**[3].

In Definition 2.2 darf auch $M = N$ gelten. In diesem Fall ist es möglich, Paare
der Form (a, a) zu bilden.

Man beachte, dass ein Paar (a, b) grundverschieden von der Menge $\{a, b\}$ ist, was
durch die unterschiedlichen Zusammenfassungssymbole $(\ldots)$ und $\{\ldots\}$ verdeutlicht wird. Bei Mengen gilt $\{a, b\} = \{b, a\}$ und $\{a, a\} = \{a\}$, während bei Paaren
diese Gleichheit bzw. Vereinfachung nicht möglich ist.

Analog kann man auch mehr als zwei Elemente geordnet zusammenfassen:

Die geordnete Zusammenfassung von drei Elementen (a, b, c) heißt Tripel, die von
vier Elementen (a, b, c, d) Quadrupel, die von fünf Elementen (a, b, c, d, e) Quintupel, von sechs Elementen (a, b, c, d, e, f) Sextupel, usw., indem man jeweils das
entsprechende lateinische Zahlwort nimmt.

Wegen der gleichartigen Endung „tupel" der höheren Zahlwörter bezeichnet man
allgemein eine geordnete Zusammenfassung von k Elementen $(a_1, a_2, \ldots, a_k)$ als
k-Tupel und eine geordnete Zusammenfassung von Elementen, auf deren Anzahl
man sich nicht festlegen möchte, als **Tupel**. Paare, Tripel, Quadrupel, Quintupel
usw. sind also spezielle Tupel. Man kann ein Paar auch als 2-Tupel bezeichnen.

Im Allgemeinen sind Tupel die Elemente eines kartesischen Mengenprodukts.

Analog zum Produkt von zwei Mengen kann man auch das Produkt von mehr als
zwei Mengen definieren:

Definition 2.3 *Seien $M_1, M_2, \ldots, M_k$ irgendwelche Mengen.
Dann ist das **k-Produkt** dieser Mengen definiert durch:*
$$M_1 \times M_2 \times \ldots \times M_k := \{(a_1, a_2, \ldots, a_k) \mid a_1 \in M_1 \wedge a_2 \in M_2 \wedge \ldots \wedge a_k \in M_k\}.$$

---

[3] nach René Descartes (1596–1650), lat. Cartesius: französischer Mathematiker und Naturwissenschaftler

Sind insbesondere die k Mengen $M_1, M_2, \ldots, M_k$ alle untereinander gleich, und zwar gleich M, dann ist die Menge

$$\underbrace{M \times M \times \ldots \times M}_{k\ Faktoren} := \{(a_1, a_2, \ldots, a_k) \mid a_1, a_2, \ldots, a_k \in M\}$$

genau die Menge aller k-Tupel mit Elementen aus M.

Man beachte, dass es sich bei dem Mehrfachprodukt nicht um die Hintereinanderschaltung von Zweierprodukten handelt, sondern um eine k-stellige Verknüpfung.

Tupel können in Programmiersprachen durch die Datenstruktur **Liste** dargestellt werden. Hier wird in der Regel zwischen verschiedenartigen Tupeln genauer unterschieden, als das in manchen Mathematikbüchern üblich ist:

So ist z.B. die Liste $((a, b), c)$ eine Liste aus 2 Elementen, deren erstes Element (a, b) heißt und das letzte c. Dagegen ist die Liste (a, b, c) eine Liste aus 3 Elementen, deren erstes Element a und deren letztes Element c heißt. Schließlich ist die Liste $(a, (b, c))$ wiederum eine Liste aus 2 Elementen, deren erstes Element a und deren letztes Element (b, c) heißt.

Während in den meisten Programmiersprachen diese 3 Listen als unterschiedlich angesehen werden, werden die entsprechenden Tupel in axiomatischen Einführungen von Mathematikbüchern manchmal als gleich angesehen. In vielen praktischen Anwendungen ist die genaue Unterscheidung, wie sie in der Informatik gemacht wird, aber von Bedeutung.

Eigenschaften von Mengenprodukten:

Seien M_1, M_2, N beliebige Mengen. Dann gelten folgende Rechengesetze:

$$
\begin{aligned}
(M_1 \cap M_2) \times N &= (M_1 \times N) \cap (M_2 \times N) \\
N \times (M_1 \cap M_2) &= (N \times M_1) \cap (N \times M_2) \\
(M_1 \cup M_2) \times N &= (M_1 \times N) \cup (M_2 \times N) \\
N \times (M_1 \cup M_2) &= (N \times M_1) \cup (N \times M_2) \\
M_1 \times M_2 = \emptyset &\iff M_1 = \emptyset \vee M_2 = \emptyset
\end{aligned}
$$

Die Beweise davon sind technisch, ergeben sich aber direkt aus den Definitionen.

☞ Zum Abschluss sei darauf hingewiesen, dass es in einem Tupel nicht nur auf die Reihenfolge, sondern auch auf die Vielfachheit eines Elements ankommt:

Das Tupel $(2, 1, 2, 1, 1)$ ist verschieden vom Tupel $(1, 2)$. Beide Tupel sind wiederum verschieden von der Menge $\{2, 1, 2, 1, 1\} = \{1, 2\}$.

2.2 Relationen

Wenn Elemente von Mengen in irgendeiner Beziehung zueinander stehen, dann kann man das auf formale Weise durch sogenannte **Relationen** ausdrücken. Wir betrachten zunächst den Fall, dass Elemente derselben Menge in Beziehung zueinander stehen:

Definition 2.4 *Eine (2-stellige)* **Relation** *auf der Menge M ist eine beliebige Teilmenge R des Kreuzprodukts $M \times M$:*

$$R \subseteq M \times M.$$

Das bedeutet: Ein Element $a \in M$ steht mit einem Element $b \in M$ in der Relation R genau dann, wenn $(a, b) \in R$.

Schreibweise: „$R(a, b)$" oder „aRb" oder „$a \overset{R}{\sim} b$".

Die Schreibweise „$a \overset{R}{\sim} b$" ist nur erforderlich, um die Relation R von einer zweiten Relation S zu unterscheiden. Wenn es klar ist, um welche Relation R es sich handelt, wird häufig die vereinfachte Schreibweise $a \sim b$ verwendet.

Beispiel 2.12

Sei $M = \mathbb{N}$ die Menge der natürlichen Zahlen. Dann ist

$$R_{\leq} = \{(x, y) \in \mathbb{N} \times \mathbb{N} \mid x \leq y\}$$

eine Relation auf $\mathbb{N}$.

Beispiel 2.13

Sei $M = \mathbb{N}$ die Menge der natürlichen Zahlen. Dann ist

$$R_{<} = \{(x, y) \in \mathbb{N} \times \mathbb{N} \mid x < y\}$$

eine Relation auf $\mathbb{N}$. Man beachte, dass $R_{<} \neq R_{\leq}$, denn $(1, 1) \in R_{\leq}$, während $(1, 1) \notin R_{<}$.

Beispiel 2.14

Sei $M = \mathbb{N}$ die Menge der natürlichen Zahlen. Dann ist

$$R_3 = \{(x, y) \in \mathbb{N} \times \mathbb{N} \mid x \bmod 3 = y \bmod 3\}$$

eine Relation auf $\mathbb{N}$. Hierbei ist m MOD 3 der Rest von m bei der ganzzahligen Division durch die Zahl 3, z.B. 7 MOD 3 = 1 und 12 MOD 3 = 0. Eine Zahl m steht also in Relation zu einer Zahl n, wenn m und n den gleichen Rest bei der Division durch die Zahl 3 haben.

Beispiel 2.15

Sei P eine Menge von Personen. Dann ist

$$G = \{(x, y) \in P \times P \mid x \text{ und } y \text{ sind im selben Ort geboren}\}$$

eine Relation auf P.

Beispiel 2.16

Sei P eine Menge von Personen. Dann ist

$$H = \{(x, y) \in P \times P \mid x \text{ hat ein gemeinsames Hobby mit } y\}$$

eine Relation auf P.

2.2.1 Besondere Eigenschaften von Relationen

Ziel der formalen Betrachtung der Relationen ist es, bestimmte intuitiv einsichtige Basisrelationen wie den Begriff der Gleichheit von Zahlen sowie der Anordnung von Zahlen auf beliebige Mengen zu übertragen. Dafür müssen wir zunächst herausschälen, was die typischen Eigenschaften dieser Basisrelationen sind. Im Folgenden definieren wir Eigenschaften, die eine Relation haben könnte:

Definition 2.5 *Sei R eine beliebige Relation auf M, d.h. $R \subseteq M \times M$.*

*1) R heißt **reflexiv** genau dann, wenn $\forall x \in M : (x, x) \in R$.*

*2) R heißt **symmetrisch** genau dann, wenn $\forall x, y \in M : (x, y) \in R \Rightarrow (y, x) \in R$.*

*3) R heißt **antisymmetrisch** genau dann, wenn $\forall x, y \in M : (x, y) \in R \land (y, x) \in R \Rightarrow x = y$.*

*4) R heißt **transitiv** genau dann, wenn $\forall x, y, z \in M : (x, y) \in R \land (y, z) \in R \Rightarrow (x, z) \in R$.*

*5) R heißt **linear** genau dann, wenn $\forall x, y \in M : (x, y) \in R \lor (y, x) \in R$.*

Im Folgenden wird die Besonderheit dieser Begriffe erläutert:

1) Für die Reflexivität einer Relation reicht es nicht aus, dass irgendein Element aus M zu sich selbst in Relation steht. Es müssen vielmehr *alle* Elemente aus M zu sich selbst in Relation stehen. Für die Tatsache, dass eine Relation *nicht* reflexiv ist, reicht es also aus, ein Element zu finden, das nicht zu sich selbst in Relation steht. Wenn in einer Relation überhaupt kein Element zu sich selbst in Relation steht, dann wird eine solche Relation auch **irreflexiv** genannt. Irreflexivität ist damit eine stärkere Eigenschaft als Nichtreflexivität: Jede irreflexive Relation ist nicht reflexiv, aber die Umkehrung gilt nicht.

2) Die Symmetrie einer Relation ist nicht automatisch gegeben, denn die Paare bleiben nicht dieselben, wenn man die Reihenfolge der Elemente umkehrt. Nur bei symmetrischen Relationen darf man das tun, ohne die Relationseigenschaft zu verändern. Für die Tatsache, dass eine Relation nicht symmetrisch ist, reicht es aus, ein Gegenbeispiel zu finden, also ein Paar $(x, y) \in R$ mit $(y, x) \notin R$. Relationen, bei denen die Umkehrung *keines* Paares in der Relation enthalten ist, werden auch als **asymmetrisch** bezeichnet. Analog zur Unterscheidung zwischen Nichtreflexivität und Irreflexivität ist Asymmetrie eine stärkere Eigenschaft als Nichtsymmetrie. Asymmetrie ist auch eine stärkere Eigenschaft als Irreflexivität: Jede asymmetrische Relation ist irreflexiv, aber nicht jede irreflexive Relation ist asymmetrisch.

3) In einer antisymmetrischen Relation darf ein bereits vorhandenes Paar nicht umgekehrt vorkommen, es sei denn, es handelt sich um ein Paar, in dem ein Element zu sich selbst in Relation steht. Es ist genau diese letzte Ausnahme, welche den Unterschied zwischen antisymmetrisch und asymmetrisch ausmacht: In einer asymmetrischen Relation kann kein Element zu sich selbst in Relation stehen. Asymmetrie und Reflexivität schließen sich also aus, während Antisymmetrie und Reflexivität miteinander vereinbar sind.

4) Die Transitivität ist keine so starke Forderung für zwei beliebige Elemente x und z, wie es zunächst den Anschein hat: Nur wenn es ein „Transitelement" y „zwischen" x und z gibt, dann muss x zu z in Relation stehen. Wenn es kein solches Transitelement gibt, dann verlangt die Transitivität nichts, d.h. sie gilt automatisch.

5) Linearität bedeutet, dass je zwei Elemente x und y aus M in irgendeiner Reihenfolge zueinander in Relation stehen. Man sagt auch, dass in einer solchen Relation je zwei Elemente vergleichbar sind.

2.2.2 Äquivalenzrelationen

Äquivalenzrelationen verallgemeinern den intuitiven Begriff der Gleichheit. Man betrachtet also zwei Elemente als zueinander in Relation stehend, wenn sie im Prinzip „gleich" sind. Es wird schnell klar, dass der intuitive Begriff der „Gleichheit" von den oben betrachteten Eigenschaften die Reflexivität, Symmetrie und Transitivität erfüllt. Das motiviert die folgende Definition:

Definition 2.6 *Eine Relation R auf der Menge M, die zugleich reflexiv, symmetrisch und transitiv ist, heißt* **Äquivalenzrelation**.

Üblicherweise wird bei Äquivalenzrelationen R für die Angabe, dass $(x, y) \in R$ gilt, anstelle der Kurzschreibweise $x \sim y$ die Schreibweise $x \cong y$ benutzt. Auch die Verwendung der Schreibweise $x \approx y$, $x \equiv y$ oder auch einfach nur $x = y$ (wenn das nicht zur Verwirrung führt) ist üblich, um eine Äquivalenzrelation darzustellen. Wenn $x \cong y$, dann sagen wir: „x *und* y *sind äquivalent.*"

Mit dieser Schreibweise können wir also die definierenden Eigenschaften einer Äquivalenzrelation $\cong$ auf einer Menge M folgendermaßen zusammenfassen:

1. **Reflexivität:** $\forall x \in M : x \cong x$

2. **Symmetrie:** $\forall x, y \in M : x \cong y \Rightarrow y \cong x$

3. **Transitivität:** $\forall x, y, z \in M : x \cong y \wedge y \cong z \Rightarrow x \cong z$

Wenn nur eine der Eigenschaften an einem Beispiel scheitert, dann ist R keine Äquivalenzrelation.

Wir untersuchen nun die eingangs angeführten Beispiele 2.12 - 2.16 mit dieser Technik darauf, ob sie Äquivalenzrelationen sind.

zu Bsp. 2.12: Die Relation $R_\leq$ auf der Menge $\mathbb{N}$ ist keine Äquivalenzrelation, weil die Symmetrie nicht erfüllt ist: $(1, 2) \in R_\leq$, aber $(2, 1) \notin R_\leq$.

zu Bsp. 2.13: Aus demselben Grund wie eben ist auch die Relation $R_<$ auf der Menge $\mathbb{N}$ keine Äquivalenzrelation. $R_<$ verletzt zusätzlich auch die Eigenschaft der Reflexivität.

zu Bsp. 2.14: Die Relation R_3 ist eine Äquivalenzrelation: Jedes Element hat denselben Rest zu 3 wie das Element selbst. Wenn ein Element x denselben Rest zu 3 wie y hat, dann gilt das auch umgekehrt. Die Transitivität ist ebenfalls gegeben. Offensichtlich beruht die Äquivalenzeigenschaft von R_3 darauf, dass in der Definition von R_3 das Gleichheitszeichen eine zentrale Rolle spielt.

zu Bsp. 2.15: Die Geburtsortsrelation G auf der Menge der Personen ist ebenfalls eine Äquivalenzrelation, weil sie reflexiv, symmetrisch und transitiv ist. Das in der Definition verwendete Wort „derselbe" hat offensichtlich dieselben Eigenschaften wie das Gleichheitszeichen. Es ist aber für die Erfüllung der Transitivität von Bedeutung, dass jeder Mensch einen eindeutigen Geburtsort hat, wie wir im folgenden Beispiel sehen werden.

zu Bsp. 2.16: Die Hobbyrelation H auf der Menge der Personen ist trotz Verwendung des Worts „dasselbe" keine Äquivalenzrelation: Reflexivität und Symmetrie sind gegeben, aber die Transitivität ist verletzt, wie man am folgenden Beispiel sieht: Wenn Anton als ausschließliche Hobbys Segeln und Reiten hat, Berta die ausschließlichen Hobbys Reiten und Skifahren und Claudia die Hobbys Skifahren und Klavierspielen, dann stehen zwar Anton und Berta in Relation zueinander sowie Berta und Claudia, aber nicht Anton und Claudia, denn diese beiden teilen kein gemeinsames Hobby. Berta ist das im Transitivitätsgesetz vorgesehene „Transitelement" zwischen Anton und Claudia. Der entscheidende Unterschied zwischen den Relationen G und H beruht auf der Tatsache, dass eine Person mehrere Hobbys haben kann, während jede Person nur einen Geburtsort hat.

Wenn man die zueinander in Relation stehenden Elemente einer Menge M zu Teilmengen zusammenfasst, dann ergibt die Vereinigung dieser Teilmengen die gesamte Menge M und der Schnitt von je zwei Teilmengen ist leer. Formal definieren wir:

Definition 2.7   *Sei M eine beliebige Menge.*

*Eine **Mengenfamilie**[4] $\mathcal{F} = \{M_1, M_2, \ldots, M_k\}$ aus nichtleeren Teilmengen von M heißt **Partition** der Menge M, wenn gilt:*

$$1) \quad M = \bigcup_{i=1}^{k} M_i \ (\bigcup_{i=1}^{k} M_i \ \textit{bedeutet } M_1 \cup M_2 \cup \ldots \cup M_k)$$

$$2) \quad \forall M_i, M_j \in \mathcal{F} : M_i \neq M_j \implies M_i \cap M_j = \emptyset.$$

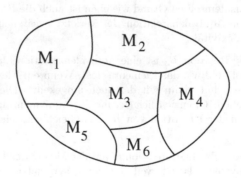

Abbildung 2.7: Partition von M

---

[4] Eine Mengenfamilie ist eine Menge von Mengen

Die 1. Eigenschaft einer Partition garantiert, dass jedes Element aus M in mindestens einer Teilmenge aus $\mathcal{F}$ liegt, und die 2. Eigenschaft, dass jedes Element in höchstens einer Teilmenge liegt. Damit liegt jedes Element aus M in genau einer Teilmenge aus der Partition $\mathcal{F}$.

Eine Mengenfamilie mit der 1. Eigenschaft nennt man auch eine **Zerlegung** und eine Mengenfamilie mit der 2. Eigenschaft nennt man auch **disjunkt**, weil die Elemente verschiedener Mengen unterschiedlich[5] sein müssen. Eine Partition von M ist also eine disjunkte Zerlegung von M.

Zwischen Partitionen und Äquivalenzrelationen besteht folgender Zusammenhang:

Satz 2.1 (Hauptsatz über Äquivalenzrelationen)

Sei M eine beliebige nichtleere Menge.

*1) Sei $R_\cong \subseteq M \times M$ eine beliebige Äquivalenzrelation auf M. Dann gibt es zu $R_\cong$ eine eindeutig bestimmte Partition $\mathcal{P}$ der Menge M in Teilmengen - **Äquivalenzklassen** genannt - mit der Eigenschaft: Alle bezüglich $R_\cong$ äquivalenten Elemente liegen in der gleichen Teilmenge von $\mathcal{P}$.*

2) Sei umgekehrt eine beliebige Partition $\mathcal{P}$ von M gegeben. Dann gibt es eine eindeutig bestimmte Äquivalenzrelation $R_\cong$ auf M, so dass alle Elemente, die in der gleichen Teilmenge von $\mathcal{P}$ liegen, bezüglich $R_\cong$ paarweise äquivalent zueinander sind.

Beweis:

1) Sei $R_\cong$ eine Äquivalenzrelation auf M und a ein beliebiges Element von M. Wir betrachten die Menge

$$M_a = \{x \in M \mid x \cong a\}$$

aller zu a äquivalenten Elemente. Sei $\mathcal{P} = \{M_a \mid a \in M\}$.

Wir zeigen: $\mathcal{P}$ ist eine Partition von M.

Es ist $M_a \neq \emptyset$ wegen $a \cong a$ (Reflexivität von $R_\cong$). Es handelt sich bei $\mathcal{P}$ also um eine Familie nichtleerer Teilmengen, wie in Definition 2.7 gefordert. Ferner ist aus demselben Grund $\bigcup_{a \in M} M_a = M$. Damit ist die 1. Eigenschaft von Definition 2.7 erfüllt.

Es muss für die 2. Eigenschaft noch gezeigt werden, dass die Äquivalenzklassen paarweise disjunkt sind:

---

[5] lat. disjunctus: verschieden

Angenommen, es gibt zwei Klassen M_a und M_b mit $M_a \cap M_b \neq \emptyset$. Sei dann x ein beliebiges Element aus $M_a \cap M_b$. Dann ist $x \cong a$ und $x \cong b$. Wegen der Symmetrie von $R_\cong$ ist dann aber auch $a \cong x$, und wegen der Transitivität ist dann $a \cong b$. Also gehört a zu M_b und b zu M_a. Dann gehört aber jedes Element $y \in M_a$ wegen der Transitivität auch zu M_b, und jedes Element $z \in M_b$ gehört auch zu M_a. Also gilt $M_a = M_b$. Damit haben wir die Kontraposition der 2. Eigenschaft bewiesen: Wenn zwei Äquivalenzklassen einen nichtleeren Schnitt haben, dann sind sie identisch.

2)   Es sei nun $\mathcal{P}$ eine Partition von M und x ein beliebiges Element aus M. Mit M_x bezeichnen wir die Klasse, die x enthält. Nun definieren wir eine Relation $R_\cong$ auf M: Es sei

$$a \cong b :\Longleftrightarrow \exists M_y \in \mathcal{P} : a \in M_y \wedge b \in M_y.$$

Unmittelbar aus der Definition folgt: $a \cong a$. Also ist $R_\cong$ reflexiv. Ebenso leicht sieht man, dass $R_\cong$ symmetrisch und transitiv ist. Das folgt jeweils aus der Tatsache, dass der in der Definition verwendete Operator „$\wedge$" symmetrisch und transitiv ist. Also ist $R_\cong$ eine Äquivalenzrelation auf M.

Wir zeigen nun noch, dass die Äquivalenzrelation $R_\cong$ eindeutig bestimmt ist.

Angenommen, es gibt eine weitere Äquivalenzrelation $R_{\underset{\sim}{*}}$ auf M derart, dass je zwei Elemente, die in der gleichen Klasse von $\mathcal{P}$ liegen, auch bzgl. $R_{\underset{\sim}{*}}$ äquivalent sind, und es sei $R_\cong \neq R_{\underset{\sim}{*}}$. Dann muss es ein Paar $(x, y) \in M \times M$ geben derart, dass $(x, y) \in R_\cong \wedge (x, y) \notin R_{\underset{\sim}{*}}$ oder $(x, y) \notin R_\cong \wedge (x, y) \in R_{\underset{\sim}{*}}$. In beiden Fällen müssten x und y in derselben Klasse von $\mathcal{P}$ wegen der einen Relation und in verschiedenen Klassen von $\mathcal{P}$ wegen der anderen Relation liegen. Das kann nicht gleichzeitig der Fall sein. Also gibt es ein solches Paar nicht, und die beiden Äquivalenzrelationen sind gleich.

■

Der Beweis des eben geführten Satzes ist konstruktiv, d.h. er zeigt, wie man zu einer gegebenen Äquivalenzrelation die zugehörigen Äquivalenzklassen findet und umgekehrt:

Im ersten Fall (Äquivalenzrelation $\rightarrow$ Partition in Äquivalenzklassen) beginnt man einfach mit einem beliebigen Element $a \in M$, sammelt alle Elemente auf, die zu a äquivalent sind, und definiert so die erste Äquivalenzklasse. Dann startet man mit einem noch nicht erfassten Element $b \in M$, fährt mit diesem genauso fort wie mit a und erhält die zweite Äquivalenzklasse. Der Vorgang wird solange wiederholt, bis kein Element mehr übrig ist. Zumindest für endlich viele Äquivalenzklassen führt diese Prozedur immer zu einem Erfolg. Bei unendlich vielen Äquivalenzklassen kann diese Prozedur endlos verlaufen.

Im zweiten Fall (Partition in Äquivalenzklassen $\to$ Äquivalenzrelation) definiert man zu jeder Klasse alle Elemente paarweise als äquivalent, die in derselben Klasse liegen.

Wir wenden dieses Prinzip auf die als Äquivalenzrelation identifizierten Beispiele R_3 (Bsp. 2.14) und G (Bsp. 2.15) an:

Die Äquivalenzklassen von R_3 sind Teilmengen von $\mathbb{N}$, die aus den Zahlen bestehen, die denselben Rest zur Zahl 3 haben, also: $\mathcal{P} = \{P_0, P_1, P_2\}$ mit:

$$P_0 = \{0, 3, 6, 9, \ldots\} \qquad P_1 = \{1, 4, 7, 10, \ldots\} \qquad P_2 = \{2, 5, 8, 11, \ldots\}$$

Die Äquivalenzklassen von G sind Teilmengen von Personen, die aus allen Personen bestehen, die im selben Ort geboren sind. Es gibt also eine eineindeutige Zuordnung zwischen den verschiedenen Äquivalenzklassen von G und den verschiedenen Orten. Die Äquivalenzklassen sind dennoch Mengen von Personen und keine Orte!

2.2.3 Ordnungsrelationen

Ordnungsrelationen verallgemeinern den intuitiven Begriff eines Vergleichszeichens der Form $\leq$ oder $\geq$. Die Vergleichszeichen $<$ und $>$ (also ohne Einschluss der Gleichheit) werden nicht zu Ordnungsrelationen gerechnet, weil sie die Reflexivität nicht erfüllen, was sich als unpraktisch erwiesen hat. Wir wollen uns auf $\leq$ beschränken und betrachten also zwei Elemente a, b als zueinander in einer Ordnungsrelation $a \sim b$ stehend, wenn $a \leq b$ gilt, also a „kleiner oder gleich" b gilt. Man kann sich leicht überzeugen, dass der intuitive Begriff von "Kleinergleichheit" von den oben betrachteten Eigenschaften die Reflexivität, Antisymmetrie und Transitivität erfüllt. Bei natürlichen, ganzen, rationalen und reellen Zahlen gilt auch noch die Linearität, d.h. je zwei Zahlen sind miteinander vergleichbar. Das motiviert die folgende Definition:

Definition 2.8 *Eine Relation R auf der Menge M, die zugleich reflexiv, antisymmetrisch und transitiv ist, heißt* **Ordnungsrelation**.

Gilt zusätzlich noch die Linearität der Relation, dann heißt sie **totale Ordnungsrelation**. *Ordnungsrelationen ohne die Eigenschaft der Linearität heißen auch* **partielle Ordnungsrelationen** .

Es gibt auch Lehrbücher, in denen für jede Ordnungsrelation die Linearität gefordert wird. Mit dem Zusatz *partiell* bzw. *total* ist aber in jedem Fall eindeutig, ob die Linearität gefordert sein soll oder nicht. Da Ordnungsrelationen auch für andere Grundmengen als Zahlenmengen betrachtet werden sollen, ist es üblich, anstelle von $\leq$ und $\geq$ die Zeichen $\preccurlyeq$ und $\succcurlyeq$ zu benutzen, um die Verallgemeinerung zu verdeutlichen.

Mit dieser Schreibweise können wir also die definierenden Eigenschaften einer Ordnungsrelation $\preccurlyeq$ auf einer Menge M folgendermaßen zusammenfassen:

1. **Reflexivität:** $\forall x \in M : x \preccurlyeq x$

2. **Antisymmetrie:** $\forall x, y \in M : x \preccurlyeq y \wedge y \preccurlyeq x \Longrightarrow x = y$

3. **Transitivität:** $\forall x, y, z \in M : x \preccurlyeq y \wedge y \preccurlyeq z \Longrightarrow x \preccurlyeq z$

4. **Linearität** (für totale Ordnungsrelationen): $\forall x, y \in M : x \preccurlyeq y \vee y \preccurlyeq x$

Wenn nur eine der Eigenschaften an einem Beispiel scheitert, dann ist R keine (totale) Ordnungsrelation.

Wir untersuchen nun die eingangs angeführten Beispiele 2.12 - 2.16 mit dieser Technik darauf, ob sie (totale) Ordnungsrelationen sind:

zu Bsp. 2.12: Die Relation $R_{\leq}$ auf der Menge $\mathbb{N}$ ist eine totale Ordnungsrelation, weil sie alle geforderten Eigenschaften erfüllt. Wie oben dargelegt, dient sie sogar als Vorbild für die Definition einer Ordnungsrelation.

zu Bsp. 2.13: Die Relation $R_{<}$ auf der Menge $\mathbb{N}$ ist dagegen keine Ordnungsrelation gemäß der oben angegebenen Definition, weil sie nicht reflexiv ist.

zu Bsp. 2.14: Die Relation R_3 ist keine Ordnungsrelation, weil sie das Gesetz der Antisymmetrie verletzt: So gelten z.B. $(1, 4) \in R_3$ und zugleich $(4, 1) \in R_3$.

zu Bsp. 2.15: Die Geburtsortsrelation G auf der Menge der Personen ist aus demselben Grunde keine Ordnungsrelation: Wenn Hans im selben Ort wie Erna geboren ist, dann ist auch Erna im selben Ort wie Hans geboren. Damit ist die Antisymmetrie verletzt.

zu Bsp. 2.16: Für die Hobbyrelation H wurde schon bei der Untersuchung auf Äquivalenzrelation gezeigt, dass sie nicht transitiv ist. Damit kann sie auch keine Ordnungsrelation sein. Aus demselben Grund wie in den beiden vorangegangenen Beispielen ist H aber auch nicht antisymmetrisch.

Man beachte, dass es nicht ausreicht, für die Verletzung der Antisymmetrie zu zeigen, dass die Relation R symmetrisch ist. Symmetrie und Antisymmetrie schließen sich nämlich nicht immer aus:

Für jede Menge M ist die Relation $\{(x, x) \mid x \in M\}$ sowohl symmetrisch als auch antisymmetrisch. Sie ist sowohl Ordnungs- als auch Äquivalenzrelation.

Für alle Relationen, die mindestens ein Paar (x, y) enthalten, bei dem $x \neq y$ gilt, schließen sich aber Symmetrie und Antisymmetrie gegenseitig aus. Solche Relationen können also niemals zugleich Ordnungs- und Äquivalenzrelationen sein.

Es stellt sich die Frage, ob es sinnvolle Beispiele für Ordnungsrelationen gibt, die nicht total, also nur partiell sind. Das natürlichste Beispiel für eine partielle Ordnungsrelation kommt aus der elementaren Mengenlehre:

Satz 2.2

Sei $\mathcal{F}$ eine Familie von beliebigen Mengen. Dann ist die Teilmengenrelation $R_\subseteq = \{(M, N) \in \mathcal{F} \times \mathcal{F} \mid M \subseteq N\}$ eine Ordnungsrelation, die im allgemeinen Fall nur partiell ist.

Beweis:

Jede Menge ist Teilmenge von sich selbst. Damit ist $R_\subseteq$ reflexiv.

Aus $M \subseteq N \wedge N \subseteq M$ folgt: $M = N$. Die Gleichheit von Mengen wurde sogar genau so definiert. Damit ist die Antisymmetrie gegeben.

Für die Transitivität ist für 3 beliebige Mengen M, N, P zu zeigen:

$$M \subseteq N \wedge N \subseteq P \;\Rightarrow\; M \subseteq P \tag{2.1}$$

Die Voraussetzung dieser Implikation lässt sich nach der Definition von „Teilmenge" (siehe Seite 54) als folgende logische Bedingung formulieren:

$$x \in M \to x \in N \wedge x \in N \to x \in P \tag{2.2}$$

Nach den Regeln des Kettenschlusses (siehe (1.12) auf Seite 13) gilt allgemein für Aussagen p, q, r:

$$p \to q \wedge q \to r \;\Rightarrow\; p \to r$$

Setzt man für die 3 beliebigen Aussagen p, q, r ein $p := (x \in M)$, $q := (x \in N)$ und $r := (x \in P)$, dann ergibt sich aus (2.2) mit Hilfe des Kettenschlusses: $x \in P$.

Damit ist gezeigt, dass die geforderte Folgerung von (2.1) aus der Voraussetzung von (2.1) gegeben ist. Das beweist die Transitivität der Teilmengenbeziehung. ∎

Um zu zeigen, dass die Linearität im Allgemeinen nicht gilt, geben wir ein Gegenbeispiel:

Beispiel 2.17

Sei $\mathcal{F}_4 = \mathcal{P}(\{1,2,3,4\})$ die Menge aller Teilmengen von $\{1,2,3,4\}$

In $\mathcal{F}_4$ sind die beiden Elemente $\{1,2\}$ und $\{3,4\}$ miteinander nicht vergleichbar, d.h. es gilt $\{1,2\} \not\subseteq \{3,4\}$ und $\{3,4\} \not\subseteq \{1,2\}$. Damit ist die Relation $R_\subseteq$ auf der Menge $\mathcal{F}_4$ nur eine partielle Ordnungsrelation

Anmerkung zu Satz 2.2: In speziellen Mengenfamilien kann die Linearität für die Relation $R_\subseteq$ durchaus gegeben sein, wie das folgende Beispiel zeigt:

Beispiel 2.18

$\mathcal{F}_4\prime = \{\emptyset, \{1\}, \{1,2\}, \{1,2,3\}\{1,2,3,4\}\}$

In $\mathcal{F}_4\prime$ sind alle Elemente miteinander vergleichbar. Damit ist die Relation $R_\subseteq$ auf der Menge $\mathcal{F}_4\prime$ eine totale Ordnungsrelation.

Für Ordnungsrelationen kann man Maximum und Minimum auf folgende Weise definieren:

Definition 2.9 *Sei M eine beliebige Menge und $R_\preccurlyeq$ eine darauf definierte Ordnungsrelation. Das Element $x_{max} \in M$ heißt* **Maximum**, *wenn gilt:*

$$\forall y \in M : y \preccurlyeq x_{max}$$

Analog heißt ein Element $x_{min} \in M$ **Minimum**, *wenn gilt:*

$$\forall y \in M : x_{min} \preccurlyeq y$$

Wir verdeutlichen diese Definition am Beispiel der Zahlenmenge $M = \{1,2,4,9,25\}$ mit der normalen Vergleichsrelation $\leq$:

Definition 2.9 fordert von einem Maximum, dass alle anderen Elemente als linke Partner in der Relation $\leq$ zum Maximum stehen: Das Maximum ist also in diesem Fall das Element 25. Analog fordert Definition 2.9 von einem Minimum, dass alle anderen Elemente als rechte Partner in der Relation $\leq$ zum Minimum stehen: Das Minimum ist in diesem Fall also das Element 1.

Es fällt bei Definition 2.9 auf, dass sowohl das Maximum als auch das Minimum mit jedem anderen Element von M vergleichbar sein muss. Doch nur bei totalen Ordnungsrelationen muss es solche Kandidaten geben. In partiellen Ordnungsrelationen kann es dagegen vorkommen, dass es kein Element gibt, das mit allen anderen vergleichbar ist. Die folgende Menge ist ein Beispiel dafür:

Beispiel 2.19

$\tilde{\mathcal{F}}_4 = \{\{1\}, \{2\}, \{1,2\}, \{2,3\}, \{3,4\}, \{1,2,3\}, \{2,3,4\}\}$

Die zugehörige Ordnungsrelation sei die Teilmengenrelation aus Satz 2.2. Es ist leicht zu sehen, dass für jedes Element $x \in \tilde{\mathcal{F}}_4$ mindestens ein Element $y \in \tilde{\mathcal{F}}_4$ existiert, von dem *nicht* gilt $y \subseteq x$, und auch mindestens ein Element $z \in \tilde{\mathcal{F}}_4$, von dem *nicht* gilt $x \subseteq z$. Damit kann es weder ein Maximum noch ein Minimum in $\tilde{\mathcal{F}}_4$ geben.

Aus diesem Grunde wird Definition 2.9 etwas gelockert auf folgende Weise:

Definition 2.10 *Sei M eine beliebige Menge und $R_{\preccurlyeq}$ eine darauf definierte Ordnungsrelation. Das Element $x_{max} \in M$ heißt* **maximales Element***, wenn gilt:*

$$\forall y \in M : x_{max} \preccurlyeq y \Rightarrow y = x_{max}$$

Analog heißt ein Element $x_{min} \in M$ **minimales Element***, wenn gilt:*

$$\forall y \in M : y \preccurlyeq x_{min} \Rightarrow y = x_{min}$$

Es wird also von maximalen Elementen nicht notwendigerweise verlangt, dass sie mit *allen* anderen vergleichbar sind, aber dass es unter den mit ihnen vergleichbaren zumindest kein größeres Element gibt. Analog wird von minimalen Elementen verlangt, dass es unter den mit ihnen vergleichbaren Elementen zumindest kein kleineres gibt.

Allerdings sind maximale bzw. minimale Elemente nicht immer eindeutig:

In der in Beispiel 2.19 definierten Menge $\tilde{\mathcal{F}}_4$ sind $\{1\}, \{2\}, \{3,4\}$ die minimalen Elemente: Kein anderes Element aus $\tilde{\mathcal{F}}_4$ ist Teilmenge eines dieser Elemente. Analog sind $\{1,2,3\}$ und $\{2,3,4\}$ die maximalen Elemente: Sie sind von keinem anderen Element aus $\tilde{\mathcal{F}}_4$ Teilmengen. Nur die Elemente $\{1,2\}$ und $\{2,3\}$ sind weder minimal noch maximal: Für sie gibt es kleinere und größere Elemente in $\tilde{\mathcal{F}}_4$.

Auch in partiellen Ordnungsrelationen kann das maximale oder minimale Element eindeutig sein. Genau dann, wenn das maximale Element eindeutig ist, dann ist es auch ein Maximum. Analog gilt das für die Eindeutigkeit des minimalen Elements. Das wird im folgenden Beispiel verdeutlicht:

Beispiel 2.20

Die in Beispiel 2.17 definierte Potenzmenge $\mathcal{F}_4$ enthält das Element $\emptyset$ als eindeutiges Minimum, das auch mit allen anderen vergleichbar ist (die leere Menge ist Teilmenge aller Mengen), und das Element $\{1,2,3,4\}$ als eindeutiges Maximum: Jedes andere Element aus $\mathcal{F}_4$ ist Teilmenge von $\{1, 2, 3, 4\}$. Es gibt allerdings - wie oben gezeigt - „mittlere" Elemente in $\mathcal{F}_4$, die nicht mit _allen_ anderen vergleichbar sind.

Umgekehrt verhindert die Existenz mehrerer maximaler Elemente zwingend die Existenz eines Maximums: Es folgt aus Definition 2.10, dass die Maxima untereinander nicht vergleichbar sein können (anderenfalls wäre mindestens eines kein maximales Element mehr). Damit kann es kein Element geben, das größer oder gleich allen anderen ist. Analog verhindert die Existenz mehrerer minimaler Elemente zwingend die Existenz eines Minimums.

Für endliche Mengen kann man Folgendes zeigen:

Satz 2.3

Sei M eine endliche Menge und $R_{\preccurlyeq}$ eine darauf definierte Ordnungsrelation.

1) Es gibt immer mindestens ein maximales und ein minimales Element.

2) Genau dann, wenn das maximale bzw. minimale Element eindeutig ist, dann ist es ein Maximum bzw. Minimum.

3) Wenn $R_{\preccurlyeq}$ eine totale Ordnungsrelation ist, dann ist das maximale und minimale Element immer eindeutig, sodass es ein Maximum und Minimum gibt.

Für unendliche Mengen gilt dieser Satz nicht mehr, da man Folgen konstruieren kann, in denen zu jedem Element immer noch ein größeres existiert, ohne dass es ein maximales Element gibt. Ein Beispiel ist die Menge $\mathbb{N}$ der natürlichen Zahlen, in der es zwar ein Minimum gibt, aber kein maximales Element.

2.2.4 Graphische Darstellung von Relationen auf endlichen Mengen M

Relationen auf endlichen Mengen sind nach Definition 2.4 selbst endliche Mengen und können daher in Elementschreibweise dargestellt werden, also z.B. auf der Menge $M_4 = \{1, 2, 3, 4\}$ die Relation $R_4 = \{(1, 1), (2, 1), (3, 2), (2, 3), (4, 3), (3, 1)\}$.

Man kann auf einfache Art jede Relation R auf einer endlichen Menge M auch graphisch darstellen, indem man auf die graphische Darstellung von endlichen Mengen mit Hilfe von Venn-Diagrammen zurückgreift:

M wird zweifach in jeweils einem Venn-Diagramm dargestellt: Das erste Diagramm entspricht dem Vorkommen eines Elements in einem Paar in R an erster Position, das zweite Diagramm dem Vorkommen an zweiter Position. Zu R zugehörige Paare werden dann durch einen Pfeil dargestellt, der das Element in erster

Position mit dem Element an zweiter Position verbindet. Eine solche Darstellung heißt **Zuordnungsdiagramm**.

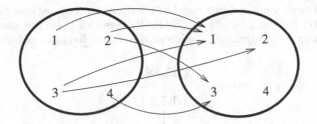

Abbildung 2.8: Zuordnungsdiagramm für die Relation R_4 auf der Menge M_4

Diese Darstellung ist eindeutig und leicht interpretierbar, wie in Abbildung 2.8 verdeutlicht ist. Sie wird aber sehr unübersichtlich, wenn die Relation R wesentlich mehr Paare enthält, als M Elemente hat. Das sieht man schon bei der Teilmengenrelation auf der Menge $\mathcal{F}_4{}'$ (siehe Beispiel 2.18) in Abbildung 2.9.

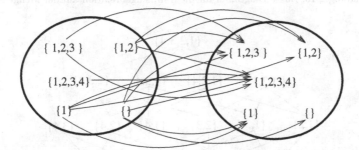

Abbildung 2.9: Zuordnungsdiagramm für die Teilmengenrelation auf der Menge $\mathcal{F}_4{}'$

Für **Äquivalenzrelationen** auf endlichen Mengen ergibt sich eine weitere graphische Darstellungsart durch den Hauptsatz 2.1: Man stellt M in einem Venn-Diagramm dar und zeichnet in dieses die **Partition in Äquivalenzklassen** ein, wie in Abbildung 2.7 skizziert. Je zwei Elemente, die in derselben Partitionsmenge liegen, sind zueinander äquivalent.

Auch für **Ordnungsrelationen** auf endlichen Mengen gibt es eine übersichtliche graphische Darstellungsart, das **Hasse-Diagramm**[6]:

---

[6] Helmut Hasse (1898–1976): Professor für Mathematik in Berlin und Hamburg

Hier werden die Elemente von M in verschiedenen Ebenen von oben nach unten dargestellt: Auf die oberste Ebene kommen alle maximalen Elemente. Jedes Element y mit $y \preccurlyeq x \neq y$ kommt auf eine tiefer gelegene Ebene als x. Außerdem wird das Element y mit x durch eine Linie verbunden, wenn es kein Element dazwischen gibt: $\nexists z \neq x, y : y \preccurlyeq z \preccurlyeq x$. Jedes Element wird also mit einer Linie zu seinen direkten Vorgängern und Nachfolgern in dieser Relation verbunden.

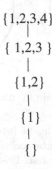

Abbildung 2.10: Hasse-Diagramm für die Teilmengenrelation auf der Menge $\mathcal{F}_4\prime$

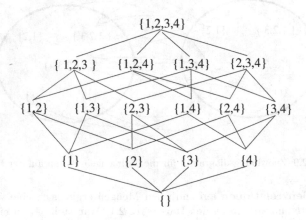

Abbildung 2.11: Hasse-Diagramm für die Teilmengenrelation auf der Menge $\mathcal{F}_4$

In den Abbildungen 2.10 und 2.11 sind die Hasse-Diagramme für die Teilmengenrelation auf den Mengen $\mathcal{F}_4\prime$ (aus Beispiel 2.18) und $\mathcal{F}_4$ (aus Beispiel 2.17) dargestellt. Das in Abbildung 2.9 dargestellte Zuordnungsdiagramm für $\mathcal{F}_4\prime$ ist offensichtlich deutlich unübersichtlicher. In dem hier nicht dargestellten Zuordnungsdiagramm für $\mathcal{F}_4$ würde man jegliche Orientierung verlieren, sodass das Hasse-Diagramm für $\mathcal{F}_4$ die einzige sinnvolle Veranschaulichungsmöglichkeit ist.

Man beachte, dass die Anzahl der Darstellungsebenen in einem Hasse-Diagramm sowie die Zuordnung der Elemente von M zu diesen Ebenen nicht eindeutig ist. Es ist aber immer eindeutig, welches Element zu welchem anderen Element eine Verbindung hat und welches Element tiefer liegt (wegen der Antisymmetrie einer Ordnungsrelation).

Außerdem kann man in einem Hasse-Diagramm leicht die maximalen und minimalen Elemente herauslesen: Die maximalen Elemente sind die, von denen keine Verbindungslinie nach oben geht, und die minimalen Elemente sind die, von denen keine Verbindungslinie nach unten geht.

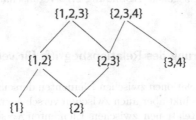

Abbildung 2.12: Hasse-Diagramm für die Teilmengenrelation auf der Menge $\tilde{\mathcal{F}}_4$

Das wird in Abbildung 2.12 für die Teilmengenrelation auf der in Beispiel 2.19 definierten Menge $\tilde{\mathcal{F}}_4$ verdeutlicht: Die maximalen Elemente sind offenbar die oben stehenden Elemente $\{1, 2, 3\}$ und $\{2, 3, 4\}$, und die minimalen Elemente sind $\{1\}, \{2\}$ und $\{3, 4\}$. Man sieht am Beispiel des Elements $\{3, 4\}$, dass es für ein minimales Element offenbar nicht darauf ankommt, ob es in der untersten Ebene steht, sondern nur, dass von ihm keine Verbindungslinie mehr nach unten geht. Analog müssen maximale Elemente nicht notwendigerweise auf der obersten Ebene stehen, auch wenn das hier so vorgeschlagen wurde.

Ein Hasse-Diagramm ist vor allem deswegen übersichtlicher als ein Zuordnungsdiagramm, weil die Paare, die sich durch Reflexivität und Transitivität ergeben, nicht explizit dargestellt werden:

In einer Ordnungsrelation weiß man, dass jedes Paar (x, x) immer enthalten ist, sodass man auf die explizite Darstellung verzichten kann.

Auch die sich aus der Transitivität ergebenden Paare können leicht erkannt werden: Ein Element x steht zu einem anderen Element y genau dann in Relation, wenn es einen Weg aus Verbindungslinien von x zu y gibt, der strikt nach oben führt (dann gilt: $x \preccurlyeq y$) oder strikt nach unten (dann gilt: $x \succcurlyeq y$). Hier geht die

Transitivität einer Ordnungsrelation ein: Die Elemente z auf dem Weg von x nach y sind die Zwischenelemente z der Transitivitätsbedingung.

Dieser Weg ist im Allgemeinen nicht eindeutig, wenn es Zwischenelemente gibt und die Relation nicht linear ist. Wenn es überhaupt keinen Weg von x nach y gibt oder zumindest keinen, der strikt nach oben oder strikt nach unten führt (jeder mögliche Pfad wechselt also mindestens einmal die Richtung), dann sind die beiden Elemente x und y nicht vergleichbar.

Man kann an einem Hasse-Diagramm auch gut ablesen, ob eine Ordnungsrelation total oder nur partiell ist: In totalen Ordnungsrelationen ist das Hasse-Diagramm immer eine einzelne Kette, in der das eindeutige Maximum ganz oben und das eindeutige Minimum ganz unten steht. Seitenzweige und mehrere Elemente auf einer Ebene kann es nicht geben. Abbildung 2.10 veranschaulicht eine totale Ordnungsrelation.

2.2.5 Verallgemeinerung des Relationsbegriffs für verschiedene Mengen

Bisher haben wir nur Relationen zwischen Elementen derselben Menge betrachtet. Da man das Mengenprodukt aber auch zwischen verschiedenen Mengen definieren kann, ist es möglich, Relationen zwischen Elementen verschiedener Mengen zu betrachten:

Definition 2.11 *Eine (2-stellige)* **Relation** *zwischen einer Menge M und einer Menge N ist eine Teilmenge R des Kreuzprodukts $M \times N$:*

$$R \subseteq M \times N.$$

Das bedeutet: Ein Element $a \in M$ steht mit einem Element $b \in N$ in der Relation R genau dann, wenn $(a, b) \in R$.

Da sich das Kreuzprodukt $M \times N$ von $N \times M$ im Allgemeinen unterscheidet, ist eine Relation zwischen M und N im Allgemeinen verschieden von einer Relation zwischen N und M:

Die Relation {(Wilhelm, Wedel), (Herrmann, Hamburg), (Hugo, Hamburg), (Hugo, Husum), (Britta, Berlin)} ist eine Relation zwischen Personen und Orten, während die Relation {(Wedel, Wilhelm), (Hamburg, Herrmann), (Hamburg, Hugo), (Husum, Hugo), (Berlin, Britta)} eine Relation zwischen Orten und Personen ist.

Bei Relationen zwischen verschiedenen Mengen kann die Reflexivität nicht gegeben sein. Daher können solche Relationen keine Äquivalenz- oder Ordnungsrelationen sein.

Die graphische Darstellung einer Relation zwischen verschiedenen Mengen M und N durch ein Zuordnungsdiagramm ist analog zur graphischen Darstellung einer Relation auf derselben Menge: Das Venn-Diagramm für die ersten Elemente der Paare beschreibt die Menge M und das für die zweiten Elemente die Menge N.

Man kann auch Relationen als Teilmengen des Kreuzprodukts von mehr als 2 Mengen bilden, aber das wird in diesem Buch nicht weiter behandelt, obwohl es dafür durchaus relevante Anwendungen gibt, z.B. bei der Beschreibung komplexerer Datenbanken. Das sprengt aber den Rahmen für Einsteiger.

2.3 Funktionen

Funktionen stellen einen weiteren Typ von Relationen mit bestimmten Eigenschaften dar. Wir beschränken uns auf Relationen zwischen 2 Mengen.

Eine Relation R zwischen zwei Mengen wird **Funktion** genannt, wenn es für jedes Element an erster Stelle eines Paares aus R jeweils genau einen „Partner" als Element an der zweiten Stelle gibt, d.h. kein Element an erster Stelle hat mehr als einen Partner und keines geht leer aus. Es ist nicht verboten, dass verschiedene Elemente denselben Partner haben.

Formal werden Funktionen folgendermaßen definiert:

Definition 2.12   *Sei $F \subseteq M \times N$ eine Relation zwischen M und N.*

   *1) F heißt **linksvollständig** $:\Longleftrightarrow \forall x \in M\ \exists y \in N : (x,y) \in F$.*

   *2) F heißt **rechtseindeutig***
      $$:\Longleftrightarrow \forall (x,y), (x,y') \in M \times N : (x,y) \in F \wedge (x,y') \in F \Rightarrow y = y'.$$

   *3) F heißt **Funktion**, wenn sie linksvollständig und rechtseindeutig ist. M wird der **Definitionsbereich** und N die **Zielmenge** der Funktion genannt. Für ein Paar $(m,n) \in F$ wird n der Funktionswert $F(m)$ (sprich: „F von m") genannt. m wird ein Funktionsargument (oder nur **Argument**) für n genannt.*

Während der Funktionswert von einem m des Definitionsbereichs immer eindeutig ist, darf es zu einem n der Zielmenge mehrere Funktionsargumente geben.

Rechtseindeutige Relationen und somit alle Funktionen werden auch **Abbildung** genannt. Funktionen mit Definitionsbereich M und Zielmenge N werden üblicherweise in der Abbildungsschreibweise definiert:

$$F : M \longrightarrow N$$
$$m \longmapsto F(m)$$

Bei endlichen Definitionsbereichen kann die zweite Zeile dieser Definition für jedes Element des Definitionsbereichs getrennt angegeben werden. Bei unendlichen Definitionsbereichen wird für $F(m)$ stattdessen eine Gleichung angegeben, wie man den Funktionswert aus m berechnet. In dieser Form kennen wir Funktionen aus der Schule.

Man sagt, dass m durch die Abbildungsvorschrift auf $F(m)$ **abgebildet** wird. Daher nennt man $F(m)$ auch das **Bild** von m. Analog ist m ein **Urbild** für $F(m)$. Nicht für jedes Element aus der Zielmenge N muss ein Urbild existieren. Die Teilmenge der Zielmenge, für die ein Urbild existiert, nennt man **Bildmenge** oder **Wertevorrat** und bezeichnet sie mit $F(M)$.

Die bisher verwendeten Begriffe werden am folgenden Beispiel verdeutlicht:

Beispiel 2.21

Gegeben seien die Mengen $M = \{1, 2, 3\}$, $N = \{a, b, c, d\}$ und $P = \{1, 2, 3, 4, 5\}$. Es seien folgende Relationen definiert:

$$R_1 = \{(1, a), (2, b), (3, c), (1, d)\} \qquad \subseteq M \times N$$
$$R_2 = \{(1, a), (2, b), (3, c)\} \qquad \subseteq M \times N$$
$$R_3 = \{(a, 1), (b, 2), (c, 3), (d, 4), (b, 5)\} \qquad \subseteq N \times P$$
$$R_4 = \{(a, 1), (b, 2), (c, 3), (d, 4)\} \qquad \subseteq N \times P$$
$$R_5 = \{(1, 1), (2, 2), (3, 3)\} \qquad \subseteq M \times P \ (\text{oder} \subseteq P \times M)$$

Die Relationen R_2 und R_4 sind linksvollständig und rechtseindeutig, also Funktionen. Für R_2 ist der Definitionsbereich M und die Zielmenge N. Die Bildmenge $R_2(M) = \{a, b, c\}$ ist eine echte Teilmenge der Zielmenge N. Auch für R_4 mit Definitionsbereich N ist die Bildmenge $R_4(N) = \{1, 2, 3, 4\}$ eine echte Teilmenge der Zielmenge P.

Die Relationen R_1 und R_3 sind nicht rechtseindeutig und damit keine Funktionen. Die Relation R_5 ist als Teilmenge von $M \times P$ linksvollständig und rechtseindeutig, also ebenfalls eine Funktion. Wenn man R_5 dagegen als Teilmenge von $P \times M$ auffasst, ist die Linksvollständigkeit verletzt, was bedeutet, dass R_5 keine Funktion ist.

Die letzte Bemerkung zu Relation R_5 zeigt, dass für die Funktionseigenschaft nicht nur die Abbildungsvorschrift eine Rolle spielt, sondern auch, welche Menge der Definitionsbereich und welche die Zielmenge sein soll.

Die eben vorgestellten Definitionen sind auch auf unendliche Mengen anwendbar:

Beispiel 2.22

$$R_6 = \{(x, y) \in \mathbb{R} \times \mathbb{R} : |y| = |x|\}$$
$$R_7 = \{(x, y) \in \mathbb{R} \times \mathbb{R} : y = x + 1\}$$
$$R_8 = \{(x, y) \in \mathbb{R} \times \mathbb{R} : y = x^2\}$$
$$R_9 = \{(x, y) \in \mathbb{R} \times \mathbb{R} : y = \sqrt{x}, \text{ falls das zulässig ist}\}$$

Die Relation R_6 ist nicht rechtseindeutig (es gibt für jedes x zwei y-Werte, deren Beträge gleich sind) und damit keine Funktion.

Die Relationen R_7 und R_8 sind linksvollständig und rechtseindeutig und damit Funktionen.

Die Relation R_9 ist nicht linksvollständig, denn aus negativen Zahlen darf man keine Quadratwurzel ziehen. Damit ist sie keine Funktion nach unserer Definition. In der Analysis wird R_9 gerne „zu einer Funktion gemacht", aber das geht nur, indem man den Definitionsbereich einschränkt:

$$R_9\prime = \{(x, y) \in \mathbb{R}_0^+ \times \mathbb{R} : y = \sqrt{x}\}$$

2.3.1 Komposition von Relationen und Funktionen

Relationen und damit auch Funktionen kann man miteinander verknüpfen.

Wir erklären das zunächst am Spezialfall Funktion: Für zwei Funktionen $f_1 : M \to N$ und $f_2 : N \to P$ definiert man eine Verknüpfungsfunktion $f_3 : M \to P$, indem man für jeden Wert $m \in M$ zunächst den Funktionswert $f_1(m) \in N$ berechnet und diesen dann als Argument in f_2 einsetzt. Der resultierende Funktionswert ist $f_3(m) = f_2(f_1(m)) \in P$.

Diese Vorgehensweise verallgemeinern wir für beliebige Relationen:

Definition 2.13 *Sei R_1 eine Relation zwischen M und N und R_2 eine Relation zwischen N und P, dann sei die* **Komposition** $R_2 \circ R_1$ *von R_1 und R_2 zwischen M und P folgendermaßen definiert:*

$$R_2 \circ R_1 := \{(x, z) \in M \times P \mid \exists y \in N : (x, y) \in R_1 \wedge (y, z) \in R_2\}.$$

Die Komposition $R_2 \circ R_1$ wird auch **Verkettung** oder **Hintereinanderausführung** der Relationen R_1 und R_2 genannt.

Wir wenden diese Definition auf die Relationen aus Beispiel 2.21 an:

$$R_3 \circ R_1 = \{(1,1),(2,2),(3,3),(1,4),(2,5)\} \qquad \subseteq M \times P$$
$$R_4 \circ R_1 = \{(1,1),(2,2),(3,3),(1,4)\} \qquad\qquad \subseteq M \times P$$
$$R_3 \circ R_2 = \{(1,1),(2,2),(3,3),(2,5)\} \qquad\qquad \subseteq M \times P$$
$$R_4 \circ R_2 = \{(1,1),(2,2),(3,3)\} \qquad\qquad\qquad \subseteq M \times P$$

Man beachte die Reihenfolge der Komposition: Es wird zunächst die rechte und dann die linke Relation betrachtet. Diese ungewöhnliche Reihenfolge wird durch die Anwendung von Definition 2.13 auf Funktionen motiviert:

Definition 2.14 *Seien* $f_1 : M \longrightarrow N$ *und* $f_2 : N \longrightarrow P$ *zwei Funktionen. Dann wird definiert:*

$$f_2 \circ f_1 : M \longrightarrow P \quad mit \quad (f_2 \circ f_1)(x) := f_2(f_1(x)).$$

Satz 2.4

Die Komposition von Funktionen ist immer eine Funktion.

Beweis:

Seien $f_1 : M \to N$ und $f_2 : N \to P$ zwei Funktionen und $f_3 = f_2 \circ f_1 : M \to P$ die Komposition.

Da f_1 und f_2 linksvollständig sind, bekommt jedes $m \in M$ einen Funktionswert $f_3(m)$. Damit ist f_3 linksvollständig.

Seien $f_3(m_1) = f_2(f_1(m_1)) \neq f_3(m_2) = f_2(f_1(m_2))$ zwei verschiedene Funktionswerte aus P. Wegen der Rechtseindeutigkeit von f_2 gilt für die direkten Urbilder bezüglich f_2: $f_1(m_1) \neq f_1(m_2)$.

Wegen der Rechtseindeutigkeit von f_1 folgt: $m_1 \neq m_2$. Damit ist auch f_3 rechtseindeutig. ∎

Wie man an Beispiel 2.21 auf Seite 78 sieht, ist die Komposition der Funktionen R_2 und R_4 in der Tat eine Funktion.

Der eben geführte Beweis offenbart, dass auch die Komposition von Relationen, die nicht Funktionen sind, eine Funktion ergeben kann:

Für die Linksvollständigkeit von f_3 muss auf jeden Fall f_1 linksvollständig sein. Dagegen reicht es aus, dass f_2 nur auf dem Bild von f_1 vollständig ist. Für andere Elemente aus N muss f_2 keinen Funktionswert liefern, denn diese werden durch f_1 nicht erreicht.

Für die Rechtseindeutigkeit von f_3 muss auf jeden Fall f_2 rechtseindeutig sein. Wenn f_2 aber nicht linksvollständig ist, d.h. der Definitionsbereich von f_2 ist eine echte Teilmenge von N, dann darf f_1 die Rechtseindeutigkeit verletzen, d.h. einigen Elementen aus M mehrere „Funktionswerte" zuweisen, solange gewährleistet ist, dass genau einer dieser „Funktionswerte" im Definitionsbereich von f_2 liegt und alle anderen entweder außerhalb davon liegen oder aber denselben Funktionswert durch f_2 liefern.

Das wird an folgendem Beispiel verdeutlicht:

In Beispiel 2.22 auf Seite 79 kann man die nicht rechtseindeutige Relation R_6 mit der nicht linksvollständigen Relation R_9 zu einer Funktion hintereinanderschalten:

$$R_9 \circ R_6 = \{(x,z) \in \mathbb{R} \times \mathbb{R} \mid \exists y \in \mathbb{R} : |x| = |y| \wedge z = \sqrt{x}\}$$
$$= \{(x,z) \in \mathbb{R} \times \mathbb{R} : z = \sqrt{|x|}\}$$

Das Ergebnis ist deswegen linksvollständig, weil alle Argumente der linksvollständigen Relation R_6 einen positiven und negativen Partner haben, und der positive Partner kann in R_9 als Argument eingesetzt werden. Das Ergebnis ist deswegen rechtseindeutig, weil immer nur genau einer der beiden Partner der nicht rechteindeutigen Relation R_6 als Argument in R_9 eingesetzt werden kann, und wegen der Rechtseindeutigkeit von R_9 ist das Endergebnis dann auch eindeutig.

Für weitere Beispiele mit endlichen Mengen verweisen wir auf die Aufgabe 2.22.

Die Komposition von Relationen ist nicht kommutativ, d.h. es gilt **nicht**: $f \circ g = g \circ f$.

Das sieht man an den Funktionen aus Beispiel 2.22:

$$R_8 \circ R_7 = \{(x,y) \in \mathbb{R} \times \mathbb{R} \mid y = (x+1)^2 = x^2 + 2x + 1\}$$
$$R_7 \circ R_8 = \{(x,y) \in \mathbb{R} \times \mathbb{R} \mid y = x^2 + 1\}$$

Die beiden Funktionen $R_8 \circ R_7$ und $R_7 \circ R_8$ sind offenbar nicht dieselben.

2.3.2 Inverse Relationen und Funktionen

Definition 2.15 *Sei $R \subseteq M \times N$ eine Relation zwischen M und N. Unter der* **inversen Relation** R^{-1} *verstehen wir die Menge $R^{-1} \subseteq N \times M$ mit*

$$R^{-1} = \{(y,x) \in N \times M \mid (x,y) \in R\}.$$

Um das Inverse einer Relation zu erhalten, müssen wir also nur alle Paare umdrehen. Daher wird sie auch **Umkehrrelation** genannt. Aus dieser Definition folgt unmittelbar der Satz:

Satz 2.5

Sei $R \subseteq M \times N$ eine Relation zwischen M und N und $R^{-1} \subseteq N \times M$ die zugehörige Umkehrrelation. Dann ist die Umkehrrelation $(R^{-1})^{-1} \subseteq M \times N$ identisch mit der ursprünglichen Relation R.

Das Inverse jeder Relation und damit auch jeder Funktion existiert nach unserer Definition immer. So gilt für die Relationen aus den Beispielen 2.21 und 2.22:

$$R_1^{-1} = \{(a,1), (b,2), (c,3), (d,1)\} \qquad\qquad \subseteq N \times M$$

$$R_2^{-1} = \{(a,1), (b,2), (c,3)\} \qquad\qquad\qquad \subseteq N \times M$$

$$R_3^{-1} = \{(1,a), (2,b), (3,c), (4,d), (5,b)\} \qquad \subseteq P \times N$$

$$R_4^{-1} = \{(1,a), (2,b), (3,c), (4,d)\} \qquad\qquad \subseteq P \times N$$

$$R_6^{-1} = \{(x,y) \in \mathbb{R} \times \mathbb{R} : |x| = y\} \qquad\qquad \subseteq \mathbb{R} \times \mathbb{R}$$

$$R_7^{-1} = \{(x,y) \in \mathbb{R} \times \mathbb{R} : x = y + 1\} \qquad\quad \subseteq \mathbb{R} \times \mathbb{R}$$

$$R_8^{-1} = \{(x,y) \in \mathbb{R} \times \mathbb{R} : x = y^2\} \qquad\qquad \subseteq \mathbb{R} \times \mathbb{R}$$

$$R_9^{-1} = \{(x,y) \in \mathbb{R} \times \mathbb{R} : x = \sqrt{y}, \text{ falls das zulässig ist}\} \qquad \subseteq \mathbb{R} \times \mathbb{R}$$

In der Analysis wird häufig untersucht, ob eine Funktion f *umkehrbar* ist. Dort geht es nicht darum, ob man überhaupt das Inverse von f bilden kann, sondern wann diese „Umkehrung" eine Funktion ist. Das Inverse einer Funktion ist nicht immer eine Funktion, wie man an den aufgeführten Beispielen sehen kann.

Betrachten wir zunächst die oben als Funktionen identifizierten Relationen R_2, R_4, R_7 und R_8:

Die Inversen der Funktionen R_2 und R_4 sind nicht linksvollständig und damit keine Funktionen. Das Inverse der Funktion R_7 ist auch eine Funktion, aber das von R_8 ist nicht rechtseindeutig und damit keine Funktion: Da die Paare $(-1,1)$ und $(1,1)$ zu R_8 gehören, gehören die Paare $(1,-1)$ und $(1,1)$ zu R_8^{-1}. Damit ist die Rechtseindeutigkeit von R_8^{-1} verletzt. Auch die Linksvollständigkeit von R_8^{-1} ist verletzt: Da $R_8(x)$ nie negativ ist, kann zu den negativen Werten kein Funktionswert der Umkehrfunktion gefunden werden.

Allerdings sind auch die Relationen R_1^{-1} und R_6^{-1} Funktionen, obwohl R_1 und R_6 das nicht sind.

Es wird an diesem Beispiel bereits offensichtlich, wie man die Funktionseigenschaft der inversen Relation erhält: Damit R^{-1} linksvollständig und rechtseindeutig ist, muss R rechtsvollständig und linkseindeutig sein. Das motiviert die folgenden Definitionen:

Definition 2.16 *Sei $R \subseteq M \times N$ eine Relation zwischen M und N.*

*1) R heißt **rechtsvollständig** $:\Longleftrightarrow \forall y \in N \ \exists x \in M : (x,y) \in R$*

*2) R heißt **linkseindeutig***

$$:\Longleftrightarrow \forall (x,y),(x',y) \in M \times N : \ (x,y) \in R \wedge (x',y) \in R \Rightarrow x = x'$$

*3) Eine rechtsvollständige Funktion F wird auch **surjektiv** genannt. Eine linkseindeutige Funktion F wird auch **injektiv** genannt. Eine Funktion, die surjektiv und injektiv ist, heißt **bijektiv**.*

Für surjektive Funktionen $F : M \to N$ bedeutet diese Definition, dass die Zielmenge gleich der Bildmenge ist: $F(M) = N$. Für injektive Funktionen bedeutet diese Definition, dass jedes Element der Zielmenge höchstens ein Urbild hat.

Aus den bisher festgelegten Definitionen folgt unmittelbar der folgende Satz:

Satz 2.6

Sei $F : M \to N$ eine Funktion. Dann ist die Umkehrrelation F^{-1} genau dann eine Funktion, wenn F bijektiv ist.

Es folgt ebenfalls unmittelbar aus den Definitionen, dass das Inverse einer bijektiven Funktion wieder eine bijektive Funktion ist und die Umkehrung der Inversen wieder die ursprüngliche Funktion ergibt.

Im Beispiel oben war offenbar nur die Funktion R_7 bijektiv. Eigentlich möchte man auch die Relationen R_8 und R_9 als zueinander inverse Funktionen ansehen ("Quadrieren" ist die Umkehrung des „Quadratwurzelziehens"), aber das ist nach unseren Definitionen und Erkenntnissen nicht korrekt, weil R_9 aufgrund der fehlenden Linksvollständigkeit nicht einmal eine Funktion ist, und weil R_8 nicht bijektiv ist und damit nach Satz 2.6 die Umkehrung keine Funktion sein kann.

Jedoch kann man die natürliche Intuition durch folgende Definitionen formal korrekt beschreiben, indem man Definitionsbereich und Zielmenge einschränkt:

$$R_8\prime = \{(x,y) \in \mathbb{R}_0^+ \times \mathbb{R}_0^+ : y = x^2\} \qquad \subseteq \mathbb{R}_0^+ \times \mathbb{R}_0^+$$
$$R_9\prime = \{(x,y) \in \mathbb{R}_0^+ \times \mathbb{R}_0^+ : y = \sqrt{x}\} \qquad \subseteq \mathbb{R}_0^+ \times \mathbb{R}_0^+$$

$R_8\prime$ und $R_9\prime$ sind beide bijektive Funktionen. Dieses Beispiel zeigt, dass die Injektivität und die Surjektivität nicht nur von der Abbildungsvorschrift, sondern auch von der Festlegung des Definitionsbereichs und der Zielmenge abhängen.

2.3.3 Mächtigkeit von Mengen

Wie man sich anhand des Beispiels 2.21 auf Seite 78 leicht überzeugen kann, ist es nicht möglich, bijektive Funktionen zwischen endlichen Mengen zu bilden, die unterschiedlich viele Elemente haben:

Wenn der Definitionsbereich mehr Elemente als die Zielmenge hat, dann müssen wegen der geforderten Linksvollständigkeit zwangsläufig mehrere Elemente des Definitionsbereichs auf dasselbe Element der Zielmenge abgebildet werden. Die Funktion kann also nie injektiv sein.

Wenn die Zielmenge mehr Elemente als der Definitionsbereich hat, dann müssen wegen der geforderten Rechtseindeutigkeit zwangsläufig Elemente der Zielmenge übrig bleiben, die kein Urbild haben. Die Funktion kann also nie surjektiv sein.

Wir fassen diese Erkenntnis in folgendem Satz zusammen:

Satz 2.7

Seien M und N endliche Mengen und beschreibe $|M|$ die Anzahl der Elemente von M.

Sei $f : M \to N$ eine Funktion von M nach N. Dann gilt:

1) $|M| > |N| \implies f$ ist nicht injektiv.

2) $|M| < |N| \implies f$ ist nicht surjektiv.

3) f ist bijektiv $\implies |M| = |N|$

Man beachte, dass die Umkehrung von Satz 2.7.3). nicht gilt: Auch wenn zwei endliche Mengen gleich viele Elemente haben, muss eine Funktion zwischen ihnen nicht notwendigerweise bijektiv sein.

Das zeigt folgendes Beispiel:

Beispiel 2.23

Seien $M = \{1, 2, 3, 4\}$ und $N = \{a, b, c, d\}$.

$$f_1 : M \to N : \quad 1 \mapsto a,\ 2 \mapsto a,\ 3 \mapsto c,\ 4 \mapsto c,$$
$$f_2 : M \to N : \quad 1 \mapsto a,\ 2 \mapsto b,\ 3 \mapsto c,\ 4 \mapsto d$$

f_1 ist offensichtlich nicht bijektiv. Allerdings kann man immer eine bijektive Funktion finden: f_2 ist eine bijektive Funktion.

Die Konstruktion einer bijektiven Funktion zwischen endlichen Mengen mit gleich vielen Elementen ist einfach: Man schreibt einfach beide Mengen in Element-schreibweise auf und bildet das i-te Element der ersten Menge auf das i-te Element der zweiten Menge ab.

Eine solche Konstruktion ist aber nicht eindeutig, weil man die Reihenfolge, in der man die Elemente aufschreibt, beliebig auswählen kann.

Wir halten also fest:

Satz 2.8

Seien M und N endliche Mengen mit gleich vielen Elementen.

Dann gibt es eine bijektive Funktion $f : M \to N$. Wenn M und N aus mehr als einem Element bestehen, dann gibt es mehrere bijektive Funktionen f zwischen M und N, d.h. die Wahl von f ist nicht eindeutig.

Da man bijektive Funktionen auch zwischen unendlichen Mengen bilden kann, können wir mit Hilfe der eben formulierten Sätze die Definition verallgemeinern, wann unendliche Mengen „gleich viele" Elemente haben. Wir sprechen in diesem allgemeinen Fall nicht von der Anzahl der Elemente von M, sondern von der **Mächtigkeit** $|M|$ von M und definieren:

Definition 2.17 *Zwei Mengen M und N heißen **gleichmächtig**, genau dann, wenn es eine bijektive Funktion f von M nach N gibt.*

Die Menge $\mathbb{N}$ der natürlichen Zahlen ist die erste unendliche Zahlenmenge, die ein Schüler kennenlernt. Es stellt sich die Frage, welche anderen unendlichen Mengen gleichmächtig zu dieser Menge sind.

Wir erhalten hierfür ein erstaunliches Resultat:

Satz 2.9

Die Mengen $\mathbb{N}$ der natürlichen Zahlen und $\mathbb{Z}$ der ganzen Zahlen sind gleich-mächtig.

Beweis:

Wir konstruieren eine bijektive Funktion $f : \mathbb{N} \to \mathbb{Z}$:

$$f(n) = \begin{cases} \frac{n+1}{2} & \text{für ungerade n} \\ -\frac{n}{2} & \text{für gerade n} \end{cases}$$

Damit werden die geraden natürlichen Zahlen auf die nichtpositiven ganzen Zahlen abgebildet, und die ungeraden natürlichen Zahlen auf die positiven ganzen Zahlen.

Die Funktion f ist bijektiv:

Beweis der Surjektivität:

Es ist zu zeigen, dass jede ganze Zahl erreicht wird. Hierfür geben wir die inverse Funktion $f^{-1} : \mathbb{Z} \to \mathbb{N}$ an:

$$f^{-1}(z) = \begin{cases} 2z - 1 & \text{für } z > 0 \\ -2z & \text{für } z \leq 0 \end{cases}$$

f^{-1} gibt genau an, durch welches Urbild eine beliebige ganze Zahl z erreicht wird. Damit ist f surjektiv.

Beweis der Injektivität:

Sei $f(n) = f(m)$. Es ist zu zeigen, dass $n = m$:

Da eine positive Zahl nicht gleich einer nichtpositiven Zahl sein kann, muss eine der beiden Bedingungen gelten:

$$i) \quad \frac{n+1}{2} = \frac{m+1}{2} \qquad \text{falls } f(n) = f(m) \text{ positiv ist}$$
$$ii) \quad -\frac{n}{2} = -\frac{m}{2} \qquad \text{falls } f(n) = f(m) \text{ nicht positiv ist}$$

In beiden Fällen erhält man durch Äquivalenzumformungen: $n = m$. ∎

Satz 2.9 zeigt, dass das Konzept der Mächtigkeit einer Menge im Unendlichen andere Eigenschaften hat als im Endlichen, denn er besagt, dass $\mathbb{N}$ und $\mathbb{Z}$ gleichmächtig sind, obwohl $\mathbb{N} \subsetneq \mathbb{Z}$ gilt. Endliche Teilmengen können dagegen nie genauso groß wie eine echte Obermenge sein.

Eine Menge M, die gleichmächtig zu $\mathbb{N}$ ist, kann wegen der Existenz der bijektiven Funktion $f : \mathbb{N} \to M$, „beinahe" in Elementschreibweise dargestellt werden, nämlich mit der Schreibweise: $\{f(0), f(1), f(2), \ldots\}$. Die bijektive Funktion f liefert also eine lückenlose Abzählung von M, wobei die natürlichen Zahlen als Abzählindex dienen. Das gibt Anlass zur folgenden Definition:

Definition 2.18 *Eine Menge M heißt* **abzählbar unendlich**, *wenn sie gleichmächtig zu $\mathbb{N}$ ist. Eine unendliche Menge, die nicht abzählbar ist, heißt* **überabzählbar**.

Abzählbar unendliche Mengen unterscheiden sich von allen anderen unendlichen Mengen darin, dass sie „fast" in Elementschreibweise dargestellt werden können.

Sie sind in diesem Sinne die „kleinsten" unendlichen Mengen. Die im Beweis von 2.9 verwendete Abzählung ergibt folgende Elementschreibweise für $\mathbb{Z}$:

$$\mathbb{Z} = \{0, 1, -1, 2, -2, 3, -3, \dots\}$$

Auch höherdimensionale Mengen können abzählbar sein:

Die Menge $\mathbb{N} \times \mathbb{N}$ ist ebenfalls abzählbar, wenn man ein Diagonalverfahren anwendet, das auf Cantor zurückgeht und in Abbildung 2.13 dargestellt ist.

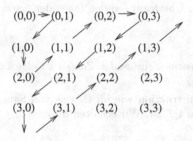

Abbildung 2.13: Cantorsches Diagonalverfahren für $\mathbb{N} \times \mathbb{N}$

Daraus ergibt sich folgende Elementschreibweise:

$$\mathbb{N} \times \mathbb{N} = \{(0,0), (0,1), (1,0), (2,0), (1,1), (0,2), (0,3), (1,2), (2,1), (3,0), \dots\}$$

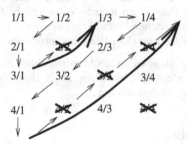

Abbildung 2.14: Cantorsches Diagonalverfahren für $\mathbb{Q}^+$

Da man zwischen $\mathbb{N} \setminus \{0\} \times \mathbb{N} \setminus \{0\}$ und $\mathbb{Q}^+$, der Menge der positiven rationalen Zahlen , eine surjektive Abbildung f, nämlich $f(m,n) = \frac{m}{n}$, konstruieren kann, ergibt sich auch eine lückenlose Abzählung von $\mathbb{Q}^+$. Diese Abzählung erfasst allerdings viele Elemente mehrfach, weil alle Brüche, die nicht gekürzt sind, noch einmal gezählt werden, d.h. die Abbildung f ist nicht injektiv. Es ist allerdings leicht eine bijektive Abbildung $d : \mathbb{N} \setminus \{0\} \times \mathbb{N} \setminus \{0\} \to \mathbb{Q}^+$ konstruierbar, indem beim Diagonalverfahren die nicht gekürzten Brüche übersprungen werden. Die Vorgehensweise ist in Abbildung 2.14 dargestellt.

Die dadurch induzierte Elementschreibweise ist also:

$$\mathbb{Q}^+ = \{1, \frac{1}{2}, 2, 3, \frac{1}{3}, \frac{1}{4}, \frac{2}{3}, \frac{3}{2}, 4, 5, \frac{1}{5}, \ldots\}$$

Wir erhalten mit diesen Überlegungen den folgenden Satz:

Satz 2.10

Die Menge $\mathbb{Q}^+$ der positiven rationalen Zahlen ist gleichmächtig zu $\mathbb{N}$.

Mit einer analogen Konstruktion wie im Beweis von Satz 2.9 kann man zeigen, dass $\mathbb{Q}$ gleichmächtig zu $\mathbb{Q}^+$ ist. Wir erhalten also:

Satz 2.11

Die Menge $\mathbb{Q}$ der rationalen Zahlen ist gleichmächtig zu $\mathbb{N}$.

Dieser Satz ist noch erstaunlicher als Satz 2.9, weil $\mathbb{Q}$ im Gegensatz zu $\mathbb{Z}$ eine beliebig dichte Menge ist, d.h. zwischen zwei rationalen Zahlen kann man immer eine weitere rationale Zahl finden. Daher sollte es nicht verwundern, dass die Abzählung von $\mathbb{Q}$ im Gegensatz zu der von $\mathbb{Z}$ nicht als geschlossene Formel angegeben werden kann. Das ist auch nicht erforderlich: Es reicht, die Existenz einer bijektiven Funktion zwischen $\mathbb{N}$ und $\mathbb{Q}$ zu beweisen, und das wird durch eine Konstruktion mittels des Cantorschen Diagonalverfahrens gezeigt.

Wir werden später sehen, dass es auch überabzählbare Zahlenmengen gibt, also unendliche Mengen, die nicht gleichmächtig zu $\mathbb{N}$ sind. Zum Beispiel ist $\mathbb{R}$, die Menge der reellen Zahlen, überabzählbar.

2.4 Boolesche Algebren

2.4.1 Motivation aus Aussagenlogik und Mengenlehre

Gesetze der Aussagenlogik

Wir haben in Kapitel 1 die Gesetze der Aussagenlogik studiert und fassen sie noch einmal übersichtlich und etwas formaler zusammen:

Für Aussagen wird in der Aussagenlogik jeder Aussage ein Wahrheitswert zugeordnet, und als möglicher Wahrheitswert stehen nur die beiden wohlunterschiedenen Elemente *wahr* und *falsch* oder *true* und *false* oder 1 und 0 zur Verfügung.

Die Aussagenlogik ordnet einer Aussage, wenn man sie als aussagenlogische Formel betrachtet, ein spezielles Prädikat zu, also eine Funktion mit zweiwertiger Zielmenge, welche als Definitionsbereich ein Tupel aus endlich vielen Wahrheitswerten hat.

Wir wollen die beiden einzig möglichen konstanten Funktionen mit $\top$ (für *true*) und $\bot$ (für *false*) benennen, d.h. $\top$ ordnet jeder Belegung von Wahrheitswerten den Wert *true* zu und $\bot$ den Wert *false*.

In der Aussagenlogik gibt es einen einstelligen Operator $\neg$, der auf eine Aussage angewendet werden darf, sowie zwei zweistellige Operatoren $\wedge$ und $\vee$, die auf zwei Aussagen angewendet werden dürfen, und jeweils eine neue Aussage erzeugen.

Für die Prädikate, die den zusammengesetzten Aussagen zugeordnet werden, gelten folgende Regeln:

$p \wedge q \Leftrightarrow q \wedge p$ $p \vee q \Leftrightarrow q \vee p$ Kommutativgesetze	$p \wedge (q \vee r) \Leftrightarrow (p \wedge q) \vee (p \wedge r)$ $p \vee (q \wedge r) \Leftrightarrow (p \vee q) \wedge (p \vee r)$ Distributivgesetze
$p \wedge \top \Leftrightarrow p$ $p \vee \bot \Leftrightarrow p$ neutrale Elemente	$p \wedge \neg p \Leftrightarrow \bot$ $p \vee \neg p \Leftrightarrow \top$ inverse Elemente
$p \wedge (q \wedge r) \Leftrightarrow (p \wedge q) \wedge r$ $p \vee (q \vee r) \Leftrightarrow (p \vee q) \vee r$ Assoziativgesetze	$\neg(p \wedge q) \Leftrightarrow \neg p \vee \neg q$ $\neg(p \vee q) \Leftrightarrow \neg p \wedge \neg q$ de Morgansche Regeln

$p \wedge p \Leftrightarrow p$ $p \vee p \Leftrightarrow p$ Idempotenz	$p \wedge \bot \Leftrightarrow \bot$ $p \vee \top \Leftrightarrow \top$ „Nullmultiplikation"	$\neg\neg p \Leftrightarrow p$ doppelte Negation (Involution)

Die beiden einzigen konstanten Funktionen $\top$ und $\bot$ werden deshalb als *neutrale Elemente* bezüglich der Operationen $\wedge$ und $\vee$ bezeichnet, weil die zusammengesetzte Funktion dieselben Funktionswerte hat wie die jeweils andere Funktion alleine, d.h. die Funktionen $\top$ und $\bot$ haben bezüglich $\wedge$ bzw. $\vee$ keinen verändernden Einfluss auf die jeweils andere Funktion.

Die Begriffe *inverse Elemente* und *Nullmultiplikation* wurden analog zu den Gesetzen der Zahlen bezüglich der zweiwertigen Operatoren $+$ und $\cdot$, also der Addition und Multiplikation definiert.

Gesetze der Mengenlehre

Wenn wir nun die Gesetze der Mengenlehre aus Kapitel 2.1 mit demselben Formalismus untersuchen, dann stellen wir fest, dass wir im Wesentlichen dieselben Regeln erhalten, wenn wir die Namen der Operatoren und der neutralen Elemente austauschen:

Für Mengen gibt es den einstelligen Operator $\overline{M}$ sowie die zweistellige Operatoren $\cap$ und $\cup$. Die Rolle der neutralen Elemente wird von folgenden speziellen Mengen übernommen: Ω (für die Menge aller erlaubten Elemente) und $\emptyset$.

Dann gelten folgende Gesetze:

$p \cap q = q \cap p$ $p \cup q = q \cup p$ Kommutativgesetze

$p \cap (q \cup r) = (p \cap q) \cup (p \cap r)$ $p \cup (q \cap r) = (p \cup q) \cap (p \cup r)$ Distributivgesetze

$p \cap \Omega = p$ $p \cup \emptyset = p$ neutrale Elemente

$p \cap \overline{p} = \emptyset$ $p \cup \overline{p} = \Omega$ inverse Elemente

$p \cap (q \cap r) = (p \cap q) \cap r$ $p \cup (q \cup r) = (p \cup q) \cup r$ Assoziativgesetze

$\overline{p \cap q} = \overline{p} \cup \overline{q}$ $\overline{p \cup q} = \overline{p} \cap \overline{q}$ de Morgansche Regeln

$p \cap p = p$ $p \cup p = p$ Idempotenz

$p \cap \emptyset = \emptyset$ $p \cup \Omega = \Omega$ „Nullmultiplikation"

$\overline{\overline{p}} = p$ doppelte Negation   (Involution)

Wir haben in Kapitel 2.1 nicht alle hier aufgeführten Gesetze explizit erwähnt oder vorgeführt, z.B. die de Morganschen Regeln für Mengen. Es ist aber nicht schwer, sich das durch Venn-Diagramme zu veranschaulichen.

Im Unterschied zur Aussagenlogik kann man in der Mengenlehre neben den beiden neutralen Elementen noch weitere Elemente definieren: Alle Mengen „zwischen" $\emptyset$ und Ω sind erlaubt.

2.4.2 Formale Definition von Booleschen Algebren

Da die Aussagenlogik und die Mengenlehre offenbar gleichen Gesetzen folgen, liegt es nahe, diese als verallgemeinerte Struktur zu definieren. Der Vorteil dieser Vorgehensweise liegt darin, dass Folgerungen, die man für diese Struktur machen kann, sowohl in der Aussagenlogik als auch in der Mengenlehre gelten müssen, ohne dass es nötig ist, diese Folgerungen für beide getrennt zu zeigen.

Der erste, der diese Systematik erkannte, war George Boole[7], weswegen die Struktur, welche die Gesetze der Aussagenlogik und der Mengenlehre in einem einheitlichen Rahmen verallgemeinert, Boolesche Algebra[8] genannt wird:

Definition 2.19 *Eine Boolesche Algebra ist eine Menge $\mathfrak{B}$ aus Elementen, die mindestens aus den neutralen Werten 0 und 1 besteht und für die der einstellige Operator $\sim$ und die zweistelligen Operatoren $\oplus$ und $\odot$ definiert sind, welche folgende Gesetze erfüllen:*

$$p \odot q = q \odot p$$
$$p \oplus q = q \oplus p$$
Kommutativgesetze

$$p \odot (q \oplus r) = (p \odot q) \oplus (p \odot r)$$
$$p \oplus (q \odot r) = (p \oplus q) \odot (p \oplus r)$$
Distributivgesetze

$$p \odot 1 = p$$
$$p \oplus 0 = p$$
neutrale Elemente

$$p \odot \sim p = 0$$
$$p \oplus \sim p = 1$$
inverse Elemente

$$p \odot (q \odot r) = (p \odot q) \odot r$$
$$p \oplus (q \oplus r) = (p \oplus q) \oplus r$$
Assoziativgesetze

$$\sim (p \odot q) = \sim p \oplus \sim q$$
$$\sim (p \oplus q) = \sim p \odot \sim q$$
de Morgansche Regeln

$$p \odot p = p$$
$$p \oplus p = p$$
Idempotenz

$$p \odot 0 = 0$$
$$p \oplus 1 = 1$$
„Nullmultiplikation"

$$\sim\sim p = p$$
doppelte Negation (Involution)

Das neutrale Element bezüglich der Operation $\oplus$ wird in Analogie zu den Zahlen auch als **Nullelement** bezeichnet und das neutrale Element bezüglich der Operation $\odot$ als Einselement.

Im Gegensatz zu den Operationen bei Zahlen sind die Operationen $\oplus$ und $\odot$ bei Booleschen Algebren vertauschbar, ohne dass irgendeine Regel verändert werden muss. Es müssen dann aber auch Nullelement und Einselement vertauscht werden.

---

[7] George Boole (1815–1864): englischer Mathematiker und Philosoph
[8] Mehrzahl von Algebra: Algebren, Betonung auf der zweiten Silbe

Welches neutrale Element das Nullelement und welches das Einselement ist, steht eindeutig fest, sobald festgelegt ist, welche Operation dem $\oplus$ und welche dem $\odot$ entspricht. Wenn zum Beispiel in der Logik die Operation $\wedge$ als $\oplus$ bezeichnet wird und $\vee$ als $\odot$, dann ist $\top$ das Nullelement und $\bot$ das Einselement. Gewöhnlich wird das natürlich andersherum definiert.

Es stellt sich die Frage: Was bringt uns dieser Formalismus?

Die Antwort ist: Er erspart uns eine Menge Arbeit. Viele Dinge, die für die Aussagenlogik und die Mengenlehre getrennt bewiesen werden müssen, folgen in Wahrheit aus den Gesetzen der Booleschen Algebren und gelten damit für beide Gebiete gleichermaßen. So kann man auch in der Mengenlehre Analoga zur Erfüllbarkeit von Formeln herleiten und für diese dieselben Auswertungsalgorithmen wie in der Aussagenlogik anwenden.

Wir verdeutlichen uns diesen Sachverhalt an folgender Vereinfachung:

Satz 2.12

Sei $\mathfrak{B}$ eine Menge aus Elementen, die mindestens aus den neutralen Werten 0 und 1 besteht und für die der einstellige Operator $\sim$ und die zweistelligen Operatoren $\oplus$ und $\odot$ definiert sind, welche folgende Gesetze erfüllen:

$$p \odot q = q \odot p$$
$$p \oplus q = q \oplus p$$
Kommutativgesetze

$$p \odot (q \oplus r) = (p \odot q) \oplus (p \odot r)$$
$$p \oplus (q \odot r) = (p \oplus q) \odot (p \oplus r)$$
Distributivgesetze

$$p \odot 1 = p$$
$$p \oplus 0 = p$$
neutrale Elemente

$$p \odot \sim p = 0$$
$$p \oplus \sim p = 1$$
inverse Elemente

Dann ist $\mathfrak{B}$ eine Boolesche Algebra, d.h. auch die anderen 5 Gesetze sind automatisch erfüllt.

Wir verzichten hier auf den Beweis, machen uns aber die Bedeutung dieses Satzes klar:

Um alle Eigenschaften für eine bestimmte Struktur benutzen zu können, die für eine Boolesche Algebra bewiesen wurden, muss also nur nachgeprüft werden, dass die Struktur diese 4 Gesetze erfüllt. Insbesondere solch bedeutsame Regeln wie die von de Morgan oder die Nullmultiplikation müssen nicht gefordert oder gesondert bewiesen werden, sondern folgen automatisch aus den anderen.

2.4.3 Beispiele für Boolesche Algebren: Schaltfunktionen-Algebra und Teiler-Algebra

Wir geben nun weitere Beispiele von „natürlich definierten Strukturen", die den Gesetzen einer Booleschen Algebra folgen:

Definition 2.20 *Die Schaltfunktionen-Algebra für ein vorgegebenes $n \in \mathbb{N} \setminus \{0\}$ besteht aus allen Funktionen $f : \{0,1\}^n \to \{0,1\}$.*

Die Funktion $\sim f(x_1,\ldots,x_n)$ ist definiert als $1 - f(x_1,\ldots,x_n)$.

Die Funktion $(f \oplus g)(x_1,\ldots,x_n)$ ist definiert als $\max\{f(x_1,\ldots,x_n), g(x_1,\ldots,x_n)\}$.

Die Funktion $(f \odot g)(x_1,\ldots,x_n)$ ist definiert als $\min\{f(x_1,\ldots,x_n), g(x_1,\ldots,x_n)\}$.

Man beachte, dass jede Funktion dieser Algebra vollkommene Freiheit darin hat, welches n-Tupel von Nullen und Einsen sie auf 0 und welches sie auf 1 abbildet. Wenn wir die n-Tupel des Definitionsbereichs für alle Funktionen in derselben Reihenfolge anordnen, dann kann man sich eine Funktion dieser Algebra als einen Vektor der Länge 2^n aus Nullen und Einsen vorstellen.

Das wird im Folgenden für $n = 3$ vorgeführt:

Beispiel 2.24

Die Funktion $f : \{0,1\}^3 \to \{0,1\}$ sei definiert durch:

$$f(0,0,0) = 0 \qquad f(0,0,1) = 1 \qquad f(0,1,0) = 1 \qquad f(0,1,1) = 1$$
$$f(1,0,0) = 0 \qquad f(1,0,1) = 0 \qquad f(1,1,0) = 1 \qquad f(1,1,1) = 0$$

Die Funktion $g : \{0,1\}^3 \to \{0,1\}$ sei definiert durch:

$$g(0,0,0) = 1 \qquad g(0,0,1) = 0 \qquad g(0,1,0) = 0 \qquad g(0,1,1) = 1$$
$$g(1,0,0) = 1 \qquad g(1,0,1) = 1 \qquad g(1,1,0) = 0 \qquad g(1,1,1) = 0$$

Die Tupel seien in folgender Reihenfolge angeordnet:

$$(0,0,0),\ (0,0,1),\ (0,1,0),\ (0,1,1),\ (1,0,0),\ (1,0,1),\ (1,1,0),\ (1,1,1).$$

Mit dieser vorgegebenen Reihenfolge entsprechen die beiden Funktionen selbst sowie die Funktionen, die sich aus der Anwendung der Booleschen Operatoren auf diese beiden Funktionen ergeben, folgenden Vektoren:

$$f(x_1, x_2, x_3) \,\hat{=}\, (0, 1, 1, 1, 0, 0, 1, 0)$$
$$g(x_1, x_2, x_3) \,\hat{=}\, (1, 0, 0, 1, 1, 1, 0, 0)$$
$$\sim f(x_1, x_2, x_3) \,\hat{=}\, (1, 0, 0, 0, 1, 1, 0, 1)$$
$$\sim g(x_1, x_2, x_3) \,\hat{=}\, (0, 1, 1, 0, 0, 0, 1, 1)$$
$$f(x_1, x_2, x_3) \oplus g(x_1, x_2, x_3) \,\hat{=}\, (1, 1, 1, 1, 1, 1, 1, 0)$$
$$f(x_1, x_2, x_3) \odot g(x_1, x_2, x_3) \,\hat{=}\, (0, 0, 0, 1, 0, 0, 0, 0)$$

Satz 2.13

Die Schaltfunktionen-Algebra ist für jedes $n \in \mathbb{N} \setminus \{0\}$ eine Boolesche Algebra. Das Nullelement ist die Funktion Null $(x_1, \ldots, x_n) = 0$ für alle n-Tupel $(x_1, \ldots, x_n)$. Das Einselement ist die Funktion Eins $(x_1, \ldots, x_n) = 1$ für alle n-Tupel $(x_1, \ldots, x_n)$.

Der Beweis dieses Satzes ist umfangreich, aber nicht schwer: Es müssen nacheinander alle 4 Gesetze des Satzes 2.12 gezeigt werden.

Ein weiteres Beispiel für eine Boolesche Algebra ist die **Teiler-Algebra**:

Definition 2.21 *Die Teiler-Algebra $\mathcal{T}_n$ für ein vorgegebenes $n \in \mathbb{N} \setminus \{0\}$ besteht aus allen Teilern von n: $\mathcal{T}_n = \{k \in \mathbb{N} : k \text{ teilt } n\}$*

Das Element $\sim k$ ist definiert als $\frac{n}{k}$.

Das Element $k \oplus l$ ist definiert als $ggT(k, l)$.

Das Element $k \odot l$ ist definiert als $kgV(k, l)$.

Hierbei stehen ggT für den größten gemeinsamen Teiler und kgV für das kleinste gemeinsame Vielfache. Diese Begriffe sollten aus der Schule bekannt sein, werden aber in Kapitel 4 noch einmal formal definiert.

Satz 2.14

1) Die Teiler-Algebra $\mathcal{T}_n$ ist für jedes $n \in \mathbb{N} \setminus \{0\}$ eine Boolesche Algebra, wenn n keine mehrfachen Primfaktoren enthält. Das Nullelement ist n. Das Einselement ist 1.

2) Wenn n mehrfache Primfaktoren enthält, dann sind die Gesetze für inverse Elemente für einige Elemente verletzt. Somit ist $\mathcal{T}_n$ für solche n keine Boolesche Algebra.

Dass Nullelement und Einselement die geforderten Eigenschaften für neutrale Elemente erfüllen, folgt aus folgender Überlegung:

Jede Zahl k von $\mathcal{T}_n$ teilt n nach Voraussetzung, und n teilt sich selbst. Damit gilt: $\mathrm{ggT}(k, n) = k$.

Jede Zahl ist Vielfaches von 1 und von sich selbst. Damit gilt: $\mathrm{kgV}(k, 1) = k$.

Um die anderen Gesetze der Booleschen Algebra für allgemeine n zu zeigen, benötigt man genauere Kenntnisse der Zahlentheorie, welche hier nicht vorausgesetzt werden.

Es ist jedoch leicht, diese für konkrete Werte von n nachzuprüfen, z.B. $n = 30$.

Jedoch soll das folgende Beispiel zeigen, dass es tatsächlich notwendig ist zu fordern, dass n keine mehrfachen Primfaktoren enthält:

Beispiel 2.25

Sei $n = 24 = 2 \cdot 2 \cdot 2 \cdot 3$ eine Zahl, die 2 als mehrfachen Primfaktor enthält.

$\mathcal{T}_{24}$ ist keine Boolesche Algebra, weil die Gesetze für inverse Elemente verletzt sind, wie man am Beispiel $p = 4$ ($\sim p = 6$) leicht sehen kann:

$$p \odot \sim p = \quad 4 \odot 6 = \quad \mathrm{kgV}(4, 6) = \quad 12 \neq 24 \quad \text{ergibt nicht das Nullelement}$$
$$p \oplus \sim p = \quad 4 \oplus 6 = \quad \mathrm{ggT}(4, 6) = \quad 2 \neq 1 \quad \text{ergibt nicht das Einselement}$$

Für das Beispiel $n = 30 = 2 \cdot 3 \cdot 5$ sind die Voraussetzung des Satzes 2.14 dagegen erfüllt und damit gelten auch die Gesetze für inverse Elemente, wie man sich an beliebigen Beispielen überzeugen kann.

Zum Abschluss noch eine Begriffsklärung: Mit dem Wort **Algebra** bezeichnet man eine Menge, auf der bestimmte Operationen definiert sind, die bestimmten Gesetzen folgen. In diesem Sinne ist $\mathcal{T}_n$ wie in Definition 2.21 definiert auf jeden Fall eine Algebra, egal ob n in verschiedene Primfaktoren zerfällt oder nicht. Beispiel 2.25 zeigt lediglich, dass nicht alle Teiler-Algebren auch Boolesche Algebren sind.

2.5 Übungsaufgaben

Aufgabe 2.1

a) Stimmt das? Begründen Sie Ihre Antwort.

$$\{N, E, M, O\} = \{O, M, E, N\}$$

b) Ist das korrekt? Begründen Sie Ihre Antwort.

$$\{N, O, M, E, N\} = \{O, M, E, N\}$$

c) Ist das eine Menge?

$$\{N, O, T, E\} \cup \{\heartsuit, \spadesuit\} \cup \{B, \ddot{A}, U, M, E\}$$

Wenn ja, wie groß ist die Mächtigkeit dieser Menge (d.h. wie viele Elemente enthält sie)? Wenn nein, könnte man etwas ändern, damit das eine Menge wird?

Aufgabe 2.2

Geben Sie folgende Mengen in Elementschreibweise an:

a) $A = \{x \in \mathbb{N} : x < 10\}$

b) $B = \{x \in \mathbb{R} : \exists y \in A : x^2 = y\}$

c) $C = \{x \in \mathbb{R} : \exists y \in A : y^2 = x\}$

d) $D = \{x \in \mathbb{R} : \exists y \in A : x \cdot y = -x\}$

e) $E = \{x \in \mathbb{R} : \exists y \in A : y = -x^2 - 1\}$

Aufgabe 2.3

Es sei die folgende Universalmenge $\Omega = \{p, q, r, s, t, u, v, w\}$ gegeben. Gegeben seien die folgenden Mengen A, B und C:

$$A = \{p, q, r, s\}$$
$$B = \{r, u, w\}$$
$$C = \{q, s, t, v\}$$

Geben Sie die Elemente der folgenden Mengen an:

a) $B \cap C$

b) $A \cup C$

c) $\overline{C}$

d) $A \cap B \cap C$

e) $(A \cup B) \cap (A \cap C)$

f) $\overline{(A \cup B)}$

g) $A \setminus C$

h) $A \bigtriangleup C$

i) $\mathfrak{P}(B)$

j) $\mathfrak{P}(A \setminus (B \setminus C))$

Aufgabe 2.4

Bestimmen Sie, ob wahr oder falsch:

a) $\{\} \subseteq \{2, 4, 6\}$

b) $\{3\} \in \{\{1\}, \{2\}, \{3\}\}$

c) $\{2\} \subseteq \{2, 4, 6\}$

d) $\{2\} \in \{0, 1, 2, 3, 4\}$

e) $\{1\} \subseteq \{\{0\}, \{1\}, \{2\}\}$

f) $\{2, 4, 6\} \subseteq \{\{2\}, 3, 4, \{5\}, 6\}$

g) $(3, 4) = (4, 3)$

h) $(1, 2) \in \{(3, 1), (2, 1), (4, 8)\}$

i) $\{(1, 2), (3, 2)\} \subseteq \{(3, 1), (1, 2), (2, 3), (4, 8), (3, 2)\}$

Aufgabe 2.5

Bilden Sie folgende Ergebnismengen und untersuchen Sie jeweils, ob die Menge $\{1\}$ eine Teilmenge oder ein Element der Ergebnismenge ist:

a) $(\{1,2,3\} \cup \emptyset) \times \mathcal{P}(\{1\})$

b) $(\{1,2,3\} \times \emptyset) \cup \mathcal{P}(\{1\})$

c) $(\{1,2,3\} \cup \emptyset) \cup \mathcal{P}(\{1\})$

d) $(\{1,2,3\} \times \emptyset) \times \mathcal{P}(\{1\})$

Aufgabe 2.6

Stimmen die folgenden Aussagen für eine beliebige Menge M? Begründen Sie Ihre Antwort.

a) $(M \cap \mathfrak{P}(M)) \in \mathfrak{P}(M)$

b) $(M \cap \mathfrak{P}(M)) \subseteq \mathfrak{P}(M)$

Aufgabe 2.7

Geben Sie $\{3, 0, 1, 0, 1, 3\} \times \{301, 103, 301\}$ explizit an.

Aufgabe 2.8

Demonstrieren Sie anhand der Mengen $M_1 = \{1,2\}$; $M_2 = \{2,3\}$ und $N = \{a, b, c\}$ das Distributivgesetz für $(M_1 \cup M_2) \times N$, indem Sie die Zwischenergebnisse angeben.

Aufgabe 2.9

Jede der folgenden Bedingungen definiert eine Relation auf $\mathbb{Z}$. Entscheiden Sie jeweils, ob die Relation reflexiv, symmetrisch, antisymmetrisch, transitiv oder linear ist.

a) $x - y$ ist eine ungerade ganze Zahl

b) $x - y$ ist eine gerade ganze Zahl

c) $x * y$ ist eine gerade ganze Zahl

d) x/y ist eine ganze Zahl

Aufgabe 2.10

Betrachten Sie die Menge

$$M = \{\text{Berlin}, \text{London}, \text{Deutschland}, \text{Paris}, \text{Frankreich}, \text{Hamburg}\}$$

und die Relation $\sim$ auf M mit:

$$x \sim y \quad \Leftrightarrow \quad \begin{array}{l} x \text{ liegt im Land } y \text{ oder} \\ x \text{ enthält als Stadt } y \text{ oder} \\ x \text{ liegt im selben Land wie } y \text{ oder} \\ x \text{ enthält dieselben Städte wie } y \end{array}$$

Begründen Sie, dass $\sim$ eine Äquivalenzrelation ist und geben Sie eine Aufteilung der Menge M an, die zeigt, welche Elemente zueinander in Relation stehen.

Aufgabe 2.11

Konstruieren Sie für $M = \{1, 2, 3, 4, 5, 6\}$ eine Äquivalenzrelation $R \subset M \times M$, die aus 3 Äquivalenzklassen besteht. Dabei soll die erste Äquivalenzklasse aus genau einem Element, die zweite aus genau zwei Elementen und die dritte aus genau drei Elementen bestehen.

Aufgabe 2.12

Gegeben sei die Menge $M = \{1, 2, 3, 4, 5\}$.

a) Konstruieren Sie eine Äquivalenzrelation auf M, welche die Elemente $(1, 3)$ und $(5, 3)$ enthält, aber nicht die Elemente $(1, 2)$ und $(4, 5)$. Geben Sie die Äquivalenzklassen an!

b) Konstruieren Sie eine totale Ordnungsrelation auf M, welche die Elemente $(1, 3)$ und $(5, 3)$ enthält, aber nicht die Elemente $(1, 2)$ und $(4, 5)$. Geben Sie das Hasse-Diagramm an und bestimmen Sie die maximalen bzw. minimalen Elemente!

Aufgabe 2.13

Gegeben sei die Menge $M = \{\{1\}, \{3\}, \{1, 3\}, \{1, 2, 3\}\}$.

Bilden Sie die Relation $\{(x, y) \in M \times M \mid x \subseteq y\}$. Zeigen Sie, dass es sich hier um eine Ordnungsrelation handelt, und zeichnen Sie das zugehörige Hassediagramm.

Aufgabe 2.14

Gegeben seien das folgende Hassediagramm:

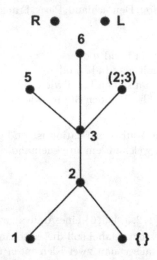

a) Geben Sie die zugehörige Menge M an, für die das Hassediagramm eine Ordnungsrelation beschreibt.

b) Stellen Sie die Ordnungsrelation in Aufzählungsschreibweise (Elementdarstellung) dar. Hinweis: Es sind 26 Elemente.

c) Markieren Sie die minimalen und maximalen Elemente.

d) Ist die Ordnungsrelation total oder partiell? Begründen Sie Ihre Antwort.

Aufgabe 2.15

Betrachten Sie die Relation $R = $ „ist Teilmenge von" auf $\{E, O, U, H, G\}$, wobei

$E = \{x \mid \exists y : x$ ist Elternteil von $y\}$

$O = \{x \mid \exists y : x$ ist Großvater oder Großmutter von $y\}$

$U = \{x \mid \exists y : x$ ist Urgroßvater oder Urgroßmutter von $y\}$

$H = \{x \mid \exists y : x$ und y haben genau 1 Elternteil gemeinsam$\}$

$G = \{x \mid \exists y : x$ und y haben mindestens 1 Elternteil gemeinsam$\}$.

E, O, U, H und G sind definiert für alle Menschen, die leben bzw. gelebt haben.

Geben Sie an, ob R total (linear) ist oder nicht. Erstellen Sie ein Hassediagramm und kennzeichnen Sie die maximalen und minimalen Elemente bzw. das Maximum und Minimum.

Tipp: Es ist zu beachten, dass zwar alle Menschen genau zwei Eltern haben, aber nicht notwendigerweise Kinder.

Aufgabe 2.16

Entscheiden Sie, welche der folgenden Relationen auf der Menge aller Menschen

- Äquivalenzrelationen sind,

- Halbordnungen oder totale Ordnungen sind,

- Funktionen sind.

Zeigen Sie, dass Ihre Antwort korrekt ist (durch Beweis oder Widerlegung: Sie können dazu natürliche Sprache verwenden).

$x \sim y \Longleftrightarrow$

a) Alle Kinder von x sind auch Kinder von y.

b) x ist mit y blutsverwandt, d.h. sie haben einen gemeinsamen Vorfahren innerhalb der letzten 100 Jahre.

c) x ist mit y in direkter Linie blutsverwandt (einer von beiden ist Vorfahre des anderen).

d) x ist mit y verheiratet oder x und y haben gar keinen Ehepartner.

Aufgabe 2.17

Betrachten Sie die Mengen $M = \{1, 2, 3, 4, 5\}$ und $N = \{a, b, c\}$

Es sei $f : M \to N$ eine Funktion mit $f(1) = a$, $f(2) = b$.

a) Geben Sie weitere Funktionswerte an, so dass f alle Funktionseigenschaften erfüllt.

b) Schreiben Sie f in Relationsdarstellung (als Teilmenge des Kreuzprodukts) auf.

Aufgabe 2.18

Sei

$$P_{\leq} = \{(x,y) \in \mathbb{R} \times \mathbb{R} : y \leq x^2\}$$

eine Relation auf $\mathbb{R}$.

a) Skizzieren Sie $P_{\leq}$ in einem Koordinatensystem.

b) Untersuchen Sie, ob $P_{\leq}$ reflexiv, symmetrisch, transitiv oder antisymmetrisch ist, und begründen Sie jeweils Ihre Antwort.

c) Ist $P_{\leq}$ eine Funktion? Begründen Sie Ihre Antwort.

Aufgabe 2.19

Betrachten Sie folgende Mengen und begründen Sie, welche eine Funktion von $\mathbb{R} \to \mathbb{R}$ ist und welche nicht:

a) $\{(x,y) \in \mathbb{R} \times \mathbb{R} : x + y = 1\}$

b) $\{(x,y) \in \mathbb{R} \times \mathbb{R} : x^2 + y^2 = 1\}$

c) $\{(x,y) \in \mathbb{R} \times \mathbb{R} : x^3 + y^3 = 1\}$

Aufgabe 2.20

Gegeben sei die Menge $M = \{1, 2, 3, 4, 6, 8, 12, 16, 24, 48\}$.

Betrachten Sie die Relation $R = \{(x,y) \in M \times M \mid x \text{ ist Teiler von } y\}$

a) Untersuchen Sie, ob R eine Äquivalenzrelation oder Ordnungsrelation (partiell oder total) ist.

b) Geben Sie gegebenenfalls die Äquivalenzklassen oder das Hasse-Diagramm an.

c) Begründen Sie, warum R keine Funktion ist, und geben Sie eine Teilmenge von R an, die eine Funktion ist.

Aufgabe 2.21

Gegeben seien folgende Mengen und Relationen:

$A = \{1, 2, 3, 4, 5\}$

$B = \{a, b, c\}$

$R_1 = \{(1, a); (2, b); (3, c); (4, b); (5, b)\} \quad \subseteq A \times B$

$R_2 = \{(a, 1); (a, 2); (a, 3); (a, 4); (a, 5)\} \quad \subseteq B \times A$

$R_3 = \{(1, b); (3, c)\} \quad \subseteq A \times B$

a) Bilden Sie:

$$R_4 = R_1 \circ R_2$$

$$R_5 = R_2 \circ R_1$$

$$R_6 = R_3 \circ R_2$$

$$R_7 = R_2 \circ R_3$$

b) Geben Sie für jede der 7 Relationen an, ob sie eine Funktion ist, und begründen Sie Ihre Antwort.

c) Geben Sie ferner an, welche der 7 Relationen injektiv bzw. linkseindeutig und welche surjektiv bzw. rechtsvollständig ist.

d) Bilden Sie für alle 7 Relationen die Inverse. Ist eine der Relationen eine umkehrbare Funktion?

Aufgabe 2.22

Gegeben sind drei Grundmengen

$M = \{1, 2, 3, 4, 5\}$

$N = \{a, b, c, d\}$

$P = \{2, 3, 4, 5, 6\}$

a) Definieren Sie zwei Relationen $R_1 \subset M \times N$ und $R_2 \subset N \times P$ so, dass wenigstens eine der beiden keine Funktion ist aber die Komposition $R_2 \circ R_1$ trotzdem eine Funktion ist.

b) Definieren Sie Funktionen $f : M \to N$ und $g : N \to P$, sodass f nicht injektiv ist und g nicht surjektiv. Begründen Sie, warum $g \circ f$ weder injektiv noch surjektiv sein kann.

c) Definieren Sie Funktionen $f : M \to N$ und $g : N \to P$, sodass f nicht surjektiv ist und g nicht injektiv. Begründen Sie, warum $g \circ f$ weder injektiv noch surjektiv sein kann.

d) Verändern Sie die Menge N durch die Hinzunahme von Elementen so, dass Sie zwei Funktionen $f : M \to N$ und $g : N \to P$ definieren können, von der eine nicht injektiv und die andere nicht surjektiv ist, aber die Komposition $g \circ f$ sogar bijektiv ist.

Hinweis: Sie können sich nicht aussuchen, welche der beiden Funktionen nicht injektiv und welche nicht surjektiv ist. Es geht nur in einer Reihenfolge.

Warnung für die Lösung von b), c), d): Sie müssen darauf achten, dass f und g in jedem Fall Funktionen sind. Andere Relationen sind nicht erlaubt.

Aufgabe 2.23

Gegeben sind folgende Funktionen:

a) $f : \mathbb{R} \to \mathbb{R}$ mit $f(x) = x^2 + x - 2$

b) $f : \mathbb{R} \setminus \{-2\} \to \mathbb{R} \setminus \{1\}$ mit $f(x) = \frac{3}{(x+2)} + 1$

c) $f : \mathbb{R} \to \mathbb{R}$ mit $f(x) = 2^x$

Untersuchen Sie diese jeweils auf Injektivität und Surjektivität. Begründen Sie Ihre Aussagen durch Nachweis oder Gegenbeispiel. Geben Sie (falls möglich) die Umkehrfunktion an.

Aufgabe 2.24

Gegeben seien die Mengen $M = \{a, c, e, g, i\}$ und $N = \{b, d, f, h\}$.

Gegeben seien ferner zwei Funktionen $F : M \to N$ und $G : N \to M$.

a) Welche Eigenschaft (injektiv, surjektiv, bijektiv, linksvollständig, rechtseindeutig) hat F garantiert nicht? Welche hat G nicht? Bitte begründen Sie Ihre Antwort.

b) Konstruieren Sie zwei Funktionen F und G, die wenigstens alle anderen oben genannten Eigenschaften erfüllen.

Aufgabe 2.25

Begründen Sie, warum es keine bijektive Abbildung $F : Personen \rightarrow Kalenderdaten$ – in Form von (Tag, Monat) – zwischen den Mitgliedern einer Fußballmannschaft und dem zugehörigen Geburtsdatum geben kann.

Kann zumindest theoretisch wenigstens eine der beiden Eigenschaften Injektivität oder Surjektivität erreicht werden?

Aufgabe 2.26

Zeigen Sie, dass die Menge aller Quadratzahlen und die Menge der natürlichen Zahlen gleichmächtig sind.

Aufgabe 2.27

Gegeben sei eine bijektive Abbildung $F : \mathbb{N} \rightarrow \mathbb{Q}^+$ nach dem Cantorschen Diagonalverfahren.

Hierbei enthält $\mathbb{N}$ die Null, und $\mathbb{Q}^+$ ist die Menge der positiven rationalen Zahlen.

a) Geben Sie die Elemente $F(5)$, $F(10)$, $F(15)$ und $F(20)$ an.

b) Bestimmen Sie die Indizes n mit $F(n) = x$ für $x = \frac{2}{3}, \frac{3}{2}, 2, 3$

Aufgabe 2.28

Geben Sie alle Elemente der Booleschen Schaltfunktionen für $n = 2$ an.

Aufgabe 2.29

Betrachten Sie die Menge der Booleschen Schaltfunktionen für $n = 3$:

Wählen Sie sich zwei beliebige verschiedene Elemente aus und weisen Sie für diese eine der de Morganschen Regeln nach.

Hinweis: Zeigen Sie das Gesetz für alle 8 verschiedenen Argumente der Schaltfunktionen. Es sind also insgesamt 16 Werte auszurechnen (linke und rechte Seite). Geben Sie jeweils die Zwischenwerte an.

Aufgabe 2.30

a) Zeigen Sie, dass in der Teiler-Algebra für $n = 30$ beide Distributivgesetze für die Elemente 2, 3 und 6 erfüllt sind.

b) Demonstrieren Sie die beiden de Morganschen Regeln an den Elementen 3 und 6.

c) Zeigen Sie, dass die eben gezeigten Ergebnisse auch für $n = 12$ gelten. Warum ist die zugehörige Teiler-Algebra dennoch keine Boolesche Algebra?

3 Beweisverfahren

Logik und Mengenlehre stellen die Grundbausteine zur Verfügung, auf denen alles andere in der Mathematik aufbaut. In diesem Kapitel werden grundlegende Verfahren vorgestellt, wie man diese Grundbausteine miteinander in Beziehung setzen und verknüpfen kann.

3.1 Grundbegriffe der Mathematik

In jedem Mathematikbuch werden die Begriffe Definition, Satz und Beweis verwendet, auch in den vorausgegangenen Kapiteln dieses Buches. Hier sollen diese und weitere in der Mathematik übliche Begriffe genau erklärt und voneinander abgegrenzt werden.

3.1.1 Definition

Eine **Definition** ist eine Benennung für einen beliebigen an anderer Stelle bereits vorgestellten Begriff oder eine Kombination aus solchen Begriffen. Definitionen sind also abkürzende Platzhalter für andere Begriffe, welche die Kommunikation innerhalb der Mathematik erleichtern. Sie sind keine Aussagen und damit weder zu fordern noch zu beweisen.

> **Beispiel 3.1**
>
> Eine **gerade Zahl** ist ein Element der folgenden Menge: $\{n \in \mathbb{Z} \mid (\exists k \in \mathbb{Z} : n = 2 \cdot k)\}$.

> **Beispiel 3.2**
>
> Zu einer beliebigen Menge M wird die **Komplementärmenge** $\overline{M}$ als folgende Menge definiert: $\{x \mid x \in \Omega \setminus M\}$.
>
> Genau genommen müssen vorher die Operatoren $\in$ und $\setminus$ dieser Definition definiert werden.

© Springer Fachmedien Wiesbaden GmbH, ein Teil von Springer Nature 2021
S. Iwanowski und R. Lang, *Diskrete Mathematik mit Grundlagen*,
https://doi.org/10.1007/978-3-658-32760-6_3

Beispiel 3.3

Eine **Boolesche Algebra** ist eine Menge mit drei Operatoren und zwei Konstanten, welche die 9 Regeln von Definition 2.19 erfüllt.

Da eine Definition nur eine Benennung ist, kann man nicht beweisen, dass diese drei Definitionen richtig sind. Es ist durchaus möglich, dass in einem anderen Buch eine Boolesche Algebra anders definiert wird. Selbst wenn man nachweisen kann, dass die unterschiedlichen Definitionen unterschiedliche Strukturen bezeichnen, kann man nicht mathematisch beweisen, wer recht hat. Man kann lediglich allgemein gebräuchliche von ungebräuchlichen Definitionen unterscheiden. Häufig wird der Satz „Diese Definition ist richtig" verwendet. Genau genommen bedeutet das: „Diese Definition ist die allgemein gebräuchliche". Es hat sich in der internationalen Mathematik ein allgemeiner Konsens gebildet, welche Begriffe man für welche Strukturen verwendet. Daran versucht auch dieses Buch sich zu halten.

Komplizierte Rechenterme, die nach einem bestimmten Muster aufgebaut sind, werden gerne durch abkürzende Symbole definiert. Die Tatsache, dass es sich hierbei um eine Definition und nicht um eine Gleichheitsaussage handelt, wird durch ein „:=" anstelle des normalen „=" verdeutlicht. Beispiele sind:

$$\sum_{i=0}^{n} f(i) \quad := \quad f(0) + f(1) + \ldots + f(n) \tag{3.1}$$

$$\prod_{i=0}^{n} f(i) \quad := \quad f(0) \cdot f(1) \cdot \ldots \cdot f(n) \tag{3.2}$$

Das „:=" bedeutet, dass es sich hier um eine Vereinbarung handelt, die - wie jede Definition - nicht bewiesen werden kann oder muss.

3.1.2 Aussagen: Satz, Lemma, Korollar

Satz: Ein **Satz** ist dasselbe wie eine Aussage. Ein *mathematischer* Satz bezeichnet stets eine *wahre* Aussage. Der Wahrheitsgehalt eines solchen Satzes kann mit Hilfe eines Beweises überprüft werden. Im Gegensatz dazu kann ein umgangssprachlicher Satz auch eine falsche Aussage sein. Der Wahrheitsgehalt eines solchen Satzes kann meistens nicht durch mathematische Methoden, aber häufig durch andere Methoden überprüft werden.

Lemma: Ein **Lemma** hat dieselbe Bedeutung wie ein mathematischer Satz. Der Begriff „*Lemma*" wird häufig für kleinere Aussagen verwendet, die zum Beweis von anderen Sätzen verwendet werden. Im Gegensatz zum Begriff „*Hilfssatz*", der auch für derartige Verwendungen benutzt wird, handelt es sich bei einem Lemma meistens um eine grundsätzliche Aussage, die in mehreren Sätzen Verwendung findet.

Korollar: Ein **Korollar** ist ebenfalls nichts anderes als ein mathematischer Satz. Der Begriff *Korollar* wird ausschließlich für Sätze verwendet, die man leicht aus anderen Sätzen folgern kann. Daher spricht man auch von einem Korollar *zu* einem Satz.

Beispiel 3.4

Satz 2.14 auf Seite 94 besagt, dass eine Teiler-Algebra eine Boolesche Algebra ist. Um diesen Satz zu beweisen, muss gezeigt werden, dass jede Teiler-Algebra alle 9 Regeln der Definition 2.19 für eine Boolesche Algebra erfüllt.

Beispiel 3.5

Man kann den Satz 2.12 als Lemma für den Beweis von Satz 2.14 benutzen, denn mit der Gültigkeit von Satz 2.12 muss man nur noch 4 Regeln der Definition 2.19 nachprüfen, um die Gültigkeit von Satz 2.14 zu beweisen.

Beispiel 3.6

Zu Satz 2.14 kann man als Korollar folgende Aussage leicht folgern:

Korollar 3.1

Die Teiler-Algebra T_{30} ist mit den in Definition 2.21 festgelegten Operationen und den Konstanten 30 und 1 eine Boolesche Algebra.

Beweis:

Satz 2.14 kann angewendet werden, wenn gezeigt ist, dass 30 in verschiedene Primfaktoren zerlegt werden kann. Das ist mit $30 = 2 \cdot 3 \cdot 5$ leicht getan. ∎

3.1.3 Beweis

Ein **Beweis** ist eine Kette von Implikationen, also logischen Schlussfolgerungen, aus denen die zu beweisende Aussage (Satz, Lemma oder Korollar) folgt.

Bei einem direkten Beweis steht als letzte Schlussfolgerung immer die Aussage des Satzes. Die Implikationskette beginnt entweder mit einer Voraussetzung, unter welcher dieser Satz überhaupt gelten soll, oder einer anderen Aussage, welche schon bewiesen wurde.

Um in einer solchen Implikationskette, die mitunter sehr lang werden kann (mehrere Seiten), deutlich zu machen, wann sie beendet ist, d.h. wann der Beweis vollständig ist, hat es sich international durchgesetzt, das Kürzel „q.e.d." hinter die letzte (ursprünglich zu zeigende) Aussage zu setzen. „q.e.d." steht für das lateinische „quod erat demonstrandum"[1].

In vielen Fällen ist es schwierig oder sogar unmöglich, einen direkten Beweis zu führen. Daher gibt es noch viele weitere Formen von Beweisstrategien, die letztendlich alle auf den in Kapitel 1.2 vorgestellten Gesetzen der Aussagenlogik beruhen. Ein systematischer Überblick wird in Kapitel 3.3 gegeben.

Leider gibt es keine allgemeine Strategie zum Beweisen von Aussagen, die in jedem Fall zum Ziel führt, ja man kann sogar beweisen, dass es eine solche nicht geben kann. Damit ist ein Mathematiker auf seine Intuition und Erfahrung angewiesen, wenn er Sätze beweisen will. Wenn ein Beweis gut aufgeschrieben ist, dann sollte es aber jedem Menschen mit grundlegendem logischen Verständnis (wie es nach Durcharbeiten von Kapitel 1 erreicht sein sollte) möglich sein, diesen nachzuvollziehen.

3.1.4 Axiom

Ein **Axiom** ist eine Aussage, die nicht bewiesen werden soll. Sie wird einfach als wahr angenommen bzw. gefordert. Ein Axiom spielt in der Mathematik dieselbe Rolle wie die Gesetze in der Rechtsprechung: Diese werden durch kein Urteil geändert. Es werden lediglich Schlüsse aus ihnen gezogen, um zu einem Urteil zu gelangen. Daher nennt man die Axiome in der Mathematik auch **Gesetze**.

In Implikationsketten von Beweisen stehen Axiome immer am Anfang. Mit Hilfe von Axiomen kann man sehr gut komplizierte Strukturen definieren, indem man nicht nur neue Namen für zusammengesetzte Begriffe vergibt, sondern auch noch Regeln angibt, die eine mit einem bestimmten Begriff bezeichnete Struktur erfüllen muss. Derartige Definitionen nennt man auch **Axiomatisierungen**. Zur Zeit der alten griechischen Mathematiker bis zum Mittelalter waren viele Begriffe noch nicht exakt axiomatisiert. Die Benutzung der Begriffe folgte gewissermaßen der natürlichen menschlichen Intuition. Das machte das systematische Aufschreiben von Beweisen zwecks leichter Nachvollziehbarkeit recht schwierig.

---

[1] auf Deutsch: „was zu beweisen war"

Exakte Axiome machen dagegen auch komplizierte Strukturen greifbarer. Sie formalisieren genauer, was man über sie weiß. Das macht den Beweis von weiteren Aussagen über solche Strukturen einfacher: Jedes Axiom der Struktur kann in dem Beweis als gegeben vorausgesetzt werden.

Ein Beispiel ist die Struktur der Booleschen Algebra: Die 9 Gesetze von Definition 2.19 sind die Booleschen Axiome. Sie werden von einer Struktur gefordert, damit sie eine Boolesche Algebra heißen kann.

Das darf nicht mit Folgendem verwechselt werden: Um zu zeigen, dass eine Struktur eine Boolesche Algebra ist, muss gezeigt werden, dass sie alle Boolesche Axiome erfüllt. Da ist dann durchaus die Gültigkeit von Axiomen zu beweisen: Wenn eine Struktur nicht alle Booleschen Axiome erfüllt, dann darf man sie nicht Boolesche Algebra nennen.

Ein Beispiel dafür sind die Teilbarkeits-Algebren (siehe Definition 2.21 auf Seite 94): Nach Satz 2.14 sind diese unter bestimmten Voraussetzungen (n hat nur einfache Primfaktoren) auch Boolesche Algebren. Für den Beweis dieses Satzes muss gezeigt werden, dass Teiler-Algebren für einfache Primzahlzerlegungen alle 9 Axiome der Booleschen Algebra erfüllen. Hierfür dürfen nur die Gesetze vorausgesetzt werden, die in Definition 2.21 definiert wurden. Diese sind also die Axiome einer Teiler-Algebra.

Wie in Kapitel 3.1.3 charakterisiert, ist ein Beweis eine Kette von Implikationen: Das erste Glied in dieser Kette kann ein Axiom sein, und das letzte ist der zu beweisende Satz. Mit Hilfe der Kontraposition (siehe Kapitel 1) kann man jede Implikationskette auch umkehren. Daher ist es möglich, Aussagen, deren Negation man als Axiom gefordert hat, auch als Satz zu formulieren (der dann bewiesen werden muss), wenn dafür andere Aussagen (deren Negation in der alten Kette bewiesen werden musste) als Axiome formuliert werden.

Diese Vorgehensweise wird im Folgenden am Satz 2.12 verdeutlicht, der besagt, dass es ausreicht, nur 4 Boolesche Axiome zu fordern, weil die anderen automatisch daraus folgen. Man kann nun umgekehrt eine Boolesche Algebra gemäß Satz 2.12 *definieren*, d.h. man fordert nur als Axiome die Kommutativ- und Distributivgesetze sowie die Aussagen über die neutralen und inversen Elemente. Wenn man so etwas eine Boolesche Algebra nennt, dann sind die anderen Axiome von Definition 2.19, z.B. die de Morganschen Regeln, keine Axiome mehr, sondern Sätze, die aus der ersten Definition folgen. Folgendermaßen wird das formalisiert:

Definition 3.1 (Alternative zu Definition 2.19) *Eine Boolesche Algebra ist eine Menge* $\mathfrak{B}$ *aus Elementen, für die die neutralen Werte 0 und 1 definiert sind sowie der einstellige Operator* $\sim$ *und die zweistelligen Operatoren* $\oplus$ *und* $\odot$*, sodass folgende Gesetze erfüllt sind:*

$$p \odot q = q \odot p$$
$$p \oplus q = q \oplus p$$
Kommutativgesetze

$$p \odot (q \oplus r) = (p \odot q) \oplus (p \odot r)$$
$$p \oplus (q \odot r) = (p \oplus q) \odot (p \oplus r)$$
Distributivgesetze

$$p \odot 1 = p$$
$$p \oplus 0 = p$$
neutrale Elemente

$$p \odot \sim p = 0$$
$$p \oplus \sim p = 1$$
inverse Elemente

In dieser alternativen Definition gibt es also nur noch 4 Axiome für die Boolesche Algebra. Im Sinne einer mathematischen Effizienz ist das sogar vorzuziehen. Wir haben die Variante mit den 9 Axiomen nur deshalb gebracht, weil es noch weitere Möglichkeiten gibt, sich auf weniger Axiome zu beschränken und nur die Variante mit den 9 Axiomen aus jeder in der Literatur gebräuchlichen Definition folgt.

Satz 3.2 (Alternative zu Satz 2.12)

In einer Booleschen Algebra nach Definition 3.1 gelten folgende Aussagen:

$$p \odot (q \odot r) = (p \odot q) \odot r$$
$$p \oplus (q \oplus r) = (p \oplus q) \oplus r$$
Assoziativgesetze

$$\sim (p \odot q) = \sim p \oplus \sim q$$
$$\sim (p \oplus q) = \sim p \odot \sim q$$
de Morgansche Regeln

$$p \odot p = p$$
$$p \oplus p = p$$
Idempotenz

$$p \odot 0 = 0$$
$$p \oplus 1 = 1$$
„Nullmultiplikation"

$$\sim\sim p = p$$
doppelte Negation
(Involution)

Der Beweis dieses Satzes ist analog zu dem von Satz 2.12.

In der alternativen Definition sind damit die restlichen 5 Aussagen keine Axiome mehr, sondern Sätze.

3.1.5 Das Axiomensystem von Peano für die natürlichen Zahlen

Der Begriff der natürlichen Zahl ist ein elementarer Grundbegriff der Mathematik. Wie die Bezeichnung schon sagt, sind die natürlichen Zahlen die einzigen dem Menschen intuitiv verständlichen Zahlen. Genau genommen kennt auch ein Computer nur natürliche Zahlen. Alle anderen Zahlenmengen werden aus den natürlichen Zahlen mit Hilfe von Zusatzeigenschaften konstruiert.

Auch im Schulunterricht wird im Wesentlichen so vorgegangen: Zunächst lernen Schüler zählen und damit die natürlichen Zahlen kennen, und erst nach der Kenntnis der Grundrechenarten werden dann die negativen, rationalen, irrationalen und imaginären Zahlen konstruiert.

Mit Hilfe welcher Gesetze kann man nun die Eigenschaften der natürlichen Zahlen als Menge genau beschreiben? Der Begriff der natürlichen Zahlen wurde erstmals durch den italienischen Mathematiker Peano[2] exakt axiomatisiert:

Definition 3.2 (PEANOsches Axiomensystem) *Die Menge* $\mathbb{N}$ *der natürlichen Zahlen ist eine Menge, auf der eine Relation* $\sigma \subseteq \mathbb{N} \times \mathbb{N}$, *die* Nachfolgerrelation, *definiert ist und die folgende Axiome erfüllt:*

P1. $0 \in \mathbb{N}$, *d.h.* 0 *ist eine natürliche Zahl.*

P2. σ *ist eine Funktion, d.h. zu jeder natürlichen Zahl* $n \in \mathbb{N}$ *gibt es einen eindeutig bestimmten unmittelbaren Nachfolger* $m = \sigma(n) \in \mathbb{N}$.

P3. σ *ist injektiv, d.h. jede natürliche Zahl* $m \in \mathbb{N}$ *ist unmittelbarer Nachfolger höchstens einer natürlichen Zahl* $n \in \mathbb{N}$.

P4. $0 \notin \sigma(\mathbb{N})$, *d.h. die Zahl* 0 *ist nicht im Bild von* σ, *d.h. sie ist nicht unmittelbarer Nachfolger einer natürlichen Zahl.*

P5. **Induktionsaxiom:** *Jedes Element aus* $\mathbb{N}$ *kann durch eine endlich häufige Anwendung der Nachfolgerrelation* σ *aus* 0 *erzeugt werden, d.h.* $\forall n \in \mathbb{N}$:
$$n = \sigma(\sigma(\ldots \sigma(0) \ldots))$$

Wie schon in den Erläuterungen der Axiome angewendet, bezeichnet man für $(n, m) \in \sigma$ (nach Axiom P2 kann man das auch mit $\sigma(n) = m$ beschreiben) das Element m als den **unmittelbaren Nachfolger** von n. n nennt man **unmittelbaren Vorgänger** von m.

Jede beliebige Menge M, für die eine Nachfolgerabbildung σ definiert ist und die sämtlichen Axiomen $P1 - P5$ genügt, kann als ein Modell für die Menge der natürlichen Zahlen angesehen werden.

Wir verwenden für die Menge der natürlichen Zahlen die Menge:

$$\mathbb{N} = \{0, 1, 2, 3, \ldots\}. \tag{3.3}$$

Denkbar wäre aber auch die Menge $\mathbb{N}' = \{1, 2, 3, 4, \ldots\}$ oder jede andere hintereinander aufgezählte Menge mit einem ersten Element. In früheren Zeiten (bis ca. 1970) war es üblich, 0 nicht als natürliche Zahl zu bezeichnen. Damals wurde das ausgezeichnete Element 1 anstelle der 0 in den Axiomen $P1$, $P4$ und $P5$ verwendet. Ob 0 eine natürliche Zahl oder nicht ist, ist eine reine Definition, kann also weder bewiesen noch widerlegt werden. Es hat sich in manchen Beweisen als praktisch herausgestellt, die 0 als kleinste natürliche Zahl gelten zu lassen. Auch in

---

[2] GUISEPPE PEANO (1858–1932): „Arithmetices principia nova methodo exposita" (1889)

den Programmiersprachen kann man diese Entwicklung erkennen: Während ältere Programmiersprachen wie Pascal Feldindizes noch von 1 an nummerieren, beginnen jüngere Programmiersprachen wie Java bereits mit 0. Beides ist mathematisch zulässig und sinnvoll.

Man kann aus dem Peanoschen Axiomensystem wichtige Folgerungen als Sätze ableiten, welche in unserer Vorstellung der natürlichen Zahlen eine wichtige Rolle spielen, die aber nicht explizit gefordert werden mussten:

Satz 3.3 (Folgerungen aus den Peano-Axiomen)

1) Die Menge $\mathbb{N}$ ist nicht leer.

2) Aus $m \neq n$ folgt stets $\sigma(m) \neq \sigma(n)$.

3) Die Zahl 0 ist die einzige Zahl in $\mathbb{N}$, die keinen unmittelbaren Vorgänger hat.

4) Es gilt stets: $n \neq \sigma(n)$.

5) $\mathbb{N}$ ist eine unendliche Menge.

Einige dieser Folgerungen sind sehr leicht zu beweisen: So kann man die erste Folgerung unmittelbar aus Axiom $P1$ ableiten sowie die zweite Folgerung aus Axiom $P3$. Auch die anderen Folgerungen lassen sich aus den Peano-Axiomen herleiten, aber nicht ganz so direkt. Wir überlassen das als Übung, die allerdings bereits einiges mathematisches Geschick erfordert.

Das Axiomensystem von Peano ist minimal im folgenden Sinne: Die Hinwegnahme auch nur eines Axioms erlaubt unter Beachtung aller anderen Axiome die Konstruktion von Mengen, die in unserer Vorstellung nicht alle Eigenschaften der natürlichen Zahlen erfüllen. Insbesondere sind dann die eben genannten Folgerungen nicht erfüllt.

Das sei an einigen Beispielen vorgeführt:

Beispiel 3.7

Die leere Menge erfüllt alle Peanoschen Axiome außer $P1$, in dem die Existenz eines Elements explizit gefordert wird.

Beispiel 3.8

Die Wegnahme von Axiom $P3$ erlaubt es, die Menge $\{0, 1, 2, 3, 4\}$ mit der Nachfolgefunktion $\sigma(0) = 1$, $\sigma(1) = 2$, $\sigma(2) = 3$, $\sigma(3) = 4$, $\sigma(4) = 4$ als die natürlichen Zahlen zu bezeichnen: Alle anderen Peano-Axiome sind erfüllt. Man beachte, dass diese Menge endlich ist und dass das Element 4 Nachfolger von sich selbst ist.

Beispiel 3.9

Die Wegnahme von Axiom $P5$ erlaubt es, zu den üblichen natürlichen Zahlen als Nachfolgefunktion zu den bekannten natürlichen Zahlen $\mathbb{N} = \{0, 1, 2, 3, \ldots\}$ eine andere Nachfolgerrelation zu definieren: $\sigma(n) = n + 2$. Diese Nachfolgerrelation erfüllt alle anderen Axiome, aber nicht $P5$, denn 1 kann man nicht durch endliche Anwendung von σ aus der 0 erzeugen. 1 hat jetzt neben der 0 auch keinen unmittelbaren Vorgänger, sodass die 3. Folgerung verletzt ist.

3.2 Vollständige Induktion

3.2.1 Grundprinzip

Das Axiom $P5$ wurde als Induktionsaxiom bezeichnet. Der Grund besteht darin, dass man mit Hilfe dieser Eigenschaft der natürlichen Zahlen die Gültigkeit einer Aussage für alle natürlichen Zahlen beweisen kann, indem man die Aussage für ein erstes Element zeigt (in der Regel die 0) und dann induktiv vom Vorgänger auf den unmittelbaren Nachfolger schließt. Das ist das Prinzip der vollständigen Induktion:

Satz 3.4 (Grundprinzip der vollständigen Induktion)

Sei $A(n)$ eine beliebige Aussage über die natürlichen Zahlen.

Dann ist diese Aussage durch folgende Beweisschritte bewiesen:

1) **Induktionsverankerung:** *Es wird bewiesen, dass $A(0)$ gilt.*

2) **Induktionsschluss:** *Es wird bewiesen, dass für jedes $n \in \mathbb{N}$ gilt:*

$$A(n) \Rightarrow A(n+1).$$

Wir werden die Gültigkeit dieses Satzes auf Seite 117 plausibel machen.

Zunächst sollen Aspekte der Anwendung dieses wichtigen Beweisprinzips erläutert werden:

Der Beweis der Induktionsverankerung hat selbst nichts mit vollständiger Induktion zu tun: Die Aussage für die konkrete Zahl 0 muss durch irgendeinen zulässigen Beweis geführt werden. Manchmal soll eine Aussage auch erst ab einer größeren Zahl als 0 gelten. Grundsätzlich ist in der Induktionsverankerung immer die kleinste Zahl einzusetzen, ab der die Aussage gelten soll.

Der Beweis des Induktionsschlusses wird nur einmal geführt. Die Besonderheit liegt darin, dass er für ein beliebiges n anwendbar sein muss. Das bedeutet, dass an keiner Stelle des Beweises der Wert von n eingeschränkt werden darf. Wenn man zum Beispiel im Laufe des Beweises durch $n-2$ dividiert, würde der Beweis für $n=2$ nicht gelten.

Die Voraussetzung des Induktionsschlusses, also die Aussage für n, wird auch **Induktionsannahme** genannt. Die Folgerung des Induktionsschlusses, also die Aussage für $n+1$, wird auch **Induktionsbehauptung** genannt. Es ist die Induktionsbehauptung, die bewiesen werden muss. Die Annahme darf in diesem Beweis als wahr vorausgesetzt werden. Sollte die Gültigkeit der Annahme im Beweis überhaupt nicht verwendet werden, dann ist das entweder kein Induktionsbeweis oder aber es liegt irgendwo ein Fehler im Beweis vor.

Bevor wir uns von der Korrektheit des Induktionsprinzips überzeugen, betrachten wir ein einfaches Beispiel für diese Beweistechnik:

Satz 3.5

Für jede Zahl $n \in \mathbb{N}$ gilt die Aussage:

$$A(n) \qquad \sum_{i=0}^{n} i = \frac{n(n+1)}{2}$$

Beweis durch vollständige Induktion über n:

1. **Induktionsverankerung** $A(0)$: $\sum_{i=0}^{0} i = 0 = \frac{0 \cdot (0+1)}{2}$ \hfill q.e.d.

2. **Induktionsschluss** $A(n) \Rightarrow A(n+1)$:

   Es ist sinnvoll, zuerst einmal aufzuschreiben, was zu zeigen ist, nämlich die Induktionsbehauptung:

$$A(n+1) \qquad \sum_{i=0}^{n+1} i = \frac{(n+1)(n+2)}{2}$$

Diese wird folgendermaßen bewiesen:

$$\sum_{i=0}^{n+1} i \underset{\text{nach Def. in (3.1)}}{=} \sum_{i=0}^{n} i + (n+1)$$

$$\underset{\text{Induktionsannahme}}{=} \frac{n(n+1)}{2} + n + 1$$

$$\underset{\text{Hauptnenner}}{=} \frac{n(n+1) + 2(n+1)}{2}$$

$$\underset{\text{Distributivgesetz}}{=} \frac{(n+2)(n+1)}{2}$$

∎

Beweise für Summenformeln gelten als einfache Beispiele für Induktionsbeweise, weil die linke Seite der Induktionsbehauptung, eine Summe bis $n+1$, durch Anwendung der Definition leicht in eine Summe bis n (also die linke Seite der Induktionsannahme) plus ein konstanter Term zerlegt werden kann. Auf diese Weise ist es leicht, die Induktionsannahme in den Beweis einzubauen. Es ist hier auch immer klar, welche die Variable n ist, die man im Induktionsschluss jeweils erhöht. Man sagt, die Induktion wird „über" diese Variable geführt und nennt diese Variable die **Induktionsvariable**. Wir werden später Beispiele kennenlernen, in denen es nicht ganz offensichtlich ist, welche die Induktionsvariable ist.

Wir machen uns nun plausibel, dass das Induktionsprinzip überhaupt mathematisch zulässig ist.

Beweis von Satz 3.4:

Es ist folgende Frage zu beantworten: Warum kann man bei korrekter Durchführung dieses Prinzips, also dem Führen von nur zwei Beweisen (Induktionsverankerung und Induktionsschluss) folgern, dass man die Aussage für jede Zahl bewiesen hat?

Die Antwort liegt im Induktionsaxiom $P5$ der natürlichen Zahlen: Wenn man konkret die Aussage für z.B. $n = 1000$ beweisen möchte, dann beginnt der Beweis mit der Induktionsverankerung, also für $n = 0$. Danach wird das bewiesene Resultat in den Induktionsschluss eingesetzt (mit $n = 0$) und man erhält die Aussage für $n = 1$. Diese nochmals in den Induktionsschluss eingesetzt ergibt die Aussage für $n = 2$, usw., bis man die gewünschte Aussage für $n = 1000$ erreicht hat. Da man nach dem Induktionsaxiom durch endlich häufige Anwendung der Nachfolgefunktion (und nichts anderes ist ja der Übergang von n auf $n+1$) jede natürliche Zahl erreichen kann, ist mit dieser Technik die Aussage für jede natürliche Zahl bewiesen. ∎

Das gilt natürlich nur, wenn der Induktionsschluss wirklich für jede Zahl n anwendbar ist. Sollte z.B. im Rahmen des Beweises durch $n - 10$ geteilt werden, ist damit nicht nur die Aussage für $n = 10$ nicht bewiesen, sondern auch nicht für alle nachfolgenden Zahlen, da ja $A(10)$ nicht als bewiesene Annahme in den Induktionsschluss eingesetzt werden kann. Die Beweiskette darf also an keiner Zahl abbrechen.

Da wir im Beweis von Satz 3.4 explizit das Induktionsaxiom $P5$ verwendet haben, gilt er auch nur für Mengen, in denen dieses Axiom gültig ist. Damit ist klar, dass Aussagen für Variablen aus anderen Mengen, z.B. $\mathbb{R}$, nicht mit vollständiger Induktion bewiesen werden können. Die Beweistechnik der vollständigen Induktion ist auf Aussagen beschränkt, in denen die Induktionsvariable eine natürliche Zahl ist. Selbstverständlich dürfen in diesen Aussagen auch noch andere Zahlen und Objekte vorkommen, aber nicht als Induktionsvariable.

3.2.2 Verallgemeinertes Grundprinzip

Nicht immer ist es möglich, eine zu beweisende Aussage $A(n + 1)$ auf die Aussage für den direkten Vorgänger n zurückzuführen. Das ist auch gar nicht erforderlich, wie der folgende Satz zeigt:

Satz 3.6 (Verallgemeinertes Grundprinzip der vollständigen Induktion)

Sei $A(n)$ eine beliebige Aussage über die natürlichen Zahlen.

Dann ist diese Aussage durch folgende Beweisschritte bewiesen:

1) **Induktionsverankerung:** *Es wird bewiesen, dass $A(0)$ gilt.*

2) **Induktionsschluss:** *Es wird bewiesen, dass für jedes $n \in \mathbb{N}$ gilt:*

$$(A(0) \wedge A(1) \wedge \ldots \wedge A(n)) \Rightarrow A(n + 1).$$

Dieser Satz benutzt im Induktionsschluss eine stärkere Voraussetzung als Satz 3.4: In Satz 3.4 durfte nur die Gültigkeit des zuletzt bewiesenen $A(n)$ genutzt werden. Satz 3.6 erlaubt dagegen die Verwendung von einer Aussage $A(i)$ für irgendein $i = 0, \ldots, n$. Wenn nämlich alle Aussagen als wahr vorausgesetzt werden dürfen, dann darf im Beweis die Gültigkeit von jeder beliebigen Aussage auch einzeln angewendet werden.

Die Gültigkeit von Satz 3.6 ergibt sich unmittelbar: Wenn mit Induktion nach Satz 3.4 gezeigt wurde, dass eine Aussage für n gilt, dann hat dieses Prinzip die Aussage für die Werte kleiner als n bereits vorher bewiesen. Also dürfen diese Aussagen auch benutzt werden.

Die Nützlichkeit von Satz 3.6 wird am folgenden Beispiel verdeutlicht:

Satz 3.7 (Existenz der Primzahlzerlegung)

Jede natürliche Zahl $n > 1$ kann als Produkt von endlich vielen Primzahlen dargestellt werden:

$$\forall n \in \mathbb{N} \setminus \{0, 1\} \; \exists p_1, \ldots, p_k : n = p_1 \cdot p_2 \cdot \ldots p_k$$

Hierbei sind alle $p_i > 1$ Primzahlen, d.h. sie sind nur durch 1 oder sich selbst teilbar.

Beweis durch vollständige Induktion über n:

Man beachte, dass dieser Satz erst ab $n = 2$ gilt. Damit ist 2 auch der kleinstmögliche Wert für die Verankerung.

1. **Induktionsverankerung** $A(2)$: 2 ist selbst Primzahl, d.h. $2 = p_1$ ist eine geeignete Primzahlzerlegung mit $p_1 = 2$ als Primzahl   q.e.d.

2. **Induktionsschluss** $(A(0) \wedge A(1) \wedge \ldots \wedge A(n)) \Rightarrow A(n+1)$

   Sei $n + 1$ eine beliebige natürliche Zahl. Es ist zu zeigen, dass es für sie eine Primzahlzerlegung gibt.

   Wir machen eine Fallunterscheidung:

   1. Fall: $n + 1$ ist selbst eine Primzahl.

   Dann gilt analog zur Induktionsverankerung: $n + 1 = p_1$ ist eine geeignete Primzahlzerlegung mit $p_1 = n + 1$ als Primzahl   q.e.d.

   2. Fall: $n + 1$ ist keine Primzahl.

   Dann existieren also mindestens zwei Teiler $q, r \in \mathbb{N} \setminus \{0, 1, n+1\}$ mit $n + 1 = q \cdot r$.

   Man beachte, dass gilt: $q, r < n + 1$.

   Damit kann die Induktionsannahme für q und r eingesetzt werden, d.h. es gibt Primzahlzerlegungen von q und r. Formal schreiben wir:

   $q = q_1 \cdot \ldots \cdot q_s$ und $r = r_1 \cdot \ldots \cdot r_t$ wobei alle q_i und r_i Primzahlen sind.

   Damit ist aber $n + 1 = q \cdot r = q_1 \cdot \ldots \cdot q_s \cdot r_1 \cdot \ldots \cdot r_t$ eine Primzahlzerlegung.

   ■

Man beachte, dass q und r in diesem Beweis in der Regel nicht selbst Primzahlen sind. Sie sind in der Regel auch nicht gleich n, sondern meistens viel kleiner. Aber das spielt für den Induktionsbeweis nach Satz 3.6 keine Rolle: Es kommt nur darauf an, dass sie echt kleiner als $n + 1$ sind. Dann darf man die Induktionsannahme für sie verwenden.

q und r sind in diesem Beweis auch nicht eindeutig: So kann man bei der Anwendung für $n + 1 = 12$ sowohl die Zerlegung $3 \cdot 4$ als auch die Zerlegung $2 \cdot 6$ verwenden. Aus diesem Grund kann man mit Hilfe dieses Beweises auch nicht die Eindeutigkeit der Primzahlzerlegung zeigen. Diese gilt zwar auch, aber das muss auf andere Weise bewiesen werden (siehe Satz 4.23).

3.2.3 Anwendung auf induktive Definitionen

Das Beweisprinzip der vollständigen Induktion eignet sich besonders für den Nachweis von Eigenschaften von Funktionen, die induktiv definiert worden sind:

Definition 3.3 *Eine Funktion $f : \mathbb{N} \to \mathbb{N}$ heißt* **induktiv definiert***, wenn sie folgendermaßen beschrieben wird:*

1) *$f(0)$ wird explizit angegeben.*

2) *Es wird eine Regel angegeben, wie man $f(n)$ aus den Vorgängerwerten $f(i)$ für gewisse $i < n$ berechnet.*

Im Folgenden werden als Beispiele zwei Definitionen gegeben, die in der Mathematik eine große Bedeutung haben und die nach dem Muster von Definition 3.3 aufgebaut sind:

Definition 3.4 *Die Fakultät $n!$ ist für natürliche Zahlen folgendermaßen definiert:*

1) *$0! = 1$*

2) *$(n + 1)! = (n + 1) \cdot n!$ für $n \geq 0$*

Man kennt die Fakultät normalerweise als Produkt aller Zahlen von 1 bis n. Der folgende Satz zeigt, dass Definition 3.4 dieselbe Funktion beschreibt:

Satz 3.8

Für $n \in \mathbb{N} \setminus \{0\}$ gilt: $n! = \prod_{i=1}^{n} i = 1 \cdot 2 \cdot \ldots \cdot n$

Beweis durch vollständige Induktion über n:

Die Gleichung $\prod_{i=1}^{n} i = 1 \cdot 2 \cdot \ldots \cdot n$ entspricht gerade der Definition (3.2) in Kap. 3.1. Das Produktzeichen ist lediglich eine abkürzende Darstellung. Da ist also nichts zu zeigen. Zu zeigen ist, dass das Produkt aller Zahlen von 1 bis n (egal auf welche Weise das dargestellt ist), gleich dem in 3.4 definierten $n!$ ist:

1. **Induktionsverankerung** für $n = 1$:

$$1! \underset{\text{Def. 3.4,2)}}{=} 1 \cdot 0! \underset{\text{Def. 3.4,1)}}{=} 1 \cdot 1 = 1 = \prod_{i=1}^{1} i \qquad \text{q.e.d.}$$

Man beachte, dass der kleinste Wert, für den Satz 3.8 gilt, der Wert 1 ist.

2. **Induktionsschluss** $n \to n + 1$:

Es ist zu zeigen: $(n+1)! = 1 \cdot 2 \cdot \ldots \cdot n \cdot (n+1)$

Das ist der Beweis:

$$(n+1)! \underset{\text{Def. 3.4,2)}}{=} (n+1) \cdot n! \underset{\text{Induktionsannahme}}{=} (n+1) \cdot 1 \cdot 2 \cdot \ldots \cdot n$$
$$\underset{\text{Umordnung}}{=} 1 \cdot 2 \cdot \ldots \cdot n \cdot (n+1) \qquad \blacksquare$$

Definition 3.5 *Die Fibonacci-Zahlen sind als Funktion $F : \mathbb{N} \to \mathbb{N}$ folgendermaßen definiert:*

1) $F(0) = 0 \qquad F(1) = 1$

2) $F(n+2) = F(n) + F(n+1)$ *für* $n \in \mathbb{N}$

Die Fibonacci-Zahlen bilden also folgende Folge: $0, 1, 1, 2, 3, 5, 8, \ldots$.

Sie können auch durch Summen aller Vorgänger bis zum vorletzten dargestellt werden:

Satz 3.9

Für $n \in \mathbb{N}$ gilt: $F(n+2) = 1 + \sum_{i=0}^{n} F(i)$

Beweis durch vollständige Induktion über n:

1. **Induktionsverankerung** für $n = 0$:

$$F(0+2) = F(2) \underset{\text{Def. 3.5}}{=} 0 + 1 = 1$$

$$1 + \sum_{i=0}^{0} F(i) = 1 + F(0) \underset{\text{Def. 3.5}}{=} 1 + 0 = 1$$

Die Werte der beiden Terme sind also gleich.   q.e.d.

2. **Induktionsschluss** $n \to n + 1$:

Es ist zu zeigen: $F(n + 1 + 2) = 1 + \sum_{i=0}^{n+1} F(i)$

Das ist der Beweis:

$$F(n + 1 + 2) = F(n + 3) \underset{\text{Def. 3.5}}{=} F(n + 1) + F(n + 2)$$

$$\underset{\text{Induktionsannahme}}{=} F(n + 1) + 1 + \sum_{i=0}^{n} F(i)$$

$$\underset{\text{Umordnung}}{=} 1 + \sum_{i=0}^{n+1} F(i) \qquad \blacksquare$$

Die beiden eben gezeigten Beispiele verdeutlichen, dass eine induktive Definition es sehr einfach macht, die Induktionsbehauptung auf die Induktionsannahme zurückzuführen, eben weil die Definition schon aufzeigt, wie der Nachfolger aus dem Vorgänger konstruiert wird.

3.2.4 Anwendung auf allgemeine rekursive Definitionen

Definition 3.5 passt eigentlich nicht exakt zum induktiven Prinzip von 3.3, weil es *zwei* Anfangswerte braucht, mit deren Hilfe man dann die Nachfolger konstruieren kann. Es ist bereits eine Verallgemeinerung von 3.3, die noch weiter verallgemeinert werden kann zu allgemeinen rekursiven Definitionen:

Definition 3.6 *Eine beliebige Menge M heißt* **rekursiv definiert**, *wenn sie folgendermaßen beschrieben wird:*

1) *Einige (endlich viele) Elemente werden explizit angegeben.*

2) *Es wird ein Satz von Regeln angegeben, wie man aus Elementen von M neue Elemente von M erzeugen kann.*

Zunächst wird verdeutlicht, warum Definition 3.3 tatsächlich ein Spezialfall von Definition 3.6 ist:

Eine Funktion ist nach Definition 2.12 eine spezielle Relation, und die ist nach Definition 2.4 als Teilmenge eines Kreuzprodukts eine spezielle Menge. Jede Funktion ist also eine Menge, die aus den Paaren des Typs (Argument, Funktionswert) besteht.

Eigenschaft 1) von Definition 3.3 legt mit dem Funktionswert von 0 genau ein Element dieser Menge, nämlich $(0, f(0))$ fest. Sie ist also ein Spezialfall der Eigenschaft 1) von Definition 3.6.

In Eigenschaft 2) von Definition 3.3 wird eine Regel angegeben, wie aus dem Vorgängerfunktionswert ein Nachfolgerfunktionswert berechnet wird. In Mengenschreibweise wird also aus dem bereits zur Menge als zugehörig bewiesenen Paar (Vorgänger, Vorgängerfunktionswert) ein neues Element der Menge, nämlich das Paar (Vorgängerfunktionswert, Nachfolgerfunktionswert), gebildet wird. Es liegt also ein Spezialfall von Eigenschaft 2) von Definition 3.6 vor.

Beispiel 3.10

Ein Wort sei durch die Buchstabenfolge $\overline{x} = x_1 \ldots x_n$ dargestellt, wobei die einzelnen x_i Buchstaben sind.

Die Menge der möglichen Variablennamen einer Programmiersprache bestehe aus Wörtern $\overline{x}$, die durch folgende Regeln gebildet werden:

1) $\overline{x} = \alpha$ für ein beliebiges $\alpha \in \{a, b, \ldots, z\}$

2) $\overline{x} = \alpha\beta$ für jeweils ein beliebiges $\alpha \in \{a, b, \ldots, z\}$ und $\beta \in \{A, B, \ldots, Z\}$

3) $\overline{x} = \overline{y}\overline{z}$ für beliebige Variablennamen $\overline{y}, \overline{z}$

Beispiele für zulässige Variablennamen nach dieser Definition sind:

$$x, \; ypsilon, \; grossesB, \; besteVariable, \; akteXundY, \; akteXyUngeloest$$

Nicht zulässig sind zum Beispiel:

$$Ypsilon, \; akteXY, \; akteXYungeloest$$

Die Regeln 1) und 2) von Beispiel 3.10 entsprechen Teil 1) der Definition 3.6, weil in ihm einige Elemente explizit angegeben sind. Die kompliziert wirkende Schreibweise mit der Mengendarstellung dient lediglich der Ersparnis von Schreibarbeit: Es hätten auch alle 26 Möglichkeiten von Regel 1) und alle 26^2 Möglichkeiten von Regel 2) explizit angegeben werden können.

Regel 3) von Beispiel 3.10 entspricht Teil 2) der Definition 3.6, weil in ihm aus alten Variablennamen neue zusammengesetzt werden.

Nach der hier vorgestellten Art werden Grammatiken für Programmiersprachen definiert: Es wird dort formal nicht nur festgelegt, wie Variablennamen aussehen, sondern auch, wie Terme und Befehlsstrukturen aufgebaut sind. Die Backus-Naur-Form für Programmiersprachen ist eine Möglichkeit, das in einer systematischen Weise festzulegen. Sie führt Definition 3.6 für diesen Anwendungsbereich genauer aus. In Grammatikdefinitionen werden Symbole, die nach Teil 1 von Definition 3.6 gebildet werden, als **Terminalsymbole** bezeichnet. Definitionen nach Teil 2 von Definition 3.6 heißen **Produktionsregeln**.

Sätze über Strukturen, die allgemein rekursiv definiert sind, lassen sich sehr gut über vollständige Induktion beweisen, da die Definitionen nach Teil 2 von Definition 3.6 (die Produktionsregeln) gute Hinweise geben, wie man die Induktionsannahme für den Vorgänger in die Behauptung für den Nachfolger einbauen kann. Das wird an folgendem Beispiel demonstriert:

Satz 3.10

Variablennamen, die gemäß Beispiel 3.10 definiert sind, enthalten höchstens so viele Großbuchstaben wie Kleinbuchstaben.

Für den Induktionsbeweis ist es zunächst wichtig zu erkennen, wo in der Behauptung die natürliche Zahl steckt, die kontinuierlich wächst und die man als Induktionsvariable nehmen kann. Hinweise darauf gibt bei rekursiven Definitionen immer der Teil 2), also die Produktionsregeln. In unserem Falle wird ein Variablenname auf die Zusammensetzung von 2 anderen Variablennamen zurückgeführt. Da Variablennamen immer mindestens einen Buchstaben haben müssen, sind die einzelnen Variablennamen, aus denen der neue Variablenname zusammengesetzt sind, mindestens einen Buchstaben kürzer als der neue. Damit bietet es sich an, die Induktion über die Länge der Variablennamen zu führen:

Beweis durch vollständige Induktion über die Länge des Variablennamens:

Zur Vereinfachung werden ein paar Abkürzungen festgelegt:

$\ell(\overline{x})$ sei die Anzahl der Buchstaben eines Wortes $\overline{x}$, $g(\overline{x})$ beschreibe die Anzahl der Großbuchstaben und $k(\overline{x})$ die Anzahl der Kleinbuchstaben. Es gilt also: $\ell(\overline{x}) = g(\overline{x}) + k(\overline{x})$.

Satz 3.10 sagt also aus: Für alle Variablennamen $\overline{x}$ gilt $g(\overline{x}) \leq k(\overline{x})$. Für Wörter bis zur Länge n ist das die Induktionsannahme. Für Wörter der Länge $n + 1$ muss das im Induktionsschluss noch gezeigt werden.

1. **Induktionsverankerung** für $\ell(\overline{x}) = 1$:

   $\overline{x}$ kann offenbar nur durch Regel 1) von Beispiel 3.10 entstanden sein. Dann ist es auf jeden Fall ein Kleinbuchstabe, und es gilt $g(\overline{x}) = 0$ und $k(\overline{x}) = 1$, also: $g(\overline{x}) \leq k(\overline{x})$ q.e.d.

2. **Induktionsschluss** von $\ell(\overline{x}) = n$ auf $\ell(\overline{x}) = n + 1$ für $n \geq 1$:

Sei $\overline{x}$ ein Variablenname mit $\ell(\overline{x}) = n+1$. Es ist auch für dieses $\overline{x}$ zu zeigen, dass es höchstens so viele Großbuchstaben wie Kleinbuchstaben hat. Für kürzere Wörter, also mit maximal n Buchstaben, darf das bereits vorausgesetzt werden.

Wegen $n \geq 1$ hat ein Wort $\overline{x}$ aus $n + 1$ Buchstaben mindestens 2 Buchstaben, sodass Regel 1) nicht mehr in Frage kommt. Es bleiben also nur noch die folgenden Fälle übrig:

1. **Fall für den Induktionsschluss:**
   Wenn $\overline{x}$ durch Regel 2) entstanden ist, dann besteht es aus einem Klein- und einem Großbuchstaben, und es gilt $g(\overline{x}) = 1$ und $k(\overline{x}) = 1$, also: $g(\overline{x}) \leq k(\overline{x})$ q.e.d.

2. **Fall für den Induktionsschluss:**
   Wenn $\overline{x}$ durch Regel 3) entstanden ist, dann setzt sich $\overline{x}$ aus zwei Wörtern $\overline{y}$ und $\overline{z}$ zusammen, deren Länge jeweils höchstens n ist (mindestens 1 geringer als die von $\overline{x}$). Für $\overline{y}$ und $\overline{z}$ kann also die Induktionsannahme verwendet werden:

   $$g(\overline{y}) \leq k(\overline{y}) \text{ und } g(\overline{z}) \leq k(\overline{z})$$

   Da alle Buchstaben aus $\overline{x}$ entweder aus $\overline{y}$ oder aus $\overline{z}$ stammen, gilt:

   $$g(\overline{x}) = g(\overline{y}) + g(\overline{z}) \text{ und } k(\overline{x}) = k(\overline{y}) + k(\overline{z})$$

   Damit erhalten wir: $g(\overline{x}) = g(\overline{y}) + g(\overline{z}) \underset{\text{Induktionsannahme}}{\leq} k(\overline{y}) + k(\overline{z}) = k(\overline{x})$

$\overline{x}$ hat also in jedem Fall höchstens so viele Großbuchstaben wie Kleinbuchstaben. ∎

Der 1. Fall des Induktionsschlusses (Regel 2) bedingt, dass $n + 1 = 2$ gilt. Er benutzt die Induktionsannahme nicht und könnte daher auch als weiterer Fall in der Induktionsverankerung behandelt werden. Allerdings kann die Bedingung $n + 1 = 2$ auch für Regel 3) gelten, nämlich, wenn $\overline{x}$ aus zwei Kleinbuchstaben besteht. Dieser Fall muss im Induktionsschluss behandelt werden, da er die Induktionsannahme benutzt. Daher halten wir die in diesem Beweis vorgenommene Aufteilung, d.h. strikt nach Wortlänge, für systematischer, auch wenn nicht für jeden Fall des Induktionsschlusses die Induktionsannahme verwendet wird.

Man beachte, dass es sich beim Beweis von Satz 3.10 um einen verallgemeinerten Induktionsbeweis nach Satz 3.6 handelt: Im Induktionsschluss können die Wörter $\overline{y}$ und $\overline{z}$, aus denen $\overline{x}$ zusammengesetzt ist, deutlich weniger Buchstaben als n haben. Aber solange es nicht mehr als n sind, ist das für die Verwendung der Induktionsannahme vollkommen ausreichend.

Das Beweisverfahren der vollständigen Induktion ist von so grundlegender Bedeutung für die diskrete Mathematik, dass wir noch weitere Beispiele in den folgenden Kapiteln behandeln werden:

Die Sätze 4.23, 6.1, 6.4, 6.8, 7.3 und 7.14 enthalten ebenfalls ausführliche Induktionsbeweise. Weitere Sätze und Korollare enthalten Beweisskizzen.

3.3 Allgemeine Beweisstrategien

Während das Beweisprinzip der vollständigen Induktion nur angewendet werden kann, wenn es in der zu beweisenden Aussage eine natürlichzahlige Größe gibt, die sich als Induktionsvariable eignet, werden im Folgenden grundlegende Beweisstrategien vorgestellt, die in einem allgemeineren Kontext angewendet werden können. Jede einzelne beruht auf einer logischen Schlussregel, die in Kapitel 1 vorgestellt wurde.

3.3.1 Direkter Beweis

Ein **direkter Beweis** verwendet den Modus Ponens (1.10) von Seite 12: Er beginnt mit einer Aussage, von der bereits bekannt ist, dass sie wahr ist, verwendet dann eine gültige Schlussregel mit dieser Aussage als Prämisse und schließt daraus, dass auch die Konklusion wahr sein muss. Dieses Beweisprinzip kann für jede Aussage verwendet werden, die als Implikation formuliert wird.

Als Beispiel dient der Beweis des folgenden Satzes:

Satz 3.11

Das Produkt einer geraden Zahl mit einer beliebigen ganzen Zahl ist wieder eine gerade Zahl.

Beweis:

Im Vorgriff auf Kapitel 4 müssen wir zunächst formalisieren, was eine gerade Zahl ist[3]:

Eine ganze Zahl m ist gerade, wenn sie ein ganzzahliges Vielfaches von 2 ist. Formal ausgedrückt: $\exists k \in \mathbb{Z} : m = 2 \cdot k$.

---

[3] siehe auch Beispiel 2.5 auf Seite 50

Es ist also zu zeigen, dass $m \cdot n$ auch ein ganzzahliges Vielfaches von 2 ist unter der Prämisse, dass m ein ganzzahliges Vielfaches von 2 ist und n eine beliebige ganze Zahl:

$$m \cdot n \underset{\text{Prämisse}}{=} 2 \cdot k \cdot n = 2 \cdot (k \cdot n) \underset{k^* := k \cdot n \in \mathbb{Z}}{=} 2 \cdot k^*$$

∎

Dieser Beweis benutzt, dass das Produkt von zwei ganzen Zahlen wieder eine ganze Zahl ist. Das ist ein Axiom, das zur Definition der Multiplikation gehört, wie wir später sehen werden, und gehört streng genommen ebenfalls zur Prämisse dieses Beweises.

3.3.2 Beweis durch Kontraposition

Auch dieses Beweisprinzip kann für jede Aussage verwendet werden, die als Implikation formuliert wird. Die Kontraposition (1.2) auf Seite 9 als logische Äquivalenzregel kann natürlich auch als Implikation in nur einer Richtung benutzt werden: Wir nehmen das Gegenteil der zu beweisenden Konklusion an und beweisen, dass daraus zwingend das Gegenteil der Prämisse folgt. Damit ist die ursprüngliche Aussage bewiesen: Aus der Prämisse folgt die Konklusion.

Der Beweis des folgenden Satzes ist ein Beispiel dafür:

Satz 3.12

Wenn eine Quadratzahl ungerade ist, dann ist sie das Quadrat einer ungeraden Zahl. Formal:

$$\forall m \in \mathbb{Z} : m^2 \text{ ist ungerade} \Rightarrow m \text{ ist ungerade}$$

Beweis:

Wir bilden zunächst die Kontraposition der zu beweisenden Aussage:

$$\forall m \in \mathbb{Z} : m \text{ ist gerade} \Rightarrow m^2 \text{ ist gerade}$$

Diese Aussage beweisen wir jetzt direkt wie in Abschnitt 3.3.1:

Sei also m eine gerade ganze Zahl. Nach Satz 3.11 ist das Produkt mit jeder anderen ganzen Zahl wieder gerade, also auch $m \cdot m = m^2$. ∎

Wir hätten den Beweis der originalen Aussage ähnlich formal führen können wie den Beweis von Satz 3.11, aber das war nicht nötig, denn mit Hilfe der Kontraposition konnten wir den Beweis von Satz 3.12 auf diesen Satz zurückführen. Das ist eine wesentlich elegantere Methode und entspricht genau dem Prinzip, wie ein Informatiker komplizierte Algorithmen implementiert: Er schreibt dafür ein kleines Hauptprogramm, das Teilprozeduren aufruft, die er an anderer Stelle bereits implementiert hat. Auch in vielen anderen Anwendungsfächern ist es sinnvoll, komplexe Probleme auf mehrere einfache Probleme zurückzuführen, für die man bereits Lösungen zur Verfügung hat.

3.3.3 Indirekter Beweis

Diese Beweismethode beruht auf dem logischen Prinzip (1.13) auf Seite 13. Sie wird leicht mit der Kontraposition verwechselt, unterscheidet sich aber darin, dass sie nicht mit dem Gegenteil der *Prämisse* einer Aussage, sondern mit dem Gegenteil der *gesamten Aussage* arbeitet. Es wird gezeigt, dass das Gegenteil der gesamten Aussage auf jeden Fall falsch ist, indem man aus diesem Gegenteil etwas folgert, das nicht wahr sein kann, also ein Widerspruch ist. Daher wird ein indirekter Beweis auch **Beweis durch Widerspruch** genannt. Man verletzt damit die Wahrheitstafel für Implikationen (aus etwas Wahrem darf nicht etwas Falsches folgen), und folgert daraus, dass die ursprüngliche Aussage doch wahr gewesen sein muss.

Dieses Beweisprinzip kann im Prinzip für alle Aussagen verwendet werden. Wegen seiner etwas unübersichtlichen Vorgehensweise verwenden Mathematiker es nur dann, wenn die Aussage auf direktem Wege schwierig zu beweisen ist. Meistens wird diese Beweistechnik für Aussagen der Form angewandt, dass eine Eigenschaft *nicht* gilt. Das ist auf direktem Weg immer schwierig zu beweisen, denn wie will man zeigen, dass etwas *nicht* gelten kann? Die Tatsache, dass es noch niemandem gelungen ist, etwas zu zeigen, ist noch kein Beweis dafür dass es dieses nicht gibt. Also überlegt man sich lieber, was die Konsequenzen sind, wenn die Eigenschaft, deren Nichtvorhandensein man zeigen will, doch gilt, und hofft, so zu einem Widerspruch zu kommen.

Als Beispiel dient ein klassischer Beweis, den wir in Kapitel 2.3.3 schuldig geblieben sind:

Satz 3.13

Die Menge $\mathbb{R}$ ist überabzählbar, d.h. es gibt keine bijektive Abbildung zwischen $\mathbb{R}$ und $\mathbb{N}$.

Beweis:

Die Tatsache, dass in $\mathbb{R}$ auch Zahlen vorkommen, die keine Brüche sind, zeigt, dass das Cantorsche Diagonalverfahren nicht anwendbar ist, um die Abzählbarkeit zu zeigen. Aber es könnte ja jemand eine andere Abzählung finden, vielleicht noch nicht bis zum heutigen Tag, aber vielleicht irgendwann in der Zukunft.

Hier greift der indirekte Beweis an: Wir nehmen also an, dass irgendwann einmal jemand eine Abzählung von $\mathbb{R}$ findet. Diese Abzählung, die wir natürlich noch nicht genau kennen, sehen wir uns einmal formal an:

Es ist durch die unbekannte neue Abzählung eine Reihenfolge in die reellen Zahlen gebracht worden, also $r_0, r_1, r_2, \ldots$ für alle reellen Zahlen. Es sei r_i die i-te reelle Zahl dieser neuen Abzählung ($i \in \mathbb{N}$).

Wir werden jetzt eine reelle Zahl konstruieren, die in der angeblich vollständigen neuen Abzählung garantiert nicht vorkommt. Diese Zahl heiße v (für „vergessen"):

Wir nutzen aus, dass reelle Zahlen unendlich lange Dezimalzahlen sein dürfen, die nicht periodisch sein müssen, sondern ganz unregelmäßig und vollkommen beliebig aufgebaut sein dürfen. Wir definieren v als $v_0, v_1 v_2 v_3 v_4 \ldots$. Hierbei sei $v_i \in \{0, 1, 2, 3, 4, 5, 6, 7, 8, 9\}$ jeweils die Ziffer im Dezimalsystem, die an i-ter Stelle von v hinter dem Komma kommt ($i \in \mathbb{N}$). Die 0-te Stelle sei die Ziffer vor dem Komma.

v_i wird nun folgendermaßen definiert:

$$v_i = \begin{cases} 0 & \text{falls die } i\text{-te Dezimalstelle von } r_i \text{ ungleich 0 ist} \\ 1 & \text{falls die } i\text{-te Dezimalstelle von } r_i \text{ gleich 0 ist} \end{cases}$$

Auf diese Weise ist gewährleistet, dass sich v_i von der i-ten Stelle der reellen Zahl r_i unterscheidet. Damit gilt für alle i: $v \neq r_i$. Also kommt v in der Abzählung nicht vor.

Wir haben damit gezeigt: Egal, wie die Abzählung aussieht, es gibt immer eine reelle Zahl, die von ihr nicht erfasst wird. Also ist $\mathbb{R}$ überabzählbar. ■

Ein indirekter Beweis hat gewissermaßen einen defensiven Charakter: Man zeigt selbst nicht das, was man zeigen will, sondern wartet auf jemanden, der das Gegenteil behauptet zu zeigen, und weist ihm einen Fehler nach.

3.3.4 Beweise von Äquivalenzaussagen

Das Wesen dieser Beweismethode, die auf der logischen Regel (1.4) auf Seite 9 aufbaut, besteht darin, dass eine Äquivalenzaussage immer zwei Beweise erfordert, eben für jede Implikationsrichtung einen.

Das wird auch optisch verdeutlicht, wie man am Beweis des folgenden Satzes sehen kann:

Satz 3.14

Für ganze Zahlen m gilt: m^2 ist gerade $\Leftrightarrow$ m ist gerade.

Beweis:

„$\Rightarrow$" durch Kontraposition:

Es sei m ungerade. Das bedeutet analog zur Definition im Beweis von Satz 3.11: $\exists k \in \mathbb{Z} : m = 2 \cdot k + 1$.

Es ist also zu zeigen, dass dann m^2 auch eine solche Darstellung hat.

$$m^2 \underset{\text{Prämisse}}{=} (2 \cdot k + 1)^2 = 4 \cdot k^2 + 4 \cdot k + 1 \underset{\text{Ausklammern}}{=} 2 \cdot (2 \cdot k^2 + 2 \cdot k) + 1$$

$$\underset{k^* := 2 \cdot k^2 + 2 \cdot k \in \mathbb{Z}}{=} 2 \cdot k^* + 1 \qquad \text{q.e.d.}$$

„$\Leftarrow$" :

Nach Satz 3.11 ist das Produkt jeder geraden Zahl mit einer anderen ganzen Zahl gerade, also mit m auch m^2. 　　　　　　　　　　　　　　q.e.d.

Damit sind beide Implikationsrichtungen bewiesen.　　　　　　　　　　■

3.3.5 Beweise durch Fallunterscheidung

Ein Beweis durch Fallunterscheidung beruht immer darauf, dass man bereits vor Beweisführung weiß, dass mindestens einer der Fälle, die untersucht werden, auf jeden Fall eintritt. Es wird dann für jeden einzelnen Fall bewiesen, dass die Aussage wahr ist. Weil einer der Fälle eintreten muss, ist damit die Aussage insgesamt gezeigt. Wenn es aber doch noch andere Fälle geben sollte, die nicht untersucht worden sind, dann ist ein solcher Beweis nicht gültig, d.h. die Aussage ist dann immer noch nicht bewiesen.

Ein Beispiel für einen solchen Beweis haben wir bereits im Induktionsschluss für Satz 3.10 über die Eigenschaft von Variablennamen (siehe Seite 124) gesehen: Es war nach Definition 3.10 klar, dass ein Variablenname durch eine von 3 Regeln gebildet werden musste. Wir zeigten, dass Regel 1) für einen Variablennamen mit mehr als einem Buchstaben nicht möglich war und bewiesen die Aussage für die anderen beiden Regeln getrennt. Damit war die Aussage insgesamt bewiesen.

Ein weiteres Beispiel ist der Induktionsschluss für Satz 3.7 über die Existenz einer Primzahlzerlegung (siehe Seite 119), in dem wir die beiden Fälle getrennt untersuchten, ob $n + 1$ Primzahl war oder nicht (es ist klar, dass einer der Fälle gelten muss).

Das folgende Beispiel zeigt aber, dass Fallunterscheidungen auch außerhalb von Induktionsbeweisen vorkommen:

Satz 3.15

Die Quadratzahl einer beliebigen ganzen Zahl ist immer mindestens so groß wie die Zahl selbst. Formal:

$$\forall z \in \mathbb{Z} : z^2 \geq z$$

Beweis:

1. Fall: $z > 0$:

Man beachte, dass dann $z \geq 1$ gelten muss:

$$z^2 = z \cdot z \underset{\text{wegen } z \geq 1}{\geq} z \cdot 1 = z \qquad\qquad \text{q.e.d.}$$

2. Fall: $z = 0$:

$z^2 = 0^2 = 0 \geq z$ (weil aus „ $=$ " auch „ $\geq$ " folgt) q.e.d.

3. Fall: $z < 0$:

Wir benutzen, dass jede Quadratzahl größer oder gleich Null ist:

$z^2 \geq 0 \geq z$ (weil aus „ $>$ " auch „ $\geq$ " folgt) q.e.d.

Damit sind alle möglichen Fälle, die für eine ganze Zahl gelten können, betrachtet worden. ∎

Man beachte, dass Satz 3.15 nicht für beliebige rationale oder gar reelle Zahlen gilt: Für diese gilt im 1. Fall nicht, dass sie mindestens so groß wie 1 sind. In der Tat liefert $\left(\frac{1}{2}\right)^2 = \frac{1}{4}$ ein Gegenbeispiel.

3.3.6 Abzählbeweise

Diese spezielle Beweistechnik kann nur für Aussagen über endliche Mengen angewendet werden. Sie wird in der Literatur auch **Schubfachprinzip** oder **Taubenschlagverfahren** genannt.

Die Grundlage ist diesmal keine elementare logische Schlussregel, sondern die 1. Aussage von Satz 2.7 über injektive Funktionen (siehe Seite 84): Eine Funktion zwischen einer größeren endlichen Menge und einer kleineren Menge kann niemals injektiv sein, d.h. mindestens zwei Elemente der größeren Menge werden auf dasselbe Element der kleineren Menge abgebildet.

Wenn es also gelingt, eine Aussage so zu formulieren, dass sie eine Aussage über die Funktionswerte einer Abbildung einer größeren Menge in eine kleinere ist, dann wissen wir, dass mindestens zwei Funktionswerte gleich sein müssen.

Das wird durch folgendes Beispiel verdeutlicht:

Satz 3.16

In einem Dorf mit 500 *Einwohnern haben mindestens* 2 *Personen am gleichen Tag im Jahr Geburtstag.*

Beweis:

Es sei $M := \{$Menge der Dorfbewohner$\}$ und $N := \{$Menge der Tage im Jahr$\}$.

Wir konstruieren die Funktion $f : M \to N$, wobei jeder Dorfbewohner auf seinen Geburtstag abgebildet wird. Das ist offenbar eine Funktion, denn jeder Dorfbewohner hat einen Geburtstag (linksvollständig), und jeder auch nur einen (rechtseindeutig).

Da es nur 366 verschiedene Tage im Jahr gibt, gilt: $|M| > |N|$. Also ist die Funktion f nicht injektiv, was bedeutet, dass mindestens 2 Dorfbewohner am gleichen Tag Geburtstag haben.   ∎

Das Bemerkenswerte an diesem Beweisprinzip ist, dass es nicht konstruktiv ist: Wir müssen gar nicht wissen, welche Personen am selben Tag Geburtstag haben. Wir müssen sogar nicht einmal von irgendeinem Dorfbewohner den Geburtstag überhaupt kennen.

Eine solche Art von Beweisverfahren ist immer nützlich, wenn es schwierig ist, konkrete Beispiele zu finden.

3.4 Übungsaufgaben

Aufgabe 3.1

Betrachten Sie die folgenden Aussagen und Begriffe, und ordnen Sie ein, was eine Definition, was ein Satz, was ein Axiom und was ein Beweis ist[4]:

a) Eine Boolesche Algebra ist eine Menge mit 3 Operationen und dem Kommutativgesetz, Distributivgesetz, Eigenschaft der neutralen Elemente und Eigenschaft der inversen Elemente.

b) Das Distributivgesetz besagt folgendes:

$$p \vee (q \wedge r) \Leftrightarrow (p \vee q) \wedge (p \vee r)$$

c) Das Distributivgesetz spielt für eine Boolesche Algebra die Rolle „x"[5].

d) In einer Booleschen Algebra gelten die de Morganschen Regeln.

e) In einer Booleschen Algebra gelten die Regeln der Nullmultiplikation.

f) Die Teiler-Algebra T_n besteht aus den Teilern der Zahl n sowie 3 Operationen darauf.

g) Die Teiler-Algebra T_n ist eine Boolesche Algebra, wenn n keine mehrfachen Primfaktoren enthält.

h) 24 enthält mehrfache Primfaktoren, denn $24 = 2 \cdot 2 \cdot 2 \cdot 3$.

Aufgabe 3.2

Konstruieren Sie eine Nachfolgefunktion σ für $\mathbb{N}$, in der genau 0 und 8 keinen unmittelbaren Vorgänger haben. Welches Peano-Axiom müssen Sie zwingend verletzen?
Versuchen Sie, alle anderen Peano-Axiome weiterhin zu erfüllen.

Aufgabe 3.3

Identifizieren Sie eine endliche Menge mit den natürlichen Zahlen, indem Sie das Axiom P4 verletzen, aber alle anderen Peano-Axiome erfüllen.

---

[4] Zum Teil können Sie pro Teilaufgabe mehrere Zuordnungen machen.
[5] Setzen Sie für „x" die Begriffe „Definition", „Axiom" oder „Satz" ein.

Aufgabe 3.4

Beweisen Sie durch vollständige Induktion über n:

$$\sum_{i=0}^{n}(2^i) = 2^{n+1} - 1$$

Aufgabe 3.5

Beweisen Sie durch vollständige Induktion:

$$\sum_{i=0}^{n} 2^{-i} = 2 - \frac{1}{2^n}$$

Aufgabe 3.6

Beweisen Sie durch vollständige Induktion über n:

$$\sum_{i=0}^{n} 4^i = \frac{4^{n+1} - 1}{3}$$

Aufgabe 3.7

Beweisen Sie durch vollständige Induktion für eine beliebige Zahl q:

$$\sum_{i=0}^{n} q^i = \frac{q^{n+1} - 1}{q - 1}$$

Aus welcher Zahlenmenge darf q stammen?

Aufgabe 3.8

Beweisen Sie durch vollständige Induktion: Wenn n Leute zur Silvesternacht mit Sekt anstoßen und jeder mit seinem Glas das Glas jedes anderen genau einmal berührt, dann gibt es insgesamt $\frac{n(n-1)}{2}$ Gläserkontakte.

Aufgabe 3.9

Beweisen Sie: $n!$ ist eine gerade Zahl für $n >= 2$.

Aufgabe 3.10

Beweisen Sie durch vollständige Induktion:

Für alle natürlichen Zahlen n gilt: n ist genau dann durch 3 teilbar, wenn ihre Quersumme $Q(n)$ durch 3 teilbar ist.

Sie dürfen in Ihrem Beweis folgende Lemmata als wahr voraussetzen:

Lemma 1: [6] Für alle natürlichen Zahlen n gilt: n ist genau dann durch 3 teilbar, wenn $n \pm 3$ durch 3 teilbar ist.

Lemma 2:[7] Für alle natürlichen Zahlen n gilt: $Q(n)$ ist genau dann durch 3 teilbar, wenn $Q(n-3)$ durch 3 teilbar ist.

Aufgabe 3.11

Beweisen Sie, dass $F(n+2) = 1 + F(1) + \ldots + F(n)$ für die Fibonaccizahlen $F(n)$ und $n \geq 0$ ist.

Aufgabe 3.12

[8] Eine Bienenkönigin hat als Eltern eine Königin und eine Drohne. Eine Drohne hat als Eltern nur eine Königin (sie entschlüpft einem unbefruchteten Ei).

Die n-te Vorfahrensgeneration einer Biene b sei als Menge von Bienen folgendermaßen definiert:

- Die 0-te Vorfahrensgeneration von b enthält nur die Biene b selbst.

- Die $(n+1)$-te Vorfahrensgeneration von b besteht aus allen Eltern von Bienen der n-ten Vorfahrensgeneration von b.
  Die 1-te Vorfahrensgeneration sind also die Eltern, die 2-te die Großeltern, u.s.w.

Beweisen Sie durch Induktion über n folgende Sätze:

i) Die n-te Vorfahrensgeneration einer Drohne besteht aus F_{n+1} Bienen.

ii) Die n-te Vorfahrensgeneration einer Königin besteht aus F_{n+2} Bienen.

F steht hierbei für die Fibonaccizahlen.

---

[6] Dieses Lemma wird in den Aufgaben 4.3.d) und .e) bewiesen.
[7] Dieses Lemma wird in Aufgabe 4.5 bewiesen.
[8] Diese Aufgabe findet man in verschiedenen Mathematikforen. Die ursprüngliche Herkunft ist unbekannt.

Aufgabe 3.13

Gegeben sei die Produktionsregel aus Beispiel 3.10 zur Bildung von Wörtern.

Sei n die Länge eines gültigen Variablenwortes.
Beweisen Sie mit vollständiger Induktion über n folgende Sätze:

a) Jeder Variablenname beginnt mit einem Kleinbuchstaben.

b) Es gibt in keinem Variablennamen zwei Großbuchstaben hintereinander.

Hinweis: Die Aussagen selbst, welche intuitiv klar sind, sind sehr einfach zu beweisen, denn sie folgen unmittelbar aus der Definition. Es geht hier darum, dass Sie genau aufschreiben, was in die Induktionsverankerung gehört und wie genau der Induktionsschluss begründet wird.

Aufgabe 3.14

Betrachten Sie die Produktionsregel aus Beispiel 3.10 sowie den Satz 3.10, der besagt, dass solche Variablennamen höchstens so viele Großbuchstaben wie Kleinbuchstaben haben:

Erklären Sie, über welche Zwischenresultate der in der Vorlesung geführte Induktionsschluss konkret das Wort `dasIstGut` auf Wörter zurückführt, für die der Satz durch die Induktionsverankerung bewiesen wurde.

Hinweis: Diese Beweiskette nicht eindeutig, sondern erlaubt viele verschiedene Antworten.

Aufgabe 3.15

Bei welchen der oben gelösten Induktionsaufgaben wurde das verallgemeinerte Grundprinzip (Schluss von $<= n$ auf $n + 1$) verwendet?

Aufgabe 3.16

Finden Sie den Fehler in dem folgenden Induktionsbeweis:

Satz: Alle Zahlen n sind gleich.

Beweis:
Die Behauptung gelte bis zur Zahl n, also auch $n = n - 1$.

Das ist äquivalent zu: $n + 1 = n$ (Addition von 1 auf beiden Seiten). Damit ist gezeigt, dass die Behauptung auch für $n + 1$ gilt. *q.e.d.*

Aufgabe 3.17

Finden Sie den Fehler in folgendem Induktionsbeweis:

Satz: Alle Pferde haben dieselbe Farbe.

Beweis: Sei $P(n)$ die Aussage, dass in jeder Ansammlung von n Pferden alle Pferde dieselbe Farbe haben. Offensichtlich ist $P(1)$ wahr.
Im k-ten Induktionsschritt nehmen wir an, dass $P(k)$ wahr sei, und beweisen $P(k + 1)$. Dazu betrachten wir eine beliebige Gruppe von $k + 1$ Pferden. Schicken wir eines weg, so bleiben k Pferde über, die also alle die gleiche Farbe haben. Holen wir das Pferd zurück und schicken ein anderes weg, so bleiben wieder k Pferde übrig, die dann auch alle die gleiche Farbe haben. Pferde ändern ihre Farbe nicht, also muss dies dieselbe Farbe wie die der ersten Gruppe sein. Somit haben alle $k + 1$ Pferde die gleiche Farbe.
Damit gilt $P(k)$ für alle k.

Tipp zur Fehlersuche: Der Induktionsschritt muss für wirklich alle k gelten!

Aufgabe 3.18

Beweisen Sie die folgenden Aussagen direkt. Achten Sie darauf, die erforderliche Implikationskette in der richtigen Reihenfolge aufzuschreiben. Hierfür dürfen alle aus der Schule bekannten Regeln für Gleichungs- und Ungleichungsumformungen angewandt werden.

a) Für reelle Zahlen x mit $0 < x < 1$ gilt: $x^2 < x$

b) Für die Gleichung $2x = 3x + 5$ kann es keine andere Lösung geben als $x = -5$.

c) Für die Gleichung $2x = 3x + 5$ ist $x = -5$ eine gültige Lösung.

d) Zwischen zwei verschiedenen rationalen Zahlen x und y liegt immer eine weitere rationale Zahl.
Hinweis: Nehmen Sie für Ihren Beweis an, dass $x < y$ gilt, konstruieren Sie eine Zahl, die dazwischen liegt, und weisen Sie das nach.

Aufgabe 3.19

Beweisen Sie die folgenden Aussagen indirekt:

a) Es gibt keine kleinste ganze Zahl.

b) Es gibt keine größte reelle Zahl.

c) Es gibt keine kleinste reelle Zahl, die größer als Null ist.

Aufgabe 3.20

Beweisen Sie mit dem Schubfachprinzip, dass folgender Sachverhalt gilt:

    Unter 70 Studierenden haben mindestens 2 dieselbe Körpergröße in cm.

Geben Sie an, welche Bedingungen Sie an die Körpergröße aller Studierenden stellen müssen, damit dieser Sachverhalt gilt.

Aufgabe 3.21

Es gibt bei der Fußball-WM 32 Mannschaften mit jeweils 11 Spielern pro Mannschaft. Die Mannschaften sind in 8 gleich große Gruppen eingeteilt.

a) Begründen Sie, warum nicht garantiert werden kann, dass mindestens 2 WM-Teilnehmer denselben Geburtstag (in möglicherweise verschiedenen Jahren) haben.

b) Üblicherweise haben die Mannschaften mehr als 11 Spieler nominiert. Wie viele Spieler müssen pro Mannschaft nominiert sein, damit garantiert ist, dass mindestens zwei WM-Teilnehmer am selben Tag Geburtstag haben?

c) Begründen Sie, warum garantiert werden kann, dass auch ohne zusätzlich nominierte Spieler mindestens 2 Teilnehmer in derselben Gruppe im selben Monat Geburtstag haben.

4 Zahlentheorie

In diesem Kapitel repräsentieren die Variablen aller Definitionen und Sätze, wenn nicht anders spezifiziert, ganze Zahlen (Elemente von $\mathbb{Z}$). Fast alle Definitionen und Sätze können auch auf $\mathbb{N}$ beschränkt werden. Wir werden im Folgenden vieles nur für natürliche Zahlen genau erklären und die Verallgemeinerung für negative ganze Zahlen lediglich skizzieren.

4.1 Teilbarkeit

4.1.1 Definition und elementare Eigenschaften

Man kann zwei ganze Zahlen miteinander addieren, subtrahieren und multiplizieren und erhält jeweils eine ganze Zahl. Man nennt daher die Addition, Subtraktion und Multiplikation innere Verknüpfungen von $\mathbb{Z}$. Die Division zweier ganzer Zahlen ergibt nicht immer eine ganze Zahl. Man nennt ganze Zahlen durcheinander teilbar, wenn das Ergebnis doch eine ganze Zahl ergibt. Die Teilbarkeit bzw. Nichtteilbarkeit spielt eine entscheidende Rolle für Primzahlen und die modulare Arithmetik, auf denen viele Algorithmen in der Informatik aufbauen. Man bedenke, dass der Computer im Wesentlichen nur mit ganzen Zahlen *exakt* rechnen kann, zumindest wenn nicht symbolisch gerechnet wird.

Definition 4.1 *Seien m, n zwei beliebige Zahlen aus $\mathbb{Z}$ mit $m \neq 0$. Dann definieren wir:*

$$m \mid n :\Longleftrightarrow \exists q \in \mathbb{Z} : q \cdot m = n. \tag{4.1}$$

*Wir sagen: m **teilt** n oder m **ist ein Teiler von** n. Umgekehrt nennen wir n ein **Vielfaches** von m.*

Die natürlichen Zahlen 0 und 1 spielen eine besondere Rolle für die Teilbarkeit: Jede Zahl teilt 0, aber 0 teilt keine Zahl. Da mit dieser Feststellung noch nicht entschieden ist, ob 0 sich selbst teilen darf, wurde das in Definition 4.1 explizit verboten.

Es sei an dieser Stelle bemerkt, dass es durchaus erlaubt wäre zu definieren, dass 0 sich selbst teilt. In diesem Falle müsste man die Forderung $m \neq 0$ in Definition 4.1 fallenlassen. Dann würde automatisch folgen, dass 0 sich selbst teilt, denn

© Springer Fachmedien Wiesbaden GmbH, ein Teil von Springer Nature 2021
S. Iwanowski und R. Lang, *Diskrete Mathematik mit Grundlagen*,
https://doi.org/10.1007/978-3-658-32760-6_4

$0 = q \cdot 0$ für jedes $q \in \mathbb{Z}$. Viele Mathematiker halten das aber deshalb für problematisch, weil der Teilbarkeits-„Partner" von 0, die Zahl q, nicht eindeutig ist. Bei jeder anderen Teilbarkeit zwischen Zahlen in $\mathbb{Z}$ ist diese Eindeutigkeit gegeben. Insbesondere wäre in $\mathbb{Q}$ der Wert $\frac{0}{0}$ nicht eindeutig definiert, sodass man in $\mathbb{Q}$ auf keinen Fall 0 durch 0 teilen darf. Um das für alle Mengen zu vereinheitlichen, schließen wir das in Definition 4.1 auch für $\mathbb{Z}$ aus.

1 teilt jede Zahl, aber umgekehrt ist 1 die einzige natürliche Zahl, welche die 1 teilt. 1 ist damit die einzige Zahl, die nur einen natürlichen Teiler hat. In dieser Rolle unterscheidet sie sich auch von den Primzahlen, die immerhin zwei natürliche Teiler haben. Der Grund, weswegen die 1 nicht als Primzahl bezeichnet wird, hat tiefere algebraische Ursachen, deren Verständnis erst später gegeben wird. Aber die Tatsache, dass 1 nur genau einen Teiler hat, ist schon einmal eine Unterscheidung von den Primzahlen, zumindest wenn man sie für $\mathbb{N}$ definiert.

Wir fassen diese Erkenntnisse formal zusammen:

$$\forall n \in \mathbb{N} \setminus \{0\}: \quad n \mid 0$$
$$\forall n \in \mathbb{N}: \quad 0 \nmid n$$
$$\forall n \in \mathbb{N}: \quad 1 \mid n$$
$$\forall n \in \mathbb{N} \setminus \{1\}: \quad n \nmid 1$$

Auf $\mathbb{Z}$ können diese Erkenntnisse analog übertragen werden, da die Multiplikation mit -1 weder die Eigenschaft verändert, ein Teiler einer anderen Zahl zu sein, noch die, ein Vielfaches einer anderen Zahl zu sein:

$$\forall n, m \in \mathbb{Z}: n \mid m \Leftrightarrow -n \mid m$$
$$\forall n, m \in \mathbb{Z}: n \mid m \Leftrightarrow n \mid -m$$

Damit spielt die Zahl -1 eine Sonderrolle analog zur Zahl 1.

Teilbarkeit definiert eine **Relation** auf $\mathbb{Z}$, also eine Teilmenge von $\mathbb{Z} \times \mathbb{Z}$: Ein Paar (m, n) gehört zu dieser Relation, wenn m ein Teiler von n ist.

Satz 4.1

Die Teilbarkeitsrelation $\mid$ ist eine partielle Ordnungsrelation auf $\mathbb{N}$, d.h. sie ist reflexiv, antisymmetrisch und transitiv.

Der Beweis wird in Übungsaufgabe 4.2 aufgegeben.

Satz 4.2

Die Eigenschaft einer Zahl, eine andere zu teilen, überträgt sich auf folgende Weise auf die Summen, Differenzen und Produkte ihrer Vielfachen:

1) $\forall m, n_1, n_2 \in \mathbb{Z} : m \mid n_1 \wedge m \mid n_2 \Longrightarrow m \mid (n_1 + n_2),$

2) $\forall m, n_1, n_2 \in \mathbb{Z} : m \mid n_1 \wedge m \mid n_2 \Longrightarrow m \mid (n_1 - n_2),$

3) $\forall m, n_1, n_2 \in \mathbb{Z} : m \mid n_1 \Longrightarrow m \mid n_1 \cdot n_2$

Der Beweis wird in Übungsaufgabe 4.3 aufgegeben.

Man beachte, dass für die Multiplikation m nur einen der beiden Faktoren zu teilen braucht, um bereits das Produkt zu teilen. Dieser Teil von Satz 4.2 ist eine Verallgemeinerung von Satz 3.11, in dem gezeigt wurde, dass das Produkt einer geraden Zahl mit einer beliebigen Zahl wieder gerade ist. Satz 3.11 wendet Satz 4.2.3 auf den Teiler $m = 2$ an, ist also ein Korollar davon.

4.1.2 Größenbeschränkungen für Teiler und Vielfache

Satz 4.3

Es gelten folgende Aussagen:

1) $\forall m, n \in \mathbb{Z} : m \mid n \wedge n \neq 0 \Longrightarrow |m| \leq |n|.$

2) $\forall m, n \in \mathbb{Z}, n \neq 0, |m| \neq |n| : m \mid n \Longrightarrow |m| \leq \left| \frac{n}{2} \right|.$

3) *Die einzigen Vielfachen n von m mit $|n| \leq |m|$ sind: $-m$, 0 und m.*

4) $\forall p, q, n \in \mathbb{Z} : p \cdot q = n \Longrightarrow |p| \leq \sqrt{|n|} \vee |q| \leq \sqrt{|n|}.$

Wir werden später sehen, dass dieser Satz die Suche nach Teilern erleichtert.

Die Beträge in Satz 4.3 sind nur erforderlich, damit er auch auf negative Zahlen anwendbar ist. Für natürliche Zahlen formuliert sich der Satz etwas eingängiger: Teil 1) sagt aus, dass Teiler höchstens so groß sind wie ihre Vielfachen. Teile 2) und 3) sagen aus, dass echte Teiler, also Zahlen die echt kleiner sind als das Vielfache, höchstens so groß sind wie die Hälfte des Vielfachen.

Teil 4) besagt, dass in einem Produkt einer der beiden Faktoren höchstens so groß ist wie die Wurzel des Ergebnisses. Dieses ist eine wesentlich schärfere Aussage als die vorhergehenden Teile und beschränkt die Suche nach echten Teilern erheblich.

Die Aussagen aus Satz 4.3 folgen entweder unmittelbar aus der Definition oder sind durch Kontraposition zu beweisen. Details werden Übungsaufgabe 4.4 überlassen.

4.1.3 Zahlendarstellungen mit Hilfe von Zahlenbasen und davon abhängige Teilbarkeitsregeln

Wenn für zwei Zahlen m und n nachgeprüft werden soll, ob die Teilbarkeit $m|n$ gilt, dann wirkt es sehr umständlich, wenn dafür zunächst alle Teiler von n ermittelt werden und dann erst nachgeprüft wird, ob m unter diesen Zahlen vorkommt. Auch die Umkehrung dieser Methode, nämlich solange Vielfache von m zu bilden, bis n erreicht oder überschritten wurde, ist nicht viel effizienter.

Im Allgemeinen gibt es tatsächlich keine effizientere Methode, lediglich für spezielle Teilerkandidaten. Diese Methoden hängen in der Regel von der Zahlendarstellung ab, wie wir am Beispiel der Quersummenregel sehen werden.

Dafür muss zunächst die Darstellung von Zahlen mit Hilfe von **Zahlenbasen** betrachtet werden. Wenn eine der beiden Zahlen m oder n negativ ist, dann untersuchen wir, ob $|m|$ ein Teiler von $|n|$ ist, was den Wahrheitsgehalt nicht verändert. Daher reicht es aus, die folgenden Überlegungen ausschließlich für natürliche Zahlen anzustellen.

Wenn wir die natürliche Zahl 141 eben als „141" darstellen, also mit Hilfe der Ziffern 1 und 4, dann interpretieren wir das folgendermaßen:

$$141 = 1 * 10^2 + 4 * 10^1 + 1 * 10^0$$

In dieser Zahlendarstellung wird offenbar für jede Zahl n angegeben, wie viel Mal jede Zehnerpotenz in n hineinpasst, angefangen von der höchsten Zehnerpotenz, die kleiner oder gleich dieser Zahl ist. Die anzugebenden Faktoren brauchen dabei nur aus der Menge $\mathcal{Z}_{10} = \{0, 1, 2, 3, 4, 5, 6, 7, 8, 9\}$ zu sein, denn ab dem Faktor 10 kann man ja schon mit der nächsthöheren Potenz arbeiten.

Jedem Zahlensystem liegt eine Menge von Grundzeichen, die **Ziffern**, zugrunde. Die Ziffernmenge kann irgendeine endliche Menge $\mathcal{Z}$ sein. Ziffern sind lediglich Zeichen zum Aufschreiben von Zahlen.

Jede natürliche Zahl n kann als eine endliche Folge von Ziffern aus $\mathcal{Z}_{10}$ dargestellt werden. Die Grundlage für diese Darstellungsform bildet der folgende Satz:

Satz 4.4

Jede natürliche Zahl $n \neq 0$ kann auf eindeutige Weise in der Form

$$n = a_k \cdot 10^k + a_{k-1} \cdot 10^{k-1} + \ldots + a_1 \cdot 10^1 + a_0 \cdot 10^0 \qquad (4.2)$$

mit $k \geq 0$, $a_k, a_{k-1}, \ldots, a_1, a_0 \in \mathcal{Z}_{10} = \{0, 1, 2, 3, 4, 5, 6, 7, 8, 9\}$ und $a_k \neq 0$ dargestellt werden.

k bezeichnet offenbar die höchste Zehnerpotenz, deren Koeffizient für die Darstellung von n nicht 0 ist. n wird dann durch $k + 1$ Ziffern dargestellt.

Für die natürliche Zahl 0 kann man natürlich nicht fordern, dass es einen Koeffizienten einer Zehnerpotenz ungleich 0 gibt. Für diesen Spezialfall wird $0 = 0 * 10^0$ festgelegt.

Wir schreiben nun für (4.2) kurz:

$$n = [a_k a_{k-1} \ldots a_1 a_0]_{10} \tag{4.3}$$

und nennen (4.3) die **Dezimaldarstellung**[1] von n.

Würde man die Forderung, dass der höchste Darstellungskoeffizient ungleich 0 ist, fallen lassen, dann wäre die Darstellung nicht mehr eindeutig:

$$141 = 0 * 10^4 + 0 * 10^3 + 1 * 10^2 + 4 * 10^1 + 1 * 10^0$$

Somit wäre auch $141 = [00141]_{10}$ eine dezimale Darstellung derselben Zahl.

Unter Menschen hat es sich wegen der 10 Finger an der Hand durchgesetzt, mit der Basis 10 für die Zahlendarstellung zu arbeiten, aber dasselbe Prinzip erlaubt natürlich auch die Verwendung anderer Zahlenbasen:

Man kann jede natürliche Zahl n auch mit Hilfe einer natürlichen Zahlenbasis b mit $b \geq 2$ darstellen. Die Ziffermenge ist dann $\mathcal{Z}_b = \{0, 1, \ldots, b-1\}$. Diese Zahlendarstellung nennt man b-**adische Zahlendarstellung**.

Die Verallgemeinerung von Satz 4.4 ist:

Satz 4.5

Für $b \geq 2$ kann jede natürliche Zahl $n \neq 0$ auf eindeutige Weise in der Form

$$n = a_k \cdot b^k + a_{k-1} \cdot b^{k-1} + \ldots + a_1 \cdot b^1 + a_0 \cdot b^0 \tag{4.4}$$

mit $k \geq 0$, $a_k, a_{k-1}, \ldots, a_1, a_0 \in \mathcal{Z}_b = \{0, 1, \ldots, b-1\}$ und $a_k \neq 0$ dargestellt werden.

Die zu (4.3) analoge Schreibweise ist:

$$n = [a_k a_{k-1} \ldots a_1 a_0]_b \tag{4.5}$$

Für $b = 2$ erhalten wir die Darstellung einer Zahl als **Dualzahl**[2] oder **Binärzahl**[3]. Die benötigte Ziffernmenge ist $\mathcal{Z}_2 = \{0, 1\}$.

---

[1] decem: lateinisch für 10
[2] duo: lateinisch für 2
[3] bis: lateinisch für zweimal

Eine Dualzahl ist also eine Folge von 0 und 1, wobei die erste Zahl eine 1 sein muss (außer für 0). Die Zahl $[10001101]_2$ stellt also im Dualsystem nach (4.5) die folgende natürliche Zahl dar:

$$1 \cdot 2^7 + 0 \cdot 2^6 + 0 \cdot 2^5 + 0 \cdot 2^4 + 1 \cdot 2^3 + 1 \cdot 2^2 + 0 \cdot 2^1 + 1 \cdot 2^0 = 141$$

Für $b = 3$ erhält man die **Ternärzahlen** mit $\mathcal{Z}_3 = \{0, 1, 2\}$. Die natürliche Zahl 141 im Ternärsystem geschrieben lautet:

$$141 = [12020]_3$$

Für $b = 8$ erhält man die **Oktalzahlen** mit $\mathcal{Z}_8 = \{0, 1, 2, 3, 4, 5, 6, 7\}$. Die natürliche Zahl 141 im Oktalsystem geschrieben lautet:

$$141 = [215]_8$$

Falls die Basis größer als 10 ist, benötigt man zusätzliche Ziffern. Für die Basis $b = 16$, welche eine wichtige Rolle für die Zahlenrepräsentation im Computer spielt, definiert man die „Ziffern" $A = 10$, $B = 11$, $C = 12$, $D = 13$, $E = 14$, $F = 15$ und erhält die **Hexadezimalzahlen** mit $\mathcal{Z}_{16} = \{0, 1, 2, 3, 4, 5, 6, 7, 8, 9, A, B, C, D, E, F\}$. Die natürliche Zahl 141 im Hexadezimalsystem geschrieben lautet:

$$141 = [8D]_{16}$$

Der Wert einer Zahl hängt nicht von der Darstellung ab. Auch andere Eigenschaften einer Zahl sind nicht darstellungsabhängig: So sind die einzigen Teiler von 141 die Zahlen $1, 3, 47, 141$, und das hängt nicht davon ab, wie man diese Zahlen darstellt. Aber irgendwie muss man eine Zahl darstellen, wenn man eine Aussage über sie machen will. Offensichtlich verstehen wir bei Angabe der Zeichenfolge „141" immer die Darstellung $[141]_{10}$, d.h. bei Angabe einer Zahl durch $[\ldots]_{10}$ kann man die Begrenzungsklammern und den Index 10 auch weglassen. Das ist aber reine Konvention in unserem Kulturkreis.

Ein besonderer Vorteil in der Darstellung von Zahlen mit Hilfe von Zahlenbasen besteht darin, dass man mit sehr wenigen Ziffern sehr große Zahlen darstellen kann. Konkret braucht man nur so viele Ziffern, wie der Logarithmus des Zahlenwertes beträgt, und das ist eine verhältnismäßig kleine Zahl.

Außerdem gibt es für solche Darstellungen effiziente Algorithmen zur Berechnung verschiedener Operationen wie z.B. der Grundrechenarten $+$, $-$, $*$ und $/$. Das aus der Schule bekannte „schriftliche" Addieren und Multiplizieren beruht auf diesem Prinzip. Das Darstellungssystem der alten Römer ($141 = CXLI = CXXXXI$, je nach Darstellungsregel) hatte diesen Vorteil nicht.

Für dieses Kapitel von Bedeutung ist die Untersuchung von Teilbarkeit mit Hilfe der Zahlendarstellung:

Aus der Schule kennt man die sogenannte **Quersummenregel**: Eine Zahl ist genau dann durch 3 bzw. 9 teilbar, wenn ihre Quersumme durch 3 bzw. 9 teilbar ist.

Definition 4.2 *Die Quersumme einer b-adisch dargestellten Zahl* $x = [x_k \ldots x_0]_b$ *ist definiert durch die Summe ihrer Ziffernwerte:*

$$Q_b(x) := \sum_{i=0}^{k} x_i$$

Diese Definition ist eindeutig, denn die Summe von Ziffernwerten ergibt wieder einen Wert, und zwar immer denselben, unabhängig von seiner Darstellung.

Die Quersumme zur Basis 16 der Zahl $141 = [8D]_{16}$ ergibt eindeutig den Wert $8 + 13 = 21$. Natürlich kann man das Ergebnis auch zur Basis 16 darstellen ($21 = [15]_{16}$), aber der Wert bleibt derselbe.

Offenbar hängt der Wert einer Quersumme aber nicht nur von der Zahl x, sondern auch von ihrer Darstellung zur Basis b ab. Das wird schon dadurch verdeutlicht, dass die Quersumme mit $Q_b(x)$ bezeichnet wird und nicht mit $Q(x)$. Wir berechnen im Folgenden die Quersumme zu unterschiedlichen Basen derselben Zahl 141 und stellen das Ergebnis zur besseren Vergleichbarkeit dezimal dar:

$$
\begin{aligned}
Q_{10}(141) &= & 6 \\
Q_2(141) &= Q_2([10001101]_2) &= 4 \\
Q_3(141) &= Q_3([12020]_3) &= 5 \\
Q_8(141) &= Q_8([215]_8) &= 8 \\
Q_{16}(141) &= Q_{16}([8D]_{16}) &= 21
\end{aligned}
$$

Mit Hilfe der oben angegebenen Definition kann die bekannte Quersummenregel genau formuliert werden:

Satz 4.6

Sei n eine beliebige natürliche Zahl. Dann gilt:

1) $\quad 3 \mid n \Leftrightarrow 3 \mid Q_{10}(n)$

2) $\quad 9 \mid n \Leftrightarrow 9 \mid Q_{10}(n)$

Man beachte, dass diese Regel tatsächlich von der Basis abhängt, zu der die Quersumme gebildet wird: Sie gilt nur zur Basis 10, was folgende Beispiele zeigen:

Für die durch 3 teilbare Zahl 39 gilt, dass $Q_{10}(39) = 12$ auch durch 3 teilbar ist, was nach der Quersummenregel zu erwarten war, aber $Q_2(39) = Q_2([100111]_2) = 4$ ist nicht durch 3 teilbar.

Für die nicht durch 3 teilbare Zahl 35 ist auch $Q_{10}(35) = 8$ nicht durch 3 teilbar ist, was nach der Quersummenregel zu erwarten war, aber $Q_2(35) = Q_2([100011]_2) = 3$ ist dennoch durch 3 teilbar.

Satz 4.6 ist ein Spezialfall des folgenden allgemeinen Satzes für beliebige Zahlenbasen:

Satz 4.7 (allgemeine Quersummenregel)

Sei b eine beliebige Darstellungsbasis. Sei $x = [x_k, \ldots, x_0]_b$ eine beliebige Zahl. Dann gilt für jeden Teiler m von $b - 1$:

$$m \mid x \iff m \mid Q_b(x)$$

In [BZ14] wird eine Beweisskizze gegeben, deren genaue Ausführung in einer Seminararbeit des Wedeler Studenten Jörg Porath nachgelesen werden kann. Diese Seminararbeit steht auf der Webseite der Lösungen der Übungsaufgaben dieses Buchs zur Verfügung. Sie zitiert und beweist außerdem einen noch allgemeineren Satz aus [PB18], welcher Konzepte benutzt, die in Abschnitt 4.4 vorgestellt werden.

Im Fall der dezimalen Quersumme ($b = 10$) gilt die Quersummenregel also für alle Teiler von 9, d.h. 9, 3 und 1. Für 1 ist das ohnehin trivial, weil 1 jede Zahl teilt. Damit erhalten wir genau Satz 4.6.

Die Anwendung von Satz 4.7 auf z.B. die Zahlenbasis $b = 7$ (also $b - 1 = 6$) ergibt folgende Regeln:

Korollar 4.8

1) $2 \mid n \iff 2 \mid Q_7(n)$

2) $3 \mid n \iff 3 \mid Q_7(n)$

3) $6 \mid n \iff 6 \mid Q_7(n)$

Für die Quersumme einer Dualzahl ($b = 2$) ergibt Satz 4.7 leider keine brauchbare Regel, weil $b - 1 = 1$ und somit nur eine Regel entsteht, wann 1 eine andere Zahl teilt (was trivialerweise immer der Fall ist).

Es gibt noch weitere Teilbarkeitsregeln, die nicht mit der Quersumme arbeiten, zum Beispiel folgende:

Satz 4.9

Eine Zahl $x = [x_k, \ldots, x_0]_{10}$ *ist genau dann durch 4 teilbar, wenn die Zahl* $[x_1 x_0]_{10}$ *durch 4 teilbar ist.*

Dieser Satz besagt, dass es ausreicht, sich die letzten beiden Ziffern einer Zahl anzusehen, um die Teilbarkeit durch 4 zu entscheiden. Wie Satz 4.7 ist auch dieser Satz durch die Definition und geschickte Termumformungen zu beweisen.

Dieser Satz hängt aber von der Zahlenbasis 10 ab, wie das folgende Beispiel zeigt: Es gilt für die Zahl $136 = [12001]_3$, dass diese durch 4 teilbar ist, was auch für die letzten beiden Ziffern ihrer Dezimaldarstellung 36 gilt. Aber die letzten beiden Ziffern der Ternärdarstellung ergeben $[01]_3 = 1$, und das ist nicht durch 4 teilbar.

Eine Anwendung wird in Übungsaufgabe 4.7 aufgegeben.

4.1.4 Größter gemeinsamer Teiler und kleinstes gemeinsames Vielfaches

Intuitiv ist klar, was ein größter gemeinsamer Teiler von zwei Zahlen m und n ist: Er teilt beide Zahlen, und er ist die größte Zahl mit dieser Eigenschaft. Formal kann das folgendermaßen definiert werden:

Definition 4.3 *Seien* m, n *zwei beliebige Zahlen in* $\mathbb{Z}$.

Die Zahl $d \in \mathbb{Z}$ *heißt* **größter gemeinsamer Teiler der Zahlen** m **und** n *(kurz:* $d = ggT(m, n)$*), wenn gilt:*

Normalfall *(*$m \neq 0 \lor n \neq 0$*):* $d \mid m \land d \mid n \land \forall t \in \mathbb{Z} : (t \mid m \land t \mid n \Rightarrow t \leq d)$
Spezialfall *(*$m = n = 0$*):* $d = ggT(0, 0) = 0$

Für den Normalfall sagt die letzte Bedingung der Konjunktion aus: Wann immer es eine andere Zahl gibt, die ebenfalls ein gemeinsamer Teiler ist, dann ist diese Zahl höchstens genauso groß wie d.

Im Spezialfall $m = n = 0$ ist die Bedingung des Normalfalls nicht erfüllbar: Dann wäre die größte Zahl zu suchen, die Null teilt, und die gibt es nicht, weil außer Null selbst jede Zahl die Null teilt. Daher wird gesondert definiert: $ggT(0, 0) = 0$.

Unsere Definition ist auch problemlos für negative Zahlen anwendbar, denn negative Teiler sind immer kleiner als positive. Da 1 jede Zahl teilt, ist der **ggT immer positiv** (außer im Spezialfall $ggT(0, 0)$, wie eben bemerkt).

Nicht leicht zu beweisen, aber nützlich ist der folgende Satz:

Satz 4.10

Sei $d \in \mathbb{Z}$ ein gemeinsamer Teiler der ganzen Zahlen m und n. Dann gilt:

$$(\forall t \in \mathbb{Z}: \ (t \mid m \ \wedge \ t \mid n) \Rightarrow t \mid d) \quad \Leftrightarrow \quad d = ggT(m,n)$$

Ein gemeinsamer Teiler ist also genau dann der größte gemeinsame Teiler, wenn alle anderen gemeinsamen Teiler diesen teilen.

Wegen der Äquivalenz ist es möglich, in Definition 4.3 die Bedingung $t \mid d$ anstelle der Bedingung $t \leq d$ zu verwenden. Die alternative Definition entspricht zwar weniger der intuitiven Vorstellung eines größten gemeinsamen Teilers. Sie hat aber den Vorteil, dass sie auch auf andere Zahlenmengen angewendet werden kann, in denen man eine Teilbarkeitsrelation definiert, aber in denen die Elemente nicht durch eine totale Ordnungsrelation angeordnet werden können.

1 und 0 spielen eine besondere Rolle, weil nur 1 und -1 die Zahl 1 teilen und weil jede Zahl (außer 0) die Zahl 0 teilt:

Satz 4.11

1) Für alle Zahlen $n \in \mathbb{Z}$ gilt: $ggT(n,1) = 1$.

2) Für alle Zahlen $n \in \mathbb{Z}$ gilt: $ggT(n,0) = n$.

Durch den Spezialfall in Definition 4.3 wird auch im Fall $n = 0$ die richtige Aussage geliefert.

Analoge Überlegungen für das kleinste gemeinsame Vielfache

Intuitiv ist das kleinste gemeinsame Vielfache von zwei Zahlen m und n ein Vielfaches von beiden Zahlen, und es ist die kleinste Zahl mit dieser Eigenschaft. Bei der formalen Definition müssen wir mit der Null so vorsichtig sein wie bei Definition 4.3:

Definition 4.4 *Seien m, n zwei beliebige Zahlen in $\mathbb{Z}$.*

*Die Zahl $k \in \mathbb{Z}$ heißt **kleinstes gemeinsames Vielfaches der Zahlen m und n** (kurz: $k = kgV(m,n)$), wenn gilt:*

Normalfall *($m \neq 0 \wedge n \neq 0$):* $m \mid k \ \wedge \ n \mid k \ \wedge \ k > 0$
$$\wedge \ \forall s \in \mathbb{Z} \setminus \{0\}: (m \mid s \ \wedge \ n \mid s \Rightarrow k \leq |s|)$$
Spezialfall *($m = 0 \vee n = 0$):* $k = 0$

Im Gegensatz zur Definition vom ggT liegt hier ein Spezialfall bereits vor, wenn eine der beiden Zahlen gleich Null ist.

Im Normalfall muss die Forderung $k > 0$ aus folgenden Gründen gestellt werden: Da es beliebig kleine Vielfache im Negativen gibt, muss kgV nichtnegativ sein, da es anderenfalls nicht eindeutig wäre. Würde man lediglich fordern $k \geq 0$, dann wäre jedes kgV die 0, denn 0 ist Vielfaches jeder Zahl. Wenn also m und n beide nicht Null sind, dann muss kgV eine positive Zahl sein, was dem intuitiven Verständnis entspricht.

In der letzten Folgerung des Normalfalls muss gefordert werden, dass k nicht größer als der *Betrag* eines jeden Vielfachen s ist, denn s könnte negativ sein, und nach der eben diskutierten Forderung kann k niemals kleiner oder gleich einer negativen Zahl sein.

Der Spezialfall, dass eine der beiden Zahlen m und n gleich Null sind, erfordert aus folgendem Grund eine eigene Definition: Als einziges gemeinsames Vielfaches kommt nur die Null in Frage, denn andere Vielfache hat die Null nicht. Das kann aber nicht durch die Bedingung für den Normalfall ausgedrückt werden, denn in Definition 4.1 wurde explizit verboten, dass Null irgendeine Zahl teilt.

In Analogie zu Satz 4.10 gilt:

Satz 4.12

Sei $k \in \mathbb{Z}$ ein gemeinsames Vielfaches der ganzen Zahlen m und n, die beide ungleich Null sind. Dann gilt:

$$(\forall s \in \mathbb{Z} \setminus \{0\} : (m \mid s \wedge n \mid s \Rightarrow k \mid s) \quad \Leftrightarrow \quad k = kgV(m, n).$$

Ein gemeinsames Vielfaches ist also genau dann das kleinste gemeinsame Vielfache zweier Zahlen ungleich Null, wenn es alle anderen gemeinsame Vielfachen dieser Zahlen teilt. Daher ist es auch möglich, in Definition 4.4 die Bedingung $k \mid s$ anstelle der Bedingung $k \leq \mid s \mid$ zu verwenden. Wie für Satz 4.10 ergibt sich der Vorteil der Verallgemeinerung auf andere Mengen, in denen die Elemente nicht angeordnet sind.

Auch für das kgV spielen 1 und 0 eine besondere Rolle:

Satz 4.13

1) Für alle Zahlen $n \in \mathbb{Z}$ gilt: $\quad kgV(n, 1) = n$.

2) Für alle Zahlen $n \in \mathbb{Z}$ gilt: $\quad kgV(n, 0) = 0$.

Die Sätze 4.11 und 4.13 begründen die Gültigkeit von einigen Axiomen der Booleschen Algebra für die Menge aller Teiler einer Zahl (siehe Satz 2.14 auf Seite 94): 0 ist das neutrale Element bezüglich der Operation ggT, und 1 ist das neutrale Element bezüglich der Operation kgV.

ggT und kgV hängen folgendermaßen zusammen:

Satz 4.14

Seien $n, m \in \mathbb{Z}$. *Dann gilt:*

$$ggT(m, n) \cdot kgV(m, n) \ = \ m \cdot n$$

Dieser Satz ist durch die vorsichtigen Definitionen 4.3 und 4.4 von ggT und kgV auch gültig, wenn m oder n gleich Null sind: In diesem Fall steht auf beiden Seiten die Null. Die allgemeine Gültigkeit folgt aus dem später noch behandelten Hauptsatz der Zahlentheorie (Satz 4.23). Auf Seite 165 wird ein formaler Beweis von Satz 4.14 geführt.

Zwei verschiedene Zahlen haben nach Satz 4.11 immer gemeinsame Teiler, nämlich 1 und -1. Wenn sie keine weiteren gemeinsamen Teiler haben, dann nennt man sie teilerfremd:

Definition 4.5   *Zwei Zahlen* $m, n \in \mathbb{Z}$ *heißen **teilerfremd**, wenn gilt:*
$$ggT(m, n) = 1$$

Es fällt auf, dass nach dieser Definition nur 1 und -1 zu sich selbst teilerfremd sind, aber keine andere Zahl diese Eigenschaft hat.

Satz 4.15

Seien $a, n, m \in \mathbb{Z}$. *Dann gilt:*

1) $m \cdot n \mid a \ \Rightarrow \ m \mid a \wedge n \mid a.$

2) Falls zusätzlich m, n *teilerfremd sind:* $m \mid a \wedge n \mid a \ \Rightarrow \ m \cdot n \mid a.$

Beweis:

1) m und n teilen nach Definition beide $m \cdot n$. Weil die Teilbarkeitsrelation transitiv ist (siehe Satz 4.1) folgt aus $m \cdot n \mid a$, dass beide auch a teilen.

2) Falls m, n teilerfremd sind, gilt nach Satz 4.14: $m \cdot n = kgV(m, n) \cdot 1 = kgV(m, n)$. Die Voraussetzung $m \mid a \wedge n \mid a$ besagt, dass a ein gemeinsames Vielfaches von m und n ist. Nach Satz 4.12 ist a damit auch ein Vielfaches des *kleinsten* gemeinsamen Vielfachen, also von $m \cdot n$. ∎

Am folgenden Beispiel sieht man, dass für Teil 2) explizit gefordert werden muss, dass m, n teilerfremd sind:

Beispiel 4.1

4 teilt 12 und 6 teilt 12, aber $4 \cdot 6 = 24$ teilt nicht 12.

4 und 6 sind auch nicht teilerfremd.

Abschließend geben wir noch eine Charakterisierung für den ggT an, die Grundlage mancher effizienter Algorithmen zur Ausführung von Rechenoperationen der modularen Arithmetik ist (siehe Abschnitt 4.4) und die man als Lemma in einigen Beweisen gebrauchen kann:

Satz 4.16 (Lemma von Bézout[4])

Seien m, n zwei beliebige Zahlen aus $\mathbb{Z}$ und $d = ggT(m, n)$. Dann gilt:

$$\exists x, y \in \mathbb{Z} : x \cdot m + y \cdot n = d.$$

Die Zahlen x und y werden Bézout-Koeffizienten zu m und n *genannt.*

Beispiele (die unterstrichenen Koeffizienten sind die Bézout-Koeffizienten):

$$
\begin{aligned}
ggT(1650, 315) &= 15 = \underline{21} \cdot 315 + \underline{(-4)} \cdot 1650 \\
ggT(5983, 3131) &= 31 = \underline{86} \cdot 3131 + \underline{(-45)} \cdot 5983 \\
ggT(4, 9) &= 1 = \underline{1} \cdot 9 + \underline{(-2)} \cdot 4
\end{aligned}
$$

Die Frage, wie man den ggT und die Bézout-Koeffizienten effizient ermittelt, wird im nächsten Abschnitt erklärt. Durch den dort vorgestellten Euklidischen Algorithmus ergibt sich auch die Gültigkeit des Satzes 4.16.

4.2 Division mit Rest

4.2.1 Definition und Beispiele

Wenn man zwei ganze Zahlen miteinander addiert, subtrahiert oder multipliziert, dann erhält man wieder eine ganze Zahl. Man nennt diese drei Operationen **innere Verknüpfungen** für die ganzen Zahlen. Anders verhält es sich mit der Division:

---

[4]Étienne Bézout: 1730–1783, französischer Mathematiker

Das exakte Ergebnis $n : m$ für zwei ganze Zahlen n und m ist im Allgemeinen keine ganze Zahl, sondern ein Bruch.

Das gibt Anlass zur folgenden Definition, welche auch in der Schule benutzt wird, wo die Division noch vor der Bruchrechnung eingeführt wird:

Definition 4.6 *Seien $n, m, q, r \in \mathbb{Z}$, wobei $0 \leq r < |m|$*

Wenn $n = q \cdot m + r$, dann nennt man

1) n DIV $m := q$ den **ganzzahligen Quotienten** *von $n : m$*

2) n MOD $m := r$ den **ganzzahligen Rest** *von $n : m$*

In der Schule wird gefordert, dass der ganzzahlige Quotient der größtmögliche ist, der noch kleiner ist als $n : m$. Diese Forderung ist in unserer Definition automatisch erfüllt durch die Forderung, dass $r < |m|$ gelten muss. Die Forderung $0 \leq r$ gewährleistet, dass tatsächlich der nächstkleinere und nicht der nächstgrößere Quotient gewählt wird.

Die Bezeichnung DIV und MOD orientiert sich an der Programmiersprache Pascal. Auch in anderen Programmiersprachen gibt es entsprechende Operatoren. Z.B. heißen diese in Java „/" (für Datentyp `Integer`) und „%".

Satz 4.17

Seien $n, m \in \mathbb{Z}$ mit $m \neq 0$. Dann gilt:

n DIV m und n MOD m existieren immer und sind eindeutig bestimmt.

Beweis:

Eindeutigkeit: Angenommen, die ganze Zahl n läßt sich auf zwei verschiedene Weisen darstellen:

$$
\begin{aligned}
n &= q_1 \cdot m + r_1 & \text{mit} && q_1 \in \mathbb{Z}, r_1 \in \mathbb{Z} && \text{und} && 0 \leq r_1 < m, \\
n &= q_2 \cdot m + r_2 & \text{mit} && q_2 \in \mathbb{Z}, r_2 \in \mathbb{Z} && \text{und} && 0 \leq r_2 < m.
\end{aligned}
$$

Sei $r_1 \geq r_2$ (für eine von beiden muss das gelten). Wir subtrahieren die beiden Gleichungen und erhalten:

$$
\begin{aligned}
0 &= (q_1 - q_2) \cdot m + (r_1 - r_2) & \text{mit} && 0 \leq r_1 - r_2 < |m| \\
\Leftrightarrow (q_2 - q_1) \cdot m &= (r_1 - r_2) & \text{mit} && 0 \leq r_1 - r_2 < |m|
\end{aligned}
$$

Daraus folgt, dass $m \mid (r_1 - r_2)$ gilt, d.h. $r_1 - r_2$ ist ein Vielfaches von m. Da aber $r_1 - r_2 < |m|$ gilt, muss notwendigerweise $r_1 - r_2 = 0$ sein, also $r_1 = r_2$. Damit gilt $0 = (q_1 - q_2) \cdot m$. Wegen $m \neq 0$ folgt: $q_1 = q_2$.

Existenz: Sei $m > 0$:

Wir betrachten alle ganzzahligen Vielfachen $q \cdot m$ von m.

Sei $M_{q,m} := \{x \in \mathbb{Z} : q \cdot m \leq x < (q+1) \cdot m\}$ die Menge der ganzen Zahlen, die zwischen zwei benachbarten Vielfachen von m liegen. Die Menge dieser Mengen $M_{q,m}$ überdeckt ganz $\mathbb{Z}$. In einer dieser Mengen muss also n liegen, z.B. in $q_1 \cdot m \leq x < (q_1 + 1) \cdot m$. Dann muss es ein $r \in \mathbb{Z}$ geben mit $n = q_1 \cdot m + r$, wobei $0 \leq r < m$.

Für $m < 0$ sind die $\mathbb{Z}$ überdeckenden Mengen lediglich anders definiert: $M_{q,m} := \{x \in \mathbb{Z} : (q+1) \cdot m \leq x < q \cdot m\}$. Die übrige Argumentation bleibt dieselbe. ∎

Es sollte nicht verwundern, dass $m \neq 0$ gefordert wird, weil man auch in der exakten Division in $\mathbb{Q}$ nicht durch Null teilen darf. Der Beweis zeigt aber, dass diese Forderung für die *Existenz* von ganzzahligem Quotienten und Rest nicht benötigt wird, d.h. auch für $m = 0$ existiert die Darstellung von Definition 4.6. Das Problem ist, dass diese dann nicht *eindeutig* ist.

Der Beweis der Existenz gibt auch eine algorithmische Methode an, wie ganzzahliger Quotient und Rest zu ermitteln sind: Betrachte nacheinander alle Vielfachen von m, bis das erste Mal n überschritten wurde. Das vorletzte Vielfache ist der gesuchte Quotient und die Differenz zu n ist der Rest.

Dieses Verfahren, von dem es einige Abwandlungsmöglichkeiten gibt, ist zwar nicht die effizientest mögliche, aber immer noch recht praktikabel und kann für eine Implementierung ohne Weiteres genommen werden.

Auch für negative Zahlen definiert Definition 4.6 die Operatoren DIV und MOD immer eindeutig, wie man an folgendem Beispiel sehen kann:

Beispiel 4.2

$$
\begin{array}{rll}
20 = & 3 \cdot 6 + 2 & \Rightarrow \quad 20 \text{ DIV } 6 = 3 \quad \wedge \quad 20 \text{ MOD } 6 = 2 \\
-20 = & -4 \cdot 6 + 4 & \Rightarrow \quad -20 \text{ DIV } 6 = -4 \quad \wedge \quad -20 \text{ MOD } 6 = 4 \\
20 = & -3 \cdot (-6) + 2 & \Rightarrow \quad 20 \text{ DIV } (-6) = -3 \quad \wedge \quad 20 \text{ MOD } (-6) = 2 \\
-20 = & 4 \cdot (-6) + 4 & \Rightarrow \quad -20 \text{ DIV } (-6) = 4 \quad \wedge \quad -20 \text{ MOD } (-6) = 4
\end{array}
$$

Es gibt Programmiersprachen, in denen DIV und MOD für negative Zahlen anders definiert sind. So stören sich bestimmte Pascal-Versionen z.B. daran, dass $-20 \text{ DIV } 6 \neq 20 \text{ DIV } -6$ und legen fest: $-20 \text{ DIV } 6 = -3 \wedge -20 \text{ MOD } 6 = -2$. Das verletzt allerdings die Forderung, dass der Rest nichtnegativ sein muss. Die hier vorgenommene Definition ist die in der Mathematik übliche und erweist sich bei der Betrachtung von Restklassen (siehe Abschnitt 4.4) als sehr vorteilhaft.

4.2.2 Euklidischer Algorithmus

Wir stellen nun eine sehr effiziente Methode zur Bestimmung von ggT und kgV auf Basis des Satzes 4.17 vor. Diese ist deutlich schneller als die in der Schule vorgestellte Methode über Primzahlzerlegung und wird in der Praxis auch für sehr große Zahlen eingesetzt.

Die Bestimmung des ggT von zwei ganzen Zahlen m und n ist in Computer-Algebra-Systemen, welche mit exakten Brüchen rechnen können, von entscheidender Bedeutung, weil man den ggT zum Kürzen eines Bruches braucht, was wiederum wichtig ist, um die Gleichheit von zwei Brüchen bestimmen zu können.

Wir beschränken uns zunächst auf den Fall, dass m und n natürliche Zahlen sind. Außerdem nehmen wir an, dass eine der Zahlen ungleich Null ist. Am Ende dieses Abschnitts zeigen wir, wie der ggT für beliebige ganze Zahlen bestimmt werden kann.

Euklidischer Algorithmus zur Bestimmung des ggT (m, n) **für** $m, n \in \mathbb{N}, m \neq 0$

Wir wenden auf das Paar (n, m) Division mit Rest an (siehe Existenzbeweis von Satz 4.17):
$$n = q_1 \cdot m + r_1 \quad \text{mit} \quad 0 \leq r_1 < m.$$
Wenn $r_1 = 0$, dann gilt $m \mid n$, und es gilt $\text{ggT}(n, m) = m$. In diesem Falle hätten wir den ggT ermittelt und der Algorithmus ist zu Ende.

Wenn $r_1 \neq 0$, dann wenden wir Division mit Rest auf das Paar (m, r_1) an:

$$m = q_2 \cdot r_1 + r_2 \quad \text{mit} \quad 0 \leq r_2 < r_1.$$

Ist $r_2 = 0$, dann stoppt der Algorithmus, und r_1 wird als ggT ausgegeben.

Wenn $r_2 > 0$, dann wird die Division mit Rest auf das Paar (r_1, r_2) angewendet und solange fortgesetzt, bis schließlich ein Rest $r_k = 0$ wird. Wir erhalten also als letzte Gleichung:

$$r_{k-2} = q_k \cdot r_{k-1} + 0 \quad \text{wobei} \quad r_{k-1} \neq 0$$

In diesem Fall wird r_{k-1} als ggT ausgegeben.

Wir wenden im folgenden Beispiel den Euklidischen Algorithmus an:

Beispiel 4.3

Zu berechnen sind $\text{ggT}(5983, 3131)$:

$$5983 = 1 \cdot 3131 + 2852$$
$$3131 = 1 \cdot 2852 + 279$$
$$2852 = 10 \cdot 279 + 62$$
$$279 = 4 \cdot 62 + 31$$
$$62 = 2 \cdot \underline{31} + 0$$

Damit gilt: $\text{ggT}(5983, 3131) = 31$

Es soll nun die allgemeine Gültigkeit des Algorithmus gezeigt werden:

Satz 4.18

Der Euklidische Algorithmus bricht immer nach endlich vielen Schritten ab.

Beweis:

Da $r_1 > r_2 > \ldots > r_{k-1} > r_k = 0$ ist, muss nach höchstens r_1 Schritten der Fall $r_k = 0$ eintreten. Der Algorithmus kommt also stets nach endlich vielen Schritten zu einem Ende. ∎

Die Korrektheit des Algorithmus folgt unmittelbar aus dem folgenden Satz:

Satz 4.19

Seien $n, m, q, r \in \mathbb{Z}$, wobei $n = q \cdot m + r$ und $0 \leq r < |\ m\ |$. Dann gilt:

$$ggT(n, m) = ggT(m, r).$$

Anstelle diesen Satz direkt zu beweisen, empfiehlt es sich, eine Tatsache zu beweisen, die viel allgemeiner ist und aus der dieser Satz als Korollar folgt:

Satz 4.20

Seien $n, m, q, r \in \mathbb{Z}$, wobei $0 \leq r < |\ m\ |$ und sei $n = q \cdot m + r$.

Sei $T(n, m)$ die Menge aller gemeinsamen Teiler von n und m. Dann gilt:

$$T(n, m) = T(m, r).$$

Wir überlassen den Beweis als Übungsaufgabe und geben den Tipp, dafür den Satz 4.2 auf Seite 141 zu benutzen.

Der Euklidische Algorithmus wurde bisher nur für $n, m \in \mathbb{N}$ erklärt und auch nur für $m \neq 0$.

Die Verallgemeinerung auf ganz $\mathbb{Z}$ sieht folgendermaßen aus:

Wenn $m = 0$, dann gilt $ggT(n, m) = n$ nach Satz 4.11, sodass ein gesonderter Algorithmus unnötig ist.

Wenn $n, m < 0$, dann gilt $ggT(n, m) = ggT(-n, -m)$, und der oben beschriebene Algorithmus wird auf $ggT(-n, -m)$ angewendet. Analog wird verfahren, wenn nur eine der beiden Zahlen negativ ist.

Der zuvor beschriebene Algorithmus funktioniert auch für den Spezialfall $m > n$: In diesem Fall gilt $q_1 = 0$ und $r_1 = n$. Im nächsten Schritt wird dann $ggT(m, n)$ berechnet, also wieder mit einem größeren 1. Eingabewert.

Für Beispiel 4.3 lauten die ersten 2 Zeilen für $ggT(3131, 5983)$ folgendermaßen :

$$3131 = 0 \cdot 5983 + 3131$$
$$5983 = 1 \cdot 3131 + 2852$$

Mit Hilfe des Euklidischen Algorithmus können auch die Bézout-Koeffizienten (siehe Satz 4.16 auf Seite 151) bestimmt werden:

Eine einfache aber nicht besonders elegante Methode besteht darin, die Gleichungen der Zwischenschritte jeweils nach dem Rest aufzulösen und dann die kleineren Reste durch die jeweils größeren von unten nach oben zu ersetzen. Anstelle einer formalen Beschreibung demonstrieren wir das mit den Zahlen 5983 und 3131 aus Beispiel 4.3:

Beispiel 4.4

Nach Satz 4.16 muss gelten: $ggT(5983, 3131) = 31 = x \cdot 5983 + y \cdot 3131$.

Es sind die unbekannten ganzen Zahlen x und y zu ermitteln.

Zunächst werden die Zwischenschritte von Beispiel 4.3 nach den jeweiligen Resten aufgelöst:

$$2852 = 5983 - 3131$$
$$279 = 3131 - 2852$$
$$62 = 2852 - 10 \cdot 279$$
$$31 = 279 - 4 \cdot 62$$

Die unterste Gleichung enthält offenbar bereits die richtige linke Seite der gesuchten Gleichung.

Für die Ermittlung der rechten Seite wird nacheinander von unten nach oben der Rest der jeweils höheren Gleichung in den Term der untersten Gleichung eingesetzt:

$$62 \quad \text{ersetzen:}$$
$$31 \quad = \quad 279 - 4 \cdot (2852 - 10 \cdot 279)$$
$$279 \quad \text{ersetzen:}$$
$$31 \quad = \quad 3131 - 2852 - 4 \cdot (2852 - 10 \cdot (3131 - 2852))$$
$$2852 \quad \text{ersetzen:}$$
$$31 \quad = \quad 3131 - (5983 - 3131)$$
$$-4 \cdot ((5983 - 3131) - 10 \cdot (3131 - (5983 - 3131)))$$

$$31 \quad = \quad 3131 - 5983 + 3131$$
$$-4 \cdot 5983 + 4 \cdot 3131 + 40 \cdot 3131 - 40 \cdot 5983 + 40 \cdot 3131$$
$$31 \quad = \quad 86 \cdot 3131 - 45 \cdot 5983$$

Die gesuchten Bézout-Koeffizienten x und y sind offenbar 86 und -45.

Der so genannte **verallgemeinerte Euklidische Algorithmus** errechnet die Bézout-Koeffizienten bereits gleichzeitig mit der Bestimmung des ggT und ist damit effizienter als die hier vorgestellte Methode. Diese Verbesserung wird hier nicht behandelt. Sie kann z.B. in [Ste07] nachgelesen werden. Weitere Verallgemeinerungen für mehr Code-Orientierte finden sich in [Koe06].

Es bleibt noch die effiziente Bestimmung des kleinsten gemeinsamen Vielfachen $\text{kgV}(n, m)$. Hierfür wird zunächst $\text{ggT}(n, m)$ mit dem Euklidischen Algorithmus berechnet.

Nach Satz 4.14 gilt für $\text{ggT}(n, m) \neq 0$:

$$\text{kgV}(n, m) = \frac{m \cdot n}{\text{ggT}(n, m)}$$

Für den Spezialfall $\text{ggT}(n, m) = 0$ gilt: $(m = 0) \vee (n = 0)$.
Nach Satz 4.13 ergibt sich: $\text{kgV}(n, m) = 0$.

Die Anwendung auf Beispiel 4.3 ergibt:

$$\text{ggT}(5983, 3131) = 31 \quad \Rightarrow \quad \text{kgV}(5983, 3131) = \frac{5983 \cdot 3131}{31} = 604283$$

Hier noch eine Bemerkung zur praktischen Berechnung des Endergebnisses: Beide Faktoren 5983 und 3131 sind durch 31 teilbar. Daher ist es sinnvoll, zunächst einen dieser Faktoren durch 31 zu teilen und erst dieses Zwischenergebnis mit dem anderen Faktor zu multiplizieren. Würde man zunächst das Produkt berechnen, dann erhält man ein unnötig hohes Zwischenergebnis, welches unter Umständen die Kapazität des benutzten Taschenrechners (oder auch MAXINT in einem Computerprogramm) übersteigt, sodass mit der letzten Methode das Ergebnis nicht berechnet werden könnte.

Das sei an diesem Beispiel demonstriert:

$$\frac{5983 \cdot 3131}{31} = \frac{5983}{31} \cdot 3131 = 193 \cdot 3131 = 604283$$

$$\frac{5983 \cdot 3131}{31} = \frac{18732773}{31} = 604283$$

Wie man sieht, ist bei der 2. Methode der Zähler des Zwischenergebnisses deutlich größer als das Endergebnis.

4.3 Primzahlen

4.3.1 Bedeutung und Bestimmung von Primzahlen

Unter einer **Primzahl** verstehen wir eine natürliche Zahl größer als 1, die genau zwei natürliche Teiler hat, nämlich 1 und sich selbst. Formal kann das folgendermaßen definiert werden:

Definition 4.7

p *Primzahl* $:\Longleftrightarrow (p \in \mathbb{N} \setminus \{0,1\}) \wedge (\forall t \in \mathbb{N} : (t \mid p) \to (t = 1) \vee (t = p))$.

Eine Zahl $n \in \mathbb{N}$, die keine Primzahl ist, heißt **zusammengesetzte Zahl**. Für viele Verfahren in der Praxis, vor allem bei effizienten Rechenoperationen in der Computer-Algebra und in der Kryptographie, ist es eine wichtige Frage zu entscheiden, ob eine Zahl $n \in \mathbb{N}$ eine Primzahl ist oder nicht.

Schon im Altertum wurde die Bedeutung der Primzahlen erkannt. Mit folgendem Verfahren konnte man alle Primzahlen bis zu einer gewissen Größe N bestimmen:

Sieb des Eratosthenes:[5]

Wir schreiben zunächst alle natürlichen Zahlen $n > 1$ bis zu einer gewissen Zahl N auf.

Dann werden alle zusammengesetzten Zahlen auf folgende Weise ausfindig gemacht:

- Wir wählen die kleinste Zahl, also die 2, aus, markieren diese und streichen alle Vielfachen der 2 aus der Tabelle.

- Dann wählen wir die kleinste noch nicht gestrichene Zahl, also die 3, aus, markieren diese und streichen alle Vielfachen der 3 aus der Tabelle, usw.

- Bei jedem Durchlauf suchen wir in der Tabelle die kleinste noch nicht gestrichene Zahl aus, markieren diese und streichen alle Vielfachen dieser Zahl aus der Tabelle.

- Das Verfahren endet, wenn keine Zahl mehr gestrichen werden kann.

Die verbleibenden nicht gestrichenen, sondern markierten Zahlen sind die Primzahlen.

Abbildung 4.1 illustriert dieses Verfahren für $N < 100$:

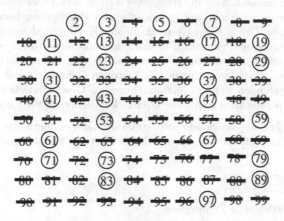

Abbildung 4.1: Sieb des ERATOSTHENES

Dieses Verfahren ist zwar systematisch, aber nicht sehr effizient, was sich bei größeren N, etwa $N > 10^6$, selbst mit Hilfe eines Computers deutlich bemerkbar macht. Bei vorgegebenem N muss das Verfahren von Eratosthenes allerdings nicht ganz so viele Schleifendurchläufe haben wie nach dem ersten Anschein: Nach Satz 4.3 auf Seite 141 reicht es aus, alle Vielfachen von Zahlen bis zu $\sqrt{N}$ zu bestimmen. Zahlen kleiner oder gleich N, die nicht als Vielfache von Zahlen bis zu $\sqrt{N}$ vorkamen, können keine echten Teiler mehr haben und sind somit Primzahlen. Für $N = 1000000$ genügt es also, die Vielfachen der Zahlen bis zu 1000 durchzugehen, was für heutige Computer bereits eine erträgliche Aufgabe ist. Erst bei deutlich größeren Zahlen ist auch diese Verbesserung unpraktikabel.

---

[5] ERATOSTHENES von Cyrene (etwa 276 v.C.–195 v.C.)

Für die Prüfung, ob eine bestimmte Zahl $n \in \mathbb{N}$ eine Primzahl ist, gibt es dagegen deutlich effizientere Verfahren als das Sieb des Eratosthenes. Die bis heute bekannten sind aber nicht konstruktiv, d.h. sie können bei der Feststellung, dass eine Zahl keine Primzahl ist, nicht angeben, welche die konkreten Teiler sind.

Die effiziente Zerlegung von großen Zahlen ist bis heute ein ungelöstes Problem, und das macht sich die Kryptographie zunutze: Sollte es jemals gelingen, große Zahlen effizient zu zerlegen, dann wären einige der heute benutzten Verschlüsselungsverfahren unbrauchbar. Das berühmteste ist das RSA-Verfahren, weil es das älteste ist, welches über unsichere Kanäle und damit vor allem über das Internet benutzt werden kann. Eine einfache Beschreibung dieses Verfahrens, ein Überblick über die Angriffsmöglichkeiten darauf und geeignete Verteidigungsstrategien dagegen finden sich in [EL19].

Natürlich kann man auch mit dem Sieb des Eratosthenes mit heutigen Computern schon sehr große Zahlen in erträglicher Zeit in ihre Teiler zerlegen. Da diese Verfahren aber wirklich nur auf systematischem Durchgehen beruhen, hat das ab einer gewissen Größe seine Grenzen. In der Kryptographie wird aus diesem Grund heutzutage mit Primzahlen in der Größenordnung von $N = 10^{1000}$ gearbeitet[6], die miteinander multipliziert werden. Die Teiler eines solchen Produktes können auch in Jahrmillionen nicht von heutigen Computern mit dem Sieb des Eratosthenes gefunden werden. Mit zunehmender Geschwindigkeitsverbesserung von Computern verschiebt sich diese Grenze kontinuierlich nach oben.

Das macht die folgende Frage sehr praxisrelevant: Gibt es überhaupt beliebig große Primzahlen? Die Antwort lautet zum Glück für viele Verschlüsselungstechniker: Ja!

Satz 4.21

Es gibt unendlich viele Primzahlen.

Beweis:

Es wird ein indirekter Beweis geführt:

Sei P die Menge aller Primzahlen. Angenommen, P ist eine endliche Menge. Das wird im Folgenden zum Widerspruch geführt:

Wir schreiben die angeblich endliche Menge P wie folgt auf:

$$P = \{p_1, p_2, p_3, \ldots, p_k\} \quad \text{mit} \quad p_1 < p_2 < p_3 < \ldots < p_k.$$

Wir zeigen jetzt: Es gibt noch mindestens eine weitere Primzahl. Das ist natürlich ein Widerspruch zur Annahme, dass wir *alle* Zahlen aus P aufgeschrieben haben.

---

[6]laut Richtlinie des Bundesamts für Sicherheit in der Informationstechnik (BSI) ab 2023

Dazu bilden wir die Zahl

$$q := p_1 \cdot p_2 \cdot p_3 \cdot \ldots \cdot p_k + 1. \qquad (4.6)$$

Es gilt: $q \in \mathbb{N}$. Wir unterscheiden im Folgenden zwei Fälle, von denen genau einer eintreten muss:

1. Fall: q ist selbst eine Primzahl. Dann ist wegen $q > p_k$ die Zahl $q \notin P$. Wir haben also eine weitere Primzahl gefunden $\Rightarrow$ Widerspruch!

2. Fall: q ist zusammengesetzt. Nach Satz 3.7 existiert also ein Primfaktor, der q teilt. Da P alle Primzahlen enthält, muss es auch diesen enthalten. Wir nennen den Faktor p_i.

Da p_i die Zahlen q und $p_1 \cdot \ldots \cdot p_k$ teilt, teilt p_i nach Satz 4.2 auch die Differenz $q - p_1 \cdot \ldots \cdot p_k \overset{(4.6)}{=} 1$.

Das ist aber ein Widerspruch, denn p_i kann keine Zahl teilen, die kleiner ist als p_i selbst (siehe Satz 4.3).

Da wir in jedem Fall einen Widerspruch erzielt haben, muss die Annahme, dass es nur endlich viele Primzahlen gibt, falsch sein. $\blacksquare$

Der Beweis von Satz 4.21 ist nicht konstruktiv, d.h. er gibt nicht an, wie man eine nächstgrößere Primzahl erzeugen kann. Ohne weitere Erkenntnisse müsste man sich darauf gefasst machen, dass man vielleicht sehr lange (unter Umständen Jahrmillionen) suchen muss, bis man eine neue Primzahl findet, wenn die bisher gefundenen Primzahlen für Verschlüsselungsverfahren aufgrund der verbesserten Rechnergeschwindigkeiten zu unsicher geworden sind.

Zum Glück garantiert der folgende Satz, dass diese Befürchtung unbegründet ist und man nie sehr lange suchen muss:

Satz 4.22 (Satz über die Verteilung der Primzahlen)

Sei $\pi(n)$ die Anzahl der Primzahlen $\leq n$, dann gilt:

$$\pi(n) \approx \frac{n}{\ln n}.$$

Anstatt den Beweis zu führen, der sehr kompliziert ist, wollen wir uns die Bedeutung dieses Satzes klar machen:

Der Satz besagt, dass man ausgehend von einer Primzahl n ungefähr $\ln(n)$ weitere Zahlen untersuchen muss, bis man wieder eine Primzahl hat. Die Funktion ln ist eine sehr langsam wachsende Funktion. Zum Beispiel gilt:

$$\ln(1000000) \approx 14$$
$$\ln(1000000000) \approx 21$$
$$\ln(10^{500}) \approx 1151$$

Selbst für astronomisch hohe Zahlen liefert die Funktion ln also einen verhältnismäßig kleinen Wert. Es ist kein Problem, diese Anzahl von Zahlen mit einem
effizienten Primzahltest zu untersuchen, sodass garantiert ist, dass man in kurzer
Zeit eine weitere Primzahl gefunden hat.

Größere Rechnergeschwindigkeiten alleine werden also die heutigen Verschlüsselungsverfahren niemals unbrauchbar machen: Man weicht einfach auf die Benutzung größerer Primzahlen aus. Eine ernsthafte Gefahr würde nur von einem neu-
artigen Zerlegungsverfahren ausgehen, das es erlaubt, auch Zahlen mit sehr großen
Primfaktoren effizient zu zerlegen.

4.3.2 Hauptsatz der elementaren Zahlentheorie und Anwendungen

Der folgende Satz ist die Grundlage vieler Erkenntnisse der Zahlentheorie:

Satz 4.23 (Hauptsatz der elementaren Zahlentheorie)

*Jede natürliche Zahl $n \in \mathbb{N}$ mit $n > 1$ lässt sich auf genau eine Weise als
Produkt von Primzahlen darstellen:*

$$n = \prod_{i=1}^{k} p_i^{\alpha_i} = p_1^{\alpha_1} \cdot \ldots \cdot p_k^{\alpha_k}$$

mit $\alpha_1, \alpha_2, \ldots, \alpha_k \in \mathbb{N}$, $p_1, p_2, \ldots, p_k \in P$ *und* $p_1 < p_2 < \ldots < p_k$.

Wir verdeutlichen die Aussage des Hauptsatzes an folgenden Zahlen:

$$792 = 2^3 \cdot 3^2 \cdot 5^0 \cdot 7^0 \cdot 11^1$$
$$2100 = 2^2 \cdot 3^1 \cdot 5^2 \cdot 7^1 \cdot 11^0$$

Es ist also kein Problem, *jede* Primzahl bis zum größten Primfaktor p_k aufzu-
führen, da nullmaliges Vorkommen durch die Potenzgesetze automatisch richtig
berücksichtigt wird.

Beweis des Hauptsatzes durch vollständige Induktion über n:

Die Existenz einer Primzahlzerlegung wurde bereits in Satz 3.7 formuliert und bewiesen. Es bleibt noch die Eindeutigkeit zu zeigen: Für jedes n liegt eindeutig fest, mit welcher Anzahl jede Primzahl als Faktor von n vorkommt.

Wie beim Existenzbeweis ist 2 der kleinstmögliche Wert für die Verankerung:

1. **Induktionsverankerung** $A(2)$: 2 ist selbst Primzahl. Damit ist $2 = 2^1$ die einzig mögliche Primzahlzerlegung.   q.e.d.

2. **Induktionsschluss** $(A(0) \wedge A(1) \wedge \ldots \wedge A(n)) \Rightarrow A(n+1)$

Sei $n + 1$ eine beliebige natürliche Zahl größer als 2. Falls $n + 1$ selbst eine Primzahl ist, so ist die Zerlegung eindeutig, weil es keine anderen Teiler als $n + 1$ und 1 geben kann.

Wir nehmen also an, dass $n + 1$ *keine* Primzahl ist. Es ist zu zeigen, dass es nur eine Primzahlzerlegung gibt. Dafür nehmen wir an, dass es zwei Primzahlzerlegungen gibt und zeigen, dass diese beiden Zerlegungen übereinstimmen müssen.

Es gelte also:

$$n + 1 = p_1^{\alpha_1} \cdot \ldots \cdot p_k^{\alpha_k} = p_1^{\beta_1} \cdot \ldots \cdot p_k^{\beta_k} \tag{4.7}$$

Da $n + 1 > 2$, gibt es Primzahlexponenten, die größer als Null sind. Sei $\alpha_i > 0$ ein solcher Exponent. Damit ist p_i ein Teiler von $n + 1$. Also ist auch $\beta_i > 0$.

Wir betrachten die Zahl $n^* = \frac{n+1}{p_i}$.

Wegen (4.7) gilt:

$$\begin{aligned} n^* &= p_1^{\alpha_1} \cdot \ldots \cdot p_{i-1}^{\alpha_{i-1}} \cdot p_i^{\alpha_i - 1} \cdot p_{i+1}^{\alpha_{i+1}} \cdot \ldots \cdot p_k^{\alpha_k} \\ &= p_1^{\beta_1} \cdot \ldots \cdot p_{i-1}^{\beta_{i-1}} \cdot p_i^{\beta_i - 1} \cdot p_{i+1}^{\beta_{i+1}} \cdot \ldots \cdot p_k^{\beta_k} \end{aligned}$$

Wegen $p_i \geq 2$ gilt: $n^* < n + 1$. Da $n + 1$ selbst keine Primzahl ist, gilt ferner: $p_i < n + 1 \Leftrightarrow n^* > 1$. Damit kann die Induktionsannahme angewandt werden, die besagt, dass die Primzahlzerlegung von n^* eindeutig ist.

Somit gilt für alle $j \neq i$: $\alpha_j = \beta_j$ und für $j = i$: $\alpha_i - 1 = \beta_i - 1$. Die letzte Aussage ist äquivalent zu $\alpha_i = \beta_i$.

Damit sind alle Primzahlexponenten von $n + 1$ gleich.   ∎

Wir betrachten nun einige Konsequenzen des Hauptsatzes.

Satz 4.24

Seien $n = \prod_{i=1}^{k} p_i^{\alpha_i}$ *und* $m = \prod_{i=1}^{k} p_i^{\beta_i}$ *die eindeutigen Primzahlzerlegungen von* n *und* m. *Dann gilt:*

$$1)\ ggT(n,m) = \prod_{i=1}^{k} p_i^{\min\{\alpha_i,\beta_i\}} \qquad 2)\ kgV(n,m) = \prod_{i=1}^{k} p_i^{\max\{\alpha_i,\beta_i\}}$$

Beweis:

1. Ein Primteiler p_i kann nicht häufiger in irgendeinem Teiler von n und m vorkommen als in n und m selbst. Damit gilt, dass p_i höchstens $\min\{\alpha_i, \beta_i\}$ mal in irgendeinem Teiler vorkommt. Das Argument gilt also auch für den speziellen Teiler $ggT(n, m)$.

   Umgekehrt teilt die Zahl $p_i^{\min\{\alpha_i,\beta_i\}}$ sowohl n als auch m, ist damit ein gemeinsamer Teiler und kommt damit mindestens in dieser Potenz auch im ggT vor. Damit kommt p_i genau $\min\{\alpha_i, \beta_i\}$ mal im ggT vor. Diese Argumentation gilt für jedes i, womit die Behauptung bewiesen ist.

2. Wegen der Transitivität der Teilbarkeitsrelation (siehe Satz 4.1) muss jedes Vielfache von n und m jeden Primteiler p_i mindestens so häufig als Faktor haben wie n und m. Damit gilt, dass p_i mindestens $\max\{\alpha_i, \beta_i\}$ mal im Vielfachen vorkommt. Umgekehrt ist die Zahl $\prod_{i=1}^{k} p_i^{\max\{\alpha_i,\beta_i\}}$ ein Vielfaches sowohl von n als auch von m. Damit ist sie das kleinste gemeinsame Vielfache. ∎

Satz 4.24 gibt die Grundlage für die Ermittlung von ggT und kgV, wie sie in der Schule gelehrt wird:

Für $ggT(m,n)$ und $kgV(m,n)$ werden sowohl m als auch n in ihre Primfaktoren zerlegt, wobei jeder Primfaktor in der Anzahl seiner Vielfachheit explizit hingeschrieben wird. Zur Bestimmung von Minimum und Maximum der Vielfachheit werden dieselben Primfaktoren jeweils untereinander geschrieben. Für $ggT(m,n)$ wird das jeweilige Minimum der Vielfachheit dadurch ermittelt, dass nur Faktoren gewählt werden, die in beiden Zeilen vorkommen. Für $kgV(m,n)$ wird das jeweilige Maximum der Vielfachheit dadurch ermittelt, dass jeder Faktor gewählt wird, der in wenigstens einer der beiden Zeilen vorkommt. Das Produkt der so ermittelten Faktoren ergibt dann $ggT(m,n)$ bzw. $kgV(m,n)$.

Beispiel 4.5

Gesucht sei ggT(1650, 315) und kgV(1650, 315) mit Hilfe von Primzahlzerlegungen:

1650	=	2	*	3			*	5	*	5			*	11
315	=			3	*	3	*	5			*	7		
ggT	=			3			*	5					=	15
kgV	=	2	*	3	*	3	*	5	*	5	*	7	*	11	=	34650

Man kann sich an diesem Beispiel sehr gut verdeutlichen, dass $\mathrm{ggT}(m,n) \cdot \mathrm{kgV}(m,n)$ $= m \cdot n$ (siehe Satz 4.14 auf Seite 150) gilt: Im kgV werden doppelte Faktoren nur einmal gezählt, und genau diese werden im ggT noch einmal gezählt. Daher enthält das Produkt von kgV und ggT jeden Faktor so häufig, wie er in beiden Zeilen zusammen vorkommt.

Diese Erkenntnis kann mit Hilfe des Satzes 4.24 auch formal bewiesen werden:

Beweis von Satz 4.14:

Wir betrachten die Primfaktorzerlegung von $\mathrm{ggT}(m,n)$ und $\mathrm{kgV}(m,n)$ nach Satz 4.24 und multiplizieren diese:

$$\mathrm{ggT}(n,m) \cdot \mathrm{kgV}(n,m) = \prod_{i=1}^{k} p_i^{\min\{\alpha_i,\beta_i\}} \cdot \prod_{i=1}^{k} p_i^{\max\{\alpha_i,\beta_i\}}$$

$$(\text{nach gleichen Basen ordnen}) = \prod_{i=1}^{k} p_i^{\min\{\alpha_i,\beta_i\}+\max\{\alpha_i,\beta_i\}}$$

$$(\min\{a,b\} + \max\{a,b\} = a + b) = \prod_{i=1}^{k} p_i^{\alpha_i+\beta_i}$$

$$(\text{ausmultiplizieren und anders zusammenfassen}) = \prod_{i=1}^{k} p_i^{\alpha_i} \cdot \prod_{i=1}^{k} p_i^{\beta_i}$$

$$= m \cdot n \qquad \blacksquare$$

Es mag auf den ersten Blick erstaunen, dass in Abschnitt 4.2 behauptet wurde, der Euklidische Algorithmus sei viel effizienter als der Schulalgorithmus nach Satz 4.24. Schließlich ist das Schema des Schulalgorithmus schnell auszuwerten. Das Problem liegt darin, dass es für große Zahlen nicht leicht ist, überhaupt eine Primzahlzerlegung zu finden. Der Euklidische Algorithmus kommt ohne eine solche Zerlegung aus. Schon im Beispiel 4.3 (ggT(5983, 3131)) ist es nicht trivial zu sehen, dass diese beiden Zahlen den gemeinsamen Primfaktor 31 haben. Für größere Primfaktoren kommt eine andere Methode für die Bestimmung des ggT als der Euklidische Algorithmus überhaupt nicht in Frage.

4.4 Modulare Arithmetik

In der modularen Arithmetik geht es darum, das uns bekannte Rechnen mit Zahlen aus einer unendlichen Menge auf endliche Zahlenmengen zu übertragen. Erst durch diese Technik ist es möglich, mit Computern, die nur endlich viele Zahlen kennen, exakt zu rechnen. Modulare Arithmetik ist die Grundlage für viele effiziente Algorithmen in der Computer-Algebra und hat eine zentrale Bedeutung in der Kryptographie.

4.4.1 Modulare Kongruenz

Die Konstruktion endlicher Zahlenmengen ergibt sich aus Satz 4.17, der besagt, dass der Rest zwischen zwei beliebigen ganzen Zahlen n und $m \neq 0$ bei der Rechnung $n : m$ immer eindeutig bestimmt ist. Das gibt Anlass zu folgender Definition:

Definition 4.8 *Zwei ganze Zahlen x und y heißen* kongruent modulo m, *in Zeichen $x \equiv_m y$, wenn bei ganzzahliger Division durch m gemäß Definition 4.6 die kleinsten nichtnegativen Reste übereinstimmen. Formal:*

$$x \equiv_m y \quad :\Longleftrightarrow \quad x \; MOD \; m \; = \; y \; MOD \; m$$

Die Relation $\{(x,y) \in \mathbb{Z} \times \mathbb{Z} \mid x \equiv_m y\}$ wird Kongruenzrelation *zu m genannt.*

Beispiel 4.6

26	$\equiv_4$	14	denn	26 MOD 4 = 2	=	14 MOD 4
26	$\not\equiv_8$	14	denn	26 MOD 8 = 2	$\neq$	14 MOD 8 = 6
14	$\equiv_5$	−6	denn	14 MOD 5 = 4	=	−6 MOD 5
14	$\not\equiv_5$	−14	denn	14 MOD 5 = 4	$\neq$	−14 MOD 5 = 1

Satz 4.25

Die Kongruenzrelation $\equiv_m$ ist für jedes $m \in \mathbb{Z} \setminus \{0\}$ eine Äquivalenzrelation.

Wir hatten diese Eigenschaft in Kapitel 2.2 für den Spezialfall $m = 3$ (Beispiel 2.14) bereits nachgewiesen. Der allgemeine Fall ist analog zu zeigen.

Zu einer Äquivalenzrelation können auch Äquivalenzklassen definiert werden. Gemäß unserer Definition und Satz 2.1 müssen diese eine Partition von $\mathbb{Z}$ sein.

Man nennt die Äquivalenzklassen der Kongruenzrelation $\equiv_m$ auch **Restklassen modulo m**, weil alle Zahlen, die in der gleichen Restklasse liegen, bei Division mit Rest modulo m den gleichen (kleinsten nichtnegativen) Rest lassen.

Definition 4.9 *Seien $x, m \in \mathbb{Z}$ wobei $m \neq 0$.*

Dann ist die Restklasse modulo m (Notation: $[x]_m$) definiert als zu x gehörige Äquivalenzklasse der Relation $\equiv_m$.

Mit $\mathbb{Z}_m$ wird die Menge aller Restklassen modulo m bezeichnet.

Wie sehen die Restklassen und die Restklassenmengen aus? Betrachten wir Beispiele dazu:

Beispiel 4.7

Äquivalenzklassen zu $\equiv_3$:

$$[0]_3 = \{\ldots, -6, -3, 0, 3, 6, \ldots\} \quad \text{Rest 0}$$
$$[1]_3 = \{\ldots, -5, -2, 1, 4, 7, \ldots\} \quad \text{Rest 1}$$
$$[2]_3 = \{\ldots, -4, -1, 2, 5, 8, \ldots\} \quad \text{Rest 2}$$

Die Restklassenmenge $\mathbb{Z}_3 = \{[0]_3, [1]_3, [2]_3\}$ bildet offensichtlich eine Partition von $\mathbb{Z}$, also eine disjunkte Zerlegung in Teilmengen: $\mathbb{Z} = [0]_3 \cup [1]_3 \cup [2]_3$.

Beispiel 4.8

Äquivalenzklassen zu $\equiv_4$:

$$[0]_4 = \{\ldots, -8, -4, 0, 4, 8, \ldots\} \quad \text{Rest 0}$$
$$[1]_4 = \{\ldots, -7, -3, 1, 5, 9, \ldots\} \quad \text{Rest 1}$$
$$[2]_4 = \{\ldots, -6, -2, 2, 6, 10, \ldots\} \quad \text{Rest 2}$$
$$[3]_4 = \{\ldots, -5, -1, 3, 7, 11, \ldots\} \quad \text{Rest 3}$$

Die Restklassenmenge $\mathbb{Z}_4 = \{[0]_4, [1]_4, [2]_4, [3]_4\}$ bildet offensichtlich eine Partition von $\mathbb{Z}$.

Außerdem kann man an diesen Beispielen beobachten, dass die Differenz zwischen zwei aufeinanderfolgenden Restklassenelementen immer gleich m ist. Allgemeiner formuliert ergibt sich folgender Satz:

Satz 4.26

Seien $x, y, m \in \mathbb{Z}$ wobei $m \neq 0$. Dann gilt:

$$x \equiv_m y \iff m \mid (x - y).$$

Beweis:

„$\Rightarrow$": Seien $x = q_1 \cdot m + r$ und $y = q_2 \cdot m + r$ für dasselbe r. Subtraktion dieser beiden Gleichungen ergibt: $x - y = (q_1 - q_2) \cdot m$. Nach Definition 4.1 bedeutet das aber gerade: $m \mid (x - y)$.

„$\Leftarrow$": Es gelte $m \mid (x - y)$. Also gibt es eine Zahl $z \in \mathbb{Z}$ mit

$$x - y = z \cdot m + 0 \tag{4.8}$$

Seien $x = q_1 \cdot m + r_1$ und $y = q_2 \cdot m + r_2$. Dann gilt:

$$x - y = (q_1 - q_2) \cdot m + (r_1 - r_2) \tag{4.9}$$

Wir dürfen nach der Existenzaussage von Satz 4.17 annehmen, dass $0 \leq r_1, r_2 < m$ gilt. Damit gilt auch: $r_1 - r_2 < m$. Wir bezeichnen die beiden Zahlen x und y so, dass $r_1 \geq r_2$ gilt, woraus folgt: $0 \leq r_1 - r_2 < m$. Nach Satz 4.17 ist die Darstellung modulo m für jede Zahl eindeutig, also auch für die Zahl $x - y$. Damit gilt, dass Teiler und Reste der Darstellungen (4.8) und (4.9) übereinstimmen, insbesondere also: $r_1 - r_2 = 0 \Leftrightarrow r_1 = r_2$. Damit sind x und y kongruent modulo m. ∎

Man beachte, dass Satz 4.26 *nicht* gelten würde, wenn die Operationen DIV und MOD symmetrisch zur Null definiert werden, wie es einige Programmiersprachen tun, also $x DIV m = -(-x DIV m)$ (wir hatten das in Abschnitt 4.2 erwähnt). Da dieser Satz im Folgenden noch öfters gebraucht wird, wäre eine andere Definition als die hier vorgenommene ausgesprochen unpraktisch.

Wir fassen die gewonnenen Erkenntnisse über Restklassen zusammen:

Satz 4.27

Seien $x, m \in \mathbb{Z}$ wobei $m \neq 0$. Dann gilt:

1) $[x]_m = \{y \in \mathbb{Z} : m \mid (x - y)\} = \{\ldots, x - 2m, x - m, x, x + m, x + 2m, \ldots\}$

2) $\mathbb{Z}_m = \{[0]_m, [1]_m, \ldots, [|m| - 1]_m\}$ besteht aus genau m Restklassen.

Eine beliebige Zahl $y \in [x]_m$ heißt **Repräsentant** der entsprechenden Restklasse. Insbesondere ist also die Zahl x Repräsentant der Restklasse $[x]_m$. Da eine Restklasse aber aus unendlich vielen Elementen besteht, hat sie auch unendlich viele Repräsentanten.

4.4.2 Rechnen mit Restklassen

Man beachte, dass eine Restklasse modulo m immer aus unendlich vielen Elementen besteht, aber es gibt nur endlich viele (nämlich m) Restklassen.

Es ist diese endliche Menge $\mathbb{Z}_m$, auf der wir zweiwertige Rechenoperationen durchführen werden. Man beachte, dass die Elemente von $\mathbb{Z}_m$ selbst Mengen sind. Die Verknüpfungsoperationen müssen also zwei Mengen aus $\mathbb{Z}_m$ als Eingabe erhalten und wieder eine Menge aus $\mathbb{Z}_m$ erzeugen.

Auf folgende naheliegende Weise werden die Operationen Addition und Multiplikation auf die endliche Menge $\mathbb{Z}_m$ übertragen:

Definition 4.10 *Seien* $[i]_m, [k]_m \in \mathbb{Z}_m$*. Dann sei:*

$$\begin{aligned}
[i]_m \oplus [k]_m &:= [i+k]_m \\
[i]_m \odot [k]_m &:= [i \cdot k]_m
\end{aligned}$$

Die Mengenoperationen werden also einfach für Repräsentanten der Mengen durchgeführt. Das wirft folgendes Problem auf: Wenn für verschiedene Repräsentanten derselben Mengen unterschiedliche Ergebnisse herauskommen, dann liefert Definition 4.10 kein eindeutiges Ergebnis. Deshalb hat man die Unabhängigkeit der Operationen von den Repräsentanten nachzuweisen:

Satz 4.28

Die Operationen $\oplus$ und $\odot$ sind nicht abhängig davon, welcher Repräsentant für die Restklasse gewählt wurde.

Im Einzelnen:

1) $i^* \in [i]_m \wedge k^* \in [k]_m \implies [i^* + k^*]_m = [i+k]_m$

2) $i^* \in [i]_m \wedge k^* \in [k]_m \implies [i^* \cdot k^*]_m = [i \cdot k]_m$

Für den Beweis dieses Satzes muss man die Repräsentation von Definition 4.6 für i^*, k^*, i, k verwenden, die entsprechenden Reste gleichsetzen und Satz 4.26 benutzen. Wir überlassen die Details der Übungsaufgabe 4.15.

Folgendes Beispiel veranschaulicht Satz 4.28:

Beispiel 4.9

1) $7 \in [2]_5 \ \wedge \ -16 \in [4]_5 \ \implies \ [7 - 16]_5 = [2 + 4]_5 = [1]_5$

2) $4 \in [1]_3 \ \wedge \ -4 \in [2]_3 \ \implies \ [4 \cdot (-4)]_3 = [1 \cdot 2]_3 = [2]_3$

Da $\mathbb{Z}_m$ eine endliche Menge ist, können wir die Addition und Multiplikation an so genannten **Verknüpfungstabellen** demonstrieren. Hierfür werden alle Elemente als Überschriften vor die erste Zeile und erste Spalte einer Tabelle geschrieben, und in der Tabelle steht an Position (i, j) das Verknüpfungsergebnis der Elemente der i-ten Zeile mit der j-ten Spalte.

Beispiel 4.10

$\mathbb{Z}_6 = \{[0]_6, [1]_6, [2]_6, [3]_6, [4]_6, [5]_6\}$. Die Verknüpfungstabellen sind:

$\oplus$	$[0]_6$	$[1]_6$	$[2]_6$	$[3]_6$	$[4]_6$	$[5]_6$
$[0]_6$	$[0]_6$	$[1]_6$	$[2]_6$	$[3]_6$	$[4]_6$	$[5]_6$
$[1]_6$	$[1]_6$	$[2]_6$	$[3]_6$	$[4]_6$	$[5]_6$	$[0]_6$
$[2]_6$	$[2]_6$	$[3]_6$	$[4]_6$	$[5]_6$	$[0]_6$	$[1]_6$
$[3]_6$	$[3]_6$	$[4]_6$	$[5]_6$	$[0]_6$	$[1]_6$	$[2]_6$
$[4]_6$	$[4]_6$	$[5]_6$	$[0]_6$	$[1]_6$	$[2]_6$	$[3]_6$
$[5]_6$	$[5]_6$	$[0]_6$	$[1]_6$	$[2]_6$	$[3]_6$	$[4]_6$

$\odot$	$[0]_6$	$[1]_6$	$[2]_6$	$[3]_6$	$[4]_6$	$[5]_6$
$[0]_6$	$[0]_6$	$[0]_6$	$[0]_6$	$[0]_6$	$[0]_6$	$[0]_6$
$[1]_6$	$[0]_6$	$[1]_6$	$[2]_6$	$[3]_6$	$[4]_6$	$[5]_6$
$[2]_6$	$[0]_6$	$[2]_6$	$[4]_6$	$[0]_6$	$[2]_6$	$[4]_6$
$[3]_6$	$[0]_6$	$[3]_6$	$[0]_6$	$[3]_6$	$[0]_6$	$[3]_6$
$[4]_6$	$[0]_6$	$[4]_6$	$[2]_6$	$[0]_6$	$[4]_6$	$[2]_6$
$[5]_6$	$[0]_6$	$[5]_6$	$[4]_6$	$[3]_6$	$[2]_6$	$[1]_6$

Es ist klar, dass man Z_6 auch mit anderen Repräsentanten darstellen könnte. Die hier vorgenommene ist die gebräuchlichste Darstellung. Man findet aber in der Literatur und Computeralgebrasystemen auch andere Darstellungen, z.B. $\mathbb{Z}_6 = \{[-2]_6, [-1]_6, [0]_6, [1]_6, [2]_6, [3]_6\}$. Hierbei gilt $[-2]_6 = [4]_6$ und $[-1]_6 = [5]_6$.

Nachdem das Ergebnis von Addition und Multiplikation auf den endlichen Mengen $\mathbb{Z}_m$ eindeutig festgelegt worden ist, stellt sich die Frage, welche grundlegenden Eigenschaften der uns bekannten Addition und Multiplikation für unendliche Mengen auch für die endlichen Mengen $\mathbb{Z}_m$ gelten.

Eine besondere Rolle spielt das neutrale und das inverse Element für eine beliebige Verknüpfung $\circ$:

Definition 4.11 *Sei M eine Menge und $m \circ n$ eine darauf definierte zweiwertige Operation beschrieben durch die Funktion $f : M \times M \to M$ mit $m \circ n := f(m, n)$.*

*Dann heißt ein Element $e \in M$ **neutrales Element**, wenn gilt:*

$$\forall m \in M : \ e \circ m = m \circ e = m.$$

Ein Element $m^{-1} \in M$ *heißt ein zu* $m \in M$ **inverses Element**, *wenn gilt:*

$$m^{-1} \circ m = m \circ m^{-1} = e.$$

Diese Definition ist auch für den Fall eindeutig, falls die Operation $a \circ b$ nicht kommutativ ist, also nicht immer gilt: $a \circ b = b \circ a$. Die neutralen und inversen Elemente müssen sowohl links als auch rechts verknüpft werden dürfen. Elemente, welche nur bei einer Verknüpfung auf einer Seite die gewünschte Eigenschaft haben, heißen links- bzw. rechtsneutrale oder links- bzw. rechtsinverse Elemente. Offensichtlich sind Addition und Multiplikation sowohl bei den uns bekannten unendlichen Zahlenmengen als auch bei den Restklassenmengen $\mathbb{Z}_m$ kommutativ, sodass diese Unterscheidung hier nicht von Relevanz ist.

In Kapitel 5 werden wir aber auch nichtkommutative Verknüpfungen kennenlernen. Für diese müssen neutrale und inverse Elemente zwingend so wie in Definition 4.11 definiert werden.

Man beachte, dass das neutrale Element für alle Elemente von M dasselbe sein muss, während jedes Element von M ein anderes inverses Element haben darf.

In den ineinander enthaltenen unendlichen Zahlenmengen $\mathbb{N} \subset \mathbb{Z} \subset \mathbb{Q} \subset \mathbb{R} \subset \mathbb{C}$ ist offenbar 0 das neutrale Element der Addition und 1 das neutrale Element der Multiplikation. Zu einer Zahl x ist offenbar die Zahl $-x$ das inverse Element der Addition, das aber erst ab $\mathbb{Z}$ in derselben Grundmenge liegt. Zu einer Zahl $x \neq 0$ ist offenbar die Zahl $\frac{1}{x}$ das inverse Element der Multiplikation, das aber erst ab $\mathbb{Q}$ in derselben Grundmenge liegt. Zu $x = 0$ gibt es in keiner Zahlenmenge ein inverses Element der Multiplikation, weil die Multiplikation mit 0 immer 0 ergibt, sodass niemals das neutrale Element 1 erreicht werden kann.

Die Situation bei den endlichen Mengen $\mathbb{Z}_m$ wird im Folgenden beschrieben:

Satz 4.29

Sei die Menge $M = \mathbb{Z}_m$ *gegeben mit den Verknüpfungen* $\oplus$ *und* $\odot$ *wie in Definition 4.10 beschrieben.*

1) Die Restklasse $[0]_m$ *ist das neutrale Element bezüglich* $\oplus$.

2) Die Restklasse $[1]_m$ *ist das neutrale Element bezüglich* $\odot$.

3) Zur Restklasse $[a]_m$ *ist das inverse Element bezüglich* $\oplus$ *die Restklasse* $[m-a]_m$.

4) Zur Restklasse $[a]_m$ *gibt es ein inverses Element bezüglich* $\odot$ *genau dann, wenn* a *und* m *teilerfremd sind, d.h.* $ggT(a, m) = 1$.

Beweis:

Wegen der Kommutativität aller Operationen zeigen wir jeweils nur die Verknüpfung auf einer Seite:

1) $[0]_m \oplus [a]_m \overset{Def.\ 4.10}{=} [0+a]_m = [a]_m$

2) $[1]_m \odot [a]_m \overset{Def.\ 4.10}{=} [1 \cdot a]_m = [a]_m$

3) $[m-a]_m \oplus [a]_m \overset{Def.\ 4.10}{=} [m-a+a]_m = [m]_m \overset{Satz\ 4.27}{=} [0]_m$

4) *Notwendigkeit („⇒"):* Sei $[x]_m$ ein inverses Element zu $[a]_m$, d.h. x ist eine Lösung von $a \cdot x \equiv 1 \mod m$. Dann gilt nach Satz 4.26: $m \mid (a \cdot x - 1)$. Es gibt also ein $q \in \mathbb{Z}$, so dass $m \cdot q = a \cdot x - 1$ bzw. $a \cdot x - m \cdot q = 1$. Sei $d = \mathrm{ggT}\,(a, m)$. Dann teilt d die linke Seite der Gleichung (Satz 4.2), also auch die rechte Seite. Folglich muss $d = 1$ sein.

Hinlänglichkeit („⇐"): Sei $\mathrm{ggT}(a, m) = 1$. Aus dem Lemma von Bézout (Satz 4.16) folgt, dass es ganze Zahlen $x, y \in \mathbb{Z}$ gibt, so dass $a \cdot x + m \cdot y = 1$ gilt. Daraus folgt $m \cdot y = 1 - a \cdot x$. Also gilt: $m \mid (1 - a \cdot x)$. Und das bedeutet: $a \cdot x \equiv 1 \mod m$. ∎

Abgesehen davon, dass es in $\mathbb{Z}_m$ nicht immer möglich ist, ein zur Multiplikation Inverses zu bestimmen, gibt dieser Satz auch keine Formel her zur Berechnung eines Inversen, selbst wenn es existiert. Es gibt im Allgemeinen tatsächlich nur die Möglichkeit, alle $m - 1$ potentiellen Kandidaten ($[0]_m$ kommt nie in Frage) auszuprobieren.

In unendlichen Zahlenmengen sind 4 Grundrechenarten definiert: Addition, Subtraktion, Multiplikation, Division. Die Subtraktion kann aber grundsätzlich als Addition mit dem additiv Inversen, und die Division als Multiplikation mit dem multiplikativ Inversen aufgefasst werden.

Will man z.B. die Aufgabe $[3]_6 - [4]_6$ lösen, dann muss man das additiv Inverse von $[4]_6$ suchen. Dieses ist das Element $[2]_6$, denn $[2]_6 + [4]_6 = [0]_6$. Das Element $[2]_6$ entspricht also dem Element $-[4]_6$. Also gilt: $[3]_6 - [4]_6 = [3]_6 + [2]_6 = [5]_6$.

Für die Aufgabe $[3]_6 : [5]_6$ muss man das multiplikativ Inverse von $[5]_6$ suchen, und das ist $[5]_6$ selbst, denn $[5]_6 \cdot [5]_6 = [1]_6$. Das Element $[5]_6$ entspricht also dem Element $\frac{[1]_6}{[5]_6}$. Also gilt: $[3]_6 : [5]_6 = [3]_6 \cdot [5]_6 = [3]_6$.

Die Aufgabe $[3]_6 : [4]_6$ ist nicht lösbar, weil $[4]_6$ kein multiplikativ Inverses besitzt, denn es gibt kein Element x mit $x \cdot [4]_6 = [1]_6$ (siehe Multiplikationstabelle für $\mathbb{Z}_6$).

Wir fassen zusammen:

☞ In der endlichen Menge $\mathbb{Z}_m$ kann man mit Hilfe der Operationen $\oplus$ und $\odot$ von Definition 4.10 problemlos addieren, subtrahieren und multiplizieren. Die Division ist nur möglich durch Restklassen, deren Repräsentanten teilerfremd zu m sind.

Damit ist die Division durch $[0]_m$ nie möglich. Wenn m eine Primzahl ist, kann man aber durch jede andere Restklasse teilen. Das wird durch folgendes Beispiel verdeutlicht:

Beispiel 4.11

$\mathbb{Z}_5 = \{[0]_5, [1]_5, [2]_5, [3]_5, [4]_5\}$. Die Verknüpfungstabellen sind:

$\oplus$	$[0]_5$	$[1]_5$	$[2]_5$	$[3]_5$	$[4]_5$
$[0]_5$	$[0]_5$	$[1]_5$	$[2]_5$	$[3]_5$	$[4]_5$
$[1]_5$	$[1]_5$	$[2]_5$	$[3]_5$	$[4]_5$	$[0]_5$
$[2]_5$	$[2]_5$	$[3]_5$	$[4]_5$	$[0]_5$	$[1]_5$
$[3]_5$	$[3]_5$	$[4]_5$	$[0]_5$	$[1]_5$	$[2]_5$
$[4]_5$	$[4]_5$	$[0]_5$	$[1]_5$	$[2]_5$	$[3]_5$

$\odot$	$[0]_5$	$[1]_5$	$[2]_5$	$[3]_5$	$[4]_5$
$[0]_5$	$[0]_5$	$[0]_5$	$[0]_5$	$[0]_5$	$[0]_5$
$[1]_5$	$[0]_5$	$[1]_5$	$[2]_5$	$[3]_5$	$[4]_5$
$[2]_5$	$[0]_5$	$[2]_5$	$[4]_5$	$[1]_5$	$[3]_5$
$[3]_5$	$[0]_5$	$[3]_5$	$[1]_5$	$[4]_5$	$[2]_5$
$[4]_5$	$[0]_5$	$[4]_5$	$[3]_5$	$[2]_5$	$[1]_5$

Zum Berechnen des multiplikativ Inversen gibt es keine systematische Formel. Wenn aber die Verknüpfungstabelle explizit gegeben ist, wie das hier der Fall ist, dann kann man das Inverse zu einem Element a leicht aus der Tabelle ablesen: Man muss nur in der Zeile von a das neutrale Element suchen. Das inverse Element a^{-1} ist dann das Element, das zu der betreffenden Spalte gehört.

So kann man der oben angegebenen Verknüpfungstabelle für $\odot$ entnehmen:

$$[1]_5^{-1} = [1]_5, [2]_5^{-1} = [3]_5, [3]_5^{-1} = [2]_5, [4]_5^{-1} = [4]_5$$

Zum Abschluss noch eine Warnung:

Wenn für eine Menge mehrere Operationen definiert sind, dann muss man bei der Suche nach inversen Elementen immer unterscheiden, *bezüglich welcher Operation* das inverse Element gesucht wird. Es dürfen also nicht die Tabellen verwechselt werden, und es muss bewusstgemacht werden, welches das aktuelle neutrale Element ist (hier: $[0]_m$ oder $[1]_m$).

Wenn die Inversen für $\mathbb{Z}_5$ bezüglich $\oplus$ gesucht werden, ergibt sich:

$$[0]_5^{-1} = [0]_5, [1]_5^{-1} = [4]_5, [2]_5^{-1} = [3]_5, [3]_5^{-1} = [2]_5, [4]_5^{-1} = [1]_5$$

Man sieht: Einige Inverse sind dieselben wie für $\odot$, andere nicht. Das ist im Allgemeinen sehr unregelmäßig.

4.5 Übungsaufgaben

Aufgabe 4.1

Finden Sie Belegungen für die Variablen $x, y \in \mathbb{Z}$, die folgende Prädikate erfüllen:

a) $(x \mid y) \wedge (y \mid (x - y))$

b) $((x - y) \mid y) \wedge (y \mid x)$

c) $(x - 1) \mid \left(\frac{x}{2}\right)$

Aufgabe 4.2

Beweisen Sie Satz 4.1: Die Teilbarkeitsrelation $\mid$ ist eine partielle Ordnungsrelation auf $\mathbb{N}$. Begründen Sie, warum die Teilbarkeitsrelation keine partielle Ordnungsrelation auf $\mathbb{Z}$ ist.

Aufgabe 4.3

Beweisen Sie für ganze Zahlen (siehe Satz 4.2):

a) $m \mid n_1 \wedge m \mid n_2 \Rightarrow m \mid (n_1 + n_2)$,

b) $m \mid n_1 \wedge m \mid n_2 \Rightarrow m \mid (n_1 - n_2)$

c) $m \mid n_1 \Rightarrow m \mid (n_1 \cdot n_2)$

d) Leiten Sie aus a) das folgende Korollar ab:
   Eine Zahl n ist durch 3 teilbar genau dann, wenn n plus ein beliebiges Vielfaches von 3 durch 3 teilbar ist.

e) Leiten Sie aus b) als weiteres Korollar ab:
   Eine Zahl n ist durch 3 teilbar genau dann, wenn n minus ein beliebiges Vielfaches von 3 durch 3 teilbar ist.

Aufgabe 4.4

Beweisen Sie die einzelnen Teile von Satz 4.3. Beschränken Sie sich zur Vereinfachung auf die Aussagen für $\mathbb{N}$. Sie können dann auf die Beträge verzichten.

Aufgabe 4.5

Zeigen Sie durch Fallunterscheidung über die letzte Ziffer von n folgenden Satz über die Quersumme $Q_{10}(n)$:

Für eine natürliche Zahl n mit $2 < n < 100$ gilt:

Wenn $Q_{10}(n-3)$ durch 3 teilbar ist, dann ist auch $Q_{10}(n)$ durch 3 teilbar.

Tipp: Benutzen Sie hierfür die Korollare aus Aufgabe 4.3.

Aufgabe 4.6

Belegen Sie den Satz 4.7 mit Beispielen für Teilbarkeit und Nichtteilbarkeit von n für die angegebene Zahlenbasis b:

a) für $b = 9$, $n = 44$ und die Teiler 2, 4, 8

b) für $b = 16$, $n = 25$ und die Teiler 3 und 5

Aufgabe 4.7

Benutzen Sie Satz 4.9, um folgende Frage zu lösen:

Durch welche Ziffern müssen die Buchstaben a und b ersetzt werden, damit die Zahl 19a9b durch 36 teilbar ist?

Aufgabe 4.8

Karin ist 25 Jahre alt und ihre Mutter 52. Die Ziffern des Lebensalters der beiden sind also dieselben. Karin fragt sich, ob das noch einmal passieren kann und ob sich immer zwischen 2 Menschen ereignen kann, dass das Alter des einen die Vertauschung der Ziffern des anderen ist. Sie nennt das eine **Zahlendreherverwandtschaft** für Lebensalter, die zweistellig dargestellt werden (einstellige also mit einer führenden Null davor). Sie überlegt sich, was die einzelnen Ziffern für das Gesamtalter bedeuten, und kommt zu folgendem Ergebnis:

a) Damit 2 Menschen eine Zahlendreherverwandtschaft haben können, ist es eine notwendige und hinreichende Bedingung, dass der Altersunterschied in Jahren zwischen den beiden durch 9 teilbar ist und maximal 81 Jahre beträgt.

b) Das erste Ereignis einer Zahlendreherverwandtschaft zwischen 2 Menschen, welche die Bedingung in a) erfüllen und mehr als ein Jahr auseinander liegen, tritt auf, wenn die ältere Person ihr laufendes Lebensjahrzehnt vollendet und die jüngere Person den Geburtstag erreicht hat, der für die Zahlendreherverwandtschaft benötigt wird. Von da an ergibt sich eine Zahlendreherverwandtschaft alle 11 Jahre, bis die ältere Person kein zweistelliges Alter mehr hat.

Beweisen Sie die beiden Ergebnisse. Formulieren Sie b) um für Menschen, die an ganzen Lebensjahren gleich alt sind.

Herausforderung: Verallgemeinern Sie die Erkenntnis von Karin für die Darstellung des Lebensalters in einer beliebigen Zahlenbasis b, die nicht notwendigerweise 10 beträgt. Kann man dann durch die Wahl einer geeigneten Zahlenbasis eine Zahlendreherverwandtschaft zwischen 2 beliebigen Menschen herstellen?

Aufgabe 4.9

Berechnen Sie jeweils (i) a DIV b sowie (ii) a MOD b:

a) $a = -17, b = 6$

b) $a = -17, b = -6$

c) $a = 17, b = -6$

d) $a = 17, b = 6$

Aufgabe 4.10

Beweisen Sie Satz 4.20:

Für $n = q * m + r$ gilt (wobei $n, q, m \in \mathbb{Z}$ und $r \in \mathbb{N}$):

Sei $T(x, y)$ die Menge aller gemeinsamen Teiler von x und y. Dann gilt: $T(m, n) = T(m, r)$

Hinweis: Zeigen Sie, dass jedes Element aus der einen Menge in der anderen liegt und umgekehrt. Benutzen Sie dafür Satz 4.2.

Aufgabe 4.11

Bestimmen Sie den größten gemeinsamen Teiler von -190476 und 29172 mit Hilfe des Euklidischen Algorithmus.

Geben Sie auch das kleinste gemeinsame Vielfache mit Hilfe des Multiplikationssatzes für ggT und kgV (Satz 4.14) an.

Aufgabe 4.12

Testen Sie durch Probedivision, ob die folgenden Zahlen Primzahlen sind:

a) 299, 997, 1301, 2183

b) 511, 1009, 1511, 2009

Testen Sie keine überflüssigen Teilerkandidaten. Sie dürfen für die Probedivisionen einen Taschenrechner einsetzen.

Aufgabe 4.13

Betrachten Sie die Menge aller Primzahlen bis jeweils 200, 400, 600 und 1000 und vergleichen Sie ihre Anzahl mit der logarithmischen Abschätzung aus Satz 4.22.

Hinweis: Besorgen Sie sich die Primzahlen entweder mit dem Sieb des Eratosthenes oder aus dem Internet. Für die logarithmische Abschätzung sollten Sie nicht alle Primzahlen von 2 bis zur oberen Grenze n betrachten, sondern nur von $n - m$ bis n für eine Zahl m, die deutlich kleiner ist als n. Sie werden sehen, dass dann die Abschätzung wesentlich genauer ist. Warum ist das so?

Aufgabe 4.14

Im Beweis, dass es nicht nur endlich viele Primzahlen gibt, (siehe Satz 4.21) wird gezeigt, dass das Produkt aller (fälschlich angenommenen) endlich vielen Primzahlen + 1 wieder eine Primzahl sein muss. Lösen Sie folgende Aufgabe:

Seien $p_1 \ldots p_n$ die ersten n Primzahlen $(2, 3, 5, \ldots)$. Finden Sie durch Ausprobieren ein n bzw. ein p_n, so dass

$$\left(\prod_{i=1}^{n} p_i \right) + 1$$

(also das Produkt der ersten n Primzahlen + 1) keine Primzahl ist.

Überlegen Sie sich, warum das kein Widerspruch zum oben zitierten Beweis ist.

Aufgabe 4.15

a) Demonstrieren Sie an jeweils einem anderen Beispiel als auf Seite 169, dass die Definition von $\oplus$ und $\odot$ für $\mathbb{Z}_m$ unabhängig von der Wahl der Repräsentanten für die Restklasse ist.

b) Beweisen Sie diesen Sachverhalt über die Definition der Restklasse (siehe Satz 4.28).

Aufgabe 4.16

Zeigen Sie jeweils an einem Beispiel, dass $[a]_m \cdot [b]_n$ und $[a]_m + [b]_n$ für $n \neq m$ nicht wohldefiniert werden kann.

Aufgabe 4.17

Finden Sie von folgenden Elementen das additiv und multiplikativ Inverse (falls es existiert). Geben Sie das gesuchte Element in normierter Darstellung an (also als Repräsentanten zwischen 0 und $n - 1$).

a) 10 in $\mathbb{Z}_{21}$

b) 9 in $\mathbb{Z}_{23}$

c) 8 in $\mathbb{Z}_{25}$

d) 21 in $\mathbb{Z}_{27}$

Aufgabe 4.18

Erstellen Sie die Verknüpfungstabellen für $+$ und $*$ in $\mathbb{Z}_2$, $\mathbb{Z}_3$, $\mathbb{Z}_4$, $\mathbb{Z}_7$ und $\mathbb{Z}_8$ und geben Sie für jedes Element jeweils das Inverse bezüglich der jeweiligen Verknüpfung an (falls es eins gibt).

Orientieren Sie sich an den analogen Beispielen 4.10 und 4.11 für die Restklassen $\mathbb{Z}_6$ und $\mathbb{Z}_5$.

5 Algebraische Strukturen

Eine erste algebraische Struktur wurde bereits in Kapitel 2 vorgestellt: Die Boolesche Algebra. Diese beschreibt die konkreten Gesetze der Logik und Mengenlehre auf einer höheren Abstraktionsstufe und ermöglicht dadurch die Anwendung von logischen und mengentheoretischen Gesetzen auf weitere konkrete Beispiele.

In diesem Kapitel geht es um die Beschreibung einer höheren Abstraktionsstufe für das „Rechnen" mit „Zahlen", also eine Verallgemeinerung von Kapitel 4. In der Schule wird das ausschließlich und sehr intensiv geübt an den unendlichen Zahlenmengen $\mathbb{N} \subset \mathbb{Z} \subset \mathbb{Q} \subset \mathbb{R} \subset \mathbb{C}$. In Abschnitt 4.4 haben wir einige der wesentlichen Merkmale der 4 Grundrechenarten dieser Mengen auf die endlichen Mengen $\mathbb{Z}_m$ übertragen. In diesem Kapitel soll genauer formalisiert werden, was das Wesentliche an den Rechengesetzen für Zahlen ausmacht. Wir werden bei dieser Gelegenheit auch weitere Beispiele von Mengen kennenlernen, die auf den ersten Blick gar nicht an Zahlen erinnern und deren Verknüpfungsstrukturen dennoch denselben Gesetzen folgen, wie die Rechenoperationen für die Zahlenmengen, die wir aus der Schule bereits kennen.

5.1 Gruppen

Eine Gruppe verallgemeinert die uns bekannten Rechengesetze für eine zweiwertige Operation auf einer Menge:

Definition 5.1 *Sei G eine nichtleere Menge und $\circ$ eine zweiwertige Verknüpfung zwischen Elementen auf G, d.h. es gibt eine Funktion:*

$$f : G \times G \to G \text{ mit } f(a,b) = a \circ b.$$

Die Struktur $(G, \circ)$ heißt **abelsche**[1] **Gruppe**, *wenn folgende Gesetze erfüllt sind:*

1) **Innere Verknüpfung:** $\forall a, b \in G : a \circ b \in G$

2) **Assoziativgesetz:** $\forall a, b, c \in G : (a \circ b) \circ c = a \circ (b \circ c)$

3) **Neutrales Element:** $\exists e \in G \, \forall a \in G : e \circ a = a \circ e = a$

---

[1] benannt nach dem norwegischen Mathematiker Niels Henrik Abel (1802–1829)

© Springer Fachmedien Wiesbaden GmbH, ein Teil von Springer Nature 2021
S. Iwanowski und R. Lang, *Diskrete Mathematik mit Grundlagen*,
https://doi.org/10.1007/978-3-658-32760-6_5

4) Inverses Element: $\forall a \in G \; \exists a^{-1} \in G : a^{-1} \circ a = a \circ a^{-1} = e$

5) Kommutativgesetz: $\forall a, b \in G : a \circ b = b \circ a$

Eine Struktur, in der nur Gesetz 1) gilt, heißt **Gruppoid**.

Eine Struktur, in der nur die Gesetze 1) und 2) gelten, heißt **Halbgruppe**.

Eine Struktur, in der nur die Gesetze 1), 2), 3), 4) gelten, heißt **Gruppe**. *Bei abelschen Gruppen kommt nur noch die Kommutativität hinzu.*

Die hier genannten Gesetze heißen auch Gruppenaxiome. Die beiden Vorbilder, an denen sich die Gruppenaxiome orientieren, sind die Eigenschaften der Strukturen $(\mathbb{Z}, +)$ für eine unendliche Gruppe und $(\mathbb{Z}_m, \oplus)$ für eine endliche Gruppe. Diese beiden Gruppen erfüllen auch das Kommutativgesetz, sind also abelsch.

Die oben angegebene Definition der Funktion f mit $f(a, b) = a \circ b$ fordert bereits, dass die Zielmenge G ist, sodass der Operator $\circ$ nur eine innere Verknüpfung sein kann. Dennoch ist es üblich, das Gesetz 1) explizit zu fordern, weil viele Mengen genau dieses Gesetz für einzelne Werte nicht erfüllen, wie wir später an einigen Beispielen sehen werden.

5.1.1 Beispiele für unendliche Gruppen

Im Folgenden werden Beispiele für Strukturen aus unendlichen Mengen gegeben und untersucht, welche Gruppenaxiome von diesen erfüllt werden. Man beachte, dass es für eine Gruppe nicht nur auf die verwendete Menge ankommt, sondern auch auf die gewählte Operation (manchmal gibt es mehrere Möglichkeiten).

1. $(\mathbb{N}, +)$ ist keine Gruppe, weil es außer zu 0 zu keinem anderen Element ein inverses Element gibt. Es handelt sich aber um eine Halbgruppe.

2. $(\mathbb{Z}, +)$, $(\mathbb{Q}, +)$, $(\mathbb{R}, +)$, $(\mathbb{C}, +)$ sind abelsche Gruppen: 0 ist das neutrale Element, und zu x ist $-x$ das Inverse.

3. $(\mathbb{Z}, \cdot)$ $(\mathbb{Q}, \cdot)$, $(\mathbb{R}, \cdot)$, $(\mathbb{C}, \cdot)$ sind keine Gruppen, weil es zu 0 kein inverses Element gibt. Es handelt sich aber um Halbgruppen.

4. $(\mathbb{Q} \setminus \{0\}, \cdot)$, $(\mathbb{R} \setminus \{0\}, \cdot)$, $(\mathbb{C} \setminus \{0\}, \cdot)$ sind abelsche Gruppen: 1 ist das neutrale Element, und zu x ist $\frac{1}{x}$ das Inverse. Die Technik, das störende Element (hier die Null) einfach herauszunehmen, ist nicht ganz selbstverständlich, denn es muss gewährleistet sein, dass dieses Element nicht Verknüpfungsergebnis von zwei anderen Elementen ist, die noch verblieben sind. Dann wäre nämlich Axiom 1 der inneren Verknüpfung verletzt. Die genannten Mengen erfüllen aber folgende Eigenschaft: Die Multiplikation von zwei Zahlen, die ungleich Null sind, ist

immer ungleich Null. Damit kann man die Null ohne Verletzung der inneren Verknüpfung herausnehmen.

5. $(\mathbb{Z} \setminus \{0\}, \cdot)$ ist keine Gruppe, weil es außer zu 1 zu keinem anderen Element ein Inverses gibt. Es handelt sich aber um eine Halbgruppe.

6. $(\mathbb{R} \setminus \{0\}, +)$ ist nicht einmal ein Gruppoid, weil die Summe von 2 Zahlen, die ungleich Null sind, Null ergeben kann. Abgesehen davon wurde das einzig mögliche neutrale Element entfernt.

7. Die Menge der Funktionen $(\{f : \mathbb{R} \to \mathbb{R}\}, +)$ bildet mit der auf folgende Weise definierten **elementweisen Addition** eine abelsche Gruppe: Die Funktion $f + g : \mathbb{R} \to \mathbb{R}$ ist definiert durch $(f + g)(x) = f(x) + g(x)$. Das neutrale Element ist die Nullfunktion, die jede Zahl auf Null abbildet. Zu f ist das inverse Element die Funktion $-f : \mathbb{R} \to \mathbb{R}$ mit $(-f)(x) = -f(x)$.

8. Die Menge der Funktionen $(\{f : \mathbb{R} \to \mathbb{R}\}, \cdot)$ bildet mit der auf folgende Weise definierten **elementweisen Multiplikation** *keine* Gruppe: Die Funktion $f \cdot g : \mathbb{R} \to \mathbb{R}$ ist definiert durch $(f \cdot g)(x) = f(x) \cdot g(x)$. Das Problem ist hier nicht nur die Nullfunktion, sondern jede Funktion, die Nullstellen hat. Zu solchen Funktionen kann man kein Inverses bilden, das in ganz $\mathbb{R}$ definiert ist. Es handelt sich bei dieser Struktur aber noch um eine Halbgruppe.

9. Die Menge der Funktionen $(\{f : \mathbb{R} \setminus \{0\} \to \mathbb{R} \setminus \{0\}\}, \cdot)$ bildet dagegen mit der elementweisen Multiplikation eine abelsche Gruppe: Das neutrale Element ist die Einsfunktion, die jede Zahl auf Eins abbildet. Zu f ist das inverse Element die Funktion $\frac{1}{f} : \mathbb{R} \to \mathbb{R}$ mit $\left(\frac{1}{f}\right)(x) = \frac{1}{f(x)}$.

10. Die Menge der Funktionen $(\{f : \mathbb{R} \to \mathbb{R}\}, \circ)$ bildet mit der Hintereinanderschaltung $\circ$ (siehe Kapitel 2.3) *keine* Gruppe. Das einzig mögliche neutrale Element wäre die Identitätsfunktion id $: \mathbb{R} \to \mathbb{R}$ mit id$(x) = x$. Zu nicht bijektiven Funktionen kann es aber kein Inverses geben. Es handelt sich aber um eine Halbgruppe.

11. Die Menge der Funktionen $(\{f : \mathbb{R} \to \mathbb{R}, f \text{ bijektiv}\}, \circ)$ bildet mit der Hintereinanderschaltung $\circ$ dagegen eine Gruppe. Hierfür ist es wichtig zu wissen, dass die Komposition von bijektiven Funktionen wieder bijektiv ist, um das Axiom der inneren Verknüpfung zu erfüllen. Diese Gruppe ist aber *nicht* abelsch: Die Verknüpfungen von $f(x) = x + 2$ und $g(x) = x^3$ ergeben $(f \circ g)(x) = f(g(x)) = x^3 + 2$ und $(g \circ f)(x) = g(f(x)) = (x + 2)^3 = x^3 + 6x^2 + 12x + 8$. Die Hintereinanderschaltung ist also nicht kommutativ.

12. Die Menge der Funktionen $(\{f : \mathbb{R} \to \mathbb{R}, f \text{ linear}\}, +)$ bildet mit der elementweisen Addition sowie den in Beispiel 7 benannten neutralen und inversen Elementen eine abelsche Gruppe. Hierfür ist vor allem Axiom 1) die nichttriviale

Hürde, die aber in diesem Fall genommen wird: Die Summe von zwei linearen Funktionen ist wieder linear.

13. Die Menge der Funktionen $(\{f : \mathbb{R} \to \mathbb{R}, f \text{ linear}\}, \cdot)$ bildet mit der elementweisen Multiplikation dagegen *keine* Gruppe. Hier ist bereits Axiom 1) verletzt, denn das Produkt von 2 linearen Funktionen ist quadratisch und damit nicht mehr linear. Es handelt sich also nicht einmal um ein Gruppoid.

Lineare Funktionen werden vor allem in der Analysis, der linearen Algebra und den darauf aufbauenden Anwendungsgebieten verwendet. Die Polynomfunktionen spielen dagegen gerade für endliche Strukturen eine besondere Rolle, wie wir später sehen werden. Es wird zunächst einmal die Definition gegeben, die auch in der Analysis verwendet wird:

Definition 5.2 *Eine **Polynomfunktion** über $\mathbb{R}$ ist eine Funktion $f : \mathbb{R} \to \mathbb{R}$, die folgende Abbildungsvorschrift hat:*

$$f(x) = a_k \cdot x^k + a_{k-1} \cdot x^{k-1} + \ldots + a_1 \cdot x + a_0 \text{ für reelle Koeffizienten } a_k, \ldots, a_0$$

Diese Definition wird in einem späteren Kapitel verallgemeinert werden, und dann ist sie auch für endliche Strukturen nutzbar.

Satz 5.1

1) Die Menge $(\{f : \mathbb{R} \to \mathbb{R}, f \text{ Polynomfunktion}\}, +)$ bildet mit der elementweisen Addition eine abelsche Gruppe.

2) Die Menge $(\{f : \mathbb{R} \to \mathbb{R}, f \text{ Polynomfunktion}\}, \cdot)$ bildet mit der elementweisen Multiplikation eine Halbgruppe.

Wie aus den Beispielen 7 und 8 hervorgeht, hat die Menge *aller* reellwertigen Funktionen ebenfalls die in Satz 5.1 genannten Eigenschaften, nämlich eine Gruppe bezüglich der Addition zu sein und eine Halbgruppe bezüglich der Multiplikation. Es ist also lediglich sicherzustellen, dass Summe und Produkt von Polynomfunktionen wieder Polynomfunktionen ergeben. Das ist hier der Fall. Wir werden später sehen, dass die Menge der Polynomfunktionen noch mehr strukturelle Eigenschaften hat als hier angegeben.

Bei den bisher genannten Beispielen gab es ineinander enthaltene Mengen, die mit derselben Operation jeweils eine Gruppe bildeten. Das führt zu folgender Definition:

Definition 5.3 *Sei $(G, \circ)$ eine Gruppe. Eine Teilmenge $U \subset G$ wird als **Untergruppe** von G bezeichnet, wenn $(U, \circ)$ ebenfalls eine Gruppe ist.*

Es ist klar, dass in einer Untergruppe U von G das neutrale Element von G enthalten sein muss, ebenso für jedes Element aus U das in G eindeutig bestimmte

Inverse. Außerdem muss das Verknüpfungsergebnis zweier Elemente aus U wieder in U liegen. Das Assoziativgesetz (und möglicherweise das Kommutativgesetz) ist dagegen in jeder Teilmenge U von G erfüllt, da diese Gesetze für alle Elemente aus G gelten.

In den oben angegebenen Beispielen ist die Menge der linearen Funktionen (Beispiel 12) bezüglich der Addition eine Untergruppe der Polynomfunktionen, welche eine Untergruppe der allgemeinen Funktionen auf $\mathbb{R}$ (Beispiel 7) sind.

5.1.2 Beispiele für endliche Gruppen

Da die Operationen $\oplus$ und $\odot$ der Restklassenmenge $\mathbb{Z}_m$ auf die ganzzahligen Repräsentanten zurückgeführt werden, und die Operatoren $+$ und $\cdot$ auf $\mathbb{Z}$ assoziativ und kommutativ sind, gilt das auch für $\oplus$ und $\odot$ auf $\mathbb{Z}_m$. Aus dieser Erkenntnis sowie aus Satz 4.29 folgen:

1. $(\mathbb{Z}_m, \oplus)$ ist für jedes m eine abelsche Gruppe.

2. $(\mathbb{Z}_m \setminus \{[0]_m\}, \odot)$ ist für jede Primzahl m eine abelsche Gruppe.

3. $(\mathbb{Z}_m \setminus \{[0]_m\}, \odot)$ ist für Nichtprimzahlen m nicht einmal ein Gruppoid, weil für $m = p \cdot q$ gilt: $[p]_m \odot [q]_m = [0]_m$. Damit wird das Gesetz der inneren Verknüpfung verletzt, wenn man $[0]_m$ herausnimmt.

Man kann auch für Nichtprimzahlen m eine Teilmenge von $\mathbb{Z}_m$ mit der Operation $\odot$ zu einer abelschen Gruppe machen. Dazu muss man aber mehr Elemente herausnehmen als nur das Element $[0]_m$:

Definition 5.4 *Die **prime Restklassenmenge mod** m, $\mathbb{Z}_m^*$, ist die Teilmenge von $\mathbb{Z}_m$, die nur aus den Restklassen besteht, deren Repräsentanten teilerfremd zu m sind.*

Zunächst einmal muss man sich klar machen, dass es ausreicht, die Teilerfremdheit ausschließlich für den normierten Repräsentanten zu untersuchen: Das ist leicht einzusehen, denn die anderen Elemente derselben Restklasse unterscheiden sich von einem Repräsentanten ja nur um Vielfache von m, was an der Teilerfremdheit nichts ändert.

- Offensichtlich gehört $[0]_m$ niemals zu $\mathbb{Z}_m^*$, weil 0 teilerfremd zu keinem m ist.

- Ebenso gehört $[1]_m$ immer zu $\mathbb{Z}_m^*$, weil 1 teilerfremd zu jedem m ist.

- Ferner gilt für Primzahlen m: $\mathbb{Z}_m^* = \mathbb{Z}_m \setminus \{0\}$.

Interessant ist die Betrachtung für Nichtprimzahlen m: Die Menge $\mathbb{Z}_m^*$ wird bei wachsendem m nicht automatisch größer, zumindest nicht proportional, weil eine größere Zahl ja mehr Teiler haben kann als eine kleinere.

Wir betrachten ein paar Beispiele:

Beispiel 5.1

$$\mathbb{Z}_4^* = \{[1]_4, [3]_4\}$$
$$\mathbb{Z}_6^* = \{[1]_6, [5]_6\}$$
$$\mathbb{Z}_8^* = \{[1]_8, [3]_8, [5]_8, [7]_8\}$$
$$\mathbb{Z}_9^* = \{[1]_9, [2]_9, [4]_9, [5]_9, [7]_9, [8]_9\}$$
$$\mathbb{Z}_{10}^* = \{[1]_{10}, [3]_{10}, [7]_{10}, [9]_{10}\}$$
$$\mathbb{Z}_{12}^* = \{[1]_{12}, [5]_{12}, [7]_{12}, [11]_{12}\}$$

Definition 5.5 *Zu einer positiven natürlichen Zahl m bezeichnet man mit $\varphi(m)$ die Anzahl der zu m teilerfremden positiven Zahlen, die nicht größer als m sind.*

$\varphi : \mathbb{N} \setminus \{0\} \to \mathbb{N}$ *mit* $\varphi(m) = |\{n \in \mathbb{N} : (1 \leq n \leq m) \wedge (ggT(n, m) = 1)\}|$ *wird die* **Eulersche φ-Funktion** *genannt.*

Offensichtlich ist die Eulersche φ-Funktion eine Funktion, deren Funktionswerte keine Regelmäßigkeit in Abhängigkeit von m erkennen lassen.

- $\varphi(1) = 1$, denn 1 ist zu sich selbst teilerfremd.

- $\varphi(m) = m - 1$ gilt genau dann, wenn m eine Primzahl ist.

Satz 5.2

Die Struktur $(\mathbb{Z}_m^*, \odot)$ ist für jedes natürliche $m > 0$ eine abelsche Gruppe. Die Anzahl der Elemente beträgt $\varphi(m)$.

Beweis:

Die Anzahl der Elemente folgt aus der Definition der Eulerschen φ-Funktion: Es sind genau die zu m teilerfremden Zahlen aus $\mathbb{Z}_m$ enthalten.

Die Assoziativität und Kommutativität folgen aus der Definition von $\odot$ über die Repräsentanten. Das neutrale Element $[1]_m$ ist ebenfalls vorhanden. Satz 4.29 besagt, dass zu m teilerfremde Elemente multiplikative Inverse besitzen.

Es bleibt also zu zeigen, dass $\odot$ eine innere Verknüpfung ist. Wir zeigen das durch Kontraposition:

Angenommen $[a]_m \odot [b]_m \notin \mathbb{Z}_m^*$, d.h. ggT$(a \cdot b, m) = d > 1$. Es ist zu zeigen, dass $[a]_m \notin \mathbb{Z}_m^*$ oder $[b]_m \notin \mathbb{Z}_m^*$.

Das ist folgendermaßen einzusehen:

Aus dem Hauptsatz 4.23 folgt, dass es einen Primteiler $p \mid d$ geben muss. Aus $d \mid a \cdot b$ folgt: $p \mid a \cdot b$. Wegen der eindeutigen Primzahlzerlegung von $a \cdot b$ muss gelten: $p \mid a \vee p \mid b$. Da $p > 1$ auch m teilt, sind also a oder b nicht teilerfremd zu m, was bedeutet: $[a]_m \notin \mathbb{Z}_m^* \vee [b]_m \notin \mathbb{Z}_m^*$.

Damit kann das Produkt von zwei teilerfremden Restklassen nur selbst wieder teilerfremd sein, d.h. es bleibt eine innere Verknüpfung. ∎

Wir betrachten zwei Verknüpfungstabellen als Beispiele für $(\mathbb{Z}_m^*, \odot)$:

Beispiel 5.2

$(\mathbb{Z}_8^*, \odot)$

$\odot$	$[1]_8$	$[3]_8$	$[5]_8$	$[7]_8$
$[1]_8$	$[1]_8$	$[3]_8$	$[5]_8$	$[7]_8$
$[3]_8$	$[3]_8$	$[1]_8$	$[7]_8$	$[5]_8$
$[5]_8$	$[5]_8$	$[7]_8$	$[1]_8$	$[3]_8$
$[7]_8$	$[7]_8$	$[5]_8$	$[3]_8$	$[1]_8$

$(\mathbb{Z}_{10}^*, \odot)$

$\odot$	$[1]_{10}$	$[3]_{10}$	$[7]_{10}$	$[9]_{10}$
$[1]_{10}$	$[1]_{10}$	$[3]_{10}$	$[7]_{10}$	$[9]_{10}$
$[3]_{10}$	$[3]_{10}$	$[9]_{10}$	$[1]_{10}$	$[7]_{10}$
$[7]_{10}$	$[7]_{10}$	$[1]_{10}$	$[9]_{10}$	$[3]_{10}$
$[9]_{10}$	$[9]_{10}$	$[7]_{10}$	$[3]_{10}$	$[1]_{10}$

Ein ganz anderes Beispiel für eine endliche Gruppe kommt aus der Geometrie:

Die **Symmetriegruppe** S_3

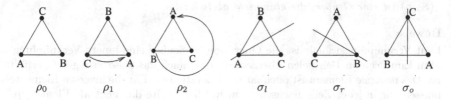

Abbildung 5.1: Elemente der Symmetriegruppe S_3

Man betrachte ein gleichseitiges Dreieck ABC und die für dieses Dreieck vorhandenen Symmetrien: Eine Symmetrie ist eine Abbildung, die das Dreieck auf sich selbst überführt, wobei die Ecken und Kanten auf jeweils andere Ecken und Kanten des Dreiecks abgebildet werden dürfen.

Zum Einen gibt es drei mögliche Drehungen: Man kann das Dreieck so lassen, wie es ist, bzw. es um 360° drehen (Drehung ρ_0), man kann das Dreieck um 120° drehen (Drehung ρ_1) oder um 240° (Drehung ρ_2).

Außerdem gibt es noch drei mögliche Spiegelungen an einer Symmetrieachse, welche die Mittelsenkrechte auf einer Kante bildet und durch die jeweils gegenüberliegenden Ecke geht.

S_3 sei die Menge der so definierten Symmetrieoperationen auf dem gleichseitigen Dreieck (A, B, C):

$$S_3 = \{\rho_0, \rho_1, \rho_2, \sigma_l, \sigma_r, \sigma_o\}$$

Abbildung 5.1 stellt zu jeder Symmetrieoperation die Lage der Ecken dar, nachdem die jeweilige Symmetrieoperation durchgeführt wurde.

Wir definieren als Verknüpfungsoperation ∘ die Hintereinanderschaltung von zwei Symmetrieoperationen und erhalten folgende Verknüpfungstabelle:

$(S_3, \circ)$:

∘	ρ_0	ρ_1	ρ_2	σ_l	σ_r	σ_o
ρ_0	ρ_0	ρ_1	ρ_2	σ_l	σ_r	σ_o
ρ_1	ρ_1	ρ_2	ρ_0	σ_o	σ_l	σ_r
ρ_2	ρ_2	ρ_0	ρ_1	σ_r	σ_o	σ_l
σ_l	σ_l	σ_r	σ_o	ρ_0	ρ_1	ρ_2
σ_r	σ_r	σ_o	σ_l	ρ_2	ρ_0	ρ_1
σ_o	σ_o	σ_l	σ_r	ρ_1	ρ_2	ρ_0

Diese Tabelle ist so zu interpretieren, dass zunächst die Operation in der obersten Zeile ausgeführt wird und dann die Operation in der linken Spalte.

Satz 5.3

$(S_3, \circ)$ ist eine Gruppe, die aber nicht abelsch ist.

Beweis:
Laut Verknüpfungstabelle ist die Operation ∘ offenbar eine innere Verknüpfung. Man kann sich an Beispielen überzeugen, dass auch das Assoziativgesetz erfüllt ist. Das neutrale Element ist offenbar die Operation ρ_0. Für die inversen Elemente müssen wir in jeder Zeile nachsehen, in welcher Spalte das neutrale Element ρ_0 als Verknüpfungsergebnis auftaucht:

$$\rho_0^{-1} = \rho_0 \; ; \; \rho_1^{-1} = \rho_2 \; ; \; \rho_2^{-1} = \rho_1 \; ; \; \sigma_l^{-1} = \sigma_l \; ; \; \sigma_r^{-1} = \sigma_r \; ; \; \sigma_o^{-1} = \sigma_o.$$

Das Kommutativgesetz gilt nicht, wie man an folgendem Beispiel sieht: $\sigma_l \circ \sigma_r = \rho_1$ und $\sigma_r \circ \sigma_l = \rho_2$. Hierbei wird – wie bei Hintereinanderschaltung von Funktionen üblich – die hintere Operation zuerst ausgeführt. ∎

Ein ähnliches Beispiel erhalten wir auf einem ganz anderen Gebiet, nämlich der Hintereinanderschaltung von rationalen Funktionen: Hier gelingt es, eine **endliche Funktionengruppe** zu definieren:

Wir stellen eine Funktion $f : D \subseteq \mathbb{Q} \to \mathbb{Q}$ mit $x \mapsto f(x)$ kurz durch den Term $f(x)$ dar und definieren die folgende Menge von 6 verschiedenen Funktionen:

Definition 5.6

$$\mathbb{Q}_6 = \{x, \frac{1}{x}, 1-x, \frac{x-1}{x}, \frac{1}{1-x}, \frac{x}{x-1}\}$$

Man beachte, dass sich die Definitionsbereiche der einzelnen Funktionen durch erforderliche Herausnahme einzelner Werte unterscheiden (für die der Nenner Null wird). Das soll aber in diesem Beispiel nicht weiter von Relevanz sein.

Sei $\circ$ die Operation der Hintereinanderausführung von Funktionen, definiert durch

$$(f \circ g)(x) := f(g(x)).$$

Dann erhält man folgende Verknüpfungstabelle (wieder wird die obere Funktion zuerst und dann die linke Funktion ausgeführt):

$(\mathbb{Q}_6, \circ)$:

$\circ$	x	$\frac{1}{x}$	$1-x$	$\frac{x-1}{x}$	$\frac{1}{1-x}$	$\frac{x}{x-1}$
x	x	$\frac{1}{x}$	$1-x$	$\frac{x-1}{x}$	$\frac{1}{1-x}$	$\frac{x}{x-1}$
$\frac{1}{x}$	$\frac{1}{x}$	x	$\frac{1}{1-x}$	$\frac{x}{x-1}$	$1-x$	$\frac{x-1}{x}$
$1-x$	$1-x$	$\frac{x-1}{x}$	x	$\frac{1}{x}$	$\frac{x}{x-1}$	$\frac{1}{1-x}$
$\frac{x-1}{x}$	$\frac{x-1}{x}$	$1-x$	$\frac{x}{x-1}$	$\frac{1}{1-x}$	x	$\frac{1}{x}$
$\frac{1}{1-x}$	$\frac{1}{1-x}$	$\frac{x}{x-1}$	$\frac{1}{x}$	x	$\frac{x-1}{x}$	$1-x$
$\frac{x}{x-1}$	$\frac{x}{x-1}$	$\frac{1}{1-x}$	$\frac{x-1}{x}$	$1-x$	$\frac{1}{x}$	x

Satz 5.4

Die Struktur $(\mathbb{Q}_6, \circ)$ ist eine Gruppe, die nicht abelsch ist.

Der Beweis ist analog zu dem von Satz 5.3.

Mit Hilfe des kartesischen Produkts kann man aus bereits definierten Gruppen neue zusammengesetzte Gruppen bilden.

Die folgenden Beispiele demonstrieren das mit den bereits bekannten Gruppen $(\mathbb{Z}_m, \oplus)$:

Definition 5.7 *Für ein natürliches $r \geq 1$ versteht man unter $\mathbb{Z}_m^r$ die r-fache Anwendung des kartesischen Produkts auf $\mathbb{Z}_m$:*

$$\mathbb{Z}_m^r = \underbrace{\mathbb{Z}_m \times \ldots \times \mathbb{Z}_m}_{r \; Faktoren} = \{(a_1, \ldots, a_r) \mid a_1, \ldots, a_r \in \mathbb{Z}_m\}$$

Für Elemente von $\mathbb{Z}_m^r$ wird die Verknüpfung $\oplus$ definiert durch komponentenweise Anwendung auf die einzelnen Elemente der Tupel:

$$(a_1, \ldots, a_r) \oplus (b_1, \ldots, b_r) = (a_1 \oplus b_1, \ldots, a_r \oplus b_r)$$

Die Anzahl r der Elemente eines Tupels von $\mathbb{Z}_m^r$ wird auch Dimension *genannt.*

Wir verdeutlichen diese Definition anhand des Beispiels:

Beispiel 5.3

$$\mathbb{Z}_2^2 = \mathbb{Z}_2 \times \mathbb{Z}_2 = \{([0]_2, [0]_2), ([0]_2, [1]_2), ([1]_2, [0]_2), ([1]_2, [1]_2)\}$$

Aus Gründen der besseren Lesbarkeit werden wir von nun an vor allem bei der Darstellung von kartesischen Produkten aus $\mathbb{Z}_m$ die Restklassen ausschließlich durch ihre normierten Repräsentanten darstellen, also 0 anstelle von $[0]_m$. Da man bei den Verknüpfungen ohnehin mit den Repräsentanten rechnet, muss man sich nur merken, welches der Modulus m ist. Dieser soll in Zukunft immer an das Verknüpfungssymbol gehängt werden, also $\oplus_m$.

Die Verknüpfungstabelle für $\mathbb{Z}_2^2$ sieht dann folgendermaßen aus:

$\oplus_2$	$(0,0)$	$(0,1)$	$(1,0)$	$(1,1)$
$(0,0)$	$(0,0)$	$(0,1)$	$(1,0)$	$(1,1)$
$(0,1)$	$(0,1)$	$(0,0)$	$(1,1)$	$(1,0)$
$(1,0)$	$(1,0)$	$(1,1)$	$(0,0)$	$(0,1)$
$(1,1)$	$(1,1)$	$(1,0)$	$(0,1)$	$(0,0)$

Das folgende Beispiel zeigt, dass der Modulus und die Vielfachheit des kartesischen Produkts nicht verwechselt werden dürfen:

Beispiel 5.4

$$\mathbb{Z}_2^3$$

$\oplus_2$	$(0,0,0)$	$(0,0,1)$	$(0,1,0)$	$(0,1,1)$	$(1,0,0)$	$(1,0,1)$	$(1,1,0)$	$(1,1,1)$
$(0,0,0)$	$(0,0,0)$	$(0,0,1)$	$(0,1,0)$	$(0,1,1)$	$(1,0,0)$	$(1,0,1)$	$(1,1,0)$	$(1,1,1)$
$(0,0,1)$	$(0,0,1)$	$(0,0,0)$	$(0,1,1)$	$(0,1,0)$	$(1,0,1)$	$(1,0,0)$	$(1,1,1)$	$(1,1,0)$
$(0,1,0)$	$(0,1,0)$	$(0,1,1)$	$(0,0,0)$	$(0,0,1)$	$(1,1,0)$	$(1,1,1)$	$(1,0,0)$	$(1,0,1)$
$(0,1,1)$	$(0,1,1)$	$(0,1,0)$	$(0,0,1)$	$(0,0,0)$	$(1,1,1)$	$(1,1,0)$	$(1,0,1)$	$(1,0,0)$
$(1,0,0)$	$(1,0,0)$	$(1,0,1)$	$(1,1,0)$	$(1,1,1)$	$(0,0,0)$	$(0,0,1)$	$(0,1,0)$	$(0,1,1)$
$(1,0,1)$	$(1,0,1)$	$(1,0,0)$	$(1,1,1)$	$(1,1,0)$	$(0,0,1)$	$(0,0,0)$	$(0,1,1)$	$(0,1,0)$
$(1,1,0)$	$(1,1,0)$	$(1,1,1)$	$(1,0,0)$	$(1,0,1)$	$(0,1,0)$	$(0,1,1)$	$(0,0,0)$	$(0,0,1)$
$(1,1,1)$	$(1,1,1)$	$(1,1,0)$	$(1,0,1)$	$(1,0,0)$	$(0,1,1)$	$(0,1,0)$	$(0,0,1)$	$(0,0,0)$

$$\mathbb{Z}_3^2$$

$\oplus_3$	$(0,0)$	$(0,1)$	$(0,2)$	$(1,0)$	$(1,1)$	$(1,2)$	$(2,0)$	$(2,1)$	$(2,2)$
$(0,0)$	$(0,0)$	$(0,1)$	$(0,2)$	$(1,0)$	$(1,1)$	$(1,2)$	$(2,0)$	$(2,1)$	$(2,2)$
$(0,1)$	$(0,1)$	$(0,2)$	$(0,0)$	$(1,1)$	$(1,2)$	$(1,0)$	$(2,1)$	$(2,2)$	$(2,0)$
$(0,2)$	$(0,2)$	$(0,0)$	$(0,1)$	$(1,2)$	$(1,0)$	$(1,1)$	$(2,2)$	$(2,0)$	$(2,1)$
$(1,0)$	$(1,0)$	$(1,1)$	$(1,2)$	$(2,0)$	$(2,1)$	$(2,2)$	$(0,0)$	$(0,1)$	$(0,2)$
$(1,1)$	$(1,1)$	$(1,2)$	$(1,0)$	$(2,1)$	$(2,2)$	$(2,0)$	$(0,1)$	$(0,2)$	$(0,0)$
$(1,2)$	$(1,2)$	$(1,0)$	$(1,1)$	$(2,2)$	$(2,0)$	$(2,1)$	$(0,2)$	$(0,0)$	$(0,1)$
$(2,0)$	$(2,0)$	$(2,1)$	$(2,2)$	$(0,0)$	$(0,1)$	$(0,2)$	$(1,0)$	$(1,1)$	$(1,2)$
$(2,1)$	$(2,1)$	$(2,2)$	$(2,0)$	$(0,1)$	$(0,2)$	$(0,0)$	$(1,1)$	$(1,2)$	$(1,0)$
$(2,2)$	$(2,2)$	$(2,0)$	$(2,1)$	$(0,2)$	$(0,0)$	$(0,1)$	$(1,2)$	$(1,0)$	$(1,1)$

Satz 5.5

Die Strukturen $(\mathbb{Z}_m^r, \oplus_m)$ sind abelsche Gruppen.

Beweis:

- Innere Verknüpfung, Assoziativgesetz, Kommutativgesetz folgen aus der Eigenschaft für $\mathbb{Z}_m$ und der elementweisen Verknüpfung.

- Das neutrale Element ist $(0, 0, \ldots, 0)$.

- Zu $(a_1, a_2, \ldots, a_r)$ ist das inverse Element: $(a_1^{-1}, a_2^{-1}, \ldots, a_r^{-1})$

■

Bei einem Blick auf die vielen Verknüpfungstabellen dieses Abschnitts fällt eine Eigenschaft auf, die tatsächlich für alle endlichen Gruppen gilt, und deren Kenntnis bei der Konstruktion neuer Gruppen hilfreich ist:

Satz 5.6

Sei $(G, \circ)$ eine endliche Gruppe. Dann enthält jede Zeile und jede Spalte der Verknüpfungstabelle jedes Element der Gruppe genau einmal.

Der Beweis ist nicht schwierig, wird aber hier ausgelassen. Er kann zum Beispiel in [Big02] nachgelesen werden.

Die Eigenschaft, dass jedes Element in jeder Zeile und Spalte genau einmal vorkommt, ist also notwendig für eine Gruppe. Sie ist aber nicht hinreichend, d.h. es gibt Strukturen mit dieser Eigenschaft, die dennoch keine Gruppen sind (siehe Übungsaufgabe 5.7).

5.1.3 Gruppenisomorphie und ihre Invarianten

Nicht immer, wenn zwei Gruppen auf verschiedene Weise und mit verschiedenen Element- und Operatorbezeichnungen definiert werden, ist es sinnvoll, diese als wirklich verschieden zu bezeichnen. So ist es mit Sicherheit unsinnig, von neuen Gruppen zu sprechen, wenn die Restklassenelemente von $\mathbb{Z}_m$ anstelle durch $[a]_m$ mit a und der Operator anstelle durch $\oplus$ mit $\oplus_m$ bezeichnet werden. Offenbar handelt es sich hier nur um eine andere Notation derselben Struktur und damit derselben Gruppe.

Das wird besonders deutlich, wenn man sich die Verknüpfungstabellen ansieht:

Beispiel 5.5

Unterschiedliche Darstellungsweisen für $\mathbb{Z}_2$:

$\oplus$	$[0]_2$	$[1]_2$
$[0]_2$	$[0]_2$	$[1]_2$
$[1]_2$	$[1]_2$	$[0]_2$

$\oplus_2$	0	1
0	0	1
1	1	0

$\not\Leftrightarrow$	f	w
f	f	w
w	w	f

Die dritte Darstellung zeigt, dass die binäre Logik bezüglich der Operation Nichtäquivalenz offenbar dieselbe Struktur hat wie $\mathbb{Z}_2$ bezüglich der Operation $\oplus_2$.

Eine derartige Umbenennung der Elemente kann am besten durch eine bijektive Abbildung beschrieben werden, die jeden alten Namen eines Elements seinem neuen Namen zuordnet. Allerdings gehört zu einer Gruppe nicht nur eine Menge, sondern auch eine Verknüpfung zwischen je zwei Elementen, und die Struktur dieser Verknüpfung (bei endlichen Gruppen erkennbar an der Verknüpfungstabelle) soll ebenfalls erhalten bleiben.

Die folgende Definition berücksichtigt diese Motivation und kann sowohl für endliche als auch für unendliche Gruppen verwendet werden:

Definition 5.8 *Zwei Gruppen* $(G_1, \circ_1)$ *und* $(G_2, \circ_2)$ *heißen* **isomorph**[2] *- in Zeichen:* $(G_1, \circ_1) \cong (G_2, \circ_2)$ *- genau dann, wenn es eine bijektive Abbildung* $f : G_1 \leftrightarrow G_2$ *gibt mit der Eigenschaft:*

$$\forall x, y \in G_1 : \quad f(x \circ_1 y) \quad = f(x) \circ_2 f(y)$$
$$\forall x, y \in G_2 : \quad f^{-1}(x \circ_2 y) \quad = f^{-1}(x) \circ_1 f^{-1}(y)$$

Die bijektive Abbildung f wird auch **Isomorphismus** zwischen den beiden Gruppen genannt.

Kurzform: | *Bild der Verknüpfung = Verknüpfung der Bilder.* |

Es folgt bereits aus Satz 2.7, dass zwei endliche Gruppen nur dann isomorph sein können, wenn sie gleich viele Elemente haben. Man kann einen Isomorphismus also nur zwischen gleich großen Gruppen suchen.

Als Beispiel betrachten wir die bereits behandelten Gruppen mit 6 Elementen und untersuchen, welche isomorph sind:

- $(\mathbb{Z}_6, \oplus_6)$.

- $(\mathbb{Z}_9^*, \odot_9)$

- $(\mathbb{Q}_6, \circ)$, die endliche Funktionengruppe aus Definition 5.6

- $(S_3, \circ)$, die Symmetriegruppe für gleichseitige Dreiecke

Folgende Tabelle gibt einen Isomorphismus zwischen $(S_3, \circ)$ und $(\mathbb{Q}_6, \circ)$ an:

S_3	ρ_0	ρ_1	ρ_2	σ_l	σ_r	σ_o
$\mathbb{Q}_6$	x	$\frac{x-1}{x}$	$\frac{1}{1-x}$	$\frac{1}{x}$	$\frac{x}{x-1}$	$1-x$

Man kann sich leicht davon überzeugen, dass das Ersetzen der Elemente der ersten Zeile durch die darunterstehenden Elemente der zweiten Zeile die Verknüpfungstabelle von S_3 in die Verknüpfungstabelle von $\mathbb{Q}_6$ überführt.

Es stellt sich die Frage, wie wir diesen Isomorphismus gefunden haben, denn es gibt viele Möglichkeiten, bijektive Abbildungen zwischen zwei sechselementigen Mengen zu erzeugen: Wir werden in Kapitel 6 zeigen, dass es 720 Möglichkeiten gibt. Nicht jede dieser Abbildungen führt zum gewünschten Ziel, dass die Verknüpfung der Bilder gleich dem Bild der Verknüpfung ist. Im schlimmsten Fall müsste

---

[2] isomorph: griechisch für gleichgestaltig

man alle bijektiven Abbildungen durchprobieren. Dieser Fall tritt auch ein, wenn solch eine Abbildung *nicht* existiert. Zum Beispiel sind die Gruppen $(\mathbb{Z}_6, \oplus_6)$ und $(\mathbb{Q}_6, \circ)$ nicht isomorph. Um das zu zeigen, sollte es intelligentere Überlegungen geben, als wirklich alle Möglichkeiten durchzuprobieren.

Die Antwort zu dieser Frage besteht darin, dass es noch weitere charakteristische Eigenschaften von Gruppen gibt, die bei einem Isomorphismus erhalten bleiben müssen:

Definition 5.9   *Seien $(G, \circ)$ eine Gruppe, $a \in G$ ein beliebiges Gruppenelement und $n \in \mathbb{N} \setminus \{0\}$:*

1) $a^n := \underbrace{a \circ a \circ \ldots \circ a}_{n \ Operanden}$

2) Elementordnung $\quad ord\ (a) \quad := \begin{cases} \min\{n \in \mathbb{N} \setminus \{0\} : a^n = e\} & \textit{falls solch ein n existiert} \\ \infty & \textit{falls solch ein n nicht} \\ & \textit{existiert} \end{cases}$

3) Erzeugnis (a) $:= \{a, a^2, a^3, \ldots\}$.

*Wenn Erzeugnis $(a) = G$, dann heißt a **erzeugendes Element** von G.*

4) Für eine Teilmenge $H \subseteq G$ wird definiert:

Erzeugnis (H) $:=$ *alle Verknüpfungskombinationen zwischen Elementen aus H.*

*Wenn Erzeugnis $(H) = G$, dann heißt H **erzeugende Menge** von G.*

Offensichtlich ist Erzeugnis (a) ein Spezialfall von Erzeugnis (H) für die einelementige Teilmenge $\{a\}$.

Es folgt direkt aus der Definition, dass nur das neutrale Element selbst die Ordnung 1 haben kann. Man kann zeigen, dass in der Reihe $a, a^2, a^3, \ldots$ kein Element doppelt auftauchen kann, bevor das neutrale Element e erreicht wird. Daraus folgt, dass alle Elemente einer endlichen Gruppe mit m Elementen maximal die endliche Ordnung m haben. Es gilt sogar der folgende Satz:

Satz 5.7

Sei $(G, \circ)$ eine endliche Gruppe mit m Elementen. Dann gilt für jedes Gruppenelement:
$$a \in G : ord\ (a) \mid m.$$

Wir bestimmen die Ordnungen von Elementen einiger der zuvor vorgestellten Gruppen:

Beispiel 5.6

Das Element $[1]_m \in \mathbb{Z}_m$ hat für Verknüpfung $\oplus$ die Ordnung m,

denn $\underbrace{[1]_m \oplus \ldots \oplus [1]_m}_{m \text{ mal}} = [0]_m$

und für $n < m$ gilt: $\underbrace{[1]_m \oplus \ldots \oplus [1]_m}_{n \text{ mal}} = [n]_m \neq [0]_m$.

Nach Definition 5.9 ist $[1]_m$ also ein erzeugendes Element von $(\mathbb{Z}_m, \oplus)$.

Beispiel 5.7

Das Element $[2]_9 \in \mathbb{Z}_9^*$ hat für Verknüpfung $\odot$ die Ordnung 6,

denn $\underbrace{[2]_9 \odot \ldots \odot [2]_9}_{6 \text{ mal}} = [64]_9 = [1]_9$

und für $n < 6$ gilt: $\underbrace{[2]_9 \odot \ldots \odot [2]_9}_{n \text{ mal}} = ([2]_9)^n \neq [1]_9$.

Nach Definition 5.9 ist $[2]_9$ also ein erzeugendes Element von $(\mathbb{Z}_9^*, \odot)$.

Beispiel 5.8

Jedes Element $(a_1, \ldots, a_r) \in \mathbb{Z}_2^r$ außer $(0, \ldots, 0)$ hat für die Verknüpfung $\oplus_2$ die Ordnung 2, denn $(a_1, \ldots, a_r) \oplus_2 (a_1, \ldots, a_r) = (0, \ldots, 0)$.

$(0, \ldots, 0)$ hat als neutrales Element die Ordnung 1.

Beispiel 5.9

Jedes Element $(a_1, \ldots, a_r) \in \mathbb{Z}_3^r$ außer $(0, \ldots, 0)$ hat für die Verknüpfung $\oplus_3$ die Ordnung 3, denn $(a_1, \ldots, a_r) \oplus_3 (a_1, \ldots, a_r) \oplus_3 (a_1, \ldots, a_r) = (0, \ldots, 0)$ und $(a_1, \ldots, a_r) \oplus_3 (a_1, \ldots, a_r) \neq (0, \ldots, 0)$.

$(0, \ldots, 0)$ hat als neutrales Element die Ordnung 1.

Beispiel 5.10

Die Ordnung von $\frac{1}{x} \in \mathbb{Q}_6$ ist für die Hintereinanderschaltung 2, denn

$$\frac{1}{x} \circ \frac{1}{x} = \frac{1}{\frac{1}{x}} = x.$$

Beispiel 5.11

Die Ordnung von $\frac{1}{1-x} \in \mathbb{Q}_6$ ist für die Hintereinanderschaltung 3, denn

$$\frac{1}{1-x} \circ \frac{1}{1-x} = \frac{1}{1 - \frac{1}{1-x}} = \frac{1}{\frac{1-x-1}{1-x}} = \frac{1}{\frac{-x}{1-x}} = \frac{x-1}{x} \neq x$$

und

$$\frac{x-1}{x} \circ \frac{1}{1-x} = \frac{\frac{1}{1-x} - 1}{\frac{1}{1-x}} = \frac{\frac{1-(1-x)}{1-x}}{\frac{1}{1-x}} = x.$$

Beispiel 5.12

In der Symmetriegruppe S_3 hat jede Spiegelung σ die Ordnung 2 und jede Rotation außer ρ_0 die Ordnung 3.

Die Ordnung von ρ_0 als neutralem Element ist 1.

Es folgt direkt aus der Definition, dass ein Element, dessen Ordnung gleich der Gruppengröße ist, ein erzeugendes Element ist. Eine Gruppe, in der ein solches Element existiert, nennt man **zyklisch**. Die Beispiele oben zeigen, dass die Gruppen $(\mathbb{Z}_m, \oplus_m)$ und $(\mathbb{Z}_9^*, \odot_9)$ zyklisch sind. Die Gruppen $(\mathbb{Z}_2^r, \oplus_2)$ und $(\mathbb{Z}_3^r, \oplus_3)$ sind für $r > 1$ dagegen nicht zyklisch, weil sie kein Element besitzen, dessen Ordnung gleich der Gruppengröße ist. Aus demselben Grund ist auch die Symmetriegruppe S_3 nicht zyklisch.

Wir können nun die Invarianten[3] formulieren, die für jeden Gruppenisomorphismus gelten müssen:

Satz 5.8

1) Ein Gruppenisomorphismus bildet nur Elemente aufeinander ab, die dieselbe Ordnung haben.

---

[3] Invariante: lateinisch für Unveränderliche

2) Ein Gruppenisomorphismus ist durch die Abbildung der Elemente einer erzeugenden Menge eindeutig festgelegt.

3) Seien $(G_1, \circ_1)$ und $(G_2, \circ_2)$ zwei Gruppen mit gleicher Anzahl von Elementen gleicher Ordnung und gleich großen erzeugenden Mengen $H_1 \subset G_1$ und $H_2 \subset G_2$ mit jeweils derselben Anzahl von Elementen gleicher Ordnung. H_1 und H_2 seien minimal, d.h. echte Teilmengen von ihnen sind nicht mehr erzeugend. Dann sind $(G_1, \circ_1)$ und $(G_2, \circ_2)$ isomorph.

Als Isomorphismus kann jede Abbildung gewählt werden, die folgendes beachtet: Jedes Element von H_1 wird auf ein Element gleicher Ordnung von H_2 abgebildet.

Beweis:

Ein exakter Beweis sprengt den Rahmen dieses Lehrbuchs. Wir geben hier stattdessen eine Beweisskizze, um das Verständnis dieses Satzes zu erhöhen und zu verdeutlichen, dass er eine Konstruktionsanleitung für Isomorphismen angibt. Wir werden diese Konstruktionsanleitung später noch am Beispiel der Isomorphie zwischen S_3 und $\mathbb{Q}_6$ demonstrieren.

1) Formal müsste der Beweis mit vollständiger Induktion nach der Ordnungszahl geführt werden. Für Ordnung 1 gibt es jeweils nur ein Element in beiden Gruppen, nämlich das neutrale. Wegen $f(e_1) = f(e_1 \circ_1 e_1) = f(e_1) \circ_2 f(e_1)$ muss $f(e_1)$ das neutrale Element e_2 von G_2 sein. Wir können mit Induktion über die Potenzzahl schließen, dass $f(a^n) = (f(a))^n$, und folgern: $a^n = e_1 \Rightarrow (f(a))^n = e_2$.

Also muss jedes Element immer auf ein Element derselben Ordnung abgebildet werden.

2) Sei ein Element $a = a_1 \circ_1 a_2 \circ_1 \ldots \circ_1 a_k$ eine Verknüpfung von k erzeugenden Elementen. Dann muss $f(a) = f(a_1) \circ_2 f(a_2) \circ_2 \ldots \circ_2 f(a_k)$ gelten, womit $f(a)$ durch die Angabe der Bilder der erzeugenden Elemente festliegt. Da jedes Element $a \in G_1$ eine solche Darstellung aus erzeugenden Elementen hat (wegen der Definition von „erzeugend"), ist der Isomorphismus für alle Elemente festgelegt.

3) Hier zeigt man die Kontraposition: Wenn man doch nicht die Freiheit hat, jedes Element einer erzeugenden Menge von G_1 ordnungserhaltend auf ein beliebiges Element einer erzeugenden Menge von G_2 abzubilden, dann war die erzeugende Menge von G_1 nicht minimal. Die nähere Ausführung dieses Beweises geht über den Rahmen dieses Lehrbuchs hinaus. ∎

Satz 5.8 liefert einen enormen Vorteil für die Erkennung von isomorphen Gruppen, denn er beschleunigt die Entscheidung, ob zwei Gruppen isomorph sind, sowie die Suche nach einem Isomorphismus erheblich, indem er eine zielführende Konstruktion angibt:

Zunächst muss man von jedem Element die Ordnung bestimmen: Nur wenn die Anzahl der Elemente für jede Ordnungszahl übereinstimmt, können die Gruppen isomorph sein. Dann werden von beiden Gruppen minimal erzeugende Mengen H_1 und H_2 gesucht: Auch hier muss zu jeder Ordnungszahl dieselbe Anzahl von Elementen vorliegen. Nach Teil 3) des Satzes 5.8 kann man nun die Elemente von H_1 auf Elemente H_2 beliebig abbilden, solange man die Ordnungszahlen beachtet (Teil 1). Nach Teil 2) ist dann die Abbildung für alle anderen Elemente eindeutig festgelegt.

Auf die oben angegebenen Gruppen mit 6 Elementen ergibt diese Vorgehensweise Folgendes:

Wir bestimmen zunächst die Ordnungszahlen in den vier Gruppen:

$(\mathbb{Z}_6, \oplus_6)$	$[0]_6$	$[1]_6$	$[2]_6$	$[3]_6$	$[4]_6$	$[5]_6$
Ordnungszahl	1	6	3	2	3	6

$(\mathbb{Z}_9^*, \odot_9)$	$[1]_9$	$[2]_9$	$[4]_9$	$[5]_9$	$[7]_9$	$[8]_9$
Ordnungszahl	1	6	3	6	3	2

S_3	ρ_0	ρ_1	ρ_2	σ_l	σ_r	σ_o
Ordnungszahl	1	3	3	2	2	2

$\mathbb{Q}_6$	x	$\frac{1}{x}$	$1-x$	$\frac{x-1}{x}$	$\frac{1}{1-x}$	$\frac{x}{x-1}$
Ordnungszahl	1	2	2	3	3	2

Man sieht an den Ordnungszahlen, dass nur die Gruppen $(\mathbb{Z}_6, \oplus_6)$ und $(\mathbb{Z}_9^*, \odot_9)$ sowie $\mathbb{Q}_6$ und S_3 isomorph sein können.

Ein Isomorphismus zwischen S_3 und $\mathbb{Q}_6$ wurde oben bereits angegeben. Mit Hilfe von Satz 5.8 kann genauer erklärt werden, wie dieser gebildet wurde:

In der Gruppe S_3 kann man jede Symmetrie aus einer Drehung und einer Spiegelung zusammensetzen. In der Notation von Def. 5.9 bedeutet das, dass jede Teilmenge, die aus genau einer Drehung und einer Spiegelung besteht, eine erzeugende ist. Da es kein Element der Ordnung 6 gibt, ist die Gruppe nicht zyklisch, d.h. eine zweielementige erzeugende Teilmenge ist minimal. Man kann sich anhand der Verknüpfungstabelle der Gruppe $\mathbb{Q}_6$ überzeugen, dass auch bei dieser Gruppe jede Teilmenge aus einem Element mit Ordnung 2 und einem Element mit Ordnung 3 eine minimal erzeugende Menge ist.

Der oben angegebene Isomorphismus wurde folgendermaßen konstruiert: Es wurde als erzeugende Menge von S_3 die Spiegelung σ_l und die Drehung ρ_1 gewählt. Für $\mathbb{Q}_6$ wurde als erzeugende Menge $\{\frac{1}{x}, \frac{x-1}{x}\}$ gewählt. Dann wurde gemäß Teil 3) von Satz 5.8 der Isomorphismus für die beiden Elemente der erzeugenden Mengen festgelegt, und zwar: $f(\sigma_l) = \frac{1}{x}$ und $f(\rho_1) = \frac{x-1}{x}$.

Durch die Festlegung dieser beiden Zuordnungen war der Isomorphismus nach Teil 2) für alle anderen Gruppenelemente auch festgelegt:

$$f(\rho_2) = f(\rho_1 \circ \rho_1) \underset{Def. \ 5.8}{=} f(\rho_1) \circ f(\rho_1) = \frac{x-1}{x} \circ \frac{x-1}{x} = \frac{1}{1-x}$$

$$f(\rho_0) = f(\rho_2 \circ \rho_1) \underset{Def. \ 5.8}{=} f(\rho_2) \circ f(\rho_1) = \frac{1}{1-x} \circ \frac{x-1}{x} = x$$

$$f(\sigma_r) = f(\sigma_l \circ \rho_1) \underset{Def. \ 5.8}{=} f(\sigma_l) \circ f(\rho_1) = \frac{1}{x} \circ \frac{x-1}{x} = \frac{x}{x-1}$$

$$f(\sigma_o) = f(\rho_1 \circ \sigma_l) \underset{Def. \ 5.8}{=} f(\rho_1) \circ f(\sigma_l) = \frac{x-1}{x} \circ \frac{1}{x} = 1-x$$

$f(\rho_0) = x$ folgt natürlich auch aus der Tatsache, dass das Bild des neutralen Elements wieder ein neutrales Element sein muss.

An diesem Beispiel kann man noch eine weitere interessante Beobachtung machen: Offenbar ist die Bedingung von Teil 1) von Satz 5.8, nämlich, dass Elemente gleicher Ordnung auf Elemente gleicher Ordnung abgebildet werden, nicht ausreichend: Würde man die Funktionswerte für σ_r und σ_o vertauschen, also $f(\sigma_r) = 1 - x$ und $f(\sigma_o) = \frac{x}{x-1}$, dann würde gelten: $f(\sigma_l \circ \rho_1) \neq f(\sigma_l) \circ f(\rho_1)$, d.h. f wäre kein Isomorphismus, obwohl weiterhin Elemente gleicher Ordnung auf Elemente gleicher Ordnung abgebildet würden. Offensichtlich ist die Beachtung von Teil 2) von Satz 5.8 notwendig.

Auch für die verbleibenden Gruppen $(\mathbb{Z}_6, \oplus_6)$ und $(\mathbb{Z}_9^*, \odot_9)$ kann gezeigt werden, dass sie isomorph zueinander sind:

Beide enthalten erzeugende Elemente, d.h. sie sind zyklisch. Nach Satz 5.8 reicht es aus, ein erzeugendes Element $a \in (\mathbb{Z}_6, \oplus_6)$ auf ein erzeugendes Element $f(a) \in (\mathbb{Z}_9^*, \odot_9)$ abzubilden. Der Rest liegt dann fest, denn a^n muss auf $(f(a))^n$ abgebildet werden. Weil es nur jeweils zwei erzeugende Elemente gibt (die mit Ordnung 6), gibt es auch nur zwei mögliche Isomorphismen.

Ein möglicher Isomorphismus ist folgender:

$(\mathbb{Z}_6, \oplus_6)$	$[0]_6$	$[1]_6$	$[2]_6$	$[3]_6$	$[4]_6$	$[5]_6$
$(\mathbb{Z}_9^*, \odot_9)$	$[1]_9$	$[2]_9$	$[4]_9$	$[8]_9$	$[7]_9$	$[5]_9$

Die andere Möglichkeit besteht darin, das erzeugende Element $[1]_6$ auf das erzeugende Element $[5]_9$ abzubilden.

Dieses Beispiel verdeutlicht eine weitere Konsequenz von Satz 5.8:

Satz 5.9

Es gibt bis auf Isomorphie nur eine zyklische Gruppe mit m Elementen.

Beweis:

Seien $(G_1, \circ_1)$ und $(G_2, \circ_2)$ zwei zyklische Gruppen mit m Elementen. Nach Satz 5.8, Teil 3) reicht es aus, ein erzeugendes Element $g_1 \in G_1$ auf ein erzeugendes Element $g_2 \in G_2$ abzubilden. Der Isomorphismus $f : G_1 \to G_2$ liegt nach Teil 2) dann fest durch $f((g_1)^n) = g_2^n$. ∎

$(\mathbb{Z}_m, \oplus_m)$ ist also die bis auf Isomorphie eindeutige zyklische Gruppe mit m Elementen.

5.2 Körper

In Gruppen wird nur eine Verknüpfung definiert. Zusammen mit der inversen Verknüpfung erhalten wir auf diese Weise 2 Rechenoperationen. In der Schule wird in der Mengenfamilie $\mathbb{N} \subset \mathbb{Z} \subset \mathbb{Q} \subset \mathbb{R} \subset \mathbb{C}$ aber mit 4 Grundrechenarten gearbeitet, die man – wenn die inversen Operationen nicht gesondert aufgeführt werden sollen – auf 2 Operationen zurückführen kann: Addition und Multiplikation. Bezüglich der Addition ist jede Menge der Mengenfamilie ab $\mathbb{Z}$ eine Gruppe, und bezüglich der Multiplikation ist jede Menge der Mengenfamilie ab $\mathbb{Q}$ eine Gruppe, allerdings nur, wenn man die Null vorher entfernt hat.

Folgende Definition abstrahiert die Eigenschaften der unendlichen Zahlenmengen für das Zusammenspiel beider Operationen:

Definition 5.10 *Sei K eine Menge und $\oplus, \odot$ zweiwertige Verknüpfungen zwischen Elementen auf K, d.h. es gibt Funktionen $f, g : K \times K \to K$ mit $f(a, b) = a \oplus b$ und $g(a, b) = a \odot b$.*

*Die Struktur $(K, \oplus, \odot)$ heißt **Körper**, wenn folgende Gesetze erfüllt sind:*

1) *$(K, \oplus)$ ist abelsche Gruppe.*

2) *$(K \setminus \{e_0\}, \odot)$ ist abelsche Gruppe, wobei e_0 das neutrale Element bezüglich $\oplus$ ist.*

3) ***Distributivgesetz:***

$$\forall a, b, c \in K : \quad \begin{aligned} (a \oplus b) \odot c &= (a \odot c) \oplus (b \odot c) \\ c \odot (a \oplus b) &= (c \odot a) \oplus (c \odot b) \end{aligned}$$

Eine Struktur, in der statt 2) $(K, \odot)$ eine Halbgruppe ist, wobei $\odot$ nicht notwendigerweise kommutativ ist, heißt **Ring**.

Eine Struktur, in der statt 2) $(K \setminus \{e_0\}, \odot)$ eine Halbgruppe ist, in der $\odot$ kommutativ ist und die auch ein neutrales Element für $\odot$ besitzt, heißt **Integritätsbereich**.

Eine Struktur, in der statt 2) $(K \setminus \{e_0\}, \odot)$ eine nichtabelsche Gruppe ist, heißt **Schiefkörper**.

Die hier genannten Gesetze heißen auch Körperaxiome. Die unendlichen Vorbilder, an denen sich die Körperaxiome orientieren, sind die Eigenschaften der Strukturen $(\mathbb{Q}, +, \cdot)$, $(\mathbb{R}, +, \cdot)$ und $(\mathbb{C}, +, \cdot)$.

Die beiden Zeilen des Distributivgesetzes müssen nur unterschieden werden, falls $\odot$ nicht kommutativ ist, $(K, \oplus, \odot)$ also nur ein Schiefkörper ist. Anderenfalls muss nur eine Zeile aufgeführt werden, weil die andere dann automatisch gilt. Man beachte den Unterschied zu den beiden Distributivgesetzen einer Booleschen Algebra: Diese erlauben einen Austausch der beiden Verknüpfungen, was bei Körpern nicht geht: $(a \odot b) \oplus c \neq (a \oplus c) \odot (b \oplus c)$. In Körpern gilt also nur eines der beiden Distributivgesetze der Booleschen Algebra.

Das Distributivgesetz definiert einen Zusammenhang zwischen den Verknüpfungen, ohne den man zwei beliebige Gruppen mit zwei verschiedenen Operationen einfach zu einem Körper zusammenfügen könnte, solange die Gruppen gleichmächtig sind.

Das Distributivgesetz ist eine recht scharfe Bedingung für den Zusammenhang von Addition und Multiplikation und legt viele Eigenschaften eines Körpers von vornherein fest. Zum Beispiel dient es zum Beweis des folgenden Satzes:

Satz 5.10

Sei $(K, \oplus, \odot)$ ein Ring und e_0 das neutrale Element bezüglich $\oplus$. Dann gilt:

$$\forall a \in K : e_0 \odot a = a \odot e_0 = e_0.$$

Beweis:

$$e_0 \odot a = (e_0 \oplus e_0) \odot a = (e_0 \odot a) \oplus (e_0 \odot a)$$
$$\Longleftrightarrow \quad (e_0 \odot a) \text{ ist neutrales Element bezüglich } \oplus$$

Die Behauptung für $a \odot e_0$ wird analog gezeigt. ∎

Man beachte, dass dieses Gesetz der so genannten **Nullmultiplikation** auch in Booleschen Algebren gilt, wo es ebenfalls nicht als Axiom gefordert werden muss, sondern mit Hilfe des Distributivgesetzes gezeigt werden kann (Formulierung siehe Satz 2.12).

Satz 5.10 wurde für einen Ring formuliert, weil das die schwächstmögliche Voraussetzung ist. Damit gilt der Satz natürlich erst recht in einem Schiefkörper oder Körper. Falls K mindestens zwei Elemente hat, folgt aus diesem Satz, dass e_0 nicht das neutrale Element von $\odot$ sein kann, was wiederum zur Folge hat, dass e_0 kein Inverses bezüglich $\odot$ haben kann. Daher muss e_0 entfernt werden, damit K bezüglich $\odot$ eine Gruppe werden kann.

Einprägsamer formuliert:

> *Null ist immer verschieden von Eins.*
> *In keinem Körper darf man durch Null teilen!*

Da sich die neutralen Elemente also unterscheiden, kann man niemals aus einer Gruppe einen Körper machen, indem man für $\oplus$ und $\odot$ einfach zweimal dieselbe Verknüpfung $\circ$ verwendet: Addition und Multiplikation müssen zwangsläufig immer verschiedene Operationen sein.

Die einseitige Gültigkeit des Distributivgesetzes macht es auch nicht beliebig, welche Operation die Addition und welche die Multiplikation ist: Es geht immer nur auf eine Weise, d.h. die Operationen können nicht vertauscht werden. Das ist auch einer der Gründe, weswegen in arithmetischen Ausdrücken die Multiplikation als Vorrangoperation gegenüber der Addition behandelt wird. In einer Booleschen Algebra sind dagegen beide Operationen gleichwertig.

Da eine Gruppe laut Definition 5.1 nichtleer sein muss, muss $K \setminus \{e_0\}$ wegen Körperaxiom 2) mindestens ein Element haben, was bedeutet, dass K mindestens 2 Elemente haben muss. In der Tat ist die Struktur $(\mathbb{Z}_2, \oplus_2, \odot_2)$ ein Körper und nach dem eben Genannten der kleinstmögliche.

Im Folgenden werden wir in Analogie zu den unendlichen Vorbildern das neutrale Element e_0 bezüglich $\oplus$ auch als **Nullelement** bezeichnen und das neutrale Element e_1 bezüglich $\odot$ als **Einselement**. Um die Inversen auseinanderzuhalten, werden wir sie als additiv Inverse oder multiplikativ Inverse bezeichnen. In Formelsprache bedeutet $a \ominus b$ die Addition des additiv Inversen von b zu a und $a \oslash b$ die Multiplikation des multiplikativ Inversen von b mit a, also die entsprechenden Umkehroperationen zu $\oplus$ und $\odot$, wie wir sie von den unendlichen Zahlenmengen kennen.

Nach Satz 5.10 ist in einem Ring und damit auch in einem Körper das Produkt eines Nullelements mit jedem anderen Element gleich dem Nullelement. Zwei Elemente $x, y \neq e_0$ heißen **Nullteiler**, wenn ebenfalls gilt: $x \odot y = e_0$.

Ein Körper darf keine Nullteiler enthalten, denn anderenfalls wäre $\odot$ für $K \setminus \{e_0\}$ keine innere Verknüpfung und $(K \setminus \{e_0\}, \odot)$ wäre keine Gruppe.

Aber ein Ring darf Nullteiler enthalten. Ringe, die keine Nullteiler enthalten, heißen **nullteilerfrei**. Nullteilerfreie Ringe, deren Multiplikation kommutativ ist und die zusätzlich noch ein Einselement besitzen, sind genau die oben definierten **Integritätsbereiche**.

5.2.1 Beispiele für unendliche Körper und Ringe

Im Folgenden wird zu den im vorigen Abschnitt betrachteten unendlichen Gruppen untersucht, welche von diesen mit zwei verschiedenen Operationen zu einem Körper oder einer anderen Struktur (Ring, Integritätsbereich oder Schiefkörper) gemacht werden können.

1. $(\mathbb{N}, +)$ ist keine Gruppe und somit auch $(\mathbb{N}, +, \cdot)$ kein Körper oder eine andere Struktur.

2. $(\mathbb{Z}, +, \cdot)$ ist kein Körper, weil die von 1 verschiedenen Elemente kein multiplikativ Inverses besitzen. Es handelt sich aber um einen Ring, weil $(\mathbb{Z} \setminus \{0\}, \cdot)$ Halbgruppe ist und das Distributivgesetz gilt. Da $\mathbb{Z}$ nullteilerfrei ist und das Einselement 1 enthält, ist $\mathbb{Z}$ ein Integritätsbereich.

3. $(\mathbb{Q}, +, \cdot)$, $(\mathbb{R}, +, \cdot)$, $(\mathbb{C}, +, \cdot)$ sind wie schon oben erwähnt Körper. Man beachte, dass aus diesen Körpern die 0 nicht entfernt werden darf, weil sie für die Addition als neutrales Element gebraucht wird. Das Körperaxiom 2) ist bereits für die um $\{0\}$ verminderte Restmenge formuliert.
   Aus diesem Grund sind $(\mathbb{Q} \setminus \{0\}, +, \cdot)$, $(\mathbb{R} \setminus \{0\}, +, \cdot)$, $(\mathbb{C} \setminus \{0\}, +, \cdot)$ keine Körper, weil es sich bezüglich der Addition nicht um Gruppen handelt.

4. Die Menge der reellwertigen Funktionen $(\{f : \mathbb{R} \to \mathbb{R}\}, +, \cdot)$ bildet mit der elementweisen Addition und Multiplikation keinen Körper, weil es zu Funktionen, die Nullstellen haben, kein Inverses gibt. Die Nullfunktion, also die Funktion, die überall Null ist, wird in Körperaxiom 2) zwar automatisch entfernt, aber nicht die anderen Funktionen, die nur einzelne Nullstellen haben.

   Es handelt sich bei dieser Struktur aber um einen Ring, denn bezüglich der Multiplikation ist die Menge der Funktionen eine Halbgruppe, und das Distributivgesetz gilt. Die Menge ist aber nicht nullteilerfrei: Sei f_1 definiert durch $f_1(x) = 0$ für alle rationalen Zahlen und $f_1(x) = 1$ für alle irrationalen Zahlen, und sei f_2 definiert durch $f_2(x) = 1$ für alle rationalen Zahlen und $f_2(x) = 0$ für alle irrationalen Zahlen, dann sind beide Funktionen nicht gleich dem Nullelement, aber ihr Produkt ist das Nullelement. f_1 und f_2 sind also Nullteiler. Analog kann man zeigen, dass jede Funktion ungleich der Nullfunktion, aber mit Nullstellen, ein Nullteiler ist. Die Menge aller reellwertigen Funktionen ist also kein Integritätsbereich.

5. Die Menge der Funktionen ($\{f : \mathbb{R} \setminus \{0\} \to \mathbb{R} \setminus \{0\}\}, \cdot$) bildet zwar mit der elementweisen Multiplikation eine abelsche Gruppe, aber man kann das nicht zu einem Körper oder anderen Struktur erweitern, weil es nicht möglich ist, eine geeignete Addition dafür zu finden. Der Grund ist, dass die Nullfunktion als einzig möglicher Kandidat für das neutrale Element nicht mehr enthalten ist.

6. Die Menge der Funktionen ($\{f : \mathbb{R} \to \mathbb{R}, f \text{ bijektiv}\}, \circ$) bildet mit der Hintereinanderschaltung $\circ$ zwar eine Gruppe, kann aber aus folgendem Grund nicht zu einem Körper oder einer anderen Struktur erweitert werden: Weil die Gruppe nicht abelsch ist, müsste die Hintereinanderschaltung die multiplikative Verknüpfung sein, sodass vielleicht noch ein Ring oder Schiefkörper möglich wäre. Damit muss aber noch eine weitere Verknüpfung als Addition gefunden werden, die für ein zusätzliches Nullelement definiert ist und mit der Hintereinanderschaltung das Distributivgesetz erfüllt. Es kann gezeigt werden, dass so etwas nicht möglich ist.

7. Die Menge ($\{f : \mathbb{R} \to \mathbb{R}, f \text{ Polynomfunktion}\}, +, \cdot$) bildet mit der elementweisen Addition und Multiplikation analog zu 4. wegen Satz 5.1 ebenfalls einen Ring. Diese enthält wie 4 auch das Einselement, nämlich die Funktion, die jeden Wert auf 1 abbildet. Im Gegensatz zu 4 ist die Menge der Polynomfunktionen sogar nullteilerfrei, weil Polynome ungleich der Nullfunktion nur endlich viele Nullstellen haben können. *Damit bildet die Menge der Polynomfunktionen einen Integritätsbereich.*

8. Die Menge der Funktionen ($\{f : \mathbb{R} \to \mathbb{R}, f \text{ linear}\}, +, \cdot$) bildet mit der elementweisen Addition und Multiplikation dagegen *keinen* Ring, weil $\cdot$ keine innere Verknüpfung ist und damit ($\{f : \mathbb{R} \to \mathbb{R}, f \text{ linear}\}, \cdot$) keine Halbgruppe.

Es fällt auf, dass keine Struktur vorgestellt wurde, die ein echter Schiefkörper ist. In der Tat war das in der Vergangenheit nach dem Formulieren der Körperaxiome ein schwieriges Problem. Es war sogar lange Zeit offen, ob die Kommutativität der Multiplikation nicht aus den anderen Körperaxiomen automatisch folgt, es also gar keine echten Schiefkörper geben könnte.

Diese Frage wurde aber im 19. Jahrhundert eindeutig beantwortet, indem der **Quaternionen-Schiefkörper** entdeckt wurde, der auch mit $\mathbb{H}$ bezeichnet wird[4]. Dieser ist eine natürliche Erweiterung der komplexen Zahlen in den vierdimensionalen Raum. Die Multiplikation ist für die Elemente der höheren Dimensionen nicht kommutativ, wohl aber für die eingebetteten Zahlenmengen $\mathbb{R}$ und $\mathbb{C}$.

---

[4] benannt nach dem „offiziellen" Entdecker William Hamilton (1805–1865), der diesen Schiefkörper 1843 beschrieben hat. Die Quaternionen und die zugehörigen Operationen wurden aber erstmalig 1840 von Benjamin-Olinde Rodrigues beschrieben

5.2.2 Endliche Körper

Mit $(\mathbb{Z}_2, \oplus_2, \odot_2)$ wurde der kleinstmögliche Körper bereits benannt. Es wurde bei den Beispielen zu endlichen Gruppen bereits erwähnt, dass die Struktur $(\mathbb{Z}_m, \oplus_m)$ für jedes m eine abelsche Gruppe bezüglich der Addition ist.

1. Falls m keine Primzahl ist, hat der Ring $(\mathbb{Z}_m \setminus \{0\}, \odot_m)$ Nullteiler, nämlich jeden echten Teiler von m. Damit ist $(\mathbb{Z}_m, \oplus_m, \odot_m)$ kein Integritätsbereich und erst recht kein Körper.

2. Falls m dagegen eine Primzahl ist, dann ist $(\mathbb{Z}_m, \oplus_m, \odot_m)$ ein Körper.

Während es eine Vielfalt verschiedener endlicher Gruppen gibt, von denen in diesem Buch nur einige vorgestellt wurden, ist die Situation bei endlichen Körpern verblüffend einfach:

Satz 5.11

Sei $m \in \mathbb{N} \setminus \{0, 1\}$. Dann gilt:

1) Falls m nicht dargestellt werden kann als $m = p^r$ für eine Primzahl p und eine natürliche Zahl $r > 0$, dann gibt es keinen Körper mit m Elementen.

2) Falls $m = p$ für eine Primzahl p, dann ist $(\mathbb{Z}_p, \oplus_p, \odot_p)$ der bis auf Isomorphie einzige Körper mit p Elementen.

3) Falls $m = p^r$ für eine Primzahl p und eine natürliche Zahl $r > 0$, dann gibt es bis auf Isomorphie genau einen Körper mit p^r Elementen:
Die Additionsgruppe dieses Körpers ist isomorph zu $(\mathbb{Z}_p^r, \oplus_p)$.
Die Multiplikationsgruppe dieses Körpers ist isomorph zu $(\mathbb{Z}_{m-1}, \oplus_{m-1})$

Es gibt keine weiteren endlichen Körper oder Schiefkörper.

Die **Isomorphie eines Körpers** wird analog zur Isomorphie von Gruppen definiert: Die bijektive Abbildung muss für beide Operationen verknüpfungserhaltend sein. Man mache sich noch einmal klar, dass eine Isomorphie eigentlich nur eine Umbenennung ist: Die Verknüpfungstabellen haben also die gleiche Struktur. Allerdings muss die Umbenennung für beide Operationen dieselbe sein. Das ist der entscheidende Grund, weswegen Körperisomorphie viel schwieriger zu erzielen ist als Gruppenisomorphie.

Der bis auf Isomorphie eindeutige endliche Körper mit m Elementen wird zu Ehren des Mathematikers, der nicht nur diesen Satz, sondern auch viele wichtige

Konsequenzen für verschiedene Themen der Algebra bewiesen hat, **Galois**[5]**-Feld**[6] **GF**(m) genannt.

Wir verdeutlichen die Aussage von Satz 5.11 zunächst an dem Beispiel aus Kapitel 4.4, in dem die Verknüpfungstabellen für $(\mathbb{Z}_5, \oplus_5, \odot_5)$ angegeben wurden, allerdings noch ohne den Hinweis auf die Struktur des Körpers. Laut Satz 5.11 muss die Multiplikationsgruppe isomorph zu $(\mathbb{Z}_4, \oplus_4)$ sein, was nicht unmittelbar ersichtlich ist. Wir geben daher noch einmal die beiden Verknüpfungstabellen an und schreiben die Ordnungszahlen der Elemente vor die erste Spalte:

Beispiel 5.13

$(\mathbb{Z}_5 \setminus \{0\}, \odot_5)$: $(\mathbb{Z}_4, \oplus_4)$:

ord	$\odot_5$	1	2	3	4
1	1	1	2	3	4
4	2	2	4	1	3
4	3	3	1	4	2
2	4	4	3	2	1

ord	$\oplus_4$	0	1	2	3
1	0	0	1	2	3
4	1	1	2	3	0
2	2	2	3	0	1
4	3	3	0	1	2

Mit Hilfe der Ordnungszahlen kann man den Isomorphismus leicht angeben:

$(\mathbb{Z}_5 \setminus \{0\}, \odot_5)$	1	2	4	3
$(\mathbb{Z}_4, \oplus_4)$	0	1	2	3

Für den Nachweis, dass die Gruppen isomorph sind, hätte es nach Satz 5.9 ausgereicht, ein Element $a \in (\mathbb{Z}_5 \setminus \{0\}, \odot_5)$ mit Ordnung 4 zu finden, denn alle zyklischen Gruppen sind isomorph.

Für die Angabe dieses Isomorphismus haben wir $a = 2$ gewählt und dann die Elemente $\{1, a, a^2, a^3\}$ in genau dieser Reihenfolge auf $\{0, 1, 2, 3\}$ abgebildet. Diese Technik eignet sich auch für große Gruppen, wo die Isomorphie nicht mehr so einfach zu sehen ist.

Es bleibt zu zeigen, wie ein Körper aussieht, der $m = p^r$ (mit $r > 1$) Elemente hat.

Hierfür ist es hilfreich, dass man sich zunächst einmal klarmacht, dass ein sehr nahe gelegener Konstruktionsansatz *nicht* der richtige ist, nämlich als Additionsgruppe $(\mathbb{Z}_m, \oplus_m)$ zu nehmen. Diese Struktur ist nach Satz 5.5 eine abelsche

---

[5] Evariste Galois (1811–1832)
[6] Im Englischen heißt Körper *field*.

Gruppe, auch wenn m keine Primzahl ist, also auch für $m = p^r$ mit $r > 1$. Da die Multiplikationsgruppe eines Körpers genau ein Element weniger hat, in diesem Falle also $m - 1$ Elemente, und die Multiplikationsgruppe nach Satz 5.11 zyklisch sein soll, muss diese die Struktur $(\mathbb{Z}_{m-1}, \oplus_{m-1})$ haben. Sowohl die so konstruierte Addition als auch die Multiplikation bilden eine Gruppe. Damit hat man schon fast einen Körper. Es ist zur Erfüllung aller Körperaxiome „nur" noch zu zeigen, dass das Distributivgesetz erfüllt ist. Man kann aber die zyklische Anordnung der Elemente wählen, wie man will: Es wird niemals gelingen, das Distributivgesetz für alle Elemente zu erfüllen. Wir überlassen diese Erkenntnis für $m = 4 = 2^2$ als Übungsaufgabe (siehe Aufgabe 5.18).

Nach Satz 5.11 haben wir mit dem Versuch, die Additionsgruppe $(\mathbb{Z}_m, \oplus_m)$ durch Hinzunahme einer geeigneten Multiplikationsgruppe zu einem Körper zu erweitern, bereits den entscheidenden Fehler gemacht, denn die Additionsgruppe muss isomorph zu $(\mathbb{Z}_p^r, \oplus_p)$ sein, und diese Gruppe ist für $r > 1$ nicht zyklisch.

Aber auch bei Start mit der richtigen Additionsgruppe ist es nicht ganz einfach, die zugehörige Multiplikationsgruppe zu finden. Wir wissen zwar, dass es sich um eine zyklische Gruppe mit $m - 1$ Elementen handeln soll, aber es bleibt die Frage, welches Element von der bereits konstruierten Additionsgruppe man als erzeugendes Element für die Multiplikationsgruppe nehmen soll. Man beachte, dass nicht jedes Element einer zyklischen Gruppe mit $m-1$ Elementen ein Element der Ordnung $m - 1$ ist, wenn $m - 1$ keine Primzahl ist, also nicht jedes Element als erzeugendes Element gewählt werden kann. Hier gehört eine gewisse Sorgfalt dazu, das „richtige" Element auszuwählen.

Ferner muss man selbst bei der Wahl des richtigen erzeugenden Elements a auch richtig weiter verknüpfen, also die richtige Wahl für $a^2, a^3, a^4, \ldots$ treffen. Wir werden im Kapitel 6 sehen, dass es dafür insgesamt $(m - 1)!$ Möglichkeiten gibt, sodass reines Ausprobieren für große m zu lange dauern würde.

Wir verdeutlichen diese Schwierigkeit am folgenden Versuch für $m = 8 = 2^3$:

Wir wählen zunächst die Additionsgruppe so, wie es Satz 5.11 vorschreibt, und erhalten die erste Gruppe von Beispiel 5.4 auf Seite 189:

$(\mathbb{Z}_2^3, \oplus_2)$:

$\oplus_2$	$(0,0,0)$	$(0,0,1)$	$(0,1,0)$	$(0,1,1)$	$(1,0,0)$	$(1,0,1)$	$(1,1,0)$	$(1,1,1)$
$(0,0,0)$	$(0,0,0)$	$(0,0,1)$	$(0,1,0)$	$(0,1,1)$	$(1,0,0)$	$(1,0,1)$	$(1,1,0)$	$(1,1,1)$
$(0,0,1)$	$(0,0,1)$	$(0,0,0)$	$(0,1,1)$	$(0,1,0)$	$(1,0,1)$	$(1,0,0)$	$(1,1,1)$	$(1,1,0)$
$(0,1,0)$	$(0,1,0)$	$(0,1,1)$	$(0,0,0)$	$(0,0,1)$	$(1,1,0)$	$(1,1,1)$	$(1,0,0)$	$(1,0,1)$
$(0,1,1)$	$(0,1,1)$	$(0,1,0)$	$(0,0,1)$	$(0,0,0)$	$(1,1,1)$	$(1,1,0)$	$(1,0,1)$	$(1,0,0)$
$(1,0,0)$	$(1,0,0)$	$(1,0,1)$	$(1,1,0)$	$(1,1,1)$	$(0,0,0)$	$(0,0,1)$	$(0,1,0)$	$(0,1,1)$
$(1,0,1)$	$(1,0,1)$	$(1,0,0)$	$(1,1,1)$	$(1,1,0)$	$(0,0,1)$	$(0,0,0)$	$(0,1,1)$	$(0,1,0)$
$(1,1,0)$	$(1,1,0)$	$(1,1,1)$	$(1,0,0)$	$(1,0,1)$	$(0,1,0)$	$(0,1,1)$	$(0,0,0)$	$(0,0,1)$
$(1,1,1)$	$(1,1,1)$	$(1,1,0)$	$(1,0,1)$	$(1,0,0)$	$(0,1,1)$	$(0,1,0)$	$(0,0,1)$	$(0,0,0)$

Wir entfernen nun das neutrale Element $(0,0,0)$ und geben als ersten Versuch folgende zyklische Gruppe aus den verbleibenden 7 Elementen an:

Beispiel 5.14

$(G_{5.14}, \odot) = (\mathbb{Z}_2^3 \setminus \{(0,0,0)\}, \odot)$ **(falscher Versuch):**

$\odot$	$(0,0,1)$	$(0,1,0)$	$(0,1,1)$	$(1,0,0)$	$(1,0,1)$	$(1,1,0)$	$(1,1,1)$
$(0,0,1)$	$(0,0,1)$	$(0,1,0)$	$(0,1,1)$	$(1,0,0)$	$(1,0,1)$	$(1,1,0)$	$(1,1,1)$
$(0,1,0)$	$(0,1,0)$	$(0,1,1)$	$(1,0,0)$	$(1,0,1)$	$(1,1,0)$	$(1,1,1)$	$(0,0,1)$
$(0,1,1)$	$(0,1,1)$	$(1,0,0)$	$(1,0,1)$	$(1,1,0)$	$(1,1,1)$	$(0,0,1)$	$(0,1,0)$
$(1,0,0)$	$(1,0,0)$	$(1,0,1)$	$(1,1,0)$	$(1,1,1)$	$(0,0,1)$	$(0,1,0)$	$(0,1,1)$
$(1,0,1)$	$(1,0,1)$	$(1,1,0)$	$(1,1,1)$	$(0,0,1)$	$(0,1,0)$	$(0,1,1)$	$(1,0,0)$
$(1,1,0)$	$(1,1,0)$	$(1,1,1)$	$(0,0,1)$	$(0,1,0)$	$(0,1,1)$	$(1,0,0)$	$(1,0,1)$
$(1,1,1)$	$(1,1,1)$	$(0,0,1)$	$(0,1,0)$	$(0,1,1)$	$(1,0,0)$	$(1,0,1)$	$(1,1,0)$

Offensichtlich ist die Gruppe $(G_{5.14}, \odot)$ zyklisch mit dem Isomorphismus:

$(G_{5.14}, \odot)$	$(0,0,1)$	$(0,1,0)$	$(0,1,1)$	$(1,0,0)$	$(1,0,1)$	$(1,1,0)$	$(1,1,1)$
$(\mathbb{Z}_7, \oplus_7)$	0	1	2	3	4	5	6

Für $(G_{5.14}, \odot)$ wurde willkürlich (aber nahe liegend) das Element $(0,0,1)$ als Einselement gewählt, das Element $(0,1,0)$ als erzeugendes Element a und die weiteren Verknüpfungen wie folgt:

a	a^2	a^3	a^4	a^5	a^6	$a^7 = $ Einselement
$(0,1,0)$	$(0,1,1)$	$(1,0,0)$	$(1,0,1)$	$(1,1,0)$	$(1,1,1)$	$(0,0,1)$

Es hätte insgesamt 7! = 5040 Möglichkeiten gegeben, eine zyklische Multiplikationsgruppe auf diese Weise zu konstruieren. Aber die gewählte Möglichkeit war leider nicht die richtige, denn das Distributivgesetz ist verletzt, wie man am folgenden Beispiel sieht:

Beispiel 5.15

Anwendung des Distributivgesetzes auf Elemente aus Beispiel 5.14:

$$(1,0,0) \odot ((1,1,0) \oplus_2 (1,0,1)) = (1,0,0) \odot (0,1,1) = (1,1,0)$$
$$((1,0,0) \odot (1,1,0)) \oplus_2 ((1,0,0) \odot (1,0,1)) = (0,1,0) \oplus_2 (0,0,1) = (0,1,1)$$

Die Ergebnisse sind ungleich, und das Distributivgesetz damit verletzt.

Es ist sicherlich keine gute Idee, alle verbliebenen 5039 Möglichkeiten durchzuprobieren und für jedes Tripel von Elementen nachzuprüfen, ob das Distributivgesetz
erfüllt ist, auch wenn das nach Satz 5.11 für eine der verbliebenen Möglichkeiten
zum Erfolg führen müsste.

Glücklicherweise gibt es einen systematischen Ansatz, wie man die richtige Anordnung der Elemente der zyklischen Multiplikationsgruppe zur gegebenen Additionsgruppe findet. Dieser wird im Folgenden vorgestellt. Dafür ist ein Exkurs
zum Arbeiten mit Polynomen über endlichen Körpern erforderlich.

5.2.3 Polynome über endlichen Körpern

Zunächst verallgemeinern wir die Definition 5.2 von Polynomen über $\mathbb{R}$ zu Polynomen über allgemeinen Körpern und definieren auch für diese eine Addition und
Multiplikation:

Definition 5.11 *Sei $(K, \oplus, \odot)$ ein beliebiger Körper mit Nullelement e_0.*

*Eine **Polynomfunktion** über K ist eine Funktion $f : K \to K$ mit folgender
Abbildungsvorschrift:*

$$f(x) = a_k \odot x^k \oplus a_{k-1} \odot x^{k-1} \oplus \ldots \oplus a_1 \odot x \oplus a_0 \text{ für Koeffizienten } a_k, \ldots, a_0 \in K$$

- *Das Koeffiziententupel $f = (a_k, \ldots, a_0)$ wird als das zugehörige **Polynom** bezeichnet. Die Menge aller Polynome mit Koeffizienten aus K heißt $K[x]$.*

- *Der **Grad** deg (f) ist der Index k des höchsten Koeffizienten $a_k \neq e_0$.*

- *Der höchste Koeffizient a_k heißt **Leitkoeffizient** und der höchste Summand
  $a_k \odot x^k$ **Leitmonom** .*

- *Für zwei Polynome $f = (a_k, \ldots, a_0), g = (b_l, \ldots, b_0) \in K[x]$
  mit deg $(f) = k \geq l =$ deg (g) werden $(f \oplus g), (f \odot g) \in K[x]$ definiert durch:*

$$f \oplus g = (a_k \oplus b_k, \ldots, a_0 \oplus b_0)$$
$$f \odot g = (c_{k+l}, \ldots, c_0) \text{ wobei } c_i = \bigoplus_{r+s=i} a_r \odot b_s \text{ für alle } i = k+l, \ldots, 0$$

($\bigoplus_{r+s=i}$ steht für die wiederholte Anwendung von $\oplus$ analog zu $\sum$ für $+$.)

Die Addition und Multiplikation von Polynomen wird genauso gebildet, wie man
das nach den Rechenregeln für die zugehörigen Polynomfunktionen erwartet. Die
kompliziert anmutende Regel für die Multiplikation entspricht genau der Regel
zum Ausmultiplizieren von Klammern und anschließender Ordnung nach Potenzen, wie man das bei den bekannten unendlichen Zahlenmengen kennt.

Analog zu Satz 5.1 mit seiner Erweiterung in Beispiel 7 auf Seite 202 gilt:

Satz 5.12

Sei $(K, \oplus, \odot)$ ein beliebiger Körper.

Dann ist die Struktur $(K[x], \oplus, \odot)$ ein Integritätsbereich.

Wenn man ausschließlich Polynome mit einem Grad bis zu einer maximalen Obergrenze r betrachtet, dann haben die Tupel alle eine feste Länge (kleinere Grade werden mit führenden Nullen aufgefüllt): Ein Polynom vom Grad $\leq r$ entspricht einem $r + 1$-Tupel $(a_r, a_{r-1}, \ldots, a_1, a_0)$, wobei die a_i beliebige Elemente des Körpers sind, über dem das Polynom gebildet wurde, d.h. $a_r = e_0$ ist auch zulässig (was den Grad echt kleiner macht).

Direkt aus den Definitionen erhalten wir damit folgenden Satz:

Satz 5.13

Seien m, p, r natürliche Zahlen mit $m = p^r$, p Primzahl , $r > 0$.

$P_m \subset \mathbb{Z}_p[x]$ sei die Menge aller Polynome über dem Körper $(\mathbb{Z}_p, \oplus_p, \odot_p)$ mit Grad $< r$. Dann sind die Additionsgruppen, welche für P_m in 5.11 und für $\mathbb{Z}_p^r$ in 5.7 definiert wurden, isomorph:

$$(P_m, \oplus) \cong (\mathbb{Z}_p^r, \oplus_p)$$

Wir demonstrieren diesen Satz am Beispiel für die Gruppe $(\mathbb{Z}_2^3, \oplus_2)$:

Beispiel 5.16

Der Isomorphismus zwischen $(\mathbb{Z}_2^3, \oplus_2)$ und $(P_8, \oplus_2)$ wird durch folgende Zuordnung gegeben:

$(\mathbb{Z}_2^3, \oplus_2)$	$(0,0,0)$	$(0,0,1)$	$(0,1,0)$	$(0,1,1)$	$(1,0,0)$	$(1,0,1)$	$(1,1,0)$	$(1,1,1)$
$(P_8, \oplus_2)$	0	1	x	$x+1$	x^2	x^2+1	x^2+x	x^2+x+1

Dieser Isomorphismus ergibt die folgende Verknüpfungstabelle für $(P_8, \oplus_2)$. Man kann sich überzeugen, dass diese mit der Polynomaddition übereinstimmt:

$\bullet\,\oplus_2$	0	1	x	$x+1$
0	0	1	x	$x+1$
1	1	0	$x+1$	x
x	x	$x+1$	0	1
$x+1$	$x+1$	x	1	0
x^2	x^2	x^2+1	x^2+x	x^2+x+1
x^2+1	x^2+1	x^2	x^2+x+1	x^2+x
x^2+x	x^2+x	x^2+x+1	x^2	x^2+1
x^2+x+1	x^2+x+1	x^2+x	x^2+1	x^2

$\oplus_2$	x^2	x^2+1	x^2+x	x^2+x+1
0	x^2	x^2+1	x^2+x	x^2+x+1
1	x^2+1	x^2	x^2+x+1	x^2+x
x	x^2+x	x^2+x+1	x^2	x^2+1
$x+1$	x^2+x+1	x^2+x	x^2+1	x^2
x^2	0	1	x	$x+1$
x^2+1	1	0	$x+1$	x
x^2+x	x	$x+1$	0	1
x^2+x+1	$x+1$	x	1	0

Die Additionsgruppe der Polynome erfüllt also genau die Voraussetzungen, die von Satz 5.11 für endliche Körper gefordert wurden. Wir nennen die isomorphe Darstellung von $\mathbb{Z}_p$ mit Hilfe von Polynomen die **Polynomdarstellung** im Gegensatz zur herkömmlichen **Vektordarstellung**.

Da für Polynome nicht nur eine Addition, sondern auch eine Multiplikation definiert wurde, liegt es nahe, diese für die multiplikative Verknüpfung im endlichen Körper zu nutzen. Folgender Satz stellt hierfür aber noch eine Hürde auf:

Satz 5.14 (Gradsatz für Polynome)

Für zwei Polynome $f, g \in K[x]$ für einen beliebigen Körper K gilt:

$$deg\,(f \oplus g) \;\leq\; \max\{\, deg\,(f),\; deg\,(g)\}$$
$$deg\,(f \odot g) \;=\; deg\,(f) + deg\,(g)$$

Die Hürde besteht in Teil 2): Die Multiplikation von zwei Polynomen ergibt ein Polynom, dessen Grad den der Operanden übersteigt. In der in Satz 5.13 definierten Menge P_m ist die Polynommultiplikation von Definition 5.11 also keine innere Verknüpfung.

Die Interpretation von $\mathbb{Z}_m^r$ als Menge von Polynomen mit beschränktem Grad ist aber schon ein Schritt in die richtige Richtung. Daher sollen die Operationen von Definition 5.11 genauer untersucht werden:

Man kann Polynome auch über beliebigen Körpern ganz normal über ihre Polynomfunktionen addieren und multiplizieren. Allerdings müssen für die Addition und Multiplikation der Koeffizienten die Verknüpfungsregeln des betreffenden Körpers verwendet werden. Mit Hilfe des Distributivgesetzes können alle x-Terme nach gleichen Potenzen geordnet werden und deren Koeffizienten nach den jeweiligen Regeln für die Addition und Multiplikation errechnet werden.

Wir werden mit Polynomen ausschließlich über endlichen Körpern mit Mächtigkeit p für eine Primzahl p arbeiten. Hierfür haben wir die Addition und Multiplikation bereits definiert: Es wird wie mit normalen ganzen Zahlen gerechnet, aber modulo p.

Aus Gründen der Übersichtlichkeit werden in den folgenden Beispielen die Operatoren $\oplus_p$ und $\odot_p$ durch $+$ und $\cdot$ dargestellt. Um die Orientierung zu behalten, mit welchem Modulus wir gerade arbeiten, wird das Gleichheitszeichen durch $\equiv_p$ ersetzt.

Wir kommen nun zu Beispielen für die Addition und Multiplikation von Polynomen in endlichen Körpern:

Beispiel 5.17

Seien $f(x) \equiv_2 x^3 + x^2 + 1$ und $g(x) \equiv_2 x^2 + x + 1$ zwei Polynomfunktionen über dem Körper $\mathbb{Z}_2$. Dann gilt:

$$
\begin{aligned}
f(x) + g(x) \;\;&\equiv_2\;\; (x^3 + x^2 + 1) + (x^2 + x + 1) \\
&\equiv_2\;\; x^3 + \underbrace{(1+1)}_{\equiv_2 0}\, x^2 + x + \underbrace{1+1}_{\equiv_2 0} \\
&\equiv_2\;\; x^3 + x \\[1em]
f(x) \cdot g(x) \;\;&\equiv_2\;\; (x^3 + x^2 + 1) \cdot (x^2 + x + 1) \\
&\equiv_2\;\; (x^5 + x^4 + x^2) + (x^4 + x^3 + x) + (x^3 + x^2 + 1) \\
&\equiv_2\;\; x^5 + \underbrace{(1+1)}_{\equiv_2 0}\, x^4 + \underbrace{(1+1)}_{\equiv_2 0}\, x^3 + \underbrace{(1+1)}_{\equiv_2 0}\, x^2 + x + 1 \\
&\equiv_2\;\; x^5 + x + 1
\end{aligned}
$$

Im Körper $\mathbb{Z}_2$ gibt es als Koeffizienten von x^i nur die Konstanten 0 und 1. Eine gerade Anzahl von x^i führt zur Auslöschung des Terms, eine ungerade zum Erhalt des Terms.

Wir demonstrieren das Verknüpfen von Polynomen an einem weiteren Beispiel in einem anderen Körper:

Beispiel 5.18

Seien $f(x) \equiv_5 x^3 + 4x^2 + 3$ und $g(x) \equiv_5 x^2 + 2x + 3$ zwei Polynomfunktionen über dem Körper $\mathbb{Z}_5$. Dann gilt:

$$
\begin{aligned}
f(x) + g(x) &\equiv_5 (x^3 + 4x^2 + 3) + (x^2 + 2x + 3) \\
&\equiv_5 x^3 + \underbrace{(4+1)}_{\equiv_5 0} x^2 + 2x + \underbrace{3+3}_{\equiv_5 1} \\
&\equiv_5 x^3 + 2x + 1
\end{aligned}
$$

$$
\begin{aligned}
f(x) \cdot g(x) &\equiv_5 (x^3 + 4x^2 + 3) \cdot (x^2 + 2x + 3) \\
&\equiv_5 x^5 + 4x^4 + 3x^2 \\
&\quad + 2x^4 + \underbrace{(2 \cdot 4)}_{\equiv_5 3} x^3 + \underbrace{(2 \cdot 3)}_{\equiv_5 1} x) \\
&\quad + 3x^3 + \underbrace{(3 \cdot 4)}_{\equiv_5 2} x^2 + \underbrace{(3 \cdot 3)}_{\equiv_5 4} \\
&\equiv_5 x^5 + \underbrace{(4+2)}_{\equiv_5 1} x^4 + \underbrace{(3+3)}_{\equiv_5 1} x^3) + \underbrace{(3+2)}_{\equiv_5 0} x^2 + x + 4 \\
&\equiv_5 x^5 + x^4 + x^3 + x + 4
\end{aligned}
$$

Wir kommen nun zu der Technik, wie man die Grade bei Polynomprodukten beschränken kann. Das wird durch den Modulo-Operator erreicht, den wir bereits aus Abschnitt 4.2 für ganze Zahlen kennengelernt haben.

Viele Eigenschaften der ganzen Zahlen, wie das Teilen mit Rest, das Definieren von Teilern und deren Berechnnung mit dem Euklidischen Algorithmus, die Zerlegung in Primfaktoren und vieles mehr, beruhen auf der Tatsache, dass $(\mathbb{Z}, +, \cdot)$ einen Integritätsbereich bildet.

Nach Satz 5.12 bildet auch die Menge der Polynomfunktionen über einem beliebigen Körper K einen Integritätsbereich. Damit gelten die genannten Eigenschaften der ganzen Zahlen auch für die Menge der Polynomfunktionen.

Die folgende Definition überträgt das Teilen mit Rest, das wir schon für ganze Zahlen kennen, auf Polynome:

Definition 5.12 *Sei* $(K, \oplus, \odot)$ *ein Körper mit Nullelement* e_0 *und seien* $f, g \in K[x]$ *Polynome über* K *mit* $deg\,(g) < deg\,(f)$.

Seien ferner Polynome $q, r \in K[x]$ *gegeben mit* $deg\,(r) < deg\,(g)$ *sodass gilt:*

$$f = q \odot g \oplus r$$

$f\ DIV\ g := q$ wird das **Quotientenpolynom** *genannt.*

$f\ MOD\ g := r$ wird das **Restpolynom** *genannt.*

Wir sagen: r ist gleich f modulo g.

Satz 5.15

Sei $(K, \oplus, \odot)$ *ein Körper mit Nullelement* e_0 *und seien* $f, g \in K[x]$ *Polynome über* K.

Dann sind das Quotientenpolynom q und das Restpolynom r gemäß Definition 5.12 eindeutig bestimmt und können durch den folgenden Algorithmus errechnet werden:

1) *Initialisiere das Restpolynom* $r \in K[x]$ *mit* $r := f$
   Initialisiere das Quotientenpolynom $q \in K[x]$ *mit* $q := e_0$.

2) *Seien* $r_k \odot x^k$ *und* $g_l \odot x^l$ *die Leitmonome von r und g und sei* $q' = r_k \oslash g_l \odot x^{k-l}$ *der Quotient der beiden Leitmonome.*
   Dann wird der bisherige Wert von r ersetzt durch $r \ominus (q' \odot g)$ *und der bisherige Wert von q wird ersetzt durch* $q \oplus q'$.

3) *Falls* $deg\,(r) < deg\,(g)$, *dann gib die aktuellen Werte von q und r aus und beende den Algorithmus.*
   Falls $deg\,(r) \geq deg\,(g)$, *dann fahre fort bei Schritt 2)*

Das hier beschriebene Verfahren überträgt das Verfahren der schriftlichen Division für ganze Zahlen auf Polynome und wird zunächst an einem Beispiel mit dem Körper $\mathbb{Q}$ demonstriert (die Operationen $\oplus, \ominus, \odot, \oslash$ entsprechen also den normalen 4 Grundrechenarten):

Beispiel 5.19

Seien $f(x) = x^3 + 4x^2 + 3 \in \mathbb{Q}[x]$ und $g(x) = x^2 + 2x + 3 \in \mathbb{Q}[x]$ die Polynome, deren Quotientenpolynom und Restpolynom bestimmt werden sollen. Zur besseren Übersicht ist das jeweils berechnete Restpolynom, das im nächsten Schritt weiter durch g geteilt werden soll, unterstrichen.

1) $r(x) \quad := \quad f(x) = \underline{x^3 + 4x^2 + 3}$
   $q(x) \quad := \quad 0$

2) $q'(x) \quad := \quad \frac{x^3}{x^2} = x$
   $r(x) \quad := \quad r(x) - x \cdot g(x)$
   $\quad \quad = \quad x^3 + 4x^2 + 3 - x^3 - 2x^2 - 3x$
   $\quad \quad = \quad \underline{2x^2 - 3x + 3}$
   $q(x) \quad := \quad q(x) + q'(x)$
   $\quad \quad = \quad x$

3) $\deg(r) = 2 \geq 2 = \deg(g)$,also weiter bei 2)

2) $q'(x) \quad := \quad \frac{2x^2}{x^2} = 2$
   $r(x) \quad := \quad r(x) - 2 \cdot g(x)$
   $\quad \quad = \quad 2x^2 - 3x + 3 - 2x^2 - 4x - 6$
   $\quad \quad = \quad \underline{-7x - 3}$
   $q(x) \quad := \quad q(x) + q'(x)$
   $\quad \quad = \quad x + 2$

3) $\deg(r) = 1 < 2 = \deg(g)$,also Ende des Algorithmus

Wir erhalten also $q(x) = x + 2$ und $r(x) = -7x - 3$.

Wie man sich leicht überzeugen kann, gilt tatsächlich
$f(x) = (x + 2) \cdot (x^2 + 2x + 3) + (-7x - 3)$.

Im Folgenden wird dasselbe Beispiel für den Körper $\mathbb{Z}_5$ vorgeführt:

Beispiel 5.20

Seien $f(x) \equiv_5 x^3 + 4x^2 + 3 \in \mathbb{Z}_5[x]$ und $g(x) \equiv_5 x^2 + 2x + 3 \in \mathbb{Z}_5[x]$ die Polynome, deren Quotientenpolynom und Restpolynom bestimmt werden sollen.

1) $r(x) \quad :\equiv_5 \quad f(x) \equiv_5 \underline{x^3 + 4x^2 + 3}$

$q(x) \quad :\equiv_5 \quad 0$

2) $q'(x) \quad :\equiv_5 \quad \frac{x^3}{x^2} \equiv_5 x$

$r(x) \quad :\equiv_5 \quad r(x) - x \cdot g(x)$

$\qquad\qquad \equiv_5 \quad x^3 + 4x^2 + 3 - x^3 - 2x^2 - 3x$

$\qquad\qquad \equiv_5 \quad 2x^2 - 3x + 3$

$\qquad\qquad \equiv_5 \quad \underline{2x^2 + 2x + 3}$

$q(x) \quad :\equiv_5 \quad q(x) + q'(x)$

$\qquad\qquad \equiv_5 \quad x$

3) $\deg(r) \equiv_5 2 \geq 2 \equiv_5 \deg(g) \quad$,also weiter bei 2)

2) $q'(x) \quad :\equiv_5 \quad \frac{2x^2}{x^2} \equiv_5 2$

$r(x) \quad :\equiv_5 \quad r(x) - 2 \cdot g(x)$

$\qquad\qquad \equiv_5 \quad 2x^2 + 2x + 3 - 2x^2 - 4x - 1$

$\qquad\qquad \equiv_5 \quad -2x + 2$

$\qquad\qquad \equiv_5 \quad \underline{3x + 2}$

$q(x) \quad :\equiv_5 \quad q(x) + q'(x)$

$\qquad\qquad \equiv_5 \quad x + 2$

3) $\deg(r) = 1 < 2 = \deg(g) \quad$,also Ende des Algorithmus

Wir erhalten also $q(x) \equiv_5 x + 2$ und $r(x) \equiv_5 3x + 2$.

Wie man sich leicht überzeugen kann, gilt tatsächlich

$$f(x) \equiv_5 (x + 2) \cdot (x^2 + 2x + 3) + (3x + 2).$$

Wir werden in unserer Konstruktion nicht durch beliebige Polynome teilen müssen, sondern nur durch irreduzible Polynome, die folgendermaßen definiert werden:

Definition 5.13 *Sei* $(K, \oplus, \odot)$ *ein Körper mit Nullelement* e_0 *und* $f \in K[x]$ *ein Polynom mit Grad* > 0 *über diesem Körper.*

1) f heißt **irreduzibel** *über K, wenn gilt:*

$$\forall g, h \in K[x]: \ (f = g \odot h) \Rightarrow ((deg\,(g) = 0) \vee (deg\,(h) = 0))$$

2) Ein Element $a \in K$ heißt Nullstelle von f, wenn gilt:

$$f(a) = e_0.$$

Ein irreduzibles Polynom ist also ein Polynom, das man nicht wirklich in zwei kleinere zerlegen kann: Der Grad 0 entspricht einer Konstante, und das bedeutet, dass der andere Faktor denselben Grad wie das ursprüngliche Polynom hat. Diese

Formulierung und auch die formale Definition erinnern sehr an die Definition von Primzahlen, und im Ring der Polynome spielen irreduzible Polynome tatsächlich dieselbe Rolle. Sie werden aus diesen Gründen auch **Primpolynome** genannt.

An dieser Stelle kann auch plausibel gemacht werden, warum 1 für $\mathbb{N}$ nicht als Primzahl definiert wird, und wie man das für Primpolynome verallgemeinert:

1 hat als einzige natürliche Zahl bezüglich der Multiplikation ein inverses Element. In $\mathbb{Z}$ hat auch -1 ein inverses Element und darf ebenfalls nicht als Primzahl definiert werden. Wenn man nun den Ring aller Polynome über einem Körper betrachtet, dann haben genau die Polynome vom Grad 0 (also die Körperelemente) ein inverses Element, während die Polynome höheren Grades kein inverses Element haben.

Polynome vom Grad 0 werden nun als Primpolynome in Definition 5.13 grundsätzlich nicht zugelassen, genauso wenig wie die 1 als Primzahl für $\mathbb{N}$. Der algebraische Grund ist der folgende:

☞ Ein Primelement darf kein Inverses bezüglich der Multiplikation haben.

Nur wenn die Definition von Primelementen dieses Prinzip berücksichtigt, folgen wichtige algebraische Sätze, zum Beispiel der Hauptsatz der Zahlentheorie mit der Eindeutigkeit der Primzahlzerlegung. Analog kann man auch Polynome eindeutig in irreduzible Polynome zerlegen.

Doch nun zum 2. Teil der Definition 5.13, den Nullstellen:

Angewandt auf den bekannten unendlichen Körper $\mathbb{R}$ stimmt die Definition der Nullstelle mit der aus der Schule bekannten überein. Das Bestimmen von Nullstellen ist in $\mathbb{R}$ bei Polynomen vom Grad 2 sehr einfach[7], aber für Polynome höheren Grades sehr schwierig. Galois hat sogar bewiesen, dass sich Nullstellen von Polynomen ab Grad 5 im Allgemeinen überhaupt nicht durch Wurzelausdrücke darstellen lassen.

In endlichen Körpern gibt es keine andere als die nahe liegende, aber recht effektive Methode: Man probiert einfach alle möglichen Werte aus. Immer wenn die Polynomfunktion den Wert auf e_0 abbildet, dann hat man eine Nullstelle gefunden.

Zwischen den Eigenschaften, irreduzibel zu sein und Nullstellen zu besitzen, besteht ein enger Zusammenhang:

Polynome vom Grad 1 sind wegen Gradsatz 5.14 immer irreduzibel. Sie haben auch immer Nullstellen, die man sogar leicht berechnen kann: Laut Definition 5.11 sind

---

[7] mit Hilfe der so genannten p-q-Formel

die zugeordneten Polynomfunktionen von der Form $f(x) = a_1 \odot x \oplus a_0$, wobei gelten muss: $a_1 \neq e_0$. Diese haben immer genau eine Nullstelle, die mit den Rechenregeln des Körpers folgendermaßen ausgerechnet wird: $x_0 = \ominus a_0 \oslash a_1$.

Zwischen irreduziblen Polynomen höheren Grades und Nullstellen gibt es folgenden Zusammenhang:

Satz 5.16

Sei $(K, \oplus, \odot)$ ein Körper und $f \in K[x]$ ein Polynom mit $\deg(f) \geq 2$ über diesem Körper. Dann gilt:

$$f \text{ ist irreduzibel} \implies f \text{ hat keine Nullstelle.}$$

Falls $\deg(f) \leq 3$, gilt auch die Umkehrung:

$$f \text{ hat keine Nullstelle} \implies f \text{ ist irreduzibel.}$$

Beweis:

Wir beweisen den allgemeinen Teil durch Kontraposition:

Sei also $\deg(f) > 1$ und sei $x_0 \in K$ eine Nullstelle von f, d.h. $f(x_0) = e_0$.

Es ist zu zeigen, dass f nicht irreduzibel ist, also in 2 Polynome zerlegt werden kann, die beide einen Grad größer als 0 haben.

Für das Polynom $g \in K[x]$ mit $g(x) = x - x_0$ existieren nach Satz 5.15 Polynome $q, r \in K[x]$ mit $\deg(r) < \deg(g)$ und $f(x) = (x \ominus x_0) \odot q(x) \oplus r(x)$.

Da $\deg(g) = 1$, gilt: $\deg(r) = 0$. Also ist $r(x) \equiv a \in K$ für alle $x \in K$.

Wegen $e_0 = f(x_0) = (x_0 \ominus x_0) \odot q(x_0) \oplus a = e_0 \oplus a$ gilt: $a = e_0$.

Damit gilt: $f(x) = (x \ominus x_0) \odot q(x)$. Wegen $\deg(f) > 1$ gilt nach dem Gradsatz: $\deg(q) > 0$. Damit ist eine Zerlegung gefunden, und f ist nicht irreduzibel.

Der spezielle Teil für $\deg(f) \leq 3$ folgt ebenfalls aus Kontraposition und Gradsatz: Wenn $f = g \odot h$ mit $\deg(g), \deg(h) > 0$, dann kann nicht für beide Polynome gelten, dass der Grad mindestens 2 ist, denn sonst wäre der Grad von f nach dem Gradsatz mindestens 4. Also muss wenigstens ein Faktor den Grad 1 haben, und das bedeutet nach der oben vorgenommenen Überlegung, dass f eine Nullstelle hat. ∎

Im Körper $\mathbb{R}$ zerfällt jedes Polynom höheren Grades als 2 in zwei Polynome kleineren Grades. Polynome ungeraden Grades haben sogar immer eine Nullstelle. Das bedeutet, dass irreduzible Polynome maximal Grad 2 haben.

Im Körper $\mathbb{C}$ hat sogar jedes Polynom eine Nullstelle. Das bedeutet, dass die irreduziblen Polynome genau die Polynome mit Grad 1 sind.

Man kann zeigen, dass es in endlichen Körpern mit p Elementen (p Primzahl) für jeden Grad irreduzible Polynome gibt. Man kann diese immer durch Ausprobieren finden, denn es gibt für einen vorgegebenen Grad nur endlich viele verschiedene Polynome über einem endlichen Körper und damit auch nur endlich viele Zerlegungsmöglichkeiten. Diese Methode ist für höhere Grade aber nicht praktikabel. Es gibt keine systematische Methode, irreduzible Polynome höheren Grades schnell zu finden, aber es gibt einige Heuristiken[8] als Hilfen. Der Test auf Nullstellen gemäß Satz 5.16 ist eine davon, denn so kann man zumindest schnell Polynome ausschließen.

Wir verdeutlichen diese Heuristik am folgenden Beispiel:

Beispiel 5.21

Im Körper $\mathbb{Z}_2$ hat das Polynom f_1 mit $f_1(x) \equiv_2 x^3 + x + 1$ keine Nullstelle:

$$f_1(0) \equiv_2 0^3 + 0 + 1 \equiv_2 1$$
$$f_1(1) \equiv_2 1^3 + 1 + 1 \equiv_2 1$$

Weil f_1 nur den Grad 3 hat, ist es auch irreduzibel.

Im Allgemeinen sind die nullstellenfreien Polynome über $\mathbb{Z}_2$ genau die Polynome mit $a_0 = 1$ und einer geraden Anzahl von höheren x-Potenzen. Für Polynome, deren Grad höher als 3 ist, kann man daraus aber nicht folgern, dass sie irreduzibel sind, wie das folgende Beispiel zeigt:

Beispiel 5.22

f_2 mit $f_2(x) \equiv_2 x^4 + x^2 + 1$ hat keine Nullstelle in $\mathbb{Z}_2$, ist aber nicht irreduzibel, denn f_2 zerfällt in $f_2(x) \equiv_2 (x^2 + x + 1) \cdot (x^2 + x + 1)$.

Abschließend geben wir noch ein Beispiel für einen Körper mit mehr als 2 Elementen:

Beispiel 5.23

Im Körper $\mathbb{Z}_5$ nimmt das Polynom f_3 mit $f_3(x) \equiv_5 x^7 + 4x^5 + 2x + 2$ folgende Funktionswerte an:

---

[8] **Heuristik:** nicht immer exakte und nicht immer zielführende, aber in der Praxis oft hilfreiche Lösungsmethode

$$f_3(0) \equiv_5 \qquad 0^7 + 4 \cdot 0^5 + 2 \cdot 0 + 2 \qquad \equiv_5 2$$
$$f_3(1) \equiv_5 \quad 1^7 + 4 \cdot 1^5 + 2 \cdot 1 + 2 \equiv_5 1 + 4 + 2 + 2 \quad \equiv_5 4$$
$$f_3(2) \equiv_5 \quad 2^7 + 4 \cdot 2^5 + 2 \cdot 2 + 2 \equiv_5 3 + 3 + 4 + 2 \quad \equiv_5 2$$
$$f_3(3) \equiv_5 \quad 3^7 + 4 \cdot 3^5 + 2 \cdot 3 + 2 \equiv_5 2 + 2 + 1 + 2 \quad \equiv_5 2$$
$$f_3(4) \equiv_5 \quad 4^7 + 4 \cdot 4^5 + 2 \cdot 4 + 2 \equiv_5 4 + 1 + 3 + 2 \quad \equiv_5 0$$

Damit hat f_3 die Nullstelle 4 und kann nicht irreduzibel sein. Man kann aber f_3 leicht zu einem nullstellenfreien Polynom vom Grad 7 abändern: Offenbar muss man nur die Konstante 2 addieren. Dann sind alle Werte ungleich 0.

$f_4 \equiv_5 x^7 + 4x^5 + 2x + 4$ ist also nullstellenfrei. Jedoch darf man daraus nicht den direkten Schluss ziehen, dass es irreduzibel ist. Das müsste auf andere Weise untersucht werden.

5.2.4 Anleitung für die Konstruktion aller endlichen Körper

Wir fassen die in diesem Kapitel gewonnenen Erkenntnisse zu einer Konstruktionsanleitung für $\mathrm{GF}(m)$ zusammen:

Gemäß Satz 5.11 setzen wir voraus, dass $m = p^r$ gilt. Für $r = 1$ ergibt sich der Restklassenkörper $(\mathbb{Z}_p, \oplus_p, \odot_p)$, der aus den Zahlen $0, 1, \ldots, p - 1$ besteht, mit denen modulo p gerechnet wird.

Für die Konstruktion von Körpern höherer Ordnung geht man folgendermaßen vor:

Verfahren zur Konstruktion eines endlichen Körpers mit p^r Elementen ($r > 1$):

1) Lege als zugehörigen **Primkörper** den Körper $\mathrm{GF}(p)$ fest. Dieser ist isomorph zu $(\mathbb{Z}_p, \oplus_p, \odot_p)$ (siehe oben).

2) Identifiziere die Elemente des neuen Körpers $\mathrm{GF}(m)$ mit den Polynomen über dem Primkörper $\mathrm{GF}(p)$ mit Grad echt kleiner als r. Die p Elemente des Primkörpers sind in $\mathrm{GF}(m)$ vollständig enthalten und werden als r-Tupel $(0, \ldots, 0, a_0)$ für ein beliebiges $a_0 \in \mathbb{Z}_p$ dargestellt.

3) Bilde die Additionstabelle durch Polynomaddition gemäß 5.11 bzw. komponentenweiser Addition gemäß 5.7.

4) Lege ein irreduzibles Polynom $h(x) \in \mathbb{Z}_p[x]$ mit Grad r fest und bilde die Multiplikationstabelle für den neuen Operator $\odot_p^{h(x)}$ nach folgender Regel: Für zwei Polynome $f(x), g(x) \in \mathrm{GF}(m)$ gilt:
$$f(x) \odot_p^{h(x)} g(x) := (f(x) \odot_p g(x)) \ \mathrm{MOD} \ h(x).$$

Hierbei muss für jedes Produkt mit *demselben* irreduziblen Polynom $h(x)$ gearbeitet werden.

Wir werden als 1. Beispiel mit Hilfe dieser Konstruktionsanleitung den falschen Versuch für den Körper $\mathrm{GF}(8)$ aus Beispiel 5.14 korrigieren:

Beispiel 5.24

1) Da $8 = 2^3$, gilt $p = 2$ und $r = 3$.

2) $\mathrm{GF}(8) = \{0, 1, x, x+1, x^2, x^2+1, x^2+x, x^2+x+1\}$

3) Die Additionstabelle wurde sowohl in Produktnotation als auch in Polynomnotation bereits oben gegeben.

4) Wir wählen als irreduzibles Polynom das Polynom $h(x) \equiv_2 x^3 + x + 1$. Dann wird die vorgeschriebene Polynommultiplikation modulo $h(x)$ durchgeführt.

Wir erhalten folgende Tabelle für $(\mathbb{Z}_2^3, \odot_2^{h(x)})$ in Polynomdarstellung (vergleiche mit der Additionstabelle auf Seite 209):

$\odot_2^{h(x)}$	0	1	x	$x+1$
0	0	0	0	0
1	0	1	x	$x+1$
x	0	x	x^2	x^2+x
$x+1$	0	$x+1$	x^2+x	x^2+1
x^2	0	x^2	$x+1$	x^2+x+1
x^2+1	0	x^2+1	1	x^2
x^2+x	0	x^2+x	x^2+x+1	1
x^2+x+1	0	x^2+x+1	x^2+1	x

$\odot_2^{h(x)}$	x^2	x^2+1	x^2+x	x^2+x+1
0	0	0	0	0
1	x^2	x^2+1	x^2+x	x^2+x+1
x	$x+1$	1	x^2+x+1	x^2+1
$x+1$	x^2+x+1	x^2	1	x
x^2	x^2+x	x	x^2+1	1
x^2+1	x	x^2+x+1	$x+1$	x^2+x
x^2+x	x^2+1	$x+1$	x	x^2
x^2+x+1	1	x^2+x	x^2	$x+1$

In Vektordarstellung erhalten wir für $(\mathbb{Z}_2^3, \odot_2^g)$:

$\odot_2^g$	$(0,0,0)$	$(0,0,1)$	$(0,1,0)$	$(0,1,1)$	$(1,0,0)$	$(1,0,1)$	$(1,1,0)$	$(1,1,1)$
$(0,0,0)$	$(0,0,0)$	$(0,0,0)$	$(0,0,0)$	$(0,0,0)$	$(0,0,0)$	$(0,0,0)$	$(0,0,0)$	$(0,0,0)$
$(0,0,1)$	$(0,0,0)$	$(0,0,1)$	$(0,1,0)$	$(0,1,1)$	$(1,0,0)$	$(1,0,1)$	$(1,1,0)$	$(1,1,1)$
$(0,1,0)$	$(0,0,0)$	$(0,1,0)$	$(1,0,0)$	$(1,1,0)$	$(0,1,1)$	$(0,0,1)$	$(1,1,1)$	$(1,0,1)$
$(0,1,1)$	$(0,0,0)$	$(0,1,1)$	$(1,1,0)$	$(1,0,1)$	$(1,1,1)$	$(1,0,0)$	$(0,0,1)$	$(0,1,0)$
$(1,0,0)$	$(0,0,0)$	$(1,0,0)$	$(0,1,1)$	$(1,1,1)$	$(1,1,0)$	$(0,1,0)$	$(1,0,1)$	$(0,0,1)$
$(1,0,1)$	$(0,0,0)$	$(1,0,1)$	$(0,0,1)$	$(1,0,0)$	$(0,1,0)$	$(1,1,1)$	$(0,1,1)$	$(1,1,0)$
$(1,1,0)$	$(0,0,0)$	$(1,1,0)$	$(1,1,1)$	$(0,0,1)$	$(1,0,1)$	$(0,1,1)$	$(0,1,0)$	$(1,0,0)$
$(1,1,1)$	$(0,0,0)$	$(1,1,1)$	$(1,0,1)$	$(0,1,0)$	$(0,0,1)$	$(1,1,0)$	$(1,0,0)$	$(0,1,1)$

Der Operator $\odot_2^g$ soll für die korrekte Multiplikation von Vektoren in Galoisfeldern zum Primkörper $\mathbb{Z}_2$ stehen.

Wir lösen nun von neuem die beim ersten Versuch in Beispiel 5.15 nicht erfüllte Aufgabe zum Distributivgesetz und stellen fest, dass das Gesetz jetzt erfüllt ist:

Beispiel 5.25

Anwendung des Distributivgesetzes auf Elemente aus Beispiel 5.14:

$$(1,0,0) \odot_2^g ((1,1,0) \oplus_2 (1,0,1)) \qquad\qquad = (1,0,0) \odot_2^g (0,1,1) = (1,1,1)$$
$$((1,0,0) \odot_2^g (1,1,0)) \oplus_2 ((1,0,0) \odot_2^g (1,0,1)) = (1,0,1) \oplus_2 (0,1,0) = (1,1,1)$$

Die Ergebnisse sind gleich, und das Distributivgesetz diesmal erfüllt.

Wir konstruieren als weiteres Beispiel die Verknüpfungstabellen für GF(9):

Beispiel 5.26

Wegen $9 = 3^2$ sind die Elemente für GF(9) mit $\mathbb{Z}_3^2$ zu identifizieren. Es handelt sich um alle Paare aus den Zahlen $0, 1, 2$.

Der Isomorphismus zu P_9 ist folgender:

$(\mathbb{Z}_3^2, \oplus_3)$	$(0,0)$	$(0,1)$	$(0,2)$	$(1,0)$	$(1,1)$	$(1,2)$	$(2,0)$	$(2,1)$	$(2,2)$
$(P_9, \oplus_3)$	0	1	2	x	$x+1$	$x+2$	$2x$	$2x+1$	$2x+2$

P_9 besteht aus allen linearen Polynomen modulo 3. Die entsprechende Additionstabelle wurde in Vektordarstellung bereits in Beispiel 5.4 angegeben und kann leicht auswendig nachvollzogen werden: Es handelt sich um die elementweise Addition von Paaren, und gerechnet wird modulo 3.

Wir kommen zur Multiplikation:

Wir wählen als irreduzibles Polynom das Polynom $h(x) \equiv_3 x^2 + 1$. Dieses Polynom nimmt im Körper $\mathbb{Z}_3$ folgende Funktionswerte an:

$$h(0) \equiv_3 0^2 + 1 \equiv_3 1$$
$$h(1) \equiv_3 1^2 + 1 \equiv_3 2$$
$$h(2) \equiv_3 2^2 + 1 \equiv_3 2$$

$h(x)$ hat offensichtlich keine Nullstelle, und weil $h(x)$ nur den Grad 3 hat, ist es auch irreduzibel.

Für je zwei lineare Polynome wird die Multiplikation modulo $h(x)$ durchgeführt, und wir erhalten in Vektordarstellung für $(\mathbb{Z}_3^2, \odot_3^g)$:

$\odot_3^g$	$(0,0)$	$(0,1)$	$(0,2)$	$(1,0)$	$(1,1)$	$(1,2)$	$(2,0)$	$(2,1)$	$(2,2)$
$(0,0)$	$(0,0)$	$(0,0)$	$(0,0)$	$(0,0)$	$(0,0)$	$(0,0)$	$(0,0)$	$(0,0)$	$(0,0)$
$(0,1)$	$(0,0)$	$(0,1)$	$(0,2)$	$(1,0)$	$(1,1)$	$(1,2)$	$(2,0)$	$(2,1)$	$(2,2)$
$(0,2)$	$(0,0)$	$(0,2)$	$(0,1)$	$(2,0)$	$(2,2)$	$(2,1)$	$(1,0)$	$(1,2)$	$(1,1)$
$(1,0)$	$(0,0)$	$(1,0)$	$(2,0)$	$(0,2)$	$(1,2)$	$(2,2)$	$(0,1)$	$(1,1)$	$(2,1)$
$(1,1)$	$(0,0)$	$(1,1)$	$(2,2)$	$(1,2)$	$(2,0)$	$(0,1)$	$(2,1)$	$(0,2)$	$(1,0)$
$(1,2)$	$(0,0)$	$(1,2)$	$(2,1)$	$(2,2)$	$(0,1)$	$(1,0)$	$(1,1)$	$(2,0)$	$(0,2)$
$(2,0)$	$(0,0)$	$(2,0)$	$(1,0)$	$(0,1)$	$(2,1)$	$(1,1)$	$(0,2)$	$(2,2)$	$(1,2)$
$(2,1)$	$(0,0)$	$(2,1)$	$(1,2)$	$(1,1)$	$(0,2)$	$(2,0)$	$(2,2)$	$(1,0)$	$(0,1)$
$(2,2)$	$(0,0)$	$(2,2)$	$(1,1)$	$(2,1)$	$(1,0)$	$(0,2)$	$(1,2)$	$(0,1)$	$(2,0)$

Nach Satz 5.11 gilt: $(\mathbb{Z}_3^2 \setminus \{(0,0)\}, \odot_3^g) \cong (\mathbb{Z}_8, \oplus_8)$. Man sieht der in Beispiel 5.26 gegebenen Multiplikationstabelle aber nicht auf den ersten Blick an, dass sie zyklisch ist, also ein Element der Ordnung 8 besitzt.

Dieses wird durch Ausprobieren bestimmt:

1. $(0,1)$ ist das neutrale Element, hat also die Ordnung 1.

2. Der nächste Kandidat für ein erzeugendes Element, $(0,2)$, hat nur die Ordnung 2: $(0,2)^2 = (0,2) \odot_3^h (0,2) = (0,1)$.

3. Nach einem weiteren Fehlversuch mit $(1,0)$ wird man bei $(1,1)$ fündig: $(1,1)$ hat die Ordnung 8.

Über die nacheinander gebildeten Potenzen $(1,1), (1,1)^2, \ldots, (1,1)^8 = (0,1)$ erhält man den Isomorphismus:

$(\mathbb{Z}_3^2 \setminus \{(0,0)\}, \odot_3^g)$	$(1,1)$	$(2,0)$	$(2,1)$	$(0,2)$	$(2,2)$	$(1,0)$	$(1,2)$	$(0,1)$
$(\mathbb{Z}_8, \oplus_8)$	1	2	3	4	5	6	7	0

Wir geben dieselbe Gruppentabelle wie in Beispiel 5.26 noch einmal mit den Elementen in dieser Reihenfolge an, lassen das Element $(0,0)$ weg und erhalten:

$\odot_3^g$	$(1,1)$	$(2,0)$	$(2,1)$	$(0,2)$	$(2,2)$	$(1,0)$	$(1,2)$	$(0,1)$
$(1,1)$	$(2,0)$	$(2,1)$	$(0,2)$	$(2,2)$	$(1,0)$	$(1,2)$	$(0,1)$	$(1,1)$
$(2,0)$	$(2,1)$	$(0,2)$	$(2,2)$	$(1,0)$	$(1,2)$	$(0,1)$	$(1,1)$	$(2,0)$
$(2,1)$	$(0,2)$	$(2,2)$	$(1,0)$	$(1,2)$	$(0,1)$	$(1,1)$	$(2,0)$	$(2,1)$
$(0,2)$	$(2,2)$	$(1,0)$	$(1,2)$	$(0,1)$	$(1,1)$	$(2,0)$	$(2,1)$	$(0,2)$
$(2,2)$	$(1,0)$	$(1,2)$	$(0,1)$	$(1,1)$	$(2,0)$	$(2,1)$	$(0,2)$	$(2,2)$
$(1,0)$	$(1,2)$	$(0,1)$	$(1,1)$	$(2,0)$	$(2,1)$	$(0,2)$	$(2,2)$	$(1,0)$
$(1,2)$	$(0,1)$	$(1,1)$	$(2,0)$	$(2,1)$	$(0,2)$	$(2,2)$	$(1,0)$	$(1,2)$
$(0,1)$	$(1,1)$	$(2,0)$	$(2,1)$	$(0,2)$	$(2,2)$	$(1,0)$	$(1,2)$	$(0,1)$

Wie man leicht an der Tabellenstruktur sehen kann, ist diese Gruppe zyklisch.

Wer noch tiefer in das Gebiet der endlichen Körper einsteigen möchte, dem sei das Lehrbuch von Kurzweil [Kur08] empfohlen.

5.3 Anwendung endlicher Körper in Codierung und Kryptographie

Die Möglichkeit, alle endlichen Körper mit relativ einfachen Mitteln zu konstruieren, mag auf manchen Leser schon eine theoretische oder sogar ästhetische Faszination ausüben. Aber endliche Körper sind kein mathematischer Selbstzweck, sondern haben auch wichtige praktische Anwendungen.

In der Abspeicherung von Daten ist es wichtig, dass die dafür eingesetzten Codes fehlerkorrigierend sind, d.h. man soll erkennen, ob die codierte Darstellung plausibel ist, und man soll bei nicht zu großen Fehlern sogar erkennen, welche Daten durch diese fehlerhafte Codierung eigentlich gemeint waren. Wichtige Anwendungen dafür sind Audio-CDs für die fehlerfreie Übertragung von Musik oder Barcodes zum Scannen von Waren an der Kasse.

Eine weit verbreitete Klasse von fehlerkorrigierenden Codes sind Reed-Solomon-Codes. Diese benutzen zur Konstruktion Galoisfelder verschiedener Größe. Eine gute Referenz zum Nachlesen ist [Skl01].

Für die Kryptographie wurde bereits in Kapitel 4 die Ausnutzung der Schwierigkeit der Faktorisierung von Zahlen erwähnt. Nun gibt es zunehmend mathematische und technische Fortschritte, welche die Faktorisierung auch von größeren Zahlen bewerkstelligen. Daher werden in modernen Kryptosystemen andere Methoden verwendet, die schwieriger zu entschlüsseln sind. Sie basieren auf Rechenoperationen in endlichen Körpern.

In Chiffriersystemen will man Klartext in Chiffretext abbilden und umgekehrt. Die Chiffrierfunktionen erfordern es, dass man mit den Klartext- und Chiffretextelementen auch rechnen kann. Da die Elemente mit Vielfachen von Bytes dargestellt werden, rechnet man gerne mit 2^r Elementen, und für diese Größen gibt es jeweils endliche Körper. Der heutzutage wichtigste kryptographische Standard heißt AES. Viele auf diesem Standard basierende Verfahren rechnen mit Funktionen, die auf GF(256) definiert sind. Besonders populär ist hier insbesondere die Benutzung so genannter elliptischer Kurven.

Einen Überblick über solche Verfahren gibt [EL19].

5.4 Übungsaufgaben

Aufgabe 5.1

Konstruieren Sie einen Gruppoid, in dessen Verknüpfungstabelle in jeder Zeile und Spalte jedes Element genau einmal vorkommt, der aber keine Gruppe ist. Geben Sie an, welche Gruppenaxiome außer dem ersten noch erfüllt sind.

Hinweis: Bereits mit 3 Elementen können Sie ein Beispiel finden.

Aufgabe 5.2

Betrachten Sie die Menge $\{a, b\}$ und die Verknüpfung $+$ mit

$$a + a = a, \quad a + b = b, \quad b + a = a, \quad b + b = b$$

Warum ist das keine Gruppe? Geben Sie an, welche Gesetze verletzt sind.

Aufgabe 5.3

Überprüfen Sie das Assoziativgesetz in S_3 durch Zwischenrechnungen für:
$\rho_1 \circ \rho_1 \circ \sigma_r$.

Aufgabe 5.4

Betrachten Sie die Menge $\{f : \mathbb{R}-> \mathbb{R}, \quad f(x) = mx + b \quad \text{für } m,b \in \mathbb{R}\}$.

a) Zeigen Sie, dass diese Menge mit der elementweisen Addition eine abelsche Gruppe bildet, indem Sie alle Axiome konkret für allgemeine Elemente dieser Menge aufschreiben und ihre Gültigkeit in Worten oder formal begründen.

b) Zeigen Sie, dass diese Menge mit der elementweisen Multiplikation keine abelsche Gruppe bildet, indem Sie konkret ein Axiom angeben, das verletzt ist. Weisen Sie das durch ein Gegenbeispiel nach.

Aufgabe 5.5

Geben Sie bei folgenden Strukturen an, ob es sich um Gruppen handelt:

Falls ja, geben Sie an, ob es sich auch um eine abelsche Gruppe handelt und geben Sie das neutrale Element und für ein allgemeines Element sein Inverses an.

Falls nein, geben Sie das Gruppen-Axiom an, das verletzt wird.

a) $(\mathbb{Q}^+, \cdot)$ (Definition: $\mathbb{Q}^+ = \{x \in \mathbb{Q} | x > 0\}$)

b) $(\mathbb{Q}^-, \cdot)$ (Definition: $\mathbb{Q}^- = \{x \in \mathbb{Q} | x < 0\}$)

Aufgabe 5.6

Betrachten Sie die Gruppen $G_1 = (\mathbb{R}, +)$ und $G_2 = (\mathbb{R}^+, \cdot)$ (wobei $\mathbb{R}^+$ für die positiven reellen Zahlen ohne die Null steht).

Zeigen Sie, dass diese beiden Gruppen isomorph sind mit dem Isomorphismus:

$$I : \mathbb{R} \to \mathbb{R}^+ \quad, \text{wobei} \quad I(x) = e^x.$$

Hinweis: Zeigen Sie, dass I eine bijektive Abbildung ist und die Gruppenstruktur erhält, indem Sie die Isomorphiebedingungen nachprüfen. Dafür müssen Sie auch I^{-1} angeben.

Aufgabe 5.7

Konstruieren Sie eine Struktur $(M, \circ)$ mit einer Menge M aus 4 Elementen und einer Verknüpfungsoperation $\circ$, sodass in der Verknüpfungstabelle zwar in jeder Zeile und Spalte genau ein Element aus M steht, aber die Struktur dennoch keine Gruppe ist.

Hinweis: Versuchen Sie, das Assoziativgesetz zu verletzen!

Aufgabe 5.8

Geben Sie die Verknüpfungstabellen von $\oplus$ und $\odot$ für folgende Restklassengruppen an:

$$\mathbb{Z}_4, \ \mathbb{Z}_7 \ \text{und} \ \mathbb{Z}_8$$

Geben Sie zusätzlich für jedes Element das inverse Element an (falls es eins gibt).

Aufgabe 5.9

Geben Sie die Verknüpfungstabellen von $\odot$ für die folgenden primen Restklassengruppen an:

$$\mathbb{Z}_4^*, \ \mathbb{Z}_7^* \ \text{und} \ \mathbb{Z}_{12}^*$$

Aufgabe 5.10

a) Geben Sie die Tabelle der Gruppe $(\mathbb{Z}_9{}^*, \odot)$ an.

b) Warum darf die Primzahl 3 nicht in $(\mathbb{Z}_9{}^*, \odot)$ enthalten sein?

c) Zu welcher anderen Ihnen bekannten Gruppe ist $(\mathbb{Z}_9{}^*, \odot)$ isomorph? Geben Sie den Isomorphismus an.

Aufgabe 5.11

Geben Sie für die vierelementigen Gruppen $(\mathbb{Z}_8{}^*, \odot)$, $(\mathbb{Z}_{10}{}^*, \odot)$, $(\mathbb{Z}_4, \oplus)$ und $(\mathbb{Z}_2{}^2, \oplus)$ an, welche Gruppen isomorph sind. Tipp: Es sind jeweils zwei isomorph. Geben Sie die Isomorphismen an und begründen Sie, warum nicht alle vier Gruppen isomorph sein können.

Aufgabe 5.12

Geben Sie für die folgenden Elemente ihre Ordnung und die inversen Elemente an. Weisen Sie Ihre Behauptung durch Zwischenrechnungen nach.

a) $(2, 2, 0, 2) \in (\mathbb{Z}_5)^4$

b) $(2, 2, 3, 0, 2) \in (\mathbb{Z}_6)^5$

Folgern Sie aus diesen beiden Beispielen die Ordnung einer Gruppe der Form $\mathbb{Z}_n^r$ für allgemeine n, und r und begründen Sie Ihre Antwort.

Aufgabe 5.13

Geben Sie für jedes Element von $(\mathbb{Z}_3)^2$ die Ordnung an (ohne Nachweis).

Aufgabe 5.14

Finden Sie eine minimale Menge von Elementen aus $(\mathbb{Z}_2)^3$, welche die gesamte Gruppe erzeugt, und weisen Sie das nach.

Aufgabe 5.15

Überprüfen Sie in $\mathbb{Q}_6$ die Verknüpfungsergebnisse durch Nachrechnen von:

a) $(1 - x) \circ \frac{x-1}{x}$

b) $\frac{x-1}{x} \circ (1 - x)$

Aufgabe 5.16

Betrachten Sie folgende bijektive Abbildung f zwischen $(S_3, \circ)$ und $(\mathbb{Q}_6, \circ)$:

$$f(\rho_0) = x$$

$$f(\rho_1) = \frac{1}{1-x}$$

$$f(\rho_2) = \frac{x-1}{x}$$

$$f(\sigma_l) = \frac{1}{x}$$

$$f(\sigma_r) = \frac{x}{x-1}$$

$$f(\sigma_o) = 1-x$$

a) Zeigen Sie, dass f zwar ordnungserhaltend ist, aber dennoch kein Isomorphismus, weil die Gruppenoperationen nicht miteinander verträglich sind, wie von einem Isomorphismus gefordert.

Hinweis: Überlegen Sie sich, was bei den erzeugenden Elementen ρ_1 und σ_l für die Bilder $f(\rho_1)$ und $f(\sigma_l)$ und die jeweiligen Verknüpfungen gefordert wird.

b) Verändern Sie die Abbildung f, indem Sie $f(\rho_1)$ und $f(\sigma_l)$ beibehalten, aber die anderen Zuweisungen so vornehmen, dass f insgesamt einen Isomorphismus bildet.

Aufgabe 5.17

Außer den beiden Gruppen $(S_3, \circ)$ und $(\mathbb{Q}_6, \circ)$ aus der vorigen Aufgabe sind auf Seite 191 noch zwei weitere Gruppen mit 6 Elementen angegeben: $(\mathbb{Z}_6, \oplus_6)$ und $(\mathbb{Z}_9^*, \odot_9)$.

a) Identifizieren Sie noch drei weitere Gruppen mit 6 Elementen vom Typ $(\mathbb{Z}_n^*, \odot_n)$. Geben Sie die 6 Elemente jeweils explizit an.

b) Begründen Sie, warum diese neuen Gruppen alle zu einer der vier bereits bekannten Gruppen isomorph sind. Hinweis: Benutzen Sie dafür die Aussage von Satz 5.9.

Aufgabe 5.18

Versuchen Sie, einen Körper mit 4 Elementen zu konstruieren:

a) Zunächst belegen Sie die Erkenntnis, dass man aus einer zyklischen Additionsgruppe mit $m = p^r$ Elementen für $r > 1$ keinen Körper konstruieren kann (siehe die allgemeine Beschreibung auf Seite 204):
Gegeben sei die Gruppe $(\mathbb{Z}_4, \oplus_4)$.
Nehmen Sie die 0 aus dieser Gruppe heraus und konstruieren Sie aus den restlichen drei Elementen eine Multiplikationsgruppe $(\mathbb{Z}_4 \setminus \{0\}, \odot_4)$, wobei 1 das neutrale Element sein soll.
Zeigen Sie an einem Beispiel, dass diese beiden Gruppen das Distributivgesetz verletzen und die Struktur $(\mathbb{Z}_4, \oplus_4, \odot_4)$ offensichtlich kein Körper ist.

b) Konstruieren Sie den Körper GF(4) systematisch nach dem Verfahren auf Folie DM5-20 mit einem zulässigen Polynom und vergleichen Sie die Tabellen mit denen von der vorigen Aufgabe. Worin liegt der entscheidende Unterschied?

c) Verfahren Sie wie in b), aber verwenden Sie in unzulässiger Weise das reduzible Polynom $x^2 + 1$. Warum ist dieses Polynom unzulässig? Was fällt Ihnen an der Tabelle auf?

Aufgabe 5.19

a) Betrachten Sie den missglückten Versuch der Multiplikationstabelle für einen Körper mit 8 Elementen aus Beispiel 5.14, und weisen Sie mit einem anderen Beispiel als dem von Beispiel 5.15 nach, dass das Distributivgesetz verletzt ist.

b) Weisen Sie mit Ihrem Beispiel aus a) nach, dass das Distributivgesetz für die korrigierte Multiplikationsgruppe in Beispiel 5.24 erfüllt ist.

Aufgabe 5.20

Schreiben Sie die Elemente der Multiplikationsgruppe für GF(8) aus Beispiel 5.24 in den Zeilen und Spalten in einer solchen Reihenfolge auf, dass man auf den ersten Blick sieht, dass die Gruppentafel zyklisch ist.

Hinweis:
Beachten Sie die analoge Konstruktion auf Seite 221 für GF(9).

Aufgabe 5.21

Weisen Sie die Korrektheit der Additions- und Multiplikationstabelle von GF(9) exemplarisch anhand der folgenden Beispiele nach:

   a) $5 + 4$

   b) $5 * 4$

   c) $7 + 7$

   d) $7 * 2$

   e) $8 + 2$

   f) $8 * 2$

Nutzen Sie bei Bedarf das irreduzible Polynom $x^2 + 1$.

   g) Führen Sie die Gültigkeit des Distributivgesetzes an einem Beispiel vor (ohne Benutzung neutraler Elemente).

Aufgabe 5.22

Untersuchen Sie, ob es zu den folgenden Zahlen einen Körper mit dieser Anzahl von Elementen gibt. Falls ja, geben Sie die Elemente in Vektor- oder Polynomschreibweise an. Falls nein, begründen Sie Ihre Antwort.

   a) 13

   b) 16

   c) 21

   d) 100

Aufgabe 5.23

   a) Geben Sie alle Elemente aus GF(16) in Polynomschreibweise an.

   b) Berechnen Sie $(x^2 + x) * (x^3 + 1)$: Finden Sie dafür ein geeignetes irreduzibles Polynom, und weisen Sie die Irreduzibilität explizit nach.

Aufgabe 5.24

a) Berechnen Sie das Polynom $(3x^4 + 4x^3 + 2x)$ modulo $(x^3 + x + 4)$ in $\mathbb{Z}_7[x]$.

b) Für welchen Körper ist diese Berechnung relevant?

c) Welche Bedingung muss erfüllt sein, damit Sie diese Rechnung hier zur Erstellung einer Multiplikationstabelle verwenden können? Ist diese Bedingung hier erfüllt? Begründung Sie das.

Aufgabe 5.25

Untersuchen Sie den Körper mit 343 Elementen und vergleichen Sie Ihre Resultate mit einem der zur Verfügung stehenden Programme über Endliche Körper (herunterzuladen von der Seite: http://intern.fh-wedel.de/mitarbeiter/iw/software/).

a) Geben Sie ein geeignetes irreduzibles Polynom an, und weisen Sie die Irreduzibilität explizit nach.
   Hinweis: Arbeiten Sie mit möglichst kleinen Koeffizienten. Man findet schnell einen geeigneten Kandidaten.

b) Überprüfen Sie das Resultat von $200 + 300$, indem Sie die Vektoraddition explizit durchführen.

c) Überprüfen Sie das Resultat von $200 * 300$, indem Sie die Polynommultiplikation und anschließende Reduktion explizit durchführen.

d) Überprüfen Sie wie eben das Resultat von $45 * 40$.

e) Überprüfen Sie die Resultate von $200 - 300$ und $200/300$, indem Sie diese mit jeweils einer anderen Operation im selben Programm überprüfen. Geben Sie diese Operationen jeweils an.

6 Kombinatorik

Die Kombinatorik befasst sich im weiteren Sinne mit der Theorie der endlichen Mengen und im engeren Sinne mit der Anzahl der Elemente von endlichen Mengen mit vorgegebenen Eigenschaften. Typische Fragen der Kombinatorik sind „Auf wie viele verschiedene Weisen kann man aus einer n-elementigen Menge M k-elementige Teilmengen auswählen?" oder „Wie viele Worte mit 5 Buchstaben lassen sich aus unserem Alphabet bilden?"

In der Schule werden solche Fragen häufig unter dem Titel „Wahrscheinlichkeitsrechnung" untersucht. Das liegt daran, dass in der Wahrscheinlichkeitsrechnung Vereinigungen und Schnittmengen von „Ereignismengen" gebildet werden müssen, deren Mächtigkeit die Wahrscheinlichkeit bestimmt. Wenn die Mengen endlich sind, müssen sie also abgezählt werden. Aus diesem Grund findet man für Kombinatorik auch die Bezeichnung „Abzähltheorie".

6.1 Zählformeln für endliche Mengen

In vielen Anwendungen ist es von Interesse, zu endlichen Mengen mit einer vorgegebenen Anzahl von Elementen die Anzahl der Elemente zu untersuchen, die sich aus Verknüpfungen der endlichen Mengen ergeben. Wie in Abschnitt 2.3.3 bezeichnen wir die Anzahl der Elemente einer endlichen Menge M mit $|M|$.

6.1.1 Disjunkte Vereinigungen und Mengenprodukte

Satz 6.1

Seien M und N zwei beliebige endliche Mengen. Dann gilt:

1) Wenn $M \cap N = \emptyset$, dann ist $|(M \cup N)| = |M| + |N|$.

2) $|(M \times N)| = |M| \cdot |N|$.

Beweis:

Die Beweise werden nach dem Grundprinzip der vollständigen Induktion geführt (Satz 3.4), wobei die Induktionsvariable n die Anzahl der Elemente der Menge

© Springer Fachmedien Wiesbaden GmbH, ein Teil von Springer Nature 2021
S. Iwanowski und R. Lang, *Diskrete Mathematik mit Grundlagen*,
https://doi.org/10.1007/978-3-658-32760-6_6

N ist. M sei eine beliebige Menge mit m Elementen, wobei m beliebig ist: m ist keine Variable, nach der die Induktion geführt wird. Induktionsverankerung und Induktionsschluss müssen also für jedes $m \in \mathbb{N}$ gelten.

zu 1) **Induktionsverankerung:** Sei $|N| = 0$, d.h. $N = \emptyset$. Dann gilt
$M \cup N = M$ und $|(M \cup N)| = |M| = |M| + 0 = |M| + |N|$.   q.e.d.

Induktionsschluss von n auf $n + 1$: Die Aussage sei richtig für jede Menge M mit m Elementen und N mit n Elementen mit $M \cap N = \emptyset$,
d.h. $|(M \cup N)| = m + n$.

Es ist zu zeigen, dass dann auch für eine Menge N_1 mit $n + 1$ Elementen mit $M \cap N_1 = \emptyset$ gilt: $|(M \cup N_1)| = m + n + 1$.

Es sei x ein beliebiges Element aus N_1 (ein solches muss existieren, weil N_1 mindestens 1 Element hat). Wir betrachten die Menge $N = N_1 \setminus \{x\}$. N hat offensichtlich n Elemente und es gilt auch $M \cap N = \emptyset$, sodass die Induktionsannahme gilt: $|(M \cup N)| = m + n$. $M \cup N_1$ hat ein Element mehr als $M \cup N$, nämlich das Element x. Das folgt aus der Tatsache, dass x weder in N liegt (nach Konstruktion von N) noch in M (wegen $M \cap N_1 = \emptyset$). Damit hat $M \cup N_1$ genau $m + n + 1$ Elemente.   q.e.d.

zu 2) **Induktionsverankerung** : Sei $|N| = 0$, d.h. $N = \emptyset$. Dann gilt $M \times N = M \times \emptyset = \emptyset$. Also ist $|(M \times N)| = 0 = |M| \cdot 0 = |M| \cdot |N|$.   q.e.d.

Induktionsschluss von n auf $n + 1$: Die Aussage sei richtig für jede Menge M mit m Elementen und N mit n Elementen, d.h. $|(M \times N)| = m \cdot n$.

Es ist zu zeigen, dass dann auch für eine Menge N_1 mit $n + 1$ Elementen gilt: $|(M \times N_1)| = m \cdot (n + 1)$.

Es sei x ein beliebiges Element aus N_1 (ein solches muss existieren, weil N_1 mindestens 1 Element hat). Wir betrachten die Menge $N = N_1 \setminus \{x\}$. N hat offensichtlich n Elemente, sodass die Induktionsannahme gilt: $|(M \times N)| = m \cdot n$. Die Menge $M \times N_1$ enthält außer allen Elementen der Menge $M \times N$ noch die m geordneten Paare (a, x) mit $a \in M$, welche in $M \times N$ nicht enthalten sind, weil $x \notin N$.

Also gilt $(M \times N_1) = (M \times N) \cup \{(a, x) : a \in M\}$
und $(M \times N) \cap \{(a, x) : a \in M\} = \emptyset$.

Wir können damit Teil 1) des Satzes anwenden und die Elemente zusammenzählen:

$$|(M \times N_1)| = |(M \times N)| + |\{(a, x) : a \in M\}| = m \cdot n + m = m \cdot (n + 1).$$ ∎

Satz 6.1 läßt sich problemlos übertragen von 2 auf k Mengen:

Korollar 6.2

Seien $M_1, M_2, \ldots M_k$ beliebige endliche Mengen. Dann gilt:

1) $|(M_1 \cup M_2 \cup \ldots \cup M_k)| = \sum\limits_{i=1}^{k} |M_i|$,

wenn die Mengen $M_1, M_2, \ldots M_k$ paarweise disjunkt sind,

2) $|(M_1 \times M_2 \times \ldots \times M_k)| = \prod\limits_{i=1}^{k} |M_i|$

ohne weitere Vorbedingungen.

Der Beweis dieses Satzes wird mit vollständiger Induktion über k geführt.

Teil 2) dieses Satzes ergibt den folgenden Spezialfall:

Korollar 6.3

Sei M eine beliebige endliche Menge mit n Elementen. Dann gilt:

$$|(M \times \ldots \times M)| = n^k.$$

Korollar 6.3 gibt also die Zahl der k-Tupel an, die aus Elementen der Menge M gebildet werden können. Ein k-Tupel entspricht der k-fachen Auswahl eines Elements aus M, wobei jedes Mal das Element wieder in M zurückgelegt wird. n^k ist also die Anzahl der Möglichkeiten, hintereinander k Elemente aus einer n-elementigen Menge auszuwählen, wobei jedes Mal das ausgewählte Element wieder zurückgelegt wird. Eine solche Auswahl wird auch **Kombination** genannt.

6.1.2 Permutationen

Eine **Permutation**[1] beschreibt dagegen die Möglichkeit, hintereinander n Elemente aus einer n-elementigen Menge auszuwählen, wobei das jeweils ausgewählte Element **nicht** wieder zurückgelegt wird.

Während jedes k-Tupel einer n-elementigen Menge als Kombination interpretiert werden kann, muss bei einer Permutation gelten $k = n$, d.h. die Anzahl der Stellen des Tupels ist gleich der Anzahl der Elemente, und im Unterschied zu beliebigen Tupeln darf jedes Element der Menge nur genau einmal vorkommen.

---

[1] lat. für „Vertauschung"

Eine Permutation ist also ein n-Tupel aus n *verschiedenen* Elementen.

Wie bei allen Tupeln kommt es auch bei Permutationen auf die Reihenfolge der Elemente an.

Beispiel 6.1

Für die Elemente der Menge $M = \{a, b, c\}$ gibt es die folgenden Permutationen:
$$(a, b, c), (a, c, b), (b, a, c), (b, c, a), (c, a, b), (c, b, a).$$

Für eine Menge M mit 3 Elementen gibt es offenbar 6 verschiedene Permutationen. Für eine 4-elementige Menge sind es 24 Permutationen.

Die Menge aller Permutationen einer Menge M bezeichnen wir mit $\Pi(M)$.

Satz 6.4

Die Anzahl der verschiedenen Permutationen einer Menge M mit n Elementen ist $n!$.

Beweis durch vollständige Induktion über n:

Induktionsverankerung für $n = 1$:
Für die einelementige Menge $M = \{x\}$ gibt es genau die eine Permutation (x).
$1! = 1$.   q.e.d.

Induktionsschluss von n auf $n + 1$:
Wir setzen voraus, dass es zu einer beliebigen Menge M mit $n \geq 1$ Elementen $n!$ Permutationen gibt, und müssen zeigen, dass es dann zu einer Menge M_1 mit $n + 1$ Elementen $(n + 1)!$ Permutationen gibt.

Sei also M_1 eine beliebige Menge mit $n + 1$ Elementen.
Wie viele $(n + 1)$-Tupel können wir bilden unter der Voraussetzung, dass jedes Element aus M_1 nur genau einmal vorkommen darf?

Für die erste Position des $n + 1$-Tupels gibt es sicherlich $n + 1$ Möglichkeiten, denn jedes Element $x \in M_1$ kommt in Frage. Sei nun $x \in M_1$ fest gewählt. Dann kommen für die übrigen n Positionen nur noch die Elemente aus $M_x := M_1 \backslash \{x\}$ in Frage. Es gibt hierfür so viele Möglichkeiten, wie es Permutationen von M_x gibt, und das sind nach Induktionsannahme $n!$ Möglichkeiten. Zusammen mit den $n + 1$ Möglichkeiten für die Besetzung der ersten Position erhalten wir also insgesamt $(n + 1) \cdot n! = (n + 1)!$ Möglichkeiten.   ∎

6.1.3 Inklusion und Exklusion bei beliebigen Vereinigungen

Wenn in Satz 6.1 nicht mehr die Voraussetzung erfüllt ist, dass die Mengen M und N disjunkt sind, dann ergibt sich die Mächtigkeit der Vereinigungsmenge auf folgende Weise:

Satz 6.5

Seien M und N zwei beliebige endliche Mengen. Dann gilt:

$$|(M \cup N)| = |M| + |N| - |(M \cap N)|.$$

Zum Beweis ist hier nur zu sagen, dass die in der Schnittmenge liegenden Elemente doppelt gezählt werden, einmal in $|M|$ und einmal in $|N|$. Also muss ihre Anzahl einmal subtrahiert werden.

Für drei Mengen M_1, M_2, M_3 gilt entsprechend:

Satz 6.6

Seien M_1, M_2, M_3 drei beliebige endliche Mengen. Dann gilt:

$$
\begin{aligned}
|(M_1 \cup M_2 \cup M_3)| \;=\;& |M_1| + |M_2| + |M_3| - |(M_1 \cap M_2)| \\
& - |(M_1 \cap M_3)| - |(M_2 \cap M_3)| + |(M_1 \cap M_2 \cap M_3)|
\end{aligned}
$$

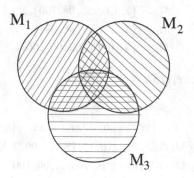

Abbildung 6.1: Abzählung der Elemente von nichtdisjunkten Mengen

Für den allgemeinen Fall gilt:

Satz 6.7 (Prinzip der Inklusion und Exklusion, Siebformel)

Seien $M_1, M_2, \ldots, M_n$ *beliebige endliche Mengen. Dann gilt:*

$$|(M_1 \cup M_2 \cup \ldots \cup M_n)| = \sum_{1 \leq i \leq n} |M_i| - \sum_{1 \leq i < j \leq n} |(M_i \cap M_j)|$$
$$+ \sum_{1 \leq i < j < k \leq n} |(M_i \cap M_j \cap M_k)|$$
$$+ \ldots\ldots\ldots\ldots\ldots\ldots\ldots\ldots\ldots\ldots\ldots\ldots\ldots$$
$$+ (-1)^{n+1} |(M_1 \cap M_2 \cap \ldots \cap M_n)|$$

Der Beweis wird formal zum Beispiel in [MN07] oder [Ste07] geführt. Der Name **Siebformel** kommt von der Vorstellung, dass man zuerst die Elemente nur einer Menge endgültig betrachtet, dann die von genau 2 Mengen, usw.

Beispiel 6.2

Man bestimme die Anzahl der natürlichen Zahlen zwischen 1 und 100, die durch 2, 3 oder durch 5 teilbar sind.

Dazu bestimmen wir zunächst die Mengen der einzelnen Teiler:

$$M_2 = \{2, 4, 6, \ldots, 98, 100\},$$
$$M_3 = \{3, 6, 9, \ldots, 96, 99\},$$
$$M_5 = \{5, 10, 15, \ldots, 95, 100\}.$$

Gesucht ist $|(M_2 \cup M_3 \cup M_5)|$.

Es gilt:

$$|M_2| = 50, \quad |M_3| = 33, \quad |M_5| = 20,$$
$$|(M_2 \cap M_3)| = |\{6, 12, 18, \ldots, 90, 96\}| = 16,$$
$$|(M_2 \cap M_5)| = |\{10, 20, \ldots, 90, 100\}| = 10,$$
$$|(M_3 \cap M_5)| = |\{15, 30, \ldots, 90\}| = 6,$$
$$|(M_2 \cap M_3 \cap M_5)| = |\{30, 60, 90\}| = 3.$$

Nach Satz 6.6 gilt: $|(M_2 \cup M_3 \cup M_5)| = 50 + 33 + 20 - 16 - 10 - 6 + 3 = 74$.

6.1.4 Anzahl von Teilmengen

In Abschnitt 2.1.4 wurde die Potenzmenge $\mathcal{P}(M)$ als die Menge aller Teilmengen von M eingeführt und erwähnt, dass diese 2^n Elemente enthält, wenn M aus n Elementen besteht. Die letzte Aussage ist eine Abzählaussage und gehört damit in dieses Kapitel. Da die vollständige Induktion erst später erklärt wurde, konnte der Satz in Kapitel 2 noch nicht bewiesen werden, was an dieser Stelle nachgeholt wird.

Satz 6.8

Die Potenzmenge $\mathcal{P}(M)$ einer n-elementigen Menge M hat 2^n Elemente.

Beweis mit vollständiger Induktion über n:

Induktionsverankerung für $n = 0$:
Die einzige Menge mit 0 Elementen ist die leere Menge $\emptyset$, und die Anzahl der Elemente von $\mathcal{P}(\emptyset) = \{\emptyset\}$ ist $1 = 2^0$. q.e.d.

Induktionsschluss von n auf $n + 1$:
Wir dürfen voraussetzen, dass eine Menge N mit n Elementen 2^n Teilmengen hat. Es ist zu zeigen, dass dann eine Menge N_1 mit $n + 1$ Elementen 2^{n+1} Teilmengen hat.

Sei N_1 also eine beliebige Menge mit $n + 1$ Elementen. Da $n \geq 0$, ist N_1 nicht die leere Menge. Sei $x \in N_1$ ein beliebiges Element von N_1. Dann gilt für jede Teilmenge $T_1 \subseteq N_1$ trivialerweise einer der beiden Fälle:

  1. $x \notin T_1$

  2. $x \in T_1$

Sei $N = N_1 \setminus \{x\}$. Dann ist N eine Menge mit n Elementen. Diese hat nach Induktionsannahme 2^n Teilmengen. Diese sind nach Konstruktion genau die Teilmengen von Fall 1.

Wie viele Teilmengen gibt es in Fall 2? Nach Konstruktion sind die Teilmengen in Fall 2 die Mengen der Form $\{x\} \cup T$, wobei $T \subseteq N$. Von diesen gibt es also so viele, wie es Teilmengen von N gibt, und das sind nach dem eben Festgestellten 2^n Teilmengen.

Insgesamt hat N also $2^n + 2^n = 2^{n+1}$ Teilmengen. ∎

Im Folgenden betrachten wir die Frage, wie viele Teilmengen einer n-elementigen Menge es gibt, die genau k Elemente haben. Die daraus resultierende Zahl hat eine interessante Anwendung in der Algebra, nämlich die binomische Formel.

Um die gesuchte Anzahl zu errechnen, ist es sinnvoll, zunächst eine einfachere Frage zu stellen: Gegeben sei eine n-elementige Menge: Wie viele Permutationen mit genau k Elementen kann man aus dieser Menge bilden?

Satz 6.9

Sei M eine Menge mit n Elementen. Dann beträgt die Anzahl der k-Tupel aus verschiedenen Elementen genau dieser Menge ($k \leq n$):

$$\prod_{i=1}^{k}(n-i+1) = n \cdot (n-1) \cdot \ldots \cdot (n-k+1)$$

Beweis:

Informell ist die Idee folgende: Es gibt bei der Bildung eines k-Tupels ohne Zurücklegen für die erste Position n Möglichkeiten, ein Element auszuwählen, für die zweite nur noch $n-1$, usw. bis zur k-ten Position, wo es nur noch $n-k+1$ Möglichkeiten gibt.

Die Gesamtzahl der Möglichkeiten erhält man durch Multiplikation dieser Einzelmöglichkeiten.

Formal geht der Beweis mit vollständiger Induktion über k. Wir überlassen die Details als Übungsaufgabe. ∎

Setzt man in Satz 6.9 $k = n$, erhält man genau $n!$. Satz 6.9 ist also eine Verallgemeinerung von Satz 6.4.

Betrachtet man die Anzahl der k-elementigen Teilmengen einer n-elementigen Menge, so stellt man fest, dass alle Permutationen, die aus denselben k Elementen der n-elementigen Menge gebildet werden, zur selben Teilmenge gehören. Nach Satz 6.4 gibt es davon $k!$ Stück.

Wir erhalten damit den folgenden Satz:

Satz 6.10

Gegeben sei eine Menge M mit n Elementen. Dann beträgt die Anzahl der k-elementigen Teilmengen ($k \leq n$):

$$\frac{\prod_{i=1}^{k}(n-i+1)}{k!} = \frac{n \cdot (n-1) \cdot \ldots \cdot (n-k+1)}{1 \cdot 2 \cdot 3 \cdot \ldots \cdot k}$$

Der eben entwickelte Term hat eine eigene Bezeichnung und Schreibweise:

Definition 6.1 *Zu n und k heißt der* Binomialkoeffizient*:*

$$\binom{n}{k} := \frac{\prod_{i=1}^{k}(n-i+1)}{k!} = \frac{n \cdot (n-1) \cdot \ldots \cdot (n-k+1)}{1 \cdot 2 \cdot 3 \cdot \ldots \cdot k}$$

Die Bezeichnung **Binomialkoeffizient** kommt aus folgender Beobachtung in der Algebra:

Aus der Schule kennen wir den Term $(x+y)^2$ als binomischen[2] Term. Das ist aber nur ein Spezialfall des allgemeinen binomischen Terms $(x+y)^n$ für beliebige natürlichzahlige Exponenten n. Analog zur allgemein bekannten binomischen Formel für Exponent 2, $(x+y)^2 = x^2 + 2xy + y^2$, stellt sich die Frage, wie das ausmultiplizierte Ergebnis des allgemeinen binomischen Terms aussieht.

Man stellt folgende Analogie zur Mengenlehre fest:

$(x+y)^n$ ist das Produkt von n Termen der Form $(x+y)$. Nach dem Distributivgesetz besteht das ausmultiplizierte Ergebnis von $(x+y)^n$ aus einer Summe von Produkten, in denen ein Term der Form x^i mit einem Term der Form y^j multipliziert wird, wobei die Exponenten i und j zwischen 0 und n liegen und $i+j = n$. Die Summanden haben also alle die Form $x^k \cdot y^{n-k}$. Wie viele gibt es davon?

Das ist jetzt ein mengentheoretisches Auswahlproblem: Man muss aus irgendwelchen k der n Terme der Form $(x+y)$ das x auswählen und aus den restlichen $n-k$ Termen das y. Wie viele solche Möglichkeiten gibt es?

Wir fragen also nach der Anzahl der k-elementigen Teilmengen (denen, aus denen wir das x auswählen) einer n-elementigen Menge (alle Faktoren von $(x+y)^n$) und erhalten mit Satz 6.10 und der in 6.1 gegebenen Definition:

Satz 6.11 (Binomische Formel für beliebige Exponenten)

$$(x+y)^n = \sum_{k=0}^{n} \binom{n}{k} \cdot x^k \cdot y^{n-k}$$

Die zuvor gemachten Bemerkungen dienen als informeller Beweis für diesen Satz.

---

[2] binomisch(griechisch): Gesetz für zwei

6.1.5 Rechnen mit Binomialkoeffizienten

Zwischen verschiedenen Binomialkoeffizienten gelten die folgenden Zusammenhänge:

1. Es gilt stets:

$$\binom{n}{k} = \binom{n}{n-k}. \tag{6.1}$$

2. Als Spezialfall von 6.1 ergibt sich:

$$\binom{n}{n} = \binom{n}{0} = 1. \tag{6.2}$$

3. Seien $k, n \in \mathbb{N}$ und $1 \leq k \leq n$. Dann gilt:

$$\binom{n}{k} = \binom{n-1}{k-1} + \binom{n-1}{k}. \tag{6.3}$$

4. **VANDERMONDsche Gleichung:**   Seien $m, n, k \in \mathbb{N}$, $k \leq m$ und $n \leq m$. Dann gilt:

$$\binom{m+n}{k} = \sum_{i=0}^{k} \binom{m}{i} \cdot \binom{n}{k-i}. \tag{6.4}$$

5.   Für alle natürlichen Zahlen $n, k \in \mathbb{N}$ gilt:

$$\binom{n+1}{k+1} = \sum_{i=0}^{n} \binom{i}{k}. \tag{6.5}$$

6.   Für alle natürlichen Zahlen $k, n \in \mathbb{N}$ mit $k \leq n$ gilt:

$$\binom{n+1}{k} = \sum_{i=0}^{n} \binom{n-i}{k-i}. \tag{6.6}$$

7.   Für alle natürlichen Zahlen $n \in \mathbb{N}$ gilt:

$$\sum_{j=0}^{n} (-1)^j \cdot \binom{n}{j} = 0. \tag{6.7}$$

8.   Für alle natürlichen Zahlen $n \in \mathbb{N}$ gilt:

$$\sum_{j=0}^{n} \binom{n}{j} = 2^n. \tag{6.8}$$

Die ersten 3 Eigenschaften können direkt über die folgende Formel bewiesen werden:

$$\binom{n}{k} = \frac{n \cdot (n-1) \cdot \ldots \cdot (n-k+1)}{1 \cdot 2 \cdot 3 \cdot \ldots \cdot k} = \frac{n!}{k! \cdot (n-k)!} \qquad (6.9)$$

Diese Formel erhält man direkt aus der Definition durch Erweiterung von Zähler und Nenner mit $(n-k)!$.

Die Summenbeweise ab (6.4) erfordern mehr Rechentechnik und werden hier nicht behandelt. Einige sind z.B. in [MM15] zu finden.

Mit Hilfe der Formeln (6.2) und (6.3) kann man für aufsteigendes n zeilenweise das so genannte **Pascalsche Dreieck** zur Berechnung der Binomialkoeffizienten erstellen:

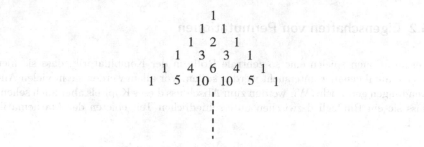

Abbildung 6.2: Pascalsches Dreieck

Offensichtlich spielen die beiden Terme $n!$ und $\binom{n}{k}$ eine wichtige Rolle in der Kombinatorik. Beide Terme wachsen mit größerem n sehr stark, was aus den folgenden Abschätzungen ersichtlich wird:

Satz 6.12 (Stirlingsche Formel)

Für alle natürlichen Zahlen n gilt:

$$\sqrt{2\pi n} \cdot \left(\frac{n}{e}\right)^n \leq n! \leq \sqrt{2\pi n} \cdot \left(\frac{n}{e}\right)^{n+\frac{1}{12n}}. \qquad (6.10)$$

Ein formaler Beweis kann zum Beispiel in [GKP94] gefunden werden.

Der Term $n!$ kann also von anderen Termen eingekesselt werden, die jeweils beide n im Exponenten haben. Diese Terme sind extrem stark wachsend mit wachsendem n. Damit hat auch $n!$ ein solches exponentielles Wachstum.

Satz 6.13

Für alle natürlichen Zahlen $n, k \in \mathbb{N}$ mit $1 \leq k \leq n$ gilt:

$$\left(\frac{n}{k}\right)^k \leq \binom{n}{k} \leq \left(\frac{e \cdot n}{k}\right)^k . \tag{6.11}$$

Ein formaler Beweis kann zum Beispiel in [MM15] gefunden werden.

Der Term $\binom{n}{k}$ kann also von anderen Termen eingekesselt werden, die jeweils beide k im Exponenten haben. Andererseits wird die Basis mit wachsendem k verringert. Bei $k = \frac{n}{2}$ ist die Basis konstant, während n im Exponenten steht. Zumindest für mittlere k hat der Term $\binom{n}{k}$ also auch exponentielles Wachstum.

6.2 Eigenschaften von Permutationen

Permutationen spielen eine so zentrale Rolle in der Kombinatorik, dass sie hier noch einmal genauer untersucht werden sollen. Vor allem werden sie in vielen Anwendungen gebraucht. Wir werden zum Abschluss dieses Kapitels aber auch sehen, dass sie ein Bindeglied zwischen unterschiedlichen Teilgebieten der Mathematik sind.

6.2.1 Die verschiedenen Darstellungsarten von Permutationen

In Kapitel 6.1.2 haben wir eine Permutation als ein n-Tupel einer n-elementigen Menge eingeführt, in dem die Elemente alle genau einmal vorhanden, aber in einer beliebigen Reihenfolge aufgelistet sind.

Man kann das Element, das an Position i in diesem Tupel steht, auch als Funktionswert $f(i)$ auffassen. Die dadurch definierte Funktion ist offenbar bijektiv, denn jedes Element kommt genau einmal als Funktionswert vor.

Nun können wir der Einfachheit halber die n-elementige Menge M mit $\{1, \ldots, n\}$ bezeichnen. Damit läßt sich eine Permutation beschreiben durch eine bijektive Funktion $f : M \longleftrightarrow M$ mit folgender Abbildungstabelle:

$$f = \begin{pmatrix} 1 & 2 & 3 & \ldots & n \\ f(1) & f(2) & f(3) & \ldots & f(n) \end{pmatrix} \tag{6.12}$$

Wir nennen eine solche Darstellung die **Permutationstabelle** .

Beispiel 6.3

Ein Beispiel für die Permutation einer 8-elementigen Menge ist:

$$f_0 = \begin{pmatrix} 1 & 2 & 3 & 4 & 5 & 6 & 7 & 8 \\ 3 & 6 & 4 & 7 & 2 & 8 & 1 & 5 \end{pmatrix}$$

Man kann bei kleineren Mengen auch auf die Angabe der Indizes in der oberen Zeile verzichten und erhält die **Anordnungsschreibweise**:

$$f(1)\, f(2)\, f(3)\, \dots\, f(n)$$

Für Beispiel 6.3 ergibt sich:

$$f_0 = 3\,6\,4\,7\,2\,8\,1\,5 \tag{6.13}$$

Permutationstabellen sind übersichtlich, aber verbrauchen viel Platz, während die platzsparendere Anordnungsschreibweise bei längeren Permutationen zu unübersichtlich ist: Man weiß dann nicht mehr, von welchem Index das dargestellte Element der Funktionswert ist.

Die **Zyklenschreibweise** vereint die Vorteile von Permutationstabelle und Anordnungsschreibweise auf folgende Weise:

Für jede Permutation wird nur eine Zeile geschrieben, die aus den Zyklen der Permutation besteht. Ein **Zyklus** beginnt mit einem beliebigen Element und fügt weitere Elemente an, sodass das nächste Element stets das Bild des vorangegangen Elements ist. Ein Zyklus wird geschlossen, wenn das nächste Element im Zyklus wieder das erste ergibt.

Wir führen das am Beispiel 6.3 vor:

Aus der Permutationstabelle kann man folgenden Zyklus entnehmen: $f_0(1) = 3$ und $f_0(3) = 4$ und $f_0(4) = 7$ und $f_0(7) = 1$. Damit ist das 1. Element wieder erreicht. Dafür können wir kurz schreiben:

$$(1\,3\,4\,7) \tag{6.14}$$

Die Kurzschreibweise eines Zyklus wird immer in Klammern dargestellt, um sie von der klammerlosen Darstellung der Anordnungsschreibweise (siehe 6.13) zu unterscheiden.

Ganz entsprechend starten wir mit dem Wert 2, bilden sukzessive Funktionswerte, bis wir als Funktionswert 2 erhalten, und bilden so folgenden Zyklus:

$$(2\,6\,8\,5) \tag{6.15}$$

Die Permutation aus 6.3 entspricht dann den hintereinandergeschalteten Zyklen $f_0 = (1\ 3\ 4\ 7)(2\ 6\ 8\ 5)$. Diese Darstellung heißt **Zyklendarstellung** der Permutation f_0.

Im Allgemeinen geht man folgendermaßen vor:

Zerlegung einer Permutation in Zyklen

1) Starte mit einem beliebigen in der Zyklendarstellung noch nicht enthaltenen Element x.

2) Bilde den Zyklus $(x\ f(x)\ f(f(x))\ \ldots\ y)$ wobei $f(y) = x$ gilt.

3) Falls alle Elemente enthalten sind, ist die Zyklendarstellung vollständig. Anderenfalls beginne einen neuen Zyklus bei 1).

Wir demonstrieren dieses Vorgehen am Beispiel:

Beispiel 6.4

$$f_1 = \begin{pmatrix} 1 & 2 & 3 & 4 & 5 & 6 & 7 & 8 \\ 7 & 6 & 5 & 4 & 1 & 2 & 3 & 8 \end{pmatrix},$$

1) Wir starten mit dem Element 1.

2) Der erste Zyklus ist: $(1\ 7\ 3\ 5)$.

1) Wir fahren fort mit dem Element 2.

2) Der zweite Zyklus ist: $(2\ 6)$.

1) Wir fahren fort mit dem Element 4.

2) Der dritte Zyklus ist (4).

1) Wir fahren fort mit dem Element 8.

2) Der vierte Zyklus ist (8).

3) Alle Elemente kommen in einem Zyklus vor. Damit hat f_1 die Zyklendarstellung: $(1\ 7\ 3\ 5)\ (2\ 6)\ (4)\ (8)$.

Dieses Beispiel zeigt, dass auch einelementige Zyklen gebildet werden können. Es ist üblich, die einelementigen Zyklen nicht anzuzeigen, d.h. jedes Element, das in keinem Zyklus vorkommt, wird auf sich selbst abgebildet. Mit dieser Konvention gilt also: $f_1 = (1\ 7\ 3\ 5)\ (2\ 6)$.

Diese Konvention löst auch noch ein anderes Problem, das die Zyklendarstellung offen lässt: Welches ist der Definitionsbereich der Argumente? Das spielt jetzt keine Rolle mehr, denn jedes Element, das nicht erwähnt wird, wird auf sich selbst abgebildet.

Die in Beispiel 6.4 ermittelte Zyklendarstellung gilt also auch zum Beispiel für die folgende Permutation:

$$f_1 = \begin{pmatrix} 1 & 2 & 3 & 4 & 5 & 6 & 7 & 8 & 9 & 10 \\ 7 & 6 & 5 & 4 & 1 & 2 & 3 & 8 & 9 & 10 \end{pmatrix}$$

Es ist aber sinnvoll, die Tabelle mit dem größten Element zu beenden, das *nicht* auf sich selbst abgebildet wird, sodass wir besser folgende Permutationstabelle für Beispiel 6.4 wählen sollten:

$$f_1 = \begin{pmatrix} 1 & 2 & 3 & 4 & 5 & 6 & 7 \\ 7 & 6 & 5 & 4 & 1 & 2 & 3 \end{pmatrix}$$

Wegen der Bijektivität einer Permutation ist es klar, dass die Zyklendarstellung einer Permutation immer disjunkte Zyklen aufweist, d.h. keine zwei Zyklen derselben Permutation können ein gemeinsames Element enthalten.

Offensichtlich ist die Zyklendarstellung einer Permutation nicht eindeutig, denn es spielt ja keine Rolle, mit welchem Element ein Zyklus begonnen wird.

Man könnte mit dem hier vorgestellten Verfahren für f_1 genauso gut folgende Zyklendarstellung gewinnen: $f_1 = (6\ 2)\ (3\ 5\ 1\ 7)$.

Jedoch kann man sich an Beispielen sehr schnell klar machen, dass zu einer gegebenen Permutation sowohl die Anzahl der disjunkten Zyklen feststeht (bis auf die einelementigen, wenn der Definitionsbereich nicht vorgegeben ist) als auch die konkreten Elemente, die zu einem bestimmten Zyklus gehören.

Auch die Reihenfolge der Elemente eines Zyklus kann nicht beliebig vertauscht werden: Man kann einen Zyklus nur funktionserhaltend verändern, indem man sukzessive das erste Element ans Ende schreibt. Man nennt eine solche Vorgehensweise *zyklische Vertauschung*.

Die zu (1 7 3 5) gehörenden zyklischen Vertauschungen sind (7 3 5 1), (3 5 1 7) und (5 1 7 3), aber zum Beispiel *nicht* (5 3 1 7).

6.2.2 Komposition von Permutationen

Im Allgemeinen kann man auch nichtdisjunkte Zyklen hintereinanderschalten. In diesem Fall entspricht das der Hintereinanderschaltung von zwei verschiedenen

Permutationen. Da eine Permutation nichts anderes als eine bijektive Abbildung ist und wir in Kapitel 2.3 die Hintereinanderschaltung von Funktionen als Komposition bezeichnet haben (siehe Definition 2.13), sprechen wir auch hier von einer **Komposition von Permutationen**.

Beispiel 6.5

Wir demonstrieren das mit der in Beispiel 6.4 verwendeten Permutation f_1 sowie der neuen Permutation $f_2 = (1\,3\,5)\,(2\,4\,7\,6)$. Dazu vergegenwärtigen wir uns, dass bei der Hintereinanderschaltung von Funktionen die hintere Funktion zuerst ausgeführt werden soll, d.h. wir lesen von rechts nach links (siehe Kap. 2.3).

$$f_3 = f_1 \circ f_2 \;=\; \begin{pmatrix} 1 & 2 & 3 & 4 & 5 & 6 & 7 \\ 7 & 6 & 5 & 4 & 1 & 2 & 3 \end{pmatrix} \circ \begin{pmatrix} 1 & 2 & 3 & 4 & 5 & 6 & 7 \\ 3 & 4 & 5 & 7 & 1 & 2 & 6 \end{pmatrix}$$

$$= \;(1\,7\,3\,5)\,(2\,6) \circ (1\,3\,5)\,(2\,4\,7\,6)$$

$$= \;(1\,5\,7\,2\,4\,3) = \begin{pmatrix} 1 & 2 & 3 & 4 & 5 & 6 & 7 \\ 5 & 4 & 1 & 3 & 7 & 6 & 2 \end{pmatrix}$$

Offensichtlich muss man mit dem letzten Zyklus anfangen und das Bild des ersten Elements in den davorstehenden Zyklus einsetzen, von diesem wieder das Bild bestimmen, usw. bis man den ersten Zyklus erreicht hat. Zyklen, in denen das jeweilige Zwischenergebnis nicht vorkommt, werden einfach übersprungen (weil sie ja jedes nicht in ihnen enthaltene Element auf sich selbst abbilden).

Man sieht an diesem Beispiel auch, dass es in der Zyklendarstellung eigentlich keine Rolle spielt, welche disjunkten Zyklen man zu einer Permutation zusammenfasst. f_3 könnte genauso gut auch aus den vier Permutationen hervorgegangen sein, welche den einzelnen Zyklen entsprechen und hätte dann als zusammengesetzte Permutationstabelle die Darstellung:

$$f_3 \;=\; \begin{pmatrix} 1 & 2 & 3 & 4 & 5 & 6 & 7 \\ 7 & 2 & 5 & 4 & 1 & 6 & 3 \end{pmatrix} \circ \begin{pmatrix} 1 & 2 & 3 & 4 & 5 & 6 & 7 \\ 1 & 6 & 3 & 4 & 5 & 2 & 7 \end{pmatrix}$$

$$\circ \begin{pmatrix} 1 & 2 & 3 & 4 & 5 & 6 & 7 \\ 3 & 2 & 5 & 4 & 1 & 6 & 7 \end{pmatrix} \circ \begin{pmatrix} 1 & 2 & 3 & 4 & 5 & 6 & 7 \\ 1 & 4 & 3 & 7 & 5 & 2 & 6 \end{pmatrix}$$

Allerdings kann man nur disjunkte Zyklen zu einer Permutation zusammenfassen, denn wegen der Eindeutigkeit der Abbildung müssen nichtdisjunkte Zyklen immer zu zwei verschiedenen Permutationen gehören.

Im Allgemeinen sind Kompositionen von Funktionen nicht miteinander vertauschbar. Das gilt auch für Permutationen, wie folgendes Beispiel zeigt:

$$f_4 = f_2 \circ f_1 = (1\,3\,5)\,(2\,4\,7\,6) \circ (1\,7\,3\,5)\,(2\,6) = (1\,6\,4\,7\,5\,3) \neq f_3 = f_1 \circ f_2$$

Man kann noch eine interessante Beobachtung machen, wenn es um die Vertauschung einzelner Zyklen geht: Wenn diese disjunkt sind, dann kann man sie ohne weiteres vertauschen. Sind sie aber nicht disjunkt, dann ist das Ergebnis nach einer Vertauschung in der Regel etwas anderes.

Daher kann die Verknüpfung $f_1 \circ f_2$ statt durch (1 7 3 5) (2 6) (1 3 5) (2 4 7 6) auch durch (1 7 3 5) (1 3 5) (2 6) (2 4 7 6) beschrieben werden, weil die in der Mitte stehenden Zyklen disjunkt sind. Dagegen kann die Darstellung für $f_4 =$ (1 3 5) (2 4 7 6) (1 7 3 5) (2 6) nicht durch (1 3 5) (1 7 3 5) (2 4 7 6) (2 6) ersetzt werden. Hier taucht die 7 als gemeinsames Element in den beiden vertauschten Zyklen auf.

6.2.3 Transpositionen

Eine besondere Rolle in der Theorie der Permutationen spielen Permutationen, welche genau einem zweielementigen Zyklus entsprechen:

Definition 6.2 *Eine Permutation, deren Zyklendarstellung aus genau einem zweielementigen Zyklus besteht, heißt* Transposition.

Satz 6.14

Jede Permutation kann in eine Hintereinanderschaltung von Transpositionen zerlegt werden.

Dafür gilt:

- *Diese Zerlegung ist nicht eindeutig.*

- *Auch die Anzahl der Transpositionen ist nicht eindeutig festgelegt.*

- *Für eine gegebene Permutation hat die Anzahl von Transpositionen jeder Zerlegung immer denselben Rest zu 2, d.h. es ist nicht möglich, zwei Zerlegungen für dieselbe Permutation anzugeben, von denen die eine aus einer geraden Anzahl und die andere aus einer ungeraden Anzahl von Transpositionen besteht.*

Beweis:

Wir zerlegen den Zyklus $(a_1 \ldots a_n)$ in die Transpositionen

$$(a_1\, a_n)\, (a_1\, a_{n-1}) \ldots (a_1\, a_2).$$

Man mache sich bewusst, dass die Zerlegung von rechts nach links gelesen wird.

Es ist klar, dass a_1 durch diese Zerlegung in a_2 überführt wird und auf diesem Bildwert bleibt, weil a_2 weiter vorne nicht mehr vorkommt.

Ein beliebiges a_i für $i = 2, \ldots, n - 1$ kommt genau zweimal in dieser Transpositionskette vor: In der hinteren Transposition wird es zunächst auf a_1 abgebildet, welches genau eine Transposition weiter vorne auf a_{i+1} abgebildet wird, wie das der Zyklus auch vorschreibt.

Schließlich kommt a_n nur einmal vor, nämlich in der vordersten Transposition, wo es wie vorgesehen auf a_1 abgebildet wird.

Damit ist die Zerlegung in Transpositionen informell bewiesen. Ein formaler Beweis geht durch vollständige Induktion über n. Wir überlassen das als Übungsaufgabe.

Die anderen Behauptungen von Satz 6.14 werden im Folgenden durch Beispiele plausibel gemacht. ∎

Wir demonstrieren die Zerlegung in Transpositionen an der Permutation f_2 von Beispiel 6.5:

$$f_2 = (1\ 3\ 5)\ (2\ 4\ 7\ 6) = (1\ 5)\ (1\ 3)\ (2\ 6)\ (2\ 7)\ (2\ 4)$$

An diesem Beispiel sieht man auch, dass die Zerlegung nicht eindeutig ist, selbst wenn man denselben Algorithmus verwendet. Denn bei einer anderen Zyklendarstellung erhält man:

$$f_2 = (7\ 6\ 2\ 4)\ (3\ 5\ 1) = (7\ 4)\ (7\ 2)\ (7\ 6)\ (3\ 1)\ (3\ 5)$$

Auch die Anzahl der Transpositionen der Zerlegung ist nicht konstant. Man kann nämlich eine beliebige Transposition dazwischen schieben, die man gleich danach wieder rückgängig macht:

$$f_2 = (7\ 4)\ (7\ 2)\ (7\ 6)\ (3\ 5)\ (3\ 1) = (7\ 4)\ (7\ 2)\ (\mathbf{4}\ \mathbf{6})\ (\mathbf{6}\ \mathbf{4})\ (7\ 6)\ (3\ 5)\ (3\ 1)$$

Man kann die direkte Komposition von Transpositionen mit sich selbst etwas weniger offensichtlich machen, indem man die zweite Transposition noch mit einem disjunkten benachbarten Zyklus vertauscht.

In unserem Beispiel kann man die erste der beiden dazwischengeschobenen Transpositionen weiter nach links schieben, während die zweite nicht mehr nach rechts geschoben werden kann, weil der benachbarte Zyklus ebenfalls eine 6 enthält:

$$f_2 = (7\ 4)\ (7\ 2)\ (7\ 6)\ (3\ 5)\ (3\ 1) = (7\ \mathbf{4})\ (\mathbf{4}\ \mathbf{6})\ (7\ 2)\ (\mathbf{6}\ \mathbf{4})\ (7\ \mathbf{6})\ (3\ 5)\ (3\ 1)$$

Da man jede neu hinzugekommene Transposition irgendwie wieder rückgängig machen muss, kann auf diese Weise aus einer ungeraden Anzahl von Transpositionen keine gerade gemacht werden und auch nicht umgekehrt. Diese Überlegung kann allerdings nicht als Beweisargument der letzten Aussage des Satzes 6.14 gelten, denn es kann ja nicht von vornherein ausgeschlossen werden, dass man auf andere Weise aus einer ungeraden Anzahl von Transposition eine gerade machen könnte.

Wir werden den formalen Beweis nicht führen, setzen aber die Gültigkeit auch der letzten Aussage des Satzes 6.14 als gegeben voraus.

Damit ist die folgende Definition sinnvoll:

Definition 6.3 *Eine Permutation heißt* **gerade**, *wenn sie in eine gerade Anzahl von Transpositionen zerlegt werden kann, anderenfalls heißt sie* **ungerade**.

Man mache sich klar, was das für einen einzelnen Zyklus bedeutet: Ein Zyklus, der aus einer geraden Anzahl von Elementen besteht, also zum Beispiel der Zyklus (2 4 7 6), ist nach dieser Definition eine ungerade Permutation, weil er in eine ungerade Anzahl von Transpositionen zerlegt werden kann, während ein Zyklus, der aus einer ungeraden Anzahl von Elementen besteht, also zum Beispiel der Zyklus (1 3 5), als gerade Permutation bezeichnet wird, weil er in eine gerade Anzahl von Transpositionen zerlegt werden kann.

Diese Überlegung führt zu folgendem Kriterium, mit dem man sehr leicht bestimmen kann, ob eine Permutation gerade ist oder nicht, wenn man sie in Zyklenzerlegung darstellt:

Satz 6.15

1) *Ein Zyklus ist genau dann gerade, wenn er aus einer ungeraden Anzahl von Elementen besteht.*

2) *Eine Permutation ist genau dann gerade, wenn sie aus einer geraden Anzahl von ungeraden Zyklen besteht.*

0 ist eine gerade Zahl. Daher ist eine Permutation, die überhaupt keinen ungeraden Zyklus hat, natürlich gerade. Die Anzahl der geraden Zyklen einer Permutation spielt offensichtlich keine Rolle.

Beispiel 6.6

Die in Beispiel 6.5 angegebene Permutation

$$f_3 = f_1 \circ f_2 = (1\ 7\ 3\ 5)\ (2\ 6)\ (1\ 3\ 5)\ (2\ 4\ 7\ 6)$$

besteht aus 3 ungeraden Zyklen und einem geraden Zyklus, nämlich (1 3 5), ist also insgesamt ungerade.

Das ist tatsächlich unabhängig von der Darstellung, denn auch das zusammengefasste Ergebnis $f_3 = (1\ 5\ 7\ 2\ 4\ 3)$ besteht aus einem ungeraden Zyklus.

6.2.4 Zusammenhang zwischen Kombinatorik, Geometrie und Gruppentheorie

Wir sind zum Abschluss des Kapitels mit dem bisher erworbenen Wissen in der Lage, Beobachtungen zu formulieren, die zeigen, dass zunächst weit auseinander stehend wirkende Teilgebiete der Mathematik, nämlich die Kombinatorik, die Geometrie und die Gruppentheorie (welche ja eine Verallgemeinerung des Rechnens ist), alle miteinander zusammenhängen.

Zur Erinnerung: Eine Permutation einer endlichen Menge M ist eine Bijektion von M auf sich selbst. Es ist leicht einzusehen, dass man *jede* bijektive Funktion einer endlichen Menge als Permutation darstellen kann.

In Abschnitt 5.1.1 wurde auf Seite 181 die Menge aller bijektiven Funktionen über $\mathbb{R}$ mit der Komposition als Gruppe vorgestellt. Der Grund bestand darin, dass das Inverse einer bijektiven Funktion selbst wieder eine bijektive Funktion ist. Mit demselben Argument kann man leicht einsehen, dass die Menge der bijektiven Funktionen über *jeder* Menge mit der Komposition eine Gruppe ist. Damit ist auch die Menge aller Permutationen über einer endlichen Menge eine Gruppe.

Zu welcher bereits untersuchten Gruppe ist diese isomorph?

Wir wollen das am Beispiel für eine dreielementige Menge untersuchen:

Beispiel 6.7

Die Gruppe $(\Pi_3, \circ)$ aller Permutationen der dreielementigen Menge $\{1,2,3\}$ besteht aus folgenden Elementen:

$$\sigma_1 = \begin{pmatrix} 1 & 2 & 3 \\ 1 & 2 & 3 \end{pmatrix} = (1) \qquad \sigma_2 = \begin{pmatrix} 1 & 2 & 3 \\ 2 & 1 & 3 \end{pmatrix} = (1\ 2)$$

$$\sigma_3 = \begin{pmatrix} 1 & 2 & 3 \\ 3 & 2 & 1 \end{pmatrix} = (1\ 3) \qquad \sigma_4 = \begin{pmatrix} 1 & 2 & 3 \\ 1 & 3 & 2 \end{pmatrix} = (2\ 3)$$

$$\sigma_5 = \begin{pmatrix} 1 & 2 & 3 \\ 2 & 3 & 1 \end{pmatrix} = (1\ 2\ 3) \qquad \sigma_6 = \begin{pmatrix} 1 & 2 & 3 \\ 3 & 1 & 2 \end{pmatrix} = (1\ 3\ 2)$$

Das neutrale Element σ_1 wird in Zyklendarstellung ausnahmsweise mit einem Element dargestellt, das auf sich selbst abgebildet wird, da das für jedes Element gilt und somit die Menge der Zyklen eine leere Menge ist.

Wie man durch Nachrechnen leicht überprüfen kann, hat die Verknüpfungstabelle der Gruppe $(\Pi_3, \circ)$ die Form:

$(\Pi_3, \circ)$	σ_1	σ_2	σ_3	σ_4	σ_5	σ_6
σ_1	σ_1	σ_2	σ_3	σ_4	σ_5	σ_6
σ_2	σ_2	σ_1	σ_6	σ_5	σ_4	σ_3
σ_3	σ_3	σ_5	σ_1	σ_6	σ_2	σ_4
σ_4	σ_4	σ_6	σ_5	σ_1	σ_3	σ_2
σ_5	σ_5	σ_3	σ_4	σ_2	σ_6	σ_1
σ_6	σ_6	σ_4	σ_2	σ_3	σ_1	σ_5

Wieder haben wir eine Gruppe mit 6 Elementen. In Kapitel 5.1.3 wurden bereits einige Gruppen mit 6 Elementen auf Isomorphie untersucht.

Wir hatten bereits festgestellt, dass die Verknüpfung ∘ für die Permutationen nicht in jedem Fall kommutativ ist. Es ist leicht zu sehen, dass die hier definierte Gruppe zu der in Kapitel 5.1.3 definierten symmetrischen Gruppe $(S_3, \circ)$ isomorph ist.

Das kann man sich auch anschaulich klar machen: S_3 wurde in Kap. 5.1.3 eingeführt als die Gruppe aller Operationen, die ein gleichseitiges Dreieck in sich selbst überführt. Wenn man sich die dazugehörende Abbildung 5.1 auf Seite 185 ansieht, dann stellt man fest, dass die Ecken durch jede Operation in einer anderen Reihenfolge bezeichnet werden. Das entspricht genau einer Permutation.

Wie können wir in den Operationen von Π_3 aus Beispiel 6.7 die Drehungen ρ_i von den Spiegelungen σ_i der Gruppe S_3 unterscheiden?

Hier machen wir die Beobachtung, dass die Drehungen genau die sind, die in der Eckennummerierung entweder keine Transposition oder 2 Transpositionen verursachen, während die Spiegelungen genau eine Transposition verursachen.

In anderen Worten: Die Drehungen entsprechen genau den geraden Permutationen und die Spiegelungen den ungeraden.

Man kann beobachten, dass die Menge der geraden Permutationen eine Untergruppe innerhalb von $(\Pi_3, \circ)$ bildet, weil die Verknüpfung zweier gerader Permutationen wieder gerade sein muss. Das lässt sich leicht aus Satz 6.14 herleiten, weil die Summe von zwei geraden Zahlen wieder gerade ist. Diese Untergruppe hat einen Namen: Sie heißt die **alternierende Gruppe** A_3.

Die Verallgemeinerung dieser Untersuchungen von 3 auf beliebiges n führt zur folgenden Definition:

Definition 6.4 *Die Gruppe aller Permutationen einer n-elementigen Menge mit der Hintereinanderschaltung als Verknüpfung wird als* $(S_n, \circ)$*, die* **symmetrische Gruppe***, bezeichnet.*

Satz 6.16

- *Die Gruppe* $(S_n, \circ)$ *enthält die Gruppe aller Symmetrien eines regelmäßigen n-Ecks, ist aber nur für* $n = 3$ *mit dieser isomorph.*

- *Die Gruppe* $(S_n, \circ)$ *ist für* $n > 2$ *nicht kommutativ.*

- *Die Menge der geraden Permutationen bildet eine Untergruppe* $(A_n, \circ)$*, welche aus genau der Hälfte aller Elemente von* $(S_n, \circ)$ *besteht. Sie heißt die* **alternierende Gruppe***.*

Für $n = 4$ ist $(S_4, \circ)$ isomorph zur Gruppe aller Symmetrien eines dreidimensionalen Tetraeders. Die Gruppe der Symmetrien eines Quadrats ist hiervon lediglich eine Untergruppe. Für größere n ist ein Zusammenhang der gesamten Gruppe $(S_n, \circ)$ zu einer Gruppe von Symmetrien höherdimensionaler Körper noch schwieriger zu erkennen. Aber der in Satz 6.16 formulierte Einschluss aller Gruppen von Symmetrien in $(S_n, \circ)$ als Untergruppe hat sogar noch eine allgemeinere Ursache:

Satz 6.17 (Satz von Cayley[3])

Jede endliche Gruppe ist zu einer Untergruppe von $(S_n, \circ)$ *isomorph.*

Dieser Satz besagt, dass man jede Gruppe als Verknüpfungstabelle von Permutationen darstellen kann. In diesem Sinne kann man alle algebraischen Verknüpfungen, und damit auch geometrische Symmetrien, auf Permutationen zurückführen.

Weitere Details zu diesem Thema übersteigen den Rahmen dieses Buches. Wir verweisen auf Spezialliteratur zur Gruppentheorie. Für Einsteiger eignet sich das Buch zur Diskreten Mathematik von Biggs [Big02], in dem eine deutlich tiefere Darstellung der Gruppentheorie gegeben wird als in diesem Buch.

---

[3] Arthur Cayley (1821–1895): englischer Mathematiker

6.3 Übungsaufgaben

Aufgabe 6.1

Beweisen Sie den Satz, dass es n^k k-Tupel einer n-elementigen Menge gibt mit vollständiger Induktion über k: Sie dürfen benutzen, dass ein kartesisches Produkt zwischen zwei Mengen M und N insgesamt $|M| \cdot |N|$ Elemente enthält (Satz 6.1, Teil 2).

Aufgabe 6.2

Bestimmen Sie die Anzahl der durch 2, 3, 9 oder 11 teilbaren natürlichen Zahlen kleiner gleich 200 mit Hilfe der Siebformel.

Aufgabe 6.3

Ist es besser, zwei 3-stellige Zahlenschlösser oder ein 6-stelliges zu benutzen? Begründen Sie Ihre Antwort!

Aufgabe 6.4

Gegeben sei die Menge $\{a, b, c, d, e, f\}$.

Bilden Sie alle 4-elementigen Teilmengen und vergleichen Sie ihre Anzahl mit dem entsprechenden Binomialkoeffizienten.

Aufgabe 6.5

Aus dem ASCII-Alphabet (mit $n = 26$ Zeichen) sollen Wörter der Länge $k = 2; 3; 4$ so gebildet werden, dass die Wiederholung eines Zeichens je Wort ausgeschlossen ist. Wie viele Wörter können jeweils gebildet werden?

Aufgabe 6.6

Welchen Koeffizienten hat der Term $a^4 b^2 c d^3$ (oder $a^3 b^2 c d^4$) in $(a + b + c + d)^{10}$?

Aufgabe 6.7

Beweisen Sie den folgenden Zusammenhang zwischen den Binomialkoeffizienten:

$$\binom{n}{k} = \binom{n-1}{k-1} + \binom{n-1}{k}$$

Hinweis: Führen Sie einen direkten Beweis aus Definition 6.1 mit Hilfe von Gesetzen der Bruchrechnung.

Aufgabe 6.8

Gegeben sei die Permutation (2 5 4 3) (9 7) (1 6 8).

a) Schreiben Sie diese als Permutationstabelle und als Anordnung auf.

b) Geben Sie eine Zerlegung in Transpositionen an.

c) Ist die Permutation gerade oder ungerade?

Aufgabe 6.9

Gegeben sei die Permutation
(20 2 5 4) (12 10 13) (19 3 9 7 15) (11 14 17) (1 16 6 8 18).

Ist die Permutation gerade oder ungerade?

Hinweis: Diese Frage sollten Sie in weniger als einer Minute beantworten.

Aufgabe 6.10

Vergleichen Sie die Permutationsgruppe Π_3 von Seite 251 mit der Symmetriegruppe S_3 von Seite 185:

a) Geben Sie den Isomorphismus zwischen Π_3 und S_3 explizit an.

b) Geben Sie für jedes Element aus Π_3 sein Inverses an.

c) Zeigen Sie, dass die Menge aller ungeraden Permutationen keine Untergruppe von Π_3 ist.

Aufgabe 6.11

Untersuchen Sie die Gruppe S_4:

a) Schreiben Sie alle Elemente in Zyklendarstellung auf, und kennzeichnen Sie die Elemente der alternierenden Gruppe A_4.

b) Geben Sie zu den Elementen (1 3 2 4) und (1 3)(2 4) die Inversen an.

c) Zeigen Sie an den Elementen von b), dass in S_4 das Kommutativgesetz nicht gilt.

d) Für besonders interessierte Knobler:
Stellen Sie analog zum Isomorphismus zwischen Π_3 und S_3 die den Permutationen von S_4 entsprechenden Symmetrien eines Quadrats A, B, C, D dar, und geben Sie für jede Symmetrie an, wie Sie diese durch Hintereinanderschaltung von Rotationen und Spiegelungen erreichen.

Aufgabe 6.12

Betrachten Sie die Gruppe S_5:

a) Geben Sie an, wie viele Elemente diese Gruppe hat.

b) Geben Sie ein Element maximaler Ordnung an.
Weisen Sie die Ordnung explizit nach, und begründen Sie informell, warum es kein Element größerer Ordnung geben kann.

7 Graphentheorie

Graphen sind Strukturen aus Punkten und Verbindungen zwischen diesen Punkten. Sie werden in der Ebene durch so genannte **Ecken** (Punkte) und **Kanten** (Verbindungen zwischen den Punkten) dargestellt.

Die eigentliche Struktur eines Graphen ist aber nicht durch seine graphische Darstellung, sondern vielmehr durch seine mengentheoretischen Eigenschaften festgelegt: Die Ecken sind durch eine vorgegebene Menge V definiert[1], und jede Kante E gehört eindeutig zu zwei Ecken, welche sie verbindet[2].

Die Ecken eines Graphen werden häufig auch als **Knoten** [3] bezeichnet. Wir werden in der Regel die Bezeichnung *Ecke* verwenden und nur bei Bäumen von *Knoten* sprechen.

7.1 Terminologie und Repräsentation von Graphen

Man unterscheidet zwei Arten von Graphen: **Ungerichtete Graphen** und **gerichtete Graphen**. Für gerichtete Graphen wird auch die Bezeichnung **Digraphen** verwendet[4].

Formal wird ein ungerichteter Graph folgendermaßen definiert:

Definition 7.1 *Ein ungerichteter Graph G ist ein Paar (V, E). Hierbei ist V eine endliche Menge, welche die Ecken repräsentiert, und E ist eine Menge, die aus Mengen der Form $\{v_1, v_2\}$ besteht, wobei $v_1, v_2 \in V$ gilt. E repräsentiert die Menge der Kanten.*

Ein Graph wird in der Ebene durch folgende Darstellung veranschaulicht:

- *Die Ecken werden durch Punkte repräsentiert.*

- *Die Kanten sind beliebige eindimensionale Verbindungslinien zwischen den Punkten. Sie haben die Punkte, welche die beiden Ecken repräsentieren, durch welche die Kante definiert ist, als* **Endecken**.

---

[1] auf Englisch heißt Ecke *vertex*
[2] auf Englisch heißt Kante *edge*
[3] auf Englisch *node*
[4] aus dem Englischen: *directed graph*

© Springer Fachmedien Wiesbaden GmbH, ein Teil von Springer Nature 2021
S. Iwanowski und R. Lang, *Diskrete Mathematik mit Grundlagen*,
https://doi.org/10.1007/978-3-658-32760-6_7

Die Kanten zwischen zwei Ecken müssen nicht durch gerade Verbindungslinien dargestellt werden. Insbesondere ist die graphische Darstellung eines Graphen in der Ebene nicht eindeutig, wie das folgende Beispiel zeigt:

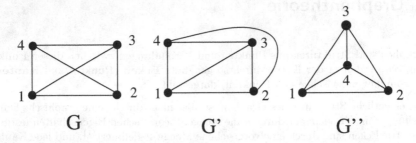

Abbildung 7.1: 3 Darstellungen desselben Graphen

Auch wenn die Darstellungen G, G' und G'' dieselbe Struktur gemäß Definition 7.1 veranschaulichen, so haben sie unterschiedliche Qualitäten, welche in praktischen Anwendungen durchaus eine Rolle spielen. So haben die zweite und die dritte Darstellung die Eigenschaft, dass die Kanten sich nirgendwo kreuzen, und die erste und dritte Darstellung haben die Eigenschaft, dass alle Kanten durch gerade Verbindungslinien dargestellt werden. Wir werden später sehen, dass die Eigenschaft der kreuzungsfreien Darstellung nicht für alle Graphen erreichbar ist und dass die Graphen, für die das erreichbar ist, elegant beschrieben werden können.

Ein gerichteter Graph kann analog zu Definition 7.1 definiert werden, indem eine Kante als Paar statt als Menge dargestellt wird. Auf diese Weise erhält die Kante eindeutig eine Richtung, weil es bei einem Paar im Gegensatz zu einer Menge auf die Reihenfolge ankommt:

Definition 7.2 *Ein gerichteter Graph oder Digraph D ist eine Struktur (V, E). Hierbei ist V eine endliche Menge der Ecken und E ist eine Menge, die aus Paaren der Form (v_1, v_2) besteht, wobei $v_1, v_2 \in V$ gilt. E repräsentiert die Menge der gerichteten Kanten, welche auch **Bögen** genannt werden.*

Ein Digraph wird in der Ebene durch folgende Darstellung veranschaulicht:

- *Die Ecken werden durch Punkte repräsentiert.*

- *Die Bögen sind beliebige eindimensionale Verbindungspfeile zwischen den Punkten. Der erste Punkt v_1 heißt **Anfangsecke** und der zweite Punkt v_2 **Endecke** des Bogens.*

Um bei der Veranschaulichung eines Digraphen in der Zeichenebene die Anfangsecke von der Endecke eines Bogens zu unterscheiden, zeichnen wir einen Bogen in der Zeichenebene als eine mit einem Pfeil versehene Linie (Abb. 7.2).

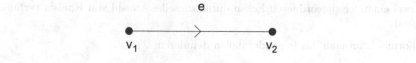

Abbildung 7.2: Bogen

Wie bei den ungerichteten Graphen ist auch die Darstellung eines gerichteten Graphen nicht eindeutig.

Nach Definition 7.2 ist die Menge der Kanten eine beliebige Teilmenge von $V \times V$. Damit kann E auch als Relation auf V aufgefasst werden.

Im Prinzip kann jeder Graph als Digraph definiert werden: Falls eine Kante keine Richtung haben soll und zwischen den Ecken v_1 und v_2 verläuft, so wird in den zugehörigen Digraphen sowohl das Paar (v_1, v_2) als auch das Paar (v_2, v_1) eingefügt. Wenn man die Kanten als Relation der Ecken auffasst, dann ist bei ungerichteten Graphen diese Relation immer symmetrisch.

Im Folgenden werden die meisten Resultate nur für ungerichtete Graphen dargestellt. Viele Resultate können aber leicht auf gerichtete Graphen übertragen werden. An einigen Stellen werden wir darauf auch eingehen.

7.1.1 Isomorphie von Graphen

Nicht immer wird man so leicht erkennen, dass zwei verschiedene Darstellungen zum selben Graphen gehören wie in Abbildung 7.1. Das kann man sich an den folgenden Graphen klar machen:

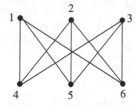

Abbildung 7.3: Graph G, der vollständige bipartite Graph $K_{3,3}$

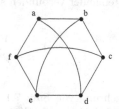

Abbildung 7.4: Graph G^* isomorph zu $K_{3,3}$

Diese beiden Graphen sehen offensichtlich sehr verschieden aus, aber man darf sich hier nicht durch den optischen Anschein zu vorschnellen Schlüssen verleiten lassen. Vielmehr sollte man nachprüfen, ob es nicht doch eine Möglichkeit gibt, die Ecken so einander zuzuordnen, dass in beiden Darstellungen immer jeweils zwei einander zugeordneten Ecken durch dieselbe Anzahl von Kanten verbunden sind.

Formal kann man das folgendermaßen definieren:

Definition 7.3 Zwei Graphen $G_1 = (V_1, E_1)$ und $G_2 = (V_2, E_2)$ heißen **isomorph** - in Zeichen: $G_1 \cong G_2$ - genau dann, wenn es eine bijektive Funktion $f : V_1 \longrightarrow V_2$ gibt mit der Eigenschaft:

$$\{u, v\} \in E_1 \Longleftrightarrow \{f(u), f(v)\} \in E_2.$$

Man beachte die Analogie zur Definition der Isomorphie von Gruppen (siehe Definition 5.8 auf Seite 191): Zwei Gruppen sind isomorph, wenn sie dieselbe Struktur haben, in diesem Falle ihre Verknüpfungstabelle. Zwei Graphen sind ebenfalls isomorph, wenn sie dieselbe Struktur haben, in diesem Falle dieselben Ecken und Kanten dazwischen.

Satz 7.1

Aus $G_1 \cong G_2$ folgt $|V(G_1)| = |V(G_2)|$ und $|E(G_1)| = |E(G_2)|$.

Dieser Satz folgt unmittelbar aus Satz 2.7 auf Seite 84, denn die Ecken- und Kantenmengen sind endlich, und die Abbildung f aus Definition 7.3 ist bijektiv.

Die in Satz 7.1 formulierte Bedingung ist für die Graphen aus Abbildung 7.3 und 7.4 gegeben, denn beide Graphen haben 6 Ecken und 9 Kanten.

Es gelingt auch tatsächlich, eine bijektive Abbildung f zu finden, welche die Ecken des Graphen G aus 7.3 auf die Ecken des Graphen G^* aus 7.3 derart abbildet, dass zwei Ecken in G genau dann miteinander verbunden sind, wenn ihre Bilder in G^* miteinander verbunden sind:

$$f : \quad \begin{array}{c|cccccc} V & 1 & 2 & 3 & 4 & 5 & 6 \\ \hline V^* & a & c & e & b & d & f \end{array}$$

Die Umkehrung von Satz 7.1 gilt nicht, d.h. es gibt Graphen G_1 und G_2 mit $|V(G_1)| = |V(G_2)|$ und $|E(G_1)| = |E(G_2)|$, die nicht isomorph sind. Ein Beispiel dafür ist in Abb. 7.5 gezeigt.

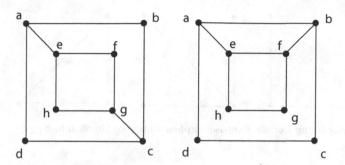

Abbildung 7.5: zwei nicht-isomorphe Graphen trotz übereinstimmender Ecken- und Kantenzahl

Das Problem zu entscheiden, ob zwei beliebige gegebene Graphen zueinander isomorph sind, ist schwierig, aber in endlicher Zeit lösbar. Im schlimmsten Fall muss man alle $n!$ Möglichkeiten durchprobieren (bei n Ecken), um die Isomorphie zu finden bzw. zu zeigen, dass es keine Isomorphie gibt.

Es ist im Allgemeinen kein einfacheres Kriterium bekannt, welches die Isomorphie von Graphen entscheidet.

In Spezialfällen kann man das aber schneller sehen, wie folgende Überlegung bei den Graphen von Abbildung 7.5 zeigt:

Offensichtlich muss der Isomorphismus Ecken des einen Graphen auf Ecken des anderen Graphen mit derselben Anzahl an Nachbarn abbilden. Im rechten Graphen sind aber die vier Ecken mit genau 3 Nachbarn im Kreis miteinander verbunden, und im linken Graphen sind sie es nicht. Also können die Graphen nicht isomorph sein.

Die Eigenschaft der Isomorphie von Graphen ist eine Äquivalenzrelation auf der Menge $\mathfrak{G}$ aller endlichen Graphen.

Nach dem Hauptsatz über Äquivalenzrelationen lassen sich die Graphen aus $\mathfrak{G}$ in Klassen zueinander isomorpher Graphen einteilen. Zwei Graphen, die zur gleichen Äquivalenzklasse gehören, unterscheiden sich lediglich durch die Bezeichnung ihrer Ecken. Sie haben aber die gleiche Struktur. Ein ebener Graph ohne Eckenbezeichnungen kann deshalb aufgefasst werden als ein Repräsentant einer Äquivalenzklasse isomorpher Graphen.

Man kann auch die Grundmenge einschränken, etwa auf die Menge aller Graphen $\mathfrak{G}_{n,m}$ mit n Ecken und m Kanten und nach den Äquivalenzklassen in $\mathfrak{G}_{n,m}$ fragen. Dann kann man etwa fragen, wieviele nicht-isomorphe schlichte Graphen es in $\mathfrak{G}_{4,3}$ gibt. Das ist eine typische kombinatorische Aufgabe, die im allgemeinen Fall nicht leicht zu lösen ist. Im konkreten Fall für $\mathfrak{G}_{4,3}$ ist die Lösung in Abb. 7.6 angegeben.

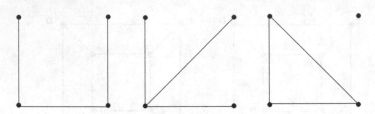

Abbildung 7.6: alle nicht-isomorphen schlichten Graphen in $\mathfrak{G}_{4,3}$

7.1.2 Weitere elementare Begriffe der Graphentheorie

Inzidenz und Adjazenz

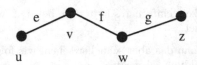

Abbildung 7.7: Kanteninzidenz und -adjazenz

Die folgenden Definitionen werden durch Abbildung 7.7 veranschaulicht:

- Eine Kante $e \in E$ ist mit ihren Endecken u und v **inzident**.

- Zwei mit der gleichen Kante e inzidente Ecken heißen **adjazent**[5]. Anders gesagt: u und v sind durch e **miteinander verbunden**.

- Zwei Ecken, die nicht adjazent sind, heißen **unabhängig**. In Abbildung 7.7 sind die Ecken u und w bzw. u und z bzw. v und z unabhängig.

- Zwei Kanten heißen **adjazent**, wenn sie eine Endecke gemeinsam haben. In Abbildung 7.7 sind die Kanten e und f bzw. f und g adjazent.

- Zwei Kanten heißen **unabhängig**, wenn sie nicht adjazent sind. In Abbildung 7.7 sind die Kanten e und g unabhängig.

---

[5]lateinisch für: **benachbart**

Schlingen und Mehrfachkanten

Wie schon oben erwähnt, schreiben wir für eine Kante kurz $e = \{u, v\}$ oder (bei Digraphen) $e = (u, v)$.

Ist $e = \{v\}$, also $u = v$, so heißt e eine **Schlinge** (siehe Abbildung 7.8).

Definition 7.1 legt durch die Angabe der Endeckenmengen die Kante eindeutig fest. In manchen Anwendungen ist es sinnvoll, mehrere verschiedene Kanten zu definieren, welche zur selben Endeckenmenge gehören. Wir sprechen dann von **Mehrfachkanten** (Abb. 7.9).

Eine formale Definition von Graphen, die auch Mehrfachkanten zulässt, muss im Gegensatz zu Definition 7.1 alle Kanten als eindeutig unterscheidbare Objekte definieren und diesen durch eine Inzidenzfunktion das Paar ihrer Endecken zuordnen. Wir führen das hier nicht näher aus, weil im Folgenden nicht mit Mehrfachkanten gearbeitet werden soll.

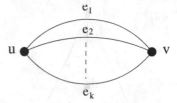

Abbildung 7.8: Schlinge   Abbildung 7.9: Mehrfachkante

Ein Graph ohne Schlingen und ohne Mehrfachkanten ist ein **schlichter** oder **einfacher Graph**. Bei den meisten Untersuchungen reicht es aus, einfache Graphen zu betrachten. Im Folgenden werden wir uns daher auf solche Graphen beschränken.

Eckenvalenz und reguläre Graphen

Die Anzahl der zu einer Ecke v adjazenten Ecken heißt **Grad** oder auch **Valenz** der Ecke v. Ecken mit Grad 0 heißen **isolierte Ecken**.

Ein Graph heißt r-**regulär**, wenn alle Ecken den Grad r haben.

Die 2-regulären Graphen sind nichts anderes als Kreisgraphen (siehe Abbildungen 7.10 und 7.11).

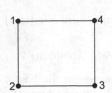

Abbildung 7.10: Kreisgraph C_4

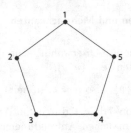

Abbildung 7.11: Kreisgraph C_5

Die Abbildungen 7.12 und 7.13 zeigen 3-reguläre Graphen. Von diesen ist der Graph K_4 isomorph zu den in Abbildung 7.1 dargestellten Graphen. Der Petersensche Graph ist ein berühmter Graph, weil er mehrere interessante Eigenschaften vorweist, für die er minimal ist. Wir werden darauf später noch zurückkommen.

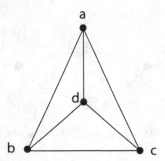

Abbildung 7.12: 3-regulärer Graph K_4

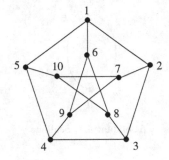

Abbildung 7.13: Petersenscher Graph

Zwischen der Anzahl m der Kanten eines Graphen G und den Graden $\deg(v_i)$ seiner Ecken v_i besteht der folgende Zusammenhang:

Satz 7.2

Sei $G = (V, E)$ ein Graph mit m Kanten. Dann gilt:

$$\sum_{v_i \in V} \deg(v_i) = 2m.$$

Der Beweis ist klar, denn jede Kante trägt genau 2 mal zum Grad einer Ecke bei, nämlich zum Grad ihrer Endecken.

Um diesen Satz auch für Schlingen konsistent zu halten, müssen Schlingen für den Grad einer Ecke zweimal gezählt werden.

Bei Digraphen muss zwischen dem Ausgangsgrad und dem Eingangsgrad einer Ecke unterschieden werden:

- Der **Ausgangsgrad** (oder die **Ausgangsvalenz**) $\deg^+(u)$ bezeichnet die Anzahl der Bögen, die von u ausgehen, also u als Anfangsecke haben.

- Der **Eingangsgrad** (oder die **Eingangsvalenz**) $deg^-(u)$ bezeichnet die Anzahl der Bögen, die in u hineingehen, also u als Endecke haben.

Untergraphen

Ein Graph $G' = (V', E')$ ist ein **Untergraph** des Graphen $G = (V, E)$, wenn

$$V' \subseteq V \text{ und } E' \subseteq E \text{ und } e = \{u, v\} \in E' \Rightarrow u, v \in V'$$

gilt. Analog nennt man G einen **Obergraphen** von G'.

- Untergraphen eines Graphen G erzeugt man also, indem man Ecken und Kanten entfernt, wobei Kanten, von denen mindestens eine Endecke entfernt wurde, auf jeden Fall entfernt werden müssen (damit sie nicht „in der Luft hängen").

- Obergraphen eines Graphen G' erzeugt man, indem man weitere Ecken oder Kanten hinzufügt.

Diese Definitionen decken sich mit denen der englischsprachigen Literatur (dort *subgraph* bzw. *supergraph* genannt).

In manchen deutschsprachigen Büchern (z.B. [Die17]) wird das genauer definiert:

- Untergraphen sind dort nur Graphen, in denen zwar Ecken und die mit diesen Ecken inzidenten Kanten entfernt wurden, nicht aber noch weitere Kanten, wie das in unserer Definition erlaubt ist.

- In Teilgraphen darf beides entfernt werden. Sie decken sich also mit unserer (ungenaueren) Definition von Untergraphen.

Wir verwenden im Folgenden die ungenauere Definition, weil sie einfacher ist und für die folgenden Betrachtungen ausreicht.

Die folgenden Definitionen sind in diesem Kontext ebenfalls gebräuchlich:

- Falls $G = (V, E)$ und $V' \subseteq V$, dann ist der Untergraph, der als Eckenmenge V' hat und *alle* ausschließlich mit Ecken aus V' inzidenten Kanten aus E enthält (also auch in der genaueren Definition ein Untergraph ist), der durch V' **induzierte** (oder aufgespannte) Untergraph .

- Falls der Untergraph *alle* Ecken aus G enthält, dann nennt man den Untergraphen einen **aufspannenden** Untergraphen von G.

Wir verdeutlichen diese Definitionen an den Beispielen aus den Abbildungen oben:

- Der Graph $C_4{}^{(6)}$ ist als aufspannender Untergraph im Graphen $K_4{}^{(7)}$ enthalten. Hierbei entsprechen die Ecken $1, 2, 3, 4$ des Graphen C_4 den Ecken a, b, c, d des Graphen K_4.

- Der von der Eckenmenge $\{1, 2, 3, 4, 5\}$ des Petersenschen Graphen[8] induzierte Untergraph ist der Graph $C_5{}^{(9)}$, denn er enthält alle Kanten des Petersenschen Graphen zwischen diesen Ecken. C_5 ist aber kein aufspannender Untergraph des Petersenschen Graphen, denn seine Eckenmenge ist eine echte Teilmenge. Würde man die Kante $\{1, 2\}$ aus C_5 streichen, dann wäre das Resultat nur noch ein „normaler" Untergraph des Petersenschen Graphen, aber kein induzierter Untergraph einer Eckenmenge mehr.

Zusammenhang

Eine weitere wichtige Eigenschaft ist der **Zusammenhang** eines Graphen:

Ein Graph heißt **zusammenhängend**, wenn man von jeder Ecke aus jede andere Ecke durch eine Abfolge von hintereinander durchlaufenen Kanten erreichen kann. Ist ein Graph nicht zusammenhängend, so werden die maximalen Teilgraphen, die noch zusammenhängend sind, als **Zusammenhangskomponenten** des Graphen bezeichnet. Ein zusammenhängender Graph ist also ein Graph mit nur einer Zusammenhangskomponente.

Abbildung 7.14 zeigt einen Graphen mit insgesamt 5 Zusammenhangskomponenten. Davon sind 2 isolierte Ecken.

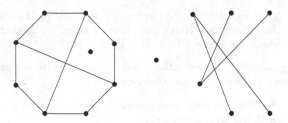

Abbildung 7.14: Graph mit 5 Zusammenhangskomponenten

---

[6] Abbildung 7.10 auf Seite 264
[7] Abbildung 7.12 auf Seite 264
[8] Abbildung 7.13 auf Seite 264
[9] Abbildung 7.11 auf Seite 264

7.1.3 Darstellung von Graphen im Computer

Bei der Behandlung graphentheoretischer Probleme mit Hilfe von Computern werden Graphen und Digraphen durch *Matrizen* oder *Listen* dargestellt. Man beachte, dass sie insbesondere nicht als zweidimensionale Graphik dargestellt werden, denn die Zeichnung eines Graphen in der Ebene wird durch die Definition des Graphen ja nicht eindeutig festgelegt. Vielmehr ist der Graph eine kombinatorische Struktur, und das wird durch eine Matrix oder Liste wesentlich treffender zum Ausdruck gebracht.

Adjazenzmatrizen für Graphen

Sei $G = (V, E)$ ein Graph mit der Eckenmenge $V = \{v_1, v_2, \ldots, v_n\}$.

Als **Adjazenzmatrix** [10] $A = (a_{ik})$ von G bezeichnet man die quadratische (n, n)-Matrix mit

$$a_{ik} = \begin{cases} 1, & \text{wenn} \quad (v_i, v_k) \in E, \\ 0, & \text{wenn} \quad (v_i, v_k) \notin E. \end{cases}$$

Eine Adjazenzmatrix stellt grundsätzlich nur gerichtete Kanten (Bögen) dar. Wenn die Ecken nummeriert sind, dann entspricht die i-te Ecke als Ausgangsecke der i-ten Zeile der Adjazenzmatrix, und die k-te Ecke als Eingangsecke der k-ten Spalte der Adjazenzmatrix. Falls die Ecken nicht nummeriert sind, kann man auch die Namen der Ecken in die entsprechende Zeile und Spalte der Matrix als Index schreiben. Das wird in Beispiel 7.7 auf Seite 279 so gemacht.

Eine ungerichtete Kante $\{v_i, v_k\}$ wird durch 2 Bögen (v_i, v_k) und (v_k, v_i) dargestellt. Für jede ungerichtete Kante gibt es also 2 Einträge in der Adjazenzmatrix.

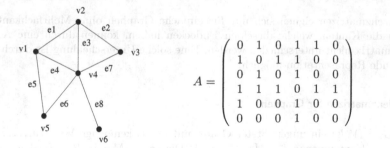

$$A = \begin{pmatrix} 0 & 1 & 0 & 1 & 1 & 0 \\ 1 & 0 & 1 & 1 & 0 & 0 \\ 0 & 1 & 0 & 1 & 0 & 0 \\ 1 & 1 & 1 & 0 & 1 & 1 \\ 1 & 0 & 0 & 1 & 0 & 0 \\ 0 & 0 & 0 & 1 & 0 & 0 \end{pmatrix}$$

Abbildung 7.15: Ungerichteter Graph mit Adjazenzmatrix

---

[10] Für Leser, die noch nicht mit Matrizen vertraut sind: Eine (m,n)-Matrix ist eine zweidimensionale Struktur mit m Zeilen und n Spalten. a_{ik} bezeichnet das Element in der i-ten Zeile und k-ten Spalte.

Beispiel 7.1

Betrachten wir den ungerichteten Graphen von Abbildung 7.15:

Alle Informationen über die Struktur des Graphen G sind in seiner Adjazenzmatrix A enthalten. So ist etwa der (Ausgangs-)Grad der Ecke v_i die Summe der Elemente der i-ten Zeile (oder der i-ten Spalte für den Eingangsgrad) von A.

Es ist leicht einzusehen, dass ein Graph genau dann ungerichtet ist, wenn die zugehörige Adjazentmatrix symmetrisch ist.

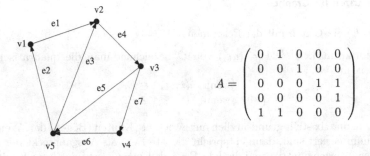

$$A = \begin{pmatrix} 0 & 1 & 0 & 0 & 0 \\ 0 & 0 & 1 & 0 & 0 \\ 0 & 0 & 0 & 1 & 1 \\ 0 & 0 & 0 & 0 & 1 \\ 1 & 1 & 0 & 0 & 0 \end{pmatrix}$$

Abbildung 7.16: Digraph mit Adjazenzmatrix

Beispiel 7.2

Abbildung 7.16 gibt ein Beispiel für einen gerichteten Graphen. Man sieht, dass seine Adjazenzmatrix nicht symmetrisch ist.

Adjazenzmatrizen eignen sich nur für einfache Graphen ohne Mehrfachkanten, denn die Kanten, welche dieselben Endecken haben, können durch eine Adjazenzmatrix nicht unterschieden werden. Eine solche Unterscheidung ist durch die folgende Repräsentation möglich:

Inzidenzmatrizen für Graphen

Sei $G = (V, E)$ ein ungerichteter Graph mit der Eckenmenge $V = \{v_1, \ldots, v_n\}$ und der Kantenmenge $E = \{e_1, \ldots, e_m\}$. Die (n, m)-Matrix $B = (b_{ij})$ mit den Elementen

$$b_{ij} = \begin{cases} 1, & \text{wenn} \quad v_i \text{ Endecke der Kante } e_j \text{ ist,} \\ 0, & \text{sonst,} \end{cases}$$

bezeichnet man als die **Inzidenzmatrix** von G.

Beispiel 7.3

Die Inzidenzmatrix für den Graphen von Abbildung 7.15 ist folgende:

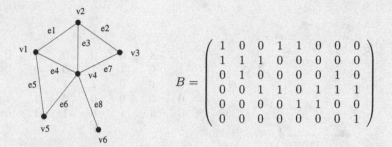

$$B = \begin{pmatrix} 1 & 0 & 0 & 1 & 1 & 0 & 0 & 0 \\ 1 & 1 & 1 & 0 & 0 & 0 & 0 & 0 \\ 0 & 1 & 0 & 0 & 0 & 0 & 1 & 0 \\ 0 & 0 & 1 & 1 & 0 & 1 & 1 & 1 \\ 0 & 0 & 0 & 0 & 1 & 1 & 0 & 0 \\ 0 & 0 & 0 & 0 & 0 & 0 & 0 & 1 \end{pmatrix}$$

Auch die Inzidenzmatrix B von G enthält sämtliche Informationen über den Graphen G. Eine Besonderheit der Inzidenzmatrix besteht darin, dass in jeder Spalte von B genau zwei Einsen stehen, welche die Endecken der jeweiligen Kante repräsentieren.

Im Gegensatz zu Adjazenzmatrizen eignen sich Inzidenzmatrizen auch für Graphen mit Mehrfachkanten. Verschiedene Kanten entsprechen grundsätzlich verschiedenen Spalten. Wenn mehrere Spalten identisch sind, dann sind die zugehörigen Kanten Mehrfachkanten zwischen denselben Ecken. Es ist sehr einfach, aus der Adjazenzmatrix eines Graphen seine Inzidenzmatrix zu gewinnen und umgekehrt.

Für Digraphen definiert man Inzidenzmatrizen, indem man an der Stelle $b_{i,j}$ eine 1 notiert, wenn u_i Anfangspunkt von e_j ist, und -1, wenn u_i Endpunkt von e_j ist.

Wenn der Digraph auch ungerichtete Kanten enthält, so müssen diese als zwei verschiedene gerichtete Bögen dargestellt werden, die unterschiedliche Indizes haben, also in unterschiedlichen Spalten dargestellt werden.

In der Regel gibt es wesentlich mehr Kanten als Ecken, sodass eine Inzidenzmatrix mehr Speicheraufwand erfordert als eine Adjazenzmatrix. Für einfache Graphen, welche in der Regel betrachtet werden, ist eine Adjazenzmatrix also immer vorzuziehen.

Beispiel 7.4

Die Inzidenzmatrix des Digraphen von Abbildung 7.16 ist folgende:

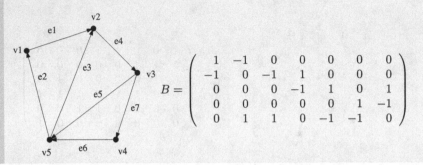

$$B = \begin{pmatrix} 1 & -1 & 0 & 0 & 0 & 0 & 0 \\ -1 & 0 & -1 & 1 & 0 & 0 & 0 \\ 0 & 0 & 0 & -1 & 1 & 0 & 1 \\ 0 & 0 & 0 & 0 & 0 & 1 & -1 \\ 0 & 1 & 1 & 0 & -1 & -1 & 0 \end{pmatrix}$$

Aber auch eine Adjazenzmatrix benötigt mehr Speicher als erforderlich, um einen einfachen Graphen eindeutig darzustellen. Eine speicherplatzeffizientere Darstellung für einfache Graphen wird im Folgenden vorgestellt:

Adjazenzlisten

Eine **Adjazenzliste** besteht aus n Zeilen: der Ecke v_i ist die i-te Zeile zugeordnet. In der i-ten Zeile steht eine Liste der mit der Ecke v_i adjazenten Ecken.

Beispiel 7.5

Der Graph von Abbildung 7.15 hat folgende Adjazenzliste:

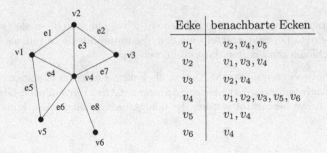

Ecke	benachbarte Ecken
v_1	v_2, v_4, v_5
v_2	v_1, v_3, v_4
v_3	v_2, v_4
v_4	v_1, v_2, v_3, v_5, v_6
v_5	v_1, v_4
v_6	v_4

Zur Speicherung der Adjazenzliste eines Graphen mit n Ecken und m Kanten benötigt man nur $n + 2m$ Speicherplätze.

Für Digraphen werden **Nachfolgerlisten** und **Vorgängerlisten** verwendet:

In einer Nachfolgerliste (Vorgängerliste) eines Digraphen steht in der i-ten Zeile die Menge aller Ecken, die Endecken (Anfangsecken) von in v_i beginnenden (endenden) Bögen sind.

Beispiel 7.6

Die Vorgänger- und Nachfolgerliste des Digraphen von Abbildung 7.16 sind:

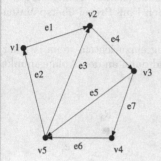

Ecke	Vorgänger	Nachfolger
v_1	v_5	v_2
v_2	v_1, v_5	v_3
v_3	v_2	v_4, v_5
v_4	v_3	v_5
v_5	v_3, v_4	v_1, v_2

7.2 Wege in Graphen

In einem Graphen G wird eine alternierende Folge von Ecken und Kanten (Bögen) der Form

$$W = (v_0, e_1, v_1, e_2, v_2, e_3, v_3, \ldots, v_{k-1}, e_k, v_k), \tag{7.1}$$

bei der aufeinanderfolgende Elemente inzident sind, ein **Weg** aus k Kanten genannt. v_0 ist die **Anfangsecke**, v_k die **Endecke** des Weges. Falls nur die Kanten eines Weges von Interesse sind, also $(e_1, e_2, \ldots, e_k)$, wobei hintereinander aufgeführte Kanten adjazent sein müssen, dann spricht man von einem **Kantenzug**.

Falls Anfangs- und Endecke eines Weges gleich sind, spricht man von einem **Kreis**. Der zugehörige Kantenzug heißt **geschlossener Kantenzug**.

Weiter oben wurden bereits 2-reguläre Graphen als Kreise eingeführt. Allerdings sind das nach dieser Definition nur spezielle Kreise:

Man beachte, dass Wege und auch Kreise sich selbst kreuzen dürfen: Auch eine Ecke in der Mitte des Weges (Kreises) darf identisch mit v_0 sein. Solche Graphen sind nicht 2-regulär.

7.2.1 Eulerwege und Hamiltonwege

Man bezeichnet das Jahr 1736 als das „Geburtsjahr" der Graphentheorie. In diesem Jahr gab LEONHARD EULER[11] eine Antwort auf das inzwischen berühmt gewordenen Königsberger Brückenproblem an.

Königsberger Brückenproblem

Zu Beginn des 18. Jahrhunderts gab es in der damaligen Stadt Königsberg sieben Brücken, die den durch Königsberg fließenden Fluß Pregel überspannten (Abb. 7.17).

Frage: Wie hat ein Wanderer seinen Spaziergang einzurichten, wenn er über jede der sieben Brücken genau einmal laufen und dann an den Anfangspunkt seiner Wanderung zurückkehren soll?

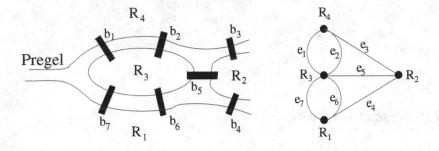

Abbildung 7.17: Brücken von Königsberg   Abbildung 7.18:   Königsberger Brückengraph

Das graphentheoretische Modell dieser Aufgabenstellung ist in Abb. 7.18 dargestellt: Jedem Stadtteil von Königsberg ist eine Ecke des Brückengraphen zugeordnet, den Brücken entsprechen Kanten, die die entsprechenden Ecken verbinden. Der gesuchte Spaziergang wird durch einen Kantenzug $(e_{i_1}, e_{i_2}, \ldots, e_{i_7})$ beschrieben, wobei der Anfangspunkt der ersten Kante mit dem Endpunkt der letzten Kante übereinstimmt und jede Kante in der Folge genau einmal vorkommt.

Das Königsberger Brückenproblem ist ein Beispiel für ein Durchlaufungsproblem für Graphen: Alle Kanten eines Graphen sollen genau einmal durchlaufen werden. Ein Kantenzug eines Graphen $G = (V, E)$, der jede Kante von E genau einmal

---

[11] Leonhard Euler (1707-1783): Schweizer Mathematiker, der auch in anderen Gebieten der Mathematik eine führende Rolle gespielt hat. Zum Beispiel ist nach ihm die für die Analysis wichtige Zahl e benannt.

enthält, wird ein **Eulerweg** genannt. Wenn der Kantenzug geschlossen ist, spricht man von einem **Eulerkreis**.

Das Königsberger Brückenproblem hat keine Lösung. Das ergibt sich aus dem folgenden Satz:

Satz 7.3

Ein Graph $G = (V, E)$ besitzt genau dann einen Eulerkreis, wenn er zusammenhängend ist und wenn jede Ecke eine gerade Valenz hat.

Beweis:

1. Die Bedingung des Satzes ist notwendig („$\Rightarrow$"):
   Angenommen, G hat einen Eulerkreis C. Dann läßt sich C als eine Ecken-Kanten-Folge aufschreiben.

   $$C = (v_{i_1}, e_{i_1}, v_{i_2}, e_{i_2}, v_{i_3}, , \ldots, v_{i_l}, e_{i_l}, \ldots, v_{i_m}, e_{i_m}, v_{i_1}),$$

   in der jede Kante $e_j \in E$ genau einmal vorkommt. Jede Ecke v_{i_l} wird über eine Kante $e_{i_{l-1}}$ erreicht und über eine andere Kante e_{i_l} wieder verlassen. Kommt v_{i_l} in der Folge genau k-mal vor, dann hat v_{i_l} die Valenz $2k$.

2. Die Bedingung des Satzes ist hinreichend („$\Leftarrow$"):
   Sei G zusammenhängend und alle Valenzen seien gerade. Es ist zu zeigen, dass G dann immer einen Eulerkreis hat.

Wir führen einen Induktionsbeweis über die Anzahl der Kanten m:

Induktionsverankerung $(m = 0)$:
Wenn der Graph 0 Kanten hat und zusammenhängend ist, dann besteht er nur aus einer Ecke. Diese bildet trivialerweise den Eulerkreis. q.e.d.

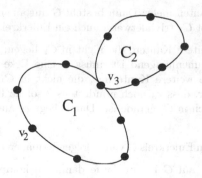

Abbildung 7.19: Skizze für den Induktionsschluss für Satz 7.3

Induktionsschluss von $< m$ auf m Kanten (verallgemeinertes Induktionsprinzip nach Satz 3.6):

G sei also ein zusamenhängender Graph mit $m > 0$ Kanten, in dem jede Ecke eine gerade Valenz hat. Wir müssen zeigen, dass G einen Eulerkreis hat, und dürfen als Induktionsannahme verwenden, dass zusammenhängende Graphen mit weniger als m Kanten und geraden Eckenvalenzen einen Eulerkreis haben.

G hat einen nichtleeren Kreis C_1, der folgendermaßen gebildet werden kann: Wir bilden einen Weg, indem wir mit einer Ecke v_1 starten und so lange Kanten und angrenzende Ecken hinzufügen, bis wir wieder eine Ecke erreichen, welche bereits im Kantenzug enthalten war. Das muss möglich sein, weil jede Ecke eine gerade Valenz hat, sodass jede neue Ecke, die betreten wurde, auch wieder verlassen werden kann. Diese Ecke heiße v_2. Wir haben damit einen Kreis C_1 gefunden, der in v_2 beginnt und endet.

Wir bilden jetzt einen Untergraphen G', indem der soeben gefundene Kreis C_1 entfernt wird. Sollten einige Ecken von C_1 in G nur Valenz 2 gehabt haben, so haben sie nach der Entfernung von C_1 keine inzidenten Kanten mehr und werden daher aus G' ebenfalls entfernt.

Der übrig gebliebene Graph G' ist also wieder zusammenhängend, und jede Ecke hat wie in G eine gerade Valenz, denn wir haben die Valenzen der Ecken, die auf C_1 liegen, um 2 verringert, und die anderen Valenzen sind unverändert geblieben.

Da der Kreis C_1 mindestens eine Kante hatte (man kann sich leicht überlegen, dass er sogar mindestens 2 Kanten hatte), hat G' weniger Kanten als G. Damit kann die Induktionsannahme für G' verwendet werden, sodass wir schließen können, dass G' einen Eulerkreis C_2 hat.

Wir betrachten nun 2 Fälle:

1. G' hat keine Kanten mehr: Dann besteht G nur aus dem Kreis C_1, und C_2 ist leer. Dann ist C_1 trivialerweise auch ein Eulerkreis von G.

2. G' hat noch weitere Kanten, die nicht in C_1 liegen: Da der ursprüngliche Graph G zusammenhängend ist, muss es eine Ecke v_3 auf C_1 geben, die mindestens eine weitere Kante hat, die nicht in C_1 liegt, die also in G' liegt. Es ist klar, dass v_3 noch mindestens 2 solche Kanten hat, weil seine Eckenvalenz auch in G' gerade ist. Damit liegt v_3 auch auf dem Eulerkreis C_2 von G'.

Wir bilden jetzt den Eulerkreis C von G folgendermaßen (siehe Abbildung 7.19):

Starte in v_2, laufe auf C bis v_3, laufe dann den kompletten Kreis C_2, dem Eulerkreis von G', ab, sodass v_3 wieder erreicht wird, und setze den Weg fort auf C, bis die Ecke v_2 erreicht wird.

Damit haben wir alle Kanten von G genau einmal durchlaufen: Die Kanten von G' wurden einmal durchlaufen, weil C_2 ein Eulerkreis ist, und nach Konstruktion wurden die Kanten von C auch genau einmal durchlaufen. Weitere Kanten gibt es in G nicht. ∎

Eine Bemerkung noch zu Abbildung 7.19: Dort wird suggeriert, dass C_2 nur in v_3 den Kreis C_1 berührt. Das muss natürlich nicht der Fall sein: C_2 kann den Kreis C_1 mehrfach durchdringen. Aber unser Beweis ist vollkommen unabhängig davon, wie oft sich die Kreise durchdringen: Es muss nur mindestens einen Berührungspunkt v_3 geben.

Definition 7.4 *Ein Graph G heißt* **eulersch***, wenn er einen Eulerkreis besitzt.*

Nach Satz 7.3 ist ein Graph also eulersch genau dann, wenn er zusammenhängend ist und jede Ecke eine gerade Valenz hat.

Der Beweis des Satzes 7.3 suggeriert sogar einen rekursiven Algorithmus zur Bestimmung eines Eulerkreises. Dieser kann sogar sehr effizient implementiert werden. Der folgende Algorithmus ist nicht ganz so effizient, aber wesentlich einfacher nachzuvollziehen:

Algorithmus zur Bestimmung eines Eulerkreises in einem Eulerschen Graphen

1) Starte mit einer beliebigen Ecke v_0 und dem leeren Weg $W_0 = (v_0)$.

2) Wiederhole den folgenden Schritt, solange noch Kanten übrig sind:

   Erweitere den Weg $W_i = (v_0, e_1, v_1, \ldots, e_i, v_i)$ zu einem Weg $W_{i+1} = (v_0, e_1, v_1, \ldots, e_i, v_i, e_{i+1}, v_{i+1})$ durch eine Kante, die in v_i beginnt und in v_{i+1} endet. Eine solche Kante muss es geben, weil anderenfalls die Ecke v_i keine gerade Valenz hätte.

   Zusätzlich muss folgendes beachtet werden:

   R_{i+1} sei der Restegraph, der entsteht, indem zunächst alle Kanten von G aus W_{i+1} entfernt werden und dann alle Ecken, die dadurch isoliert sind. Dieser Restegraph muss weiterhin zusammenhängend sein und v_0 enthalten.

Satz 7.4

Der eben angegebene Algorithmus ist in einem Eulergraphen immer ausführbar und bestimmt einen Eulerkreis.

Der Beweis wird hier nicht geführt. Er ist für einen etwas anders dargestellten, aber im Wesentlichen äquivalenten Algorithmus in [Aig06] oder [MN07] angegeben.

Nun ist es auch klar, wann man einen Euler*weg* findet:

Ein Eulerkreis ist natürlich immer ein Eulerweg.

Wenn die erste und die letzte Ecke des Weges nicht identisch sind, dann dürfen auch genau diese eine ungerade Valenz haben. Falls der Weg ein Eulerweg sein soll, also alle Kanten enthalten soll, dann *müssen* die Anfangs- und Endecke sogar eine ungerade Valenz haben und alle anderen Ecken müssen weiterhin eine gerade Valenz haben. Die Begründung ist analog zum Beweis von Satz 7.3.

Wir erhalten folgenden Satz:

Satz 7.5

Ein Graph G hat einen Eulerweg mit zwei verschiedenen Start- und Zielecken v_s und v_z, wenn genau diese beiden Ecken eine ungerade Valenz haben und alle anderen eine gerade.

Der Algorithmus zum Auffinden des Eulerkreises wird analog für einen Eulerweg zwischen zwei verschiedenen Ecken v_s und v_z modifiziert:

Algorithmus zum Bestimmen eines Eulerweges in einem Graphen, in dem nur v_s und v_z ungerade Valenzen haben

1) Starte mit v_s und dem leeren Weg $W_0 = (v_s)$.

2) Wiederhole den folgenden Schritt, solange noch Kanten übrig sind:

   Erweitere den Weg $W_i = (v_s, e_1, v_1, \ldots, e_i, v_i)$ zu einem Weg $W_{i+1} = (v_s, e_1, v_1, \ldots, e_i, v_i, e_{i+1}, v_{i+1})$ durch eine Kante, die in v_i beginnt und in v_{i+1} endet.

   Zusätzlich muss folgendes beachtet werden:

   R_{i+1} sei der Restegraph, der entsteht, indem zunächst alle Kanten von G aus W_{i+1} entfernt werden und dann alle Ecken, die dadurch isoliert sind. Dieser Restegraph muss weiterhin zusammenhängend sein und v_z enthalten.

Analog zu der Anforderung, alle *Kanten* eines Graphen genau einmal zu durchlaufen, kann man die Anforderung stellen, alle *Ecken* eines Graphen genau einmal zu durchlaufen. Diese Anforderung wurde in der Graphentheorie erstmals von Hamilton[12] formuliert:

Definition 7.5 *Ein **Hamiltonweg** bzw. **Hamiltonkreis** in einem Graphen G ist ein Weg bzw. Kreis, der jede Ecke des Graphen genau einmal durchläuft.*

Abbildung 7.20 zeigt einen Hamiltonkreis im so genannten **Dodekaedergraphen**. Dieser Graph stellt die Projektion eines regelmäßigen dreidimensionalen Körpers in der Ebene dar, der aus genau 12 Flächen[13] besteht, die alle regelmäßige Fünfecke sind.

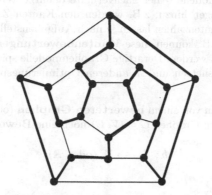

Abbildung 7.20: Hamiltonkreis im Dodekaeder

Im Gegensatz zum Auffinden eines Eulerkreises ist kein Algorithmus bekannt, der in einem beliebigen Graphen auf *effiziente* Weise einen Hamiltonkreis findet bzw. eindeutig feststellt, dass dieser keinen haben kann.

Natürlich gibt es die triviale Lösung, alle Möglichkeiten durchzuprobieren, denn es gibt nur endlich viele Möglichkeiten, aber das sind bei n Ecken im schlechtesten Fall $n!$ Möglichkeiten (wenn jeder mit jedem benachbart ist). Das ist nicht gerade effizient.

Es wurde sogar bewiesen, dass das Problem, einen Hamiltonkreis zu finden, zu einer Klasse besonders schwerer Probleme, den so genannten **NP-vollständigen Problemen** gehört.

Diese Tatsache hat besondere Auswirkung auf ein Grundproblem in der Logistik, das **Problem des Handelsreisenden**, für welches das Problem einen Hamil-

---

[12] William Hamilton (1805–1865): irischer Mathematiker. Nach diesem Mathematiker ist auch der Quaternionen-Schiefkörper benannt, siehe Seite 202
[13] dodeka: griechisch für 12

tonkreis zu finden, ein Teilproblem darstellt. Dieses Problem ist damit auch NP-vollständig. Da man nicht weiß, wie man NP-vollständige Probleme im Allgemeinen effizient lösen kann, müssen für alle praktischen Logistikprobleme individuelle Heuristiken entworfen werden, in denen darauf verzichtet wird, eine nachweislich optimale Lösung zu finden.

7.2.2 Kürzeste Wege in bewerteten Graphen

Wenn Graphen als Modelle realer Sachverhalte benutzt werden, kommen häufig zusätzliche Bedingungen hinzu, z.B. werden den Kanten Zahlen als Bewertung zugeordnet. Diese Kantenzahlen lassen je nach Aufgabenstellung verschiedene Interpretationen zu. Z.B. können diese **Kantenbewertungen** als **Längen** oder **Fahrzeiten** gedeutet werden. Derartige Graphenmodelle spielen für Navigationsprobleme in Verkehrsnetzen und in anderen Optimierungsproblemen eine große Rolle.

Allgemein spricht man von einem **bewerteten Graphen** (oder von einem **Netzwerk**), wenn für einen Graphen $G = (V, E)$ noch eine **Bewertungsfunktion**

$$b : E \longrightarrow \mathbb{N} \ (\text{oder } \mathbb{R})$$

definiert ist.

Ein Beispiel für einen bewerteten Graphen ist in Abbildung 7.21 gegeben.

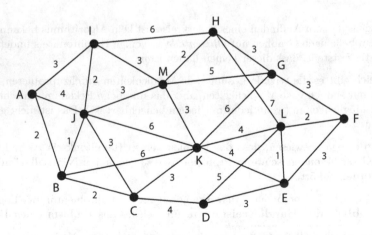

Abbildung 7.21: bewerteter Graph G

Es ist auch denkbar, den *Ecken* Zahlen zuzuweisen. Dann spricht man von einer **Eckenbewertung**. In diesem Kapitel sollen die Kantenlängen der Wege minimiert werden, sodass Eckenbewertungen keine Rolle spielen.

Die in Kapitel 7.1.3 angegebenen Darstellungsmöglichkeiten von Graphen und Digraphen für unbewertete Graphen können folgendermaßen für die Repräsentation von Bewertungen erweitert werden:

In **Adjazenzmatrizen für bewertete Graphen** wird bei einer Kante zwischen Ecke i und Ecke j an der Position (i, j) nicht eine 1, sondern die Bewertung der Kante (die „Kantenlänge") eingetragen. Falls keine Kante existiert, dann wird nicht 0, sondern ∞ eingetragen. An der Stelle (i, i) wird für alle i eine 0 eingetragen, was bedeutet, dass keine echte Wegstrecke von einer Ecke zu sich selbst zurückgelegt werden muss.

Beispiel 7.7

Die Adjazenzmatrix des Graphen von Abbildung 7.21 ist folgende:

	A	B	C	D	E	F	G	H	I	J	K	L	M
A	0	2	∞	∞	∞	∞	∞	∞	3	4	∞	∞	∞
B	2	0	2	∞	∞	∞	∞	∞	∞	1	6	∞	∞
C	∞	2	0	4	∞	∞	∞	∞	∞	3	3	∞	∞
D	∞	∞	4	0	3	∞	∞	∞	∞	∞	∞	5	∞
E	∞	∞	∞	3	0	3	∞	∞	∞	∞	4	1	∞
F	∞	∞	∞	∞	3	0	3	∞	∞	∞	∞	2	∞
G	∞	∞	∞	∞	∞	3	0	3	∞	∞	6	∞	5
H	∞	∞	∞	∞	∞	∞	3	0	6	∞	∞	7	2
I	3	∞	∞	∞	∞	∞	∞	6	0	2	∞	∞	3
J	4	1	3	∞	∞	∞	∞	∞	2	0	6	∞	3
K	∞	6	3	∞	4	∞	6	∞	∞	6	0	4	3
L	∞	∞	∞	5	1	2	∞	7	∞	∞	4	0	∞
M	∞	∞	∞	∞	∞	∞	5	2	3	3	3	∞	0

Man beachte, dass eine solche Darstellung die Informationen für Schlingen nicht wiedergeben kann, weil bei der Position (i, i) grundsätzlich eine 0 eingetragen wird unabhängig von der Bewertung der Schlingenkante. Ebensowenig können Mehrfachkanten berücksichtigt werden, da nur die Bewertung *einer* Kante eingetragen werden kann.

In den **Adjazenzlisten für bewertete Graphen** wird für jede Ecke nicht nur die
Liste der Nachbarn, sondern eine Liste aus Paaren (Nachbar,Kantenbewertung)
gebildet. Diese Darstellungsmöglichkeit ist auch für Graphen mit Schlingen und
Mehrfachkanten möglich.

Beispiel 7.8

Die Adjazenzliste des Graphen von Abbildung 7.21 ist folgende:

Ecke	benachbarte Ecken
A	$(B,2)$, $(I,3)$, $(J,4)$
B	$(A,2)$, $(C,2)$, $(J,1)$, $(K,6)$
C	$(B,2)$, $(D,4)$, $(J,3)$, $(K,3)$
D	$(C,4)$, $(E,3)$, $(L,5)$
E	$(D,3)$, $(F,3)$, $(K,4)$, $(L,1)$
F	$(E,3)$, $(G,3)$, $(L,2)$
G	$(F,3)$, $(H,3)$, $(K,6)$, $(M,5)$
H	$(G,3)$, $(I,6)$, $(L,2)$, $(M,2)$
I	$(A,3)$, $(H,6)$, $(J,2)$, $(M,3)$
J	$(A,4)$, $(B,1)$, $(C,3)$, $(I,2)$, $(K,6)$, $(M,3)$
K	$(B,6)$, $(C,3)$, $(E,4)$, $(G,6)$, $(J,6)$, $(L,4)$, $(M,3)$
L	$(D,5)$, $(E,1)$, $(F,2)$, $(H,7)$, $(K,4)$
M	$(G,5)$, $(H,2)$, $(I,3)$, $(J,3)$, $(K,3)$

Bewertete Digraphen werden ganz analog repräsentiert: Anstelle der Kanten werden die Bögen mit Zahlen bewertet. Man beachte, dass ein Bogen, der von Ecke u
zu Ecke v gerichtet ist, nicht dieselbe Bewertung haben muss wie ein Bogen, der
von Ecke v zu Ecke u gerichtet ist.

Die Darstellung durch Adjazenzmatrizen oder Adjazenzlisten ist analog zum eben
geschilderten ungerichteten Fall: Während die genannten Strukturen im ungerichteten Fall symmetrisch sind, haben sie diese Eigenschaft im gerichteten Fall nicht
notwendigerweise.

Der Algorithmus von Dijkstra

Das zentrale Problem in Navigationssystemen ist die Bestimmung des kürzesten
Weges zwischen zwei Punkten. Hierfür wird das Straßennetz als Graph modelliert,
in dem die erreichbaren Punkte und Kreuzungen als Ecken und die Straßenseg-

mente dazwischen als Kanten modelliert werden. Die Bewertungen der Kanten entsprechen der Streckenlänge oder der durchschnittlichen Fahrzeit.

Genau genommen muss das Straßennetz als Digraph modelliert werden, weil es Straßen gibt, in denen die Fahrzeit in einer Richtung eine andere sein kann als in die andere Richtung. Bei Einbahnstraßen ist sogar eine Richtung gar nicht vorhanden (Fahrzeit ∞). Da die Repräsentation der Datenstruktur und der im Folgenden beschriebene Algorithmus aber für Graphen und Digraphen dasselbe ist, wird das Problem im Folgenden aus Gründen der einfacheren Darstellung nur für ungerichtete Graphen beschrieben.

Wir stellen also die Frage, wie man in einem beliebigen bewerteten Graphen den kürzesten Weg von einer vorgegebenen Ecke zu einer anderen vorgegebenen Ecke berechnet.

Die Antwort auf diese Fragestellung wurde von Dijkstra [14] im Jahr 1959 entwickelt. Der Algorithmus ist relativ einfach und doch sehr effizient. Da bis heute kein grundlegend effizienteres Verfahren gefunden wurde, werden auch in modernen Navigationsgeräten immer noch Verfahren benutzt, welche die wesentliche Idee des ursprünglichen Algorithmus von Dijkstra benutzen und lediglich verfeinern.

Der Algorithmus setzt voraus, dass die Kantenbewertungen nichtnegativ sind. Ziel ist es, den kürzesten Weg von einer Ecke s zu einer Ecke z in einem vorgegebenen Graphen zu finden.

Hierfür hält der Algorithmus 2 Mengen von markierten Ecken vor:

- Die Menge **Berechnet** enthält die Ecken v, zu denen der kürzeste Weg von s bereits berechnet ist, markiert mit der jeweiligen Länge des kürzesten Weges.

- Die Menge **Vorläufig** enthält alle anderen Ecken des Graphen, markiert mit der jeweiligen Länge des kürzesten bisher bekannten Weges. Wenn zu einer Ecke noch gar kein Weg bekannt ist, dann wird ∞ als Markierung eingetragen.

Im Folgenden wird die dadurch vorgenommene Markierung einer Ecke v mit $m(v)$ bezeichnet. Die Bewertung einer gerichteten Kante (u, v) wird mit $b(u, v)$ bezeichnet. Außerdem wird für alle Ecken v noch eine Vorgängerecke $p(v)$ vorgehalten, welche die letzte Ecke auf dem kürzesten bisher bekannten Weg von s nach v bezeichnet. Wenn noch kein Weg bekannt ist, muss $p(v)$ nicht definiert sein.

---

[14] Edsger Dijkstra: 1930–2002, niederländischer Mathematiker, Pionier der Informatik

Algorithmus von Dijkstra

für die Bestimmung des kürzesten Weges in einem Graphen G von s nach z in Graphen mit nichtnegativen Kantenlängen:

1) Setze Berechnet $:= \{s\}$ und $m(s) := 0$ und $p(s) = s$.

2) Vorläufig bestehe aus allen anderen Ecken v von G, wobei $m(v) = b(s, v)$ und $p(v) = s$, falls v ein Nachbar von s ist, und $m(v) = \infty$ sonst.

3) Wiederhole die folgenden Schritte solange, bis z in der Menge Berechnet ist:

   a) Wähle die Ecke v mit der kleinsten Markierung aus Vorläufig und verschiebe sie in die Menge Berechnet.

   b) Betrachte alle Nachbarn n_i von v, die in Vorläufig sind:
   Vergleiche $m(n_i)$ mit $m(v)+b(v,n_i)$ und setze $m(n_i)$ auf das Minimum von diesen beiden Werten.
   Falls der Wert von $m(n_i)$ geändert werden musste, setze $p(n_i) := v$.

Sammle alle Vorgänger von z bis s hintereinander auf und gib sie als kürzesten Weg in umgekehrter Reihenfolge wieder aus.

Dieser Algorithmus wird am folgenden Beispiel vorgeführt:

Beispiel 7.9

Berechne den kürzesten Weg zwischen A und K im Graphen von Abbildung 7.21 auf Seite 278.

Im Algorithmus von Dijkstra ist also $s = A$ und $z = K$. In der folgenden Beschreibung werden Markierung und Vorgänger einer Ecke als Indexpaar unten angehängt, also $u_{(m(u),p(u))}$.

1) Setze Berechnet $:= \{A_{(0,A)}\}$.

2) Setze Vorläufig $:= \{B_{(2,A)}, I_{(3,A)}, J_{(4,A)},$
   $C_\infty, D_\infty, E_\infty, F_\infty, G_\infty, H_\infty, K_\infty, L_\infty, M_\infty\}$.

3) B hat die kleinste Markierung in Vorläufig. Also wird B in Berechnet verschoben und die Nachbarn von B aktualisiert:
   Berechnet $:= \{A_{(0,A)}, B_{(2,A)}\}$
   Vorläufig $:= \{I_{(3,A)}, J_{(3,B)}, C_{(4,B)}, D_\infty, E_\infty, F_\infty, G_\infty, H_\infty$
   $K_{(8,B)}, L_\infty, M_\infty\}$
   Zu den Nachbarn C, J, K wurde ein kürzerer Weg über B gefunden und Markierung und Vorgänger entsprechend geändert.

4) I hat die kleinste Markierung in `Vorläufig`. Also wird I in `Berechnet` verschoben und die Nachbarn von I aktualisiert:

`Berechnet` $:= \{A_{(0,A)}\ ,\ B_{(2,A)}\ ,\ I_{(3,A)}\}$

`Vorläufig` $:= \{J_{(3,B)}\ ,\ C_{(4,B)}\ ,\ D_{\infty}\ ,\ E_{\infty}\ ,\ F_{\infty}\ ,\ G_{\infty}\ ,\ H_{(9,I)}\ ,$
$$K_{(8,B)}\ ,\ L_{\infty}\ ,\ M_{(6,I)}\}$$

Zu den Nachbarn H, M wurde ein kürzerer Weg über I gefunden und Markierung und Vorgänger entsprechend geändert. Zum Nachbarn J wurde kein kürzerer Weg gefunden: Die Markierung blieb unverändert.

5) J hat die kleinste Markierung in `Vorläufig`. Also wird J in `Berechnet` verschoben und die Nachbarn von J aktualisiert:

`Berechnet` $:= \{A_{(0,A)}\ ,\ B_{(2,A)}\ ,\ I_{(3,A)}\ ,\ J_{(3,B)}\}$

`Vorläufig` $:= \{C_{(4,B)}\ ,\ D_{\infty}\ ,\ E_{\infty}\ ,\ F_{\infty}\ ,\ G_{\infty}\ ,\ H_{(9,I)}\ ,\ K_{(8,B)}\ ,\ L_{\infty}\ ,$
$$M_{(6,I)}\}$$

Zu keinem der Nachbarn von J wurde ein kürzerer Weg gefunden: Die Markierung blieb unverändert.

6) C hat die kleinste Markierung in `Vorläufig`. Also wird C in `Berechnet` verschoben und die Nachbarn von C aktualisiert:

`Berechnet` $:= \{A_{(0,A)}\ ,\ B_{(2,A)}\ ,\ I_{(3,A)}\ ,\ J_{(3,B)}\ ,\ C_{(4,B)}\}$

`Vorläufig` $:= \{D_{(8,C)}\ ,\ E_{\infty}\ ,\ F_{\infty}\ ,\ G_{\infty}\ ,\ H_{(9,I)}\ ,\ K_{(7,C)}\ ,\ L_{\infty}\ ,\ M_{(6,I)}\}$

Zu den Nachbarn D, K wurde ein kürzerer Weg gefunden und Markierung und Vorgänger entsprechend geändert.

7) M hat die kleinste Markierung in `Vorläufig`. Also wird M in `Berechnet` verschoben und die Nachbarn von M aktualisiert:

`Berechnet` $:= \{A_{(0,A)}\ ,\ B_{(2,A)}\ ,\ I_{(3,A)}\ ,\ J_{(3,B)}\ ,\ C_{(4,B)}\ ,\ M_{(6,I)}\}$

`Vorläufig` $:= \{D_{(8,C)}\ ,\ E_{\infty}\ ,\ F_{\infty}\ ,\ G_{(11,M)}\ ,\ H_{(8,M)}\ ,\ K_{(7,C)}\ ,\ L_{\infty}\}$

Zu den Nachbarn G, H wurde ein kürzerer Weg gefunden und Markierung und Vorgänger entsprechend geändert. Zum Nachbarn K wurde kein kürzerer Weg gefunden: Die Markierung blieb unverändert.

8) K hat die kleinste Markierung in `Vorläufig`. Also wird K in `Berechnet` verschoben und die Nachbarn von K aktualisiert:

`Berechnet` $:= \{A_{(0,A)}\ ,\ B_{(2,A)}\ ,\ I_{(3,A)}\ ,\ J_{(3,B)}\ ,\ C_{(4,B)}\ ,\ M_{(6,I)}\ ,\ K_{(7,C)}\}$

`Vorläufig` $:= \{D_{(8,C)}\ ,\ E_{(11,K)}\ ,\ F_{\infty}\ ,\ G_{(11,M)}\ ,\ H_{(8,M)}\ ,\ L_{(11,K)}\}$

Zu den Nachbarn E, L wurde ein kürzerer Weg gefunden und Markierung und Vorgänger entsprechend geändert. Zum Nachbarn G wurde kein kürzerer Weg gefunden: Die Markierung blieb unverändert.

9) Mit $z = K$ ist die Zielecke in der Menge `Berechnet` und damit das Ende erreicht: Es werden die Vorgänger von K aufgesammelt und in umgekehrter Reihenfolge ausgegeben: A, B, C, K. Die Weglänge des kürzesten Wegs entspricht dem Markierungswert 7.

Satz 7.6

Der Algorithmus von Dijkstra berechnet den kürzesten Weg von s nach z und benötigt dafür maximal n Durchläufe von Schritt 3, wobei n die Eckenzahl von G ist.

Beweis:

Der formale Beweis ist schwer und übersteigt den Rahmen dieses Buches, aber die Idee soll zumindest skizziert werden:

Es ist leicht zu sehen, dass in Schritt 3 in jedem Durchlauf genau eine Ecke aus **Vorläufig** in **Berechnet** verschoben wird. Damit ist klar, dass der Algorithmus nach spätestens n Durchläufen auch die gesuchte Ecke z verschoben hat und abbricht.

Es ist dagegen nicht so leicht zu sehen, dass die Markierung aller Ecken in **Berechnet** immer die Länge des kürzesten Weges von s ist:

Das beweist man durch vollständige Induktion über die Kantenzahl des kürzesten Weges von der Startecke s: Die Induktionsverankerung ist noch leicht zu begreifen: Nur s braucht 0 Kanten zu sich selbst und hat auch die Markierung 0. Diese befindet sich am Anfang bereits in **Berechnet**, und 0 ist offensichtlich die Länge des kürzesten Weges von s nach s. Hier geht ein, dass die Kantenlängen nichtnegativ sein müssen. Der Induktionsschluss ist komplizierter und wird hier nicht vorgeführt. ∎

Wenn man sich das oben vorgeführte Beispiel genau ansieht, dann erkennt man, dass der Algorithmus nicht nur den kürzesten Weg von A nach K ausgerechnet hat, sondern auch zu den Ecken B, I, J, C, M, eben zu allen Ecken, die am Ende in der Menge **Berechnet** waren.

Im Allgemeinen gilt folgender Satz:

Satz 7.7

Der Algorithmus von Dijkstra berechnet den kürzesten Weg von s zu z und zu allen weiteren Ecken v, zu denen der kürzeste Weg kürzer ist als zu z. Dafür benötigt er maximal n Durchläufe von Schritt 3, wobei n die Eckenzahl von G ist.

Der Beweis kann in [Aig06] nachgelesen werden.

Welche Wege zu Ecken v berechnet werden, zu denen der kürzeste Weg genauso lang ist wie zu z, hängt von der konkreten Implementierung des Algorithmus ab.

Es kann im Allgemeinen nur garantiert werden, dass der Algorithmus auf jeden Fall den Weg zu einer Ecke v eher findet als zu einer Ecke z, wenn der Weg zu v eindeutig kürzer als zu z ist.

Das kann man sich auch am oben gegebenen Beispiel klar machen: Es war dem Zufall überlassen, ob zuerst die Ecke I oder die Ecke J in die Menge Berechnet verschoben wurde, denn beide hatten die minimale Markierung 3. An der Korrektheit der folgenden Markierungswerte ändert das aber nichts. Die Reihenfolge der Auswahl gleich guter Ecken hat allenfalls Auswirkung darauf, welcher Weg ausgerechnet wird, wenn es mehrere gleich gute kürzeste Wege gibt.

Auch wenn der Algorithmus von Dijkstra etwas mehr berechnet, als er wirklich sollte, so verzichtet er auf wirklich überflüssige Wegeberechnungen: Die kürzesten Wege von s zu Ecken v, die eindeutig weiter sind, als die zu Ecke z, werden garantiert nicht endgültig berechnet. Im Beispiel oben betrifft das die Ecken D, E, F, G, H, L. Das sind genau die Ecken, welche am Ende noch in Vorläufig sind.

Aufmerksame Beobachter werden einwenden, dass die Kandidaten für den nächsten Verschiebeschritt, nämlich die gleichauf liegenden Ecken D und H, doch eigentlich schon mit ihrer endgültigen Markierung versehen wurden, nur dass der Algorithmus das noch nicht gemerkt hat. Das liegt aber nur daran, dass wir überflüssigerweise die Markierungen der Nachbarn von K noch aktualisiert haben, nachdem K als minimale Ecke in vorläufig bereits erkannt wurde. Hätten wir auf diesen Schritt verzichtet, so hätten wir nicht garantieren können, dass irgendeine Ecke in Vorläufig bereits die richtige Markierung hat. Für die Berechnung des kürzesten Weges nach K hätte das aber schon vollkommen ausgereicht.

Für praktische Anwendungen in großen Straßennetzen muss der Algorithmus von Dijkstra abgewandelt werden: Wenn man zu einem weit entfernten Punkt des Landes fahren wollte, dann würde der Algorithmus von Dijkstra nach Satz 7.7 die kürzesten Wege zu den meisten Punkten des Landes berechnen, auch wenn diese in vollkommen falscher Richtung liegen, bevor er den kürzesten Weg zum gewünschten Ziel berechnet hat. Dafür gibt es natürlich verbesserte Heuristiken, die in kommerziellen Anwendungen eingesetzt werden, aber die Grundidee des Verfahrens ist wie hier beschrieben.

Eine weitere interessante Anwendung ist die Fahrgastauskunft in öffentlichen Verkehrsnetzen, zum Beispiel Bus und Bahn in einer Großstadt. Hierfür muss der zugrundeliegende Graph sorgfältig modelliert werden: Umsteigebahnhöfe müssen für jede Linie mit einer eigenen Ecke versehen werden. Die Kanten dazwischen entsprechen den Umsteigevorgängen. Hier können auch die Wartezeiten für Anschlusszüge berücksichtigt werden. Da diese nicht immer gleich sind, hängt die konkrete Bewertungsfunktion für die Kanten des Graphen von der tatsächlichen Uhrzeit ab, wann der Fahrgast unterwegs ist. Das erhöht die Komplexität des

Problems erheblich und verhindert in größeren Graphen eine Vorabspeicherung der Bewertungszahlen.

Allgemein gilt für alle Anwendungen des Algorithmus von Dijkstra: Die Kantenbewertungen des Graphen müssen der Realität entsprechen und dürfen sich während der Berechnung nicht ändern. Für Echtzeitberechnungen (also mit Berücksichtigung von Staus und Verspätungen) ist das hier vorgestellte Verfahren also nur bedingt geeignet. Es bleibt aber im Grundsatz ein Problem der Graphentheorie.

7.3 Bäume und Wälder

Definition 7.6 *Als* **Baum** *wird ein Graph bezeichnet, der zusammenhängend ist und keine Kreise enthält. Ein kreisloser Graph, der nicht zusammenhängend ist, also aus mehreren Zusammenhangskomponenten besteht, wird als* **Wald** *bezeichnet (weil er aus mehreren Bäumen besteht).*

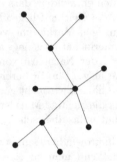

Abbildung 7.22: Baum T

Bei Bäumen werden Ecken meistens als *Knoten* bezeichnet.

Ein Knoten der Valenz 1 ist ein **Blatt**. Ein Knoten, der kein Blatt ist, wird **innerer Knoten** genannt.

Bäume lassen sich durch folgende Aussagen charakterisieren:

Satz 7.8

Folgende Aussagen sind für einen Graphen G mit n Knoten äquivalent:

1) G ist ein Baum, d.h. G hat keine Kreise und ist zusammenhängend.

2) G hat keine Kreise und ist maximal mit dieser Eigenschaft, d.h. werden zwei Knoten von G durch eine weitere bisher nicht vorhandene Kante verbunden, so entsteht immer ein Kreis.

3) G hat keine Kreise und enthält $n - 1$ Kanten.

Ein Beweis findet sich z.B. in [Aig06].

Korollar 7.9

Ein Graph mit n Knoten und weniger als $n - 1$ Kanten ist nicht zusammenhängend,

Bäume spielen in vielen Anwendungen und besonders in der Informatik eine zentrale Rolle. Zwei wichtige Anwendungen, aufspannende Bäume und Wurzelbäume, werden im Folgenden vorgestellt.

7.3.1 Aufspannende Bäume oder Gerüste

In Rechnernetzen und auch vielen anderen Anwendungen ist es von Interesse, zu einem Graphen einen Teilgraphen zu erzeugen, der ein Baum ist, also in dem alle Ecken immer noch gegenseitig erreichbar sind, der aber aus minimal vielen Kanten besteht (siehe Eigenschaft 2) von Satz 7.8).

Definition 7.7 *In einem zusammenhängenden Graphen $G = (V, E)$ wird ein kreisfreier und zusammenhängender Teilgraph $H = (V, F)$ mit $F \subseteq E$* **Gerüst** *oder auch* **aufspannender Baum** *von G genannt.*

In Abbildung 7.23 ist der Würfelgraph Q_3 und eines seiner Gerüste dargestellt.

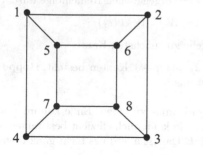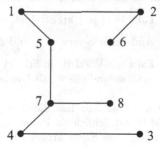

Abbildung 7.23: der Würfelgraph Q_3 (links) mit seinem Gerüst (rechts)

Satz 7.10

Jeder zusammenhängende Graph G besitzt ein Gerüst.

Beweis:

Sei G ein zusammenhängender Graph. Wenn G kreisfrei ist, dann ist G selbst ein Gerüst. Wenn andernfalls G einen Kreis C besitzt und u eine Kante von C ist, dann bilde man G', indem man die Kante u aus G entfernt. G' ist immer noch zusammenhängend, und es gilt $|E(G')| = |E(G)| - 1$. Wenn G' kreisfrei ist, dann ist G' ein Gerüst von G. Andernfalls werden aus G' weitere Kanten entfernt, die zu Kreisen gehören, bis schließlich keine Kreise mehr vorhanden sind. Dieser Fall muss nach Entfernen von genau $|E(G)| - |V(G)| + 1$ Kanten eintreten. ∎

Nach Satz 7.8 ist die Anzahl der Kanten eines Gerüsts für einen Graphen G mit n Knoten immer gleich $n - 1$.

Der folgende Algorithmus generiert ein solches Gerüst:

Algorithmus zur Berechnung eines Gerüsts im zusammenhängenden Graphen G

Vorbereitungsschritt:

Bringe die Kanten aus G in eine beliebige Reihenfolge $e_0, e_1, \ldots e_m$.

Schleife:

Konstruiere einen Wald W mit immer mehr Kanten, der ausschließlich aus Kanten von G besteht:

1) Starte mit einem leeren Wald $W := \emptyset$.

2) Gehe sukzessive die Kanten e_i in der vorgegebenen Reihenfolge durch:

   a) Falls $W \cup \{e_i\}$ kreisfrei ist, setze $W := W \cup \{e_i\}$.

   b) Anderenfalls verwirf e_i und gehe zur nächsten Kante.

   c) Falls der Wald W in Schritt 2) aus $n - 1$ Kanten besteht, stoppe die Schleife und gib W als Gerüst aus.

Es folgt aus Satz 7.8, dass dieser Algorithmus zu einem Ende kommt und dass der Wald W tatsächlich ein Baum ist. Man kann auch effizient bestimmen, ob die Hinzunahme einer Kante kreisfrei bleibt. Das ist allerdings nicht ganz trivial und erfordert gute Programmierkenntnisse.

Abbildung 7.24 zeigt das durch diesen Algorithmus erzeugte Gerüst für den Graphen aus Abbildung 7.21, wobei die Reihenfolge der betrachteten Kanten in den kleineren eingeklammerten Zahlen angegeben ist. Man kann sich für jede nicht gewählte Kante überzeugen, dass sie in einem Kreis enthalten ist, der sonst nur aus Kanten mit geringeren Reihenfolgenummern besteht.

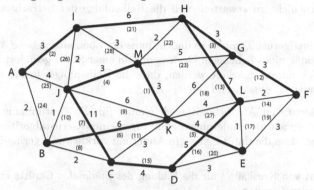

Abbildung 7.24: Gerüst von G

Bestimmung minimaler Gerüste

Wenn der Graph G bewertet ist, dann ist eine interessante Fragestellung, wie man das bezüglich der Kantenbewertung *minimale* Gerüst bestimmen kann.

Gegeben sei ein zusammenhängender kantenbewerteter Graph $G = (V, E, l)$ mit einer Kantenbewertung $l : E \longrightarrow \mathbb{R}$. Gesucht ist ein Gerüst T von G mit der Eigenschaft, dass die Summe der Kantenlängen von T minimal ist. Wir bezeichnen diese Summe mit $l(T)$ und nennen sie die **Länge** des Gerüsts T. Ein Gerüst minimaler Länge heißt **Minimalgerüst**.

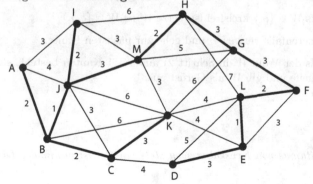

Abbildung 7.25: Minimalgerüst von G

In Abb. 7.25 bilden die fett gezeichneten Kanten ein Minimalgerüst des Netzwerkes von Abb. 7.21. Dieses hat die Gerüstlänge 27. Das in Abbildung 7.24 angegebene Gerüst für denselben Graphen hat die Gerüstlänge 58, ist also nicht minimal, aber das war auch nicht zu erwarten, weil die Reihenfolge der betrachteten Kanten beliebig war.

Um ein Minimalgerüst T von G zu finden, muss der oben angegebene Algorithmus zur Bestimmung eines beliebigen Gerüsts nur an einer Stelle geändert werden: Es muss lediglich darauf geachtet werden, dass die Reihenfolge, in der die Kanten betrachtet werden, *aufsteigend sortiert* ist.

Wir formulieren den Algorithmus noch einmal für die Bestimmung minimaler Gerüste und setzen die Änderungen zum allgemeinen Gerüstalgorithmus *kursiv*, um zu zeigen, dass die dafür benötigte Änderung wirklich nur geringfügig ist:

Algorithmus von Kruskal[15] für die Bildung des *minimalen* Gerüsts im zusammenhängenden Graphen G

Vorbereitungsschritt:

Bringe die Kanten aus G in eine *sortierte* Reihenfolge $e_0, e_1, \ldots e_m$, d.h. $\forall i$: Bewertung$(e_i) \leq$ Bewertung(e_{i+1}).

Schleife:

Konstruiere einen Wald W mit immer mehr Kanten, der ausschließlich aus Kanten von G besteht:

1) Starte mit einem leeren Wald $W := \emptyset$.

2) Gehe sukzessive die Kanten e_i in der vorgegebenen Reihenfolge durch:

   a) Falls $W \cup \{e_i\}$ kreisfrei ist, setze $W := W \cup \{e_i\}$.

   b) Anderenfalls verwirf e_i und gehe zur nächsten Kante.

   c) Falls der Wald W in Schritt 2) aus $n - 1$ Kanten besteht, stoppe die Schleife und gib W als Gerüst aus.

Satz 7.11

Der Algorithmus von Kruskal erzeugt stets ein Gerüst minimaler Länge.

---

[15] Joseph Bernard Kruskal: US-amerikanischer Mathematiker, 1928–2010

Der Beweis entspricht der Intuition. Die technische Ausführung dieses Beweises mittels vollständiger Induktion ist aber nicht ganz trivial und wird hier nicht gezeigt.

In [Aig06] findet sich eine Verallgemeinerung dieses Satzes für Matroide mit Beweis.

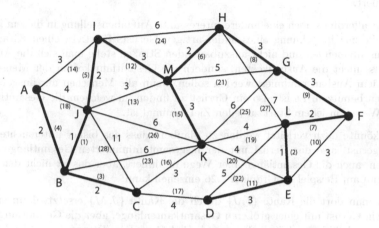

Abbildung 7.26: Minimalgerüst von G

Abbildung 7.26 bestimmt das minimale Gerüst nach dem Algorithmus von Kruskal zu der gekennzeichneten Sortierreihenfolge. Dieses Gerüst unterscheidet sich etwas von dem in Abbildung 7.25, aber nur deshalb, weil es durch die Gleichheit einiger Kantenbewertungen die Freiheit gab, in welcher Reihenfolge diese betrachtet werden können. Die Gesamtlänge ist natürlich dieselbe, nämlich die minimale Länge 27.

Anwendungen von minimalen Gerüsten

Ein minimales Gerüst wird in Rechnernetzen eingesetzt, um zu bestimmen, über welche Leitungen eine Nachricht an alle (so genannter *broadcast*) weitergeleitet werden soll, und über welche nicht. Würde man dafür alle Leitungen zulassen, könnten Nachrichten ständig im Kreis geschickt werden, und das ist zu vermeiden.

Die Verwendung eines minimalen Gerüsts garantiert, dass die insgesamt benutzte Leitungslänge minimal ist.

Der wirtschaftliche Vorteil durch die Verwendung eines Minimalgerüsts ist an einem anderen Beispiel noch offensichtlicher: Der Graph repräsentiere ein Wegenetz zwischen verschiedenen Orten, und es gehe darum, einige Strecken auszubauen, sodass man von jedem Ort jeden anderen Ort durch eine ausgebaute Verbindung erreichen kann. Mit einem Minimalgerüst wird dieses Ziel erreicht und gleichzeitig die Gesamtlänge der auszubauenden Strecken minimiert, also die Ausbaukosten minimiert.

Es gibt allerdings noch eine andere interessante Aufgabenstellung in diesem Kontext, die zur Berechnung eines andersartigen Gerüsts führt: In einem Graphen aus auszubauenden und nicht auszubauenden Straßen stelle man sich die Aufgabe, dass nicht die Ausbaukosten, sondern die Gesamtfahrtkosten der Menschen nach dem Ausbau minimiert werden sollen, wenn alle Menschen nur ausgebaute Straßen benutzen. Es ist also ein Gerüst zu finden, in welchem die Gesamtlänge aller Wege von jedem Start zu jeden Ziel minimal ist.

Man könnte dazu verleitet werden zu glauben, dass das bisher untersuchte Minimalgerüst, also das Gerüst mit der insgesamt minimierten Gesamtlänge aller Kanten, auch die Gesamtlänge aller Wege minimiert, aber das ist nicht der Fall, wie man am Beispiel im Graphen 7.26 einsehen kann:

Wenn man dort die Kante $\{I, J\}$ durch die Kante $\{J, M\}$ ersetzt, dann erhält man ein Gerüst mit einer größeren Gesamtkantenlänge, aber die Gesamtlänge aller Wege wird kürzer: Für die Knoten A, B, J, C wird der Weg zu I um 4 Einheiten länger, aber zu allen anderen 8 Knoten um 2 Einheiten kürzer, was einem Nettogewinn von 12 Einheiten pro Knoten entspricht. Die anderen Wege sind von dieser Änderung nicht betroffen.

Es wird hier nicht behauptet, dass damit bereits die Gesamtlänge aller Wege in diesem Beispiel minimiert ist, aber sie wird definitiv nicht durch das Minimalgerüst erreicht. Es kann sogar bewiesen werden, dass die Problemstellung, die Gesamtlänge aller Wege zu minimieren, so schwer ist, dass die Existenz eines effizienten Algorithmus dafür extrem unwahrscheinlich ist.

Anders verhält es sich mit der Problemstellung, die Gesamtfahrtkosten für die Menschen aus einem bestimmten Ort s zu minimieren, d.h. der Startknoten wird vorab festgelegt: Diese Aufgabe wird durch den Algorithmus von Dijkstra gelöst, indem als Startknoten s gewählt wird und der Zielknoten offen gelassen wird. Der Algorithmus soll für diese Problemstellung erst abbrechen, wenn *jeder* Knoten erreicht ist, also alle Knoten in der Menge **Berechnet** liegen und somit der kürzeste Weg zu allen anderen Orten berechnet ist.

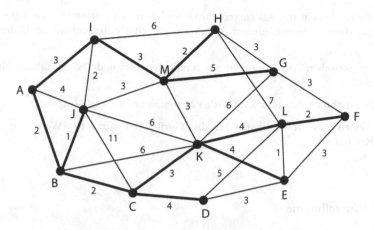

Abbildung 7.27: Gerüst der kürzesten Wege von Startknoten A aus

Abbildung 7.27 zeigt die Lösung, die entsteht, wenn der Algorithmus von Dijkstra auf den Startknoten A angewendet wird. Man kann sich davon überzeugen, dass die Lösung wieder ein Gerüst ist, d.h. es gibt keine Kreise, und alle Orte sind miteinander verbunden (nämlich über A). Diese Eigenschaft wird grundsätzlich gewährleistet:

Satz 7.12

Wird der Algorithmus von Dijkstra zur Berechnung der kürzesten Wege von einem Startknoten s zu allen anderen Knoten angewendet, dann bildet die Menge der kürzesten Wege im Graphen G ein Gerüst.

Die Gültigkeit dieses Satzes folgt aus der Tatsache, dass der Algorithmus von Dijkstra so, wie er oben formuliert ist, zu jedem Knoten nur einen einzigen kürzesten Weg ausrechnet. Damit sind die Knoten ausschließlich über s verbunden, d.h. der Zusammenhang und die Kreisfreiheit sind gewährleistet.

Würde man bei mehreren gleich guten Wegen von s zu einem anderen Knoten *alle* berechnen, dann wäre die Kreisfreiheit nicht mehr gegeben.

Wir betrachten die Lösung von Abbildung 7.27: Die Gesamtlänge in diesem Beispiel ist 35, also größer als die des Minimalgerüsts von 27. Das berechnete Gerüst ist also nicht minimal.

Aber die Summe der Länge aller Wege von A zu allen anderen Knoten beträgt in Abbildung 7.27 87 Einheiten, während sie im Minimalgerüst von Abbildung 7.26 131 Einheiten und im Minimalgerüst von Abbildung 7.25 113 Einheiten beträgt.

Diese Beispiele zeigen, dass es verschiedene Arten von optimalen Gerüsten gibt, und dass diese in verschiedenen Anwendungen eine unterschiedliche Bedeutung haben.

Die in praktischen Anwendungen am häufigsten verwendeten Verfahren für Gerüste sind:

- Algorithmus von Kruskal für das Minimalgerüst eines Graphen,

- Algorithmus von Dijkstra für das Gerüst der kürzesten Wege von einem Knoten aus.

7.3.2 Wurzelbäume

Neben den eben definierten Bäumen, die man auch **freie Bäume** nennt, gibt es noch **Wurzelbäume**. Das sind Bäume, bei denen ein spezieller Knoten – etwa w in Abbildung 7.28 – als **Wurzel** ausgezeichnet ist.

Ein Knoten v des Wurzelbaumes besitzt das **Niveau** (engl.: **level**) k, wenn der Knoten v von der Wurzel w die Entfernung k hat. Ein Knoten z ist **Nachfolger** eines Knotens v, wenn v auf dem Weg von w nach z liegt (also v zwischen w und z). v ist dann ein **Vorgänger** von z. Sind v und z adjazent, so heißt z **unmittelbarer Nachfolger** (oder **Kind**) von v, und v wird **unmittelbarer Vorgänger** (oder **Elternteil** von z genannt. In einem Wurzelbaum hat jeder Knoten - mit Ausnahme der Wurzel - genau ein Elternteil. Das maximale Niveau der Knoten eines Wurzelbaumes ist die **Tiefe** des Baumes.

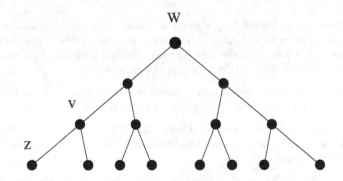

Abbildung 7.28: vollständiger Wurzelbaum

Ein Wurzelbaum, bei dem jeder Knoten höchstens zwei Kinder hat, wird ein **binärer Baum** genannt. Haben alle Blätter eines binären Baumes dasselbe Niveau t, so sprechen wir von einem **vollständigen binären Baum** der Tiefe t. Abbildung 7.28 zeigt einen vollständigen binären Baum der Tiefe 3.

Die Knoten binärer Bäume haben maximal 2 Kinder. Diese Beschränkung der Kinderzahl kann für beliebige Zahlen d verallgemeinert werden: Haben alle Knoten eines Baumes T maximal d Kinder, so nennen wir T einen **d-ären Baum**. Wenn außerdem alle Blätter die gleiche Tiefe t haben, dann ist es ein **vollständiger d-ärer Baum der Tiefe t**.

Für die Tiefe eines Wurzelbaums gilt folgender Satz:

Satz 7.13

Die Tiefe t eines d-ären Wuzelbaums mit n Blättern beträgt mindestens $\log_d n$.

Der Beweis dieses Satzes geht von der Überlegung aus, wie viele Blätter man zu einer vorgegebenen Tiefe maximal erzeugen kann. Wir überlassen die Details als Übungsaufgabe oder verweisen auf [BZ14].

Bei vollständigen d-ären Bäumen gilt die Gleichheit $t = \log_d n$. Sie haben also die zur gegebenen Blätterzahl n minimale Suchtiefe. Außerdem muss ein vollständiger d-ärer Baum $n = d^t$ Blätter haben.

In der Literatur ist es auch gebräuchlich, Bäume mit einer Blattzahl $n \neq d^t$ als vollständig zu bezeichnen, wenn sich alle Blätter auf dem untersten bzw. zweituntersten Niveau befinden. Das ist für $n \neq d^t$ das bestmögliche Ergebnis. Die Tiefe ist in diesem Fall $\lceil \log_d n \rceil$, womit die nächstgrößere natürliche Zahl über $\log_d n$ gemeint ist.

Viele Suchalgorithmen arbeiten mit so genannten **Suchbäumen**. Ein solcher Suchbaum ist nichts anderes als ein Wurzelbaum. In diesem Fall entspricht die Wurzel einem Startzustand des Algorithmus, und die Kinder sind jeweilige Folgezustände. Es ist für viele Suchalgorithmen wichtig, dass die zugehörigen Suchbäume möglichst vollständig sind, um so eine möglichst kleine Laufzeit im schlechtesten Fall zu erzielen. Diese ist nämlich proportional zur Tiefe des Suchbaums.

Wir haben Bäume als Spezialfälle ungerichteter Graphen behandelt.

Man kann auch minimale Gerüste und Wurzelbäume in gerichteten Graphen betrachten. Die entsprechenden Sachverhalte werden dann aber deutlich komplizierter und übersteigen den Rahmen dieses Buches.

7.4 Planare Graphen

Ein Graph heißt **planar**, wenn er sich in der Zeichenebene so zeichnen lässt, dass sich seine Kanten nirgendwo außerhalb der Ecken überkreuzen.

Der vollständige Graph K_4 (siehe Abbildung 7.1 auf Seite 258) ist planar, wie man an der zweiten und dritten Darstellung von Abbildung 7.1 sehen kann. Wenn man dagegen noch eine fünfte Ecke hinzufügt, die mit jeder anderen verbunden sein soll (dieser Graph heißt K_5), dann wird man eine überkreuzungsfreie Darstellung nicht mehr erreichen. Der vollständige Graph K_5 ist also nicht planar. Ein Baum oder Wald ist immer planar.

Wir nennen den Graphen auch dann planar, wenn seine Kanten nicht überkreuzungsfrei gezeichnet *sind*, aber überkreuzungsfrei gezeichnet werden *können*. In manchen Büchern werden solche Graphen als *plättbar*, aber nicht planar bezeichnet. Nur die überkreuzungsfreie Zeichnung wird dann planar genannt.

Im Gegensatz zu dieser Definition ist unsere Definition nicht abhängig von der Darstellung des Graphen. Die Planarität ist in unserer Definition also eine Invariante für alle Graphen einer Isomorphieklasse, d.h. sie ist für alle Graphen einer Isomorphieklasse dieselbe.

7.4.1 Ebene Darstellungen eines planaren Graphen und ihre Gebiete

Die kreuzungsfreie Zeichnung der Ecken und Kanten eines planaren Graphen in der Ebene nennt man eine **ebene Darstellung** des Graphen oder eine **Einbettung** des Graphen **in die Ebene**.

Die ebene Darstellung eines planaren Graphen G ist nicht eindeutig, wie schon die beiden ebenen Darstellungen von Abbildung 7.1 zeigen.

Bei einer ebenen Darstellung eines Graphen können neben Knotenpunkten und Kanten auch noch so genannte **Gebiete** als Grundbestandteile definiert werden: $F_1, \ldots, F_f$ (siehe Abb. 7.29).

Wir betrachten den so genannten **3-seitigen Prismengraphen** Pr_3 . Dieser in Abbildung 7.29 dargestellte ebene Graph wird Prismengraph genannt, weil er die Projektion eines dreidimensionalen Prismas in die Ebene darstellt. Die Ecken und Kanten des dreidimensionalen Prismas entsprechen den Ecken und Kanten des planaren Graphen, und die Flächen entsprechen den Gebieten dieses Graphen. Hierbei steht F_1 für die im Bild nicht sichtbare „Rückseite" des Prismas.

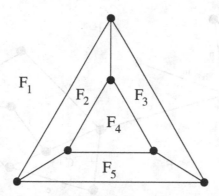

Abbildung 7.29: Prisma Pr_3 als eben dargestellter Graph

Analog kann die Projektion eines beliebigen dreidimensionalen Polyeders in die Ebene als Graph aufgefasst werden. Diese Projektion ist stets planar.

Auch Landkarten können als planarer Graph aufgefasst werden: Die Grenzen sind die Kanten des Graphen, und die Ecken sind die Stellen, wo die Grenzen von mindestens drei Ländern aufeinanderstoßen. Die Gebiete des Graphen entsprechen gerade den Ländern.

Formal kann man ein Gebiet folgendermaßen definieren:

Definition 7.8 *Sei* $G = (V, E)$ *ein planarer Graph und sei* D *eine Einbettung von* G *in die Zeichenebene. Dann bilden die Punkte von* D*, welche durch eine eindimensionale Linie so verbunden werden können, dass diese Linie keine Kante des Graphen in* D *schneidet, ein Gebiet von* G*.*

Mit dieser Definition ist klar, dass jeder Punkt der Zeichenenbene bei einer ebenen Darstellung eines planaren Graphen eindeutig zu einem Gebiet gehört, sofern der Punkt nicht genau auf einer Kante liegt. In einem Graphen, der Kreise enthält, kann man zwischen inneren und äußeren Gebieten der Darstellung des Graphen unterscheiden. In einem Wald gibt es dagegen nur ein Gebiet: Jeder Punkt kann mit einem anderen Punkt verbunden werden, ohne eine Kante des Waldes zu schneiden.

Die kreuzungsfreie Darstellung eines Graphen garantiert, dass Kanten zwischen maximal zwei Gebieten liegen: Alle Punkte, die auf derselben Seite der Kante liegen, gehören immer zum selben Gebiet. Im Spezialfall gehören sogar Punkte von beiden Seiten zum selben Gebiet: Solche Kanten nennt man *Nadeln* (falls nur auf maximal einer Seite durch nachfolgende Kanten weitere Gebiete umschlossen werden) oder *Brücken* (falls auf beiden Seiten weitere Gebiete umschlossen werden).

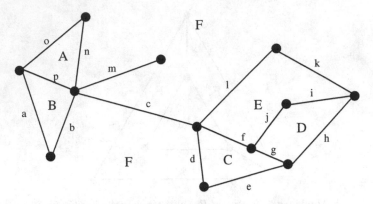

Abbildung 7.30: Planarer Graph mit 6 Gebieten

Ein Gebiet kann durch die Kanten charakterisiert werden, von denen dieses Gebiet wenigstens eine Seite darstellt. Nadeln und Brücken, von denen beide Seiten an das Gebiet grenzen, gehören dann auch dazu.

In Abbildung 7.30 ist die Kante c eine Brücke und die Kante m eine Nadel. Sie haben F als einziges angrenzendes Gebiet. Alle anderen Kanten begrenzen genau 2 Gebiete. Die Gebiete werden durch die Menge ihrer Begrenzungskanten beschrieben:

$$
\begin{aligned}
A &= \{o, n, p\} \\
B &= \{a, b, p\} \\
C &= \{d, e, g, f\} \\
D &= \{g, h, i, j\} \\
E &= \{f, j, i, k, l\} \\
F &= \{a, b, c, d, e, h, k, l, m, n, o\}
\end{aligned}
$$

Da die ebene Darstellung eines planaren Graphen nicht eindeutig ist, sind auch die Gebiete nicht eindeutig. Selbst wenn man von der genauen topologischen Lage der Gebiete abstrahiert und die Gebiete als Mengen der Begrenzungskanten charakterisiert, ist diese Darstellung nicht eindeutig:

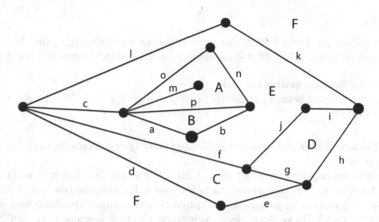

Abbildung 7.31: Graph isomorph zu Abbildung 7.30

Abbildung 7.31 zeigt einen zu Abbildung 7.30 isomorphen Graphen, der vollkommen andere Gebiete enthält. Diese können auch nicht durch Isomorphie ineinander überführt werden: Die ebene Darstellung aus Abbildung 7.30 enthält 2 Gebiete mit 3 Begrenzungskanten, 2 mit 4, eines mit 5 und eines mit 11 Begrenzungskanten. Dagegen enthält die ebene Darstellung aus Abbildung 7.31 ein Gebiet mit 3 Begrenzungskanten (B), 3 mit 4 (A, C, D), eines mit 5 (F) und eines mit 10 (E) Begrenzungskanten.

Unabhängig von der ebenen Darstellung stehen aber die Anzahl der Ecken, Kanten und Gebiete eines planaren Graphen in einem eindeutigen Zusammenhang:

Satz 7.14

Sei G ein ebener Graph mit n Knotenpunkten, m Kanten, g Gebieten und z Zusammenhangskomponenten. Dann gilt:

$$n - m + g = 1 + z. \tag{7.2}$$

Wenn G zusammenhängend ist, gilt:

$$n - m + g = 2. \tag{7.3}$$

Die Formeln (7.2) und (7.3) sind bekannt als die **EULER**schen **Polyederformeln**.

Beweis:

Wir beweisen die Formel (7.2) durch vollständige Induktion über die Anzahl m der Kanten. Formel (7.3) folgt dann direkt aus (7.2) durch Einsetzen von $z = 1$.

Induktionsverankerung $(m = 0)$:
Für $m = 0$ und beliebiges (festes) n ist $g = 1$ und $z = n$. Also ist die Formel (7.2) erfüllt.

Induktionsschluss von $< m$ auf m Kanten (verallgemeinertes Induktionsprinzip nach Satz 3.6):
Angenommen, die Formel ist richtig für alle ebenen Graphen mit weniger als m Kanten $(m \geq 1)$. Ein ebener Graph G mit n Knotenpunkten und m Kanten lässt sich aus einem geeigneten Graphen G' mit n Knotenpunkten und $m - 1$ Kanten durch Hinzufügen einer geeigneten Kante e gewinnen. G' erfüllt die Induktionsvoraussetzung. Fügen wir zu G' die Kante e hinzu, so sind für den erzeugten Graphen G zwei Fälle möglich

1. e verbindet zwei Knotenpunkte miteinander, die zu verschiedenen Zusammenhangskomponenten von G' gehören.
   In diesem Falle verringert sich beim Hinzufügen von e zu G' die Anzahl der Zusammenhangskomponenten um 1, die Anzahl der Kanten erhöht sich um 1, die Anzahlen der Knotenpunkte und der Gebiete ändern sich nicht. Folglich bleibt die Formel (7.2) gültig.

2. e verbindet zwei Knotenpunkte von G', die zur gleichen Zusammenhangskomponente von G' gehören.
   In diesem Falle erhöhen sich m und g jeweils um 1, während n und z unverändert bleiben. Also gilt auch in diesem Falle Formel (7.2). ∎

Da bei zwei isomorphen Graphen die Anzahl der Ecken, Kanten und Zusammenhangskomponenten gleich sein müssen, folgt aus Satz 7.14:

Korollar 7.15

Die Anzahl der Gebiete eines planaren Graphen ist unabhängig von seiner Darstellung in der Ebene.

7.4.2 Kombinatorische Charakterisierung von planaren Graphen

Bisher haben wir immer nur feststellen können, dass ein Graph planar ist, wenn wir eine ebene Darstellung dieses Graphen gesehen haben.

Es ist schwierig einzusehen, dass ein Graph nicht planar ist, wenn man es nicht geschafft hat, diesen überkreuzungsfrei zu zeichnen: Vielleicht hätte man nur länger probieren müssen!

Nur in wenigen Fällen kann man anhand der bloßen kombinatorischen Eigenschaften eines Graphen unmittelbar einsehen, dass dieser nicht planar ist. Wir untersuchen das an zwei Spezialklassen von Graphen:

Definition 7.9 *Der **vollständige Graph** K_n bezeichnet den Graphen mit n Ecken, bei dem je zwei verschiedene Ecken durch genau eine Kante miteinander verbunden sind.*

Es folgt aus Satz 6.10, dass der Graph K_n $\binom{n}{2}$ Kanten besitzt. Abbildung 7.32 zeigt die vollständigen Graphen mit $n \leq 5$ Ecken.

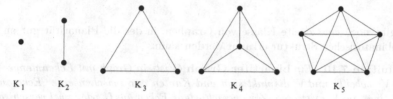

Abbildung 7.32: die vollständigen Graphen K_n mit $n \leq 5$ Ecken

Wir haben oben schon gesehen, dass K_4 planar ist und erwähnt, dass K_5 nicht planar ist. Letzteres kann man einsehen, indem man eine ebene Darstellung von K_4 zeichnet und zu der neuen fünften Ecke versucht, sukzessive eine neue Kante hinzuzufügen. Man wird immer größere Einschränkungen finden, wo man die neue Kante zeichnen kann. Bis zur vorletzten Kante klappt das aber noch. Lediglich die letzte Kante muss zwangsläufig zwei Ecken verbinden, die im Inneren von zwei verschiedenen Gebieten liegen, sodass eine Kantenkreuzung unvermeidlich ist.

Die Tatsache, dass auch alle K_n für $n \geq 5$ nicht planar sind, folgt unmittelbar aus dem folgenden Satz:

Satz 7.16

Sei T ein Untergraph von G.

1) Wenn T nicht planar ist, dann ist auch G nicht planar.

2) Wenn G planar ist, dann ist auch T planar.

Beweis:

Offensichtlich ist die zweite Aussage die Kontraposition der ersten. Es reicht also, eine der beiden Aussagen zu beweisen. Wir beweisen die zweite:

Wenn G planar ist, dann existiert eine kreuzungsfreie ebene Darstellung von G. Betrachte diese Darstellung und lasse alle Ecken und Kanten, die nicht zu T gehören, weg. Das Ergebnis ist offensichtlich immer noch kreuzungsfrei. Wir haben also eine ebene Darstellung von T. Damit ist T planar. ∎

Korollar 7.17

K_n ist planar genau dann, wenn $n \leq 4$, und nicht planar, wenn $n \geq 5$.

Beweis:

Offensichtlich gilt: K_n ist ein Untergraph von K_m für $n \leq m$. Da K_4 planar ist und K_5 nicht, folgt das Korollar. ∎

Es gibt noch eine zweite Klasse von Graphen, in der die Planarität gut an der kombinatorischen Struktur erkannt werden kann:

Definition 7.10 *Ein **bipartiter Graph** G ist ein Graph mit Eckenmenge $N = U \cup V$ wobei U und V disjunkt sind und Kanten nur zwischen einer Ecke aus U und einer aus V existieren. Zwei verschiedene Ecken aus U oder zwei verschiedene Ecken aus V sind also grundsätzlich unverbunden.*

*Mit dem **vollständigen bipartiten Graph** $K_{m,n}$ bezeichnet man den bipartiten Graphen, bei dem U aus m Ecken und V aus n Ecken bestehen und in dem jede Ecke aus U mit jeder Ecke aus V verbunden ist.*

Abbildung 7.3 auf Seite 259 zeigt den Graphen $K_{3,3}$. Man kann sich davon überzeugen, dass $K_{3,3}$ nicht planar ist, wobei – ähnlich wie bei K_5 – erst die letzte Kante die Planarität zerstört: Die Wegnahme einer beliebigen Kante erzeugt einen planaren Graphen. Daher ist auch der Graph $K_{2,3}$ planar.

Wir erhalten aus Satz 7.16 analog zu Korollar 7.17 das folgende Korollar:

Korollar 7.18

$K_{m,n}$ ist planar genau dann, wenn $m \leq 2$ oder $n \leq 2$. Anderenfalls ist $K_{m,n}$ nicht planar.

Wenn wir nun einen beliebigen Graphen G betrachten, dann können wir mit Satz 7.16 das folgende Korollar leicht folgern:

Korollar 7.19

Wenn ein Graph G planar ist, dann enthält er als Untergraph weder K_5 noch $K_{3,3}$.

Während dieses Korollar leicht einzusehen ist, ist es sehr erstaunlich, dass sogar beinahe die Umkehrung dieses Korollars gilt, aber nur mit folgender Anpassung:

Aus einem gegebenen Graphen $G = (V, E)$ kann durch die **Unterteilung einer Kante** ein neuer Graph erzeugt werden, der eine Ecke und eine Kante mehr enthält.

Wir erklären diese Operation an folgendem Beispiel:

u v u w v

Abbildung 7.33: Unterteilung einer Kante

Die inverse Operation „⟵" nennt man **Durchziehung einer Ecke**.

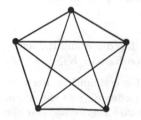 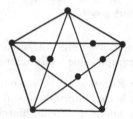 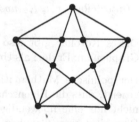

Abbildung 7.34: G: Der vollständige Graph K_5

Abbildung 7.35: G': Unterteilung von K_5

Abbildung 7.36: G'': Keine Unterteilung von K_5

In Abbildung 7.35 ist G' als eine Unterteilung von K_5 angegeben. Umgekehrt entsteht K_5 durch Durchziehung von Ecken aus G'. Es ist klar, dass G' genauso wenig kreuzungsfrei gezeichnet werden kann wie K_5 selbst.

Man beachte aber, dass es nicht erlaubt ist, Unterteilungspunkte mehrerer Kanten gleichzeitig zuzuordnen: Auf diese Weise könnte man aus einem nicht planaren Graphen einen planaren machen, indem man alle Überkreuzungen von Kanten in einer ebenen Darstellung als gemeinsame Unterteilungspunkte dieser Kanten erklärte (siehe Abbildung 7.36).

Die in einer Unterteilung erzeugten neue Ecken sind also alle vom Grad 2. Eine Unterteilung verhält sich bezüglich der Planarität immer wie eine einzige Kante: Die neu erzeugten Unterteilungsecken sitzen wie eine Perlenkette auf dieser Kante.

Daher kann auch die Umkehroperation, die Durchziehung, nur auf Ecken vom Grad 2 angewandt werden. Man darf im betrachteten Beispiel also aus G'' nicht durch Durchziehung den Graphen $G = K_5$ erzeugen, denn G'' hat keine Ecken vom Grad 2.

Es ist offensichtlich, dass die Unterteilung einer Kante oder die Durchziehung einer Ecke vom Grad 2 im Allgemeinen die Planarität nicht ändert:

Satz 7.20

Ein Graph G ist genau dann planar, wenn der Graph, der durch Unterteilung von Kanten von G oder durch Durchziehung von Ecken der Valenz 2 von G entsteht, planar ist.

Aus diesem Satz und Korollar 7.19 folgt unmittelbar:

Korollar 7.21

Wenn ein Graph G planar ist, dann enthält er als Untergraph weder eine Unterteilung von K_5 noch eine von $K_{3,3}$.

Dieses Korollar gibt also eine notwendige Eigenschaft für die Planarität eines Graphen an: Er darf als Untergraph keine Unterteilung von K_5 oder $K_{3,3}$ besitzen.

Der polnische Mathematiker Kuratowski[16] hat nun das erstaunliche Resultat gezeigt, dass die Eigenschaft, keine Unterteilung von K_5 oder $K_{3,3}$ zu enthalten, nicht nur eine notwendige, sondern auch eine hinreichende Eigenschaft für die Planarität eines Graphen ist:

Satz 7.22 (Satz von Kuratowski)

Ein Graph G ist genau dann planar, wenn er als Untergraph weder eine Unterteilung von K_5 noch eine von $K_{3,3}$ besitzt.

Die Rückrichtung, nämlich dass jeder Graph ohne eine Unterteilung von K_5 oder $K_{3,3}$ als Untergraphen planar ist, erfordert einen komplizierten Beweis, der hier nicht gegeben wird. Interessierte können den vollständigen Beweis in [Die17] nachlesen.

---

[16] Kazimierz Kuratowski: 1896–1980

Der Satz von Kuratowski ist deswegen erstaunlich, weil er besagt, dass unter den unendlich vielen nicht planaren Graphen immer einer von 2 bestimmten Untergraphen zu finden sein muss: Eine Unterteilung von K_5 oder $K_{3,3}$. Diese sind sozusagen von jedem nicht planaren Graphen die minimalen Verursacher seiner Nichtplanarität.

Wir haben nun eine kombinatorische Handhabe, um die Nichtplanarität eines Graphen zu zeigen, ohne alle Möglichkeiten durchgehen zu müssen, wie man den Graphen doch kreuzungsfrei zeichnen kann: Wir müssen auf die Suche nach einer Unterteilung von K_5 oder $K_{3,3}$ gehen.

In Abbildung 7.13 auf Seite 264 wurde der Petersengraph gezeigt:

Dieser ist nicht planar. Er muss also eine Unterteilung von K_5 oder $K_{3,3}$ enthalten. Auch wenn die Darstellung es anders suggeriert: Der Petersengraph enthält *keine* Unterteilung von K_5. Nach dem Satz von Kuratowski muss er also eine Unterteilung von $K_{3,3}$ enthalten, wenn er nicht planar ist.

Finden Sie diese heraus! Sie müssen also zwei Eckenmengen aus jeweils 3 Ecken identifizieren, von denen jede Ecke der einen Sorte mit jeder Ecke der anderen Sorte verbunden ist. Hierfür dürfen Sie Ecken der Valenz ≤ 2 durchziehen, denn der Petersengraph muss ja keinen $K_{3,3}$ direkt enthalten, sondern nur eine Unterteilung davon. Sie werden entgegnen: Wie ist das möglich, denn jede Ecke hat doch Valenz 3? Die Antwort ist, dass ein Untergraph ja nicht jede Kante enthalten muss: Sie können also erst einmal Kanten entfernen, sodass Ecken der Valenz 2 entstehen, und diese Ecken dürfen Sie durchziehen. Die Lösung ist eine Übungsaufgabe.

7.5 Färbungen von Graphen

In vielen Netzwerken spielt es eine Rolle, dass aneinandergrenzende Teile verschiedenen Typs sind. Wenn diese Netzwerke als Graphen repräsentiert sind, dann kann man jedem Typ eine Farbe zuordnen und verlangt, dass graphentheoretisch adjazente Objekte eine verschiedene Farbe haben. Eine solche Färbung soll als zulässig bezeichnet werden.

7.5.1 Das Vierfarbenproblem als Motivation

Das bekannteste Färbungsbeispiel kommt aus dem Darstellen von Landkarten: Jede Landkarte kann als planarer Graph aufgefasst werden, in dem die Länder den Gebieten, die Landesgrenzen den Kanten und die Schnittpunkte der Landesgrenzen den Ecken entsprechen. Zwei Länder gelten als adjazent, wenn sie durch dieselbe Kante begrenzt werden.

Natürlich sollen bei der Zeichnung der Landkarte mit gefärbten Ländern benachbarte Länder eine unterschiedliche Farbe haben, d.h. es wird eine graphentheoretisch zulässige Färbung gesucht. Die meisten kommerziell erhältlichen Landkarten werden mit 6 oder 7 Farben dargestellt. Es stellt sich die Frage, ob das bei beliebigen Landkarten immer möglich ist, und ob es nicht auch mit weniger Farben funktioniert.

Diese Frage wurde erstmals 1852 durch den Studenten Francis Guthrie offiziell dokumentiert, der vermutete, dass 4 Farben immer ausreichen. Es folgte eine rasche Verbreitung dieses Problems unter Mathematikern. Unter anderem gab es 1879 einen ersten Beweis durch Alfred Kempe, der 11 Jahre lang in der Welt der Mathematik anerkannt war, bis 1890 Percy Heawood einen Fehler entdeckte. Daraufhin entwickelte sich dieses Problem als 4-Farben-Vermutung zu einer der großen ungelösten Aufgaben der Mathematik. Die Lösungsversuche führten zu vielen interessanten Entdeckungen in der Graphentheorie, die zwar nicht die 4-Farben-Vermutung lösten, aber von enormer Bedeutung für andere in der Praxis wichtige Problemstellungen waren. Erst 1976 gelang es den Mathematikern Appel und Haken, einen Beweis zu führen, der das allgemeine, für unendlich viele Landkarten formulierte Problem auf 1936 Fälle reduzierte, die mit einem Computer überprüft wurden.

Auch wenn durch nachfolgende Verbesserungen die Zahl dieser nachzuprüfenden Fälle auf 633 reduziert werden konnten, so haftet diesem Beweisprinzip der Ruch der Hässlichkeit an, weswegen als eleganter Beweis nur ein Beweis angesehen wird, dass man jede Landkarte mit 5 Farben färben kann. Dieser Beweis wurde von Percy Heawood geführt, der ihn aus dem misslungenen „Beweis" von Kempe für die 4-Farben-Vermutung entwickelte[17]. Nichtsdestoweniger sind die durch den Computer geführten Beweise der 4-Farben-Vermutung vielfach nachgeprüft worden, sodass sie trotz des ästhetischen Mangels als gültig anerkannt sind. Offen ist es noch, einen „eleganten" Beweis dafür zu finden.

7.5.2 Eckenfärbungen

Natürlich kann man eine Länderfärbung nur bei planaren Graphen vornehmen. Zulässige Färbungen von *Ecken* kann man dagegen für allgemeine Graphen definieren:

Definition 7.11 *Eine k-**Färbung** (genauer: eine k-**Eckenfärbung***) *eines Graphen (Digraphen)* $G = (V, E)$ *ist eine Abbildung* $\Phi : V \longrightarrow \{1, 2, \ldots, k\}$ *mit der Eigenschaft:*

$$\text{Wenn } \{u, v\}(bzw.(u, v)) \in E, \text{ dann gilt: } \Phi(u) \neq \Phi(v). \tag{7.4}$$

---

[17] siehe das Buch der Beweise[AZ18], in dem nur elegante Beweise zu finden sind

Die **chromatische Zahl** *(genauer:* **eckenchromatische Zahl***)* $\chi(G)$ *eines Graphen (Digraphen)* $G = (V, E)$ *ist die kleinste natürliche Zahl* $k \in \mathbb{N}$, *für die* G *eine* k-*Färbung besitzt.*

Die Zahlen $\{1, 2, \ldots, k\}$ stehen dabei für die unterschiedliche Farben. Die Bedingung (7.4) besagt, dass den Endecken einer jeden Kante (eines jeden Bogens) durch Φ verschiedene Farben zugewiesen werden: Adjazente Ecken bekommen also unterschiedliche Farben, was wir oben als zulässige Färbung bezeichnet haben. Die chromatische Zahl gibt an, wie viele Farben mindestens benötigt werden, um die Ecken des Graphen zulässig zu färben.

Analog zu Satz 7.16 für die Planarität gilt der folgende Satz für die chromatische Zahl:

Satz 7.23

Sei T *ein Untergraph von* G. *Dann gilt:*

$$\chi(T) \leq \chi(G)$$

Beweis:

Wenn G mit k Farben zulässig gefärbt werden kann, dann kann diese Färbung für die Ecken des Untergraphen übernommen werden: Ecken, die in G nicht benachbart sind, sind auch in T nicht benachbart, denn T enthält nicht mehr Kanten als G.

Umgekehrt, wenn T mindestens k Farben benötigt, dann werden diese Farben auch in G zumindest für die Ecken benötigt, die auch in T liegen, denn G enthält ja alle Kanten von T. ∎

Dieser Beweis zeigt das folgende Prinzip auf, das zur Bestimmung der chromatischen Zahl wichtig ist:

Wenn zu einem gegebenen Graphen G gezeigt werden soll, dass die chromatische Zahl $\chi(G) = k$ gilt, dann müssen zwei Dinge gezeigt werden:

1) Es muss eine zulässige Färbung mit k Farben angegeben werden, oder anderweitig begründet werden, warum man nicht mehr als k Farben braucht (zum Beispiel für $k = 4$, wenn gezeigt werden kann, dass der Graph planar ist).

2) Es muss begründet werden, warum man mit weniger Farben nicht auskommt. Das kann nach Satz 7.23 dadurch gezeigt werden, dass man einen Untergraphen angibt, von dem bereits gezeigt wurde, dass er mindestens k Farben benötigt.

Es reicht nicht aus, nur einen der beiden genannten Sachverhalte zu zeigen:

Wenn man nur 1) beweist, dann hat man nur gezeigt, dass $\chi(G) \leq k$ gilt. Wenn man nur 2) beweist, dann hat man nur gezeigt, dass $\chi(G) \geq k$ gilt.

Für einige Graphentypen kann man die chromatische Zahl gut bestimmen:

Satz 7.24

Für vollständige Graphen K_n gilt:

$$\chi(K_n) = n.$$

Für bipartite Graphen G mit mindestens einer Kante gilt:

$$\chi(G) = 2.$$

Für Kreise C_n mit $n \geq 2$ gilt:

$$\chi(C_n) = \left\{ \begin{array}{ll} 2, & \textit{wenn} \quad n \textit{ gerade,} \\ 3, & \textit{wenn} \quad n \textit{ ungerade.} \end{array} \right.$$

Beweis:

Jeder Graph mit n Ecken kann mit n Farben zulässig gefärbt werden: Jede Ecke bekommt eine andere Farbe. Damit gilt: $\chi(K_n) \leq n$. Würde man die Ecken von K_n mit weniger als n Farben einfärben, dann müssten zwei benachbarte Ecken dieselbe Farbe haben, weil alle Ecken in K_n benachbart sind. Also gilt: $\chi(K_n) \geq n$.

Bipartite Graphen bestehen nach Definition 7.10 aus zwei Eckenmengen U und V, die untereinander nicht adjazent sind. Damit kann man alle Ecken aus U mit Farbe 1 und alle Ecken aus V mit Farbe 2 färben, sodass der Graph zulässig gefärbt ist. Wenn der bipartite Graph überhaupt eine Kante hat, dann müssen die beiden mit dieser Kante inzidenten Ecken eine unterschiedliche Farbe erhalten, sodass man auch mindestens 2 Farben braucht.

In Kreisen durchläuft man alle Ecken in ihrer Reihenfolge beginnend mit irgendeiner Ecke und färbt diese abwechselnd mit Farbe 1 und 2. Weniger Farben reichen nicht aus, weil benachbarte Ecken ja verschiedene Farben benötigen. Falls man mit Farbe 1 angefangen hat, dann hat die letzte Ecke nach einer geraden Anzahl von Ecken die Farbe 2. Wenn der Kreis nur aus einer geraden Zahl von Ecken besteht, dann hat die letzte ungefärbte Ecke die Farbe 2 bekommen, welche zur ersten mit Farbe 1 gefärbten Ecke adjazent ist. Die Färbung ist also zulässig. Wenn der Kreis aus einer ungeraden Anzahl von Ecken besteht, dann hat die vorletzte ungefärbte Ecke die Farbe 2 bekommen. Die letzte Ecke ist also zu einer Ecke mit Farbe 2 (der vorletzten) und zu einer mit Farbe 1 (der ersten) benachbart. Damit benötigt diese eine dritte Farbe. ∎

Es gibt viele praktische Anwendungsbeispiele, in denen es sinnvoll ist, die chromatische Zahl und die Färbung bezüglich der Ecken zu bestimmen.

Beispiel 7.10

Gegeben seien die verschiedenen Vorlesungseinheiten einer Hochschule:

Für die Planung erstellt man einen Graphen, in dem die Ecken den Vorlesungen entsprechen. 2 Vorlesungen werden miteinander verbunden, wenn sie nicht zur selben Zeit stattfinden dürfen (zum Beispiel weil sie vom selben Dozenten gehalten werden oder weil es Studierende gibt, die beide Vorlesungen im selben Semester hören sollen).

Die Färbungszahl dieses Graphen gibt an, wie viele Vorlesungseinheiten im Stundenplan vorgesehen werden müssen, damit keine 2 Vorlesungen zur selben Zeit stattfinden, die zu unterschiedlichen Zeiten stattfinden müssen. Die Farben entsprechen dann den unterschiedlichen Zeiteinheiten im Stundenplan.

Ähnliche Aufgaben kann man für viele Planungsprobleme formulieren. Leider ist es für allgemeine Graphen nicht einfach, die exakte chromatische Zahl und eine zulässige Färbung zu finden. Daher sind auch viele Planungsprobleme nicht leicht lösbar. Diese Aufgabe ist deutlich schwieriger als zum Beispiel die Bestimmung der kürzesten Wege zwischen zwei Punkten oder die Bestimmung eines Minimalgerüsts, wofür es die relativ effizienten und einfachen Algorithmen von Dijkstra und Kruskal gibt.

Der 4-Farbensatz ist eigentlich nicht für zulässige Länderfärbungen, sondern für zulässige Eckenfärbungen bewiesen worden. Wir werden später sehen, dass das äquivalent ist.

Mit Hilfe der chromatischen Zahl können wir den Satz folgendermaßen formulieren:

Satz 7.25 (4-Farben-Satz)

Für planare Graphen G gilt: $\chi(G) \leq 4$.

Man beachte, dass die chromatische Zahl für planare Graphen nicht exakt gleich 4 ist: Es gibt nämlich auch planare Graphen, in denen man mit weniger als 4 Farben auskommt. Der 4-Farben-Satz sagt lediglich aus, dass man in keinem planaren Graphen 5 Farben benötigt.

Außerdem darf dieser Satz nicht zur Vermutung der Umkehrung verleiten: Nicht jeder Graph, der mit 4 Farben auskommt, ist planar. Ein Gegenbeispiel sind die bipartiten Graphen, die grundsätzlich mit 2 Farben auskommen. Aber die vollständigen bipartiten Graphen $K_{m,n}$, welche ebenfalls die chromatische Zahl 2 haben, sind nach Satz 7.18 für $m, n \geq 3$ nicht planar.

7.5.3 Andere Färbungen

Wenn bei Graphen allgemein von Färbungen gesprochen wird, ohne zu spezifizieren, was gefärbt werden soll, dann wird darunter normalerweise die Färbung der Ecken verstanden. In der Tat können alle Färbungsprobleme auf Eckenfärbungsprobleme zurückgeführt werden, was hier näher erläutert werden soll.

Es wurde oben schon erwähnt, dass Gebietsfärbungen nur für planare Graphen definiert werden können. Aber für alle Graphen können auch Kantenfärbungen betrachtet werden, welche analog zu Eckenfärbungen definiert werden:

Definition 7.12 *Eine k-**Kantenfärbung** eines Graphen (Digraphen) $G = (V, E)$ ist eine Abbildung $\Phi : E \longrightarrow \{1, 2, \ldots, k\}$, mit der Eigenschaft:*

Wenn zwei Kanten $e_1, e_2 \in E$ adjazent sind (d.h. sie haben eine Ecke gemeinsam), dann gilt: $\Phi(e_1) \neq \Phi(e_2)$.

*Die **kantenchromatische Zahl** $\chi\prime(G)$ eines Graphen (Digraphen) $G = (V, E)$ ist die kleinste natürliche Zahl $k \in \mathbb{N}$, für die G eine k-Kantenfärbung besitzt.*

Die Kantenfärbungszahl eines beliebigen Graphen G entspricht genau der Eckenfärbungszahl eines anderen Graphen $L(G)$, welcher leicht aus G konstruiert werden kann. Wir präzisieren das aus Gründen der einfacheren Darstellung nur für ungerichtete Graphen:

Definition 7.13 *Sei $G = (V, E)$ ein beliebiger Graph.*

*Dann ist der **Kantengraph** $L(G)^{(18)} = (V', E')$ definiert durch:*

1. *$V' = E$*

2. *Zwei Ecken $v_1', v_2' \in V'$ sind in $L(G)$ genau dann durch eine Kante $e' \in E'$ verbunden, wenn die zugehörigen Kanten $e_1, e_2 \in E$ mit einer Ecke in G inzident sind.*

---

[18] L steht auf Englisch für: line graph

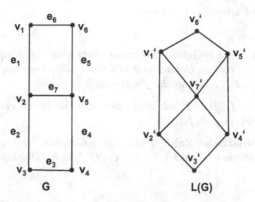

Abbildung 7.37: Graph G mit seinem Kantengraphen $L(G)$

Damit haben wir das Problem der Kantenfärbung auf das Problem der Eckenfärbung zurückgeführt: Wann immer die kantenchromatische Zahl eines Graphen bestimmt werden soll, so wird der Kantengraph gebildet und von diesem die (ecken-) chromatische Zahl bestimmt.

Man beachte aber, dass die kantenchromatische und eckenchromatische Zahl *desselben* Graphen nicht identisch ist, wie Abbildung 7.38 zeigt:

Die Ecken des dargestellten Graphen können offensichtlich mit den 5 Farben a, b, c, d, e und die Kanten mit 7 Farben (den Zahlen $1, \ldots, 7$) zulässig gefärbt werden. Mit jeweils weniger Farben geht es aber auch nicht: Da G einen K_5 enthält, ist die eckenchromatische Zahl mindestens 5. Da G eine Ecke mit Grad 7 enthält, ist die kantenchromatische Zahl mindestens 7.

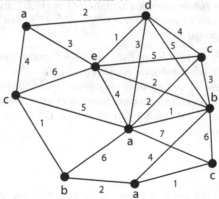

Abbildung 7.38: Graph G mit $\chi(G) = 5$ und $\chi\prime(G) = 7$

Wir kommen zur Färbung der Gebiete:

Definition 7.14 *Eine k-**Gebietsfärbung** eines planaren Graphen (Digraphen) $G = (V, E)$ in einer ebenen Darstellung mit einer Gebietsmenge F ist eine Abbildung $\Phi : F \longrightarrow \{1, 2, \ldots, k\}$ mit der Eigenschaft:*

Wenn zwei Gebiete $f_1, f_2 \in F$ adjazent sind (d.h. sie haben eine Kante gemeinsam), dann gilt: $\Phi(f_1) \neq \Phi(f_2)$.

*Die **gebietschromatische Zahl** $\chi^*(G)$ eines Graphen (Digraphen) $G = (V, E)$ ist die kleinste natürliche Zahl $k \in \mathbb{N}$, für die G eine k-Gebietsfärbung besitzt.*

Man beachte, dass Gebiete nur als adjazent gelten, wenn sie eine Kante gemeinsam haben. „Adjazenz" nur über eine einzelne Ecke wird nicht als ausreichend betrachtet. Man kann in Landkarten auch nicht verhindern, dass beliebig viele Gebiete an einer Ecke zusammenstoßen. Wenn man das als Adjazenz definierte, dann würde der 4-Farben-Satz für Gebiete nicht gelten.

Ähnlich wie bei den Kantengraphen kann man zu einem planaren Graphen mit einer ebenen Darstellung einen neuen Graphen definieren, sodass die bisherigen Ecken den neuen Gebieten und die bisherigen Gebiete den neuen Ecken entsprechen. Auf diese Weise kann man also auch das Problem der Gebietsfärbung auf das Problem der Eckenfärbung zurückführen.

Definition 7.15 *Zu jedem planaren Graphen $G = (V, E)$ mit einer ebenen Darstellung kann man einen neuen Graphen $G^d = (V^d, E^d)$, den zu G **dualen Graphen**, wie folgt definieren:*

Jedem Gebiet F_i von G wird eine Ecke $w_i \in V^d$ zugeordnet, und zwei Ecken $w_i, w_k \in V^d$ werden in G^d durch eine Kante $(w_i, w_k) \in E^d$ genau dann verbunden, wenn die beiden Gebiete F_i und F_k in G eine gemeinsame Begrenzungskante haben. Wenn zwei Gebiete k verschiedene gemeinsame Begrenzungskanten in G haben, dann werden die beiden entsprechenden Ecken in G^d durch k Kanten (eine k-Mehrfachkante) verbunden.

In Abbildung 7.39 ist der zu dem Prismengraphen Pr_3 von Abbildung 7.29 duale Graph Pr_3^d angegeben und in Abbildung 7.40 der duale Graph zu dem von Abbildung 7.30.

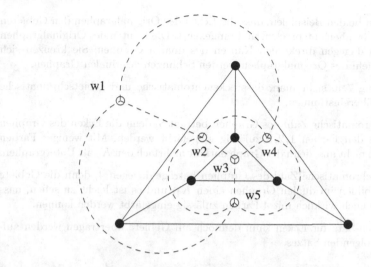

Abbildung 7.39: der zu Pr_3 duale Graph Pr_3^d

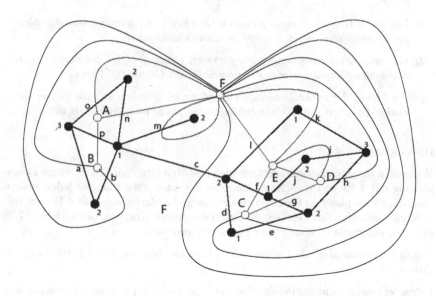

Abbildung 7.40: Der zu Abbildung 7.30 duale Graph

Man sieht in beiden Beispielen, dass die Ecken des Originalgraphen den Gebieten des dualen Graphen entsprechen und umgekehrt. Die Kanten des Originalgraphen entsprechen dagegen direkt den Kanten des dualen Graphen: Sie kreuzen sich jeweils. Nadeln des Originalgraphen werden Schlingen des dualen Graphen.

In Abbildung 7.40 sieht man, dass eckenchromatische und gebietschromatische Zahl nicht übereinstimmen:

Die eckenchromatische Zahl des Graphen beträgt 3, denn die Ecken des Graphen können mit den Farben $1, 2, 3$ zulässig eingefärbt werden. Mit weniger Farben kommt man nicht aus, denn der Graph enthält mehrfach den K_3 als Untergraphen.

Die gebietschromatische Zahl des Graphen beträgt dagegen 4, denn die Gebiete C, D, E, F bilden im dualen Graphen einen K_4, und es ist leicht zu sehen, dass die Gebiete auch wirklich mit 4 Farben zulässig eingefärbt werden können.

Der 4-Farben-Satz für Ecken kann dennoch auf Gebiete übertragen werden aufgrund des folgenden Satzes:

Satz 7.26

1) Der duale Graph G^d zu einem planaren Graphen G ist wieder ein planarer Graph.

2) Der duale Graph G^d eines planaren Graphen G ist immer zusammenhängend, auch dann, wenn G nicht zusammenhängend ist.

3) Für einen zusammenhängenden planaren Graphen G ist der duale Graph des dualen Graphen wieder der ursprüngliche Graph: $(G^d)^d = G$.

4) Die Menge der zusammenhängenden planaren Graphen und die Menge der dualen Graphen von zusammenhängenden planaren Graphen ist dieselbe.

Damit gilt:

Wenn man für jeden zusammenhängenden planaren Graphen eine zulässige Eckenfärbung mit 4 Farben vornehmen kann, so gilt auch, dass man für jeden zusammenhängenden planaren Graphen eine zulässige Länderfärbung mit 4 Farben vornehmen kann. Man färbt einfach die Ecken des dualen Graphen, der nach Satz 7.26 ebenfalls ein zusammenhängender planarer Graph sein muss.

Damit kann man aber die Länder jedes planaren Graphen mit 4 Farben zulässig färben:

Sollte der Graph nicht zusammenhängend sein, so erzeugt man einen neuen zusammenhängenden Graphen, indem man die Ecken verschiedener Zusammenhangskomponenten durch neue Kanten verbindet, aber so, dass keine neuen Länder entstehen, d.h. eine neue Kante darf nur hinzugenommen werden, wenn die beiden zu verbindenden Ecken bisher zu verschiedenen Zusammenhangskomponenten gehörten. Damit liegen die neuen Kanten ausschließlich im bisherigen Außengebiet und grenzen an dieses von beiden Seiten. Es entstehen also nur neue Brücken und keine neuen Länder. Der neue Graph hat hat dann eine zulässige Länderfärbung mit 4 Farben, weil er zusammenhängend ist.

Wenn man dann die Brücken wieder wegnimmt, hat meine eine zulässige Länderfärbung für den ursprünglichen Graphen: Die Länder sind ja dieselben, und man verwendet einfach dieselbe Farbe. Was vorher eine zulässige Farbe war, ist jetzt immer noch zulässig, denn die Länder mit ihren Grenzen sind dieselben geblieben.

Damit kann der 4-Farben-Satz für Ecken auch auf die Färbung von Landkarten übertragen werden, womit die ursprüngliche Vermutung von Francis Guthrie gelöst ist:

Satz 7.27 (4-Farben-Satz für Landkarten)

Jede Landkarte kann mit 4 Farben so gefärbt werden, dass zwei Länder mit einer gemeinsamen Grenze unterschiedliche Farben haben.

Wir demonstrieren diesen Satz abschließend an einer Landkarte von Europa:

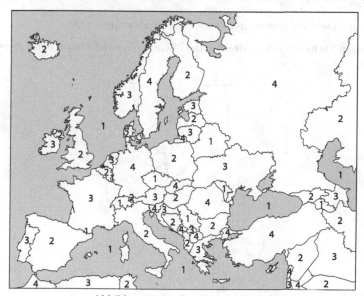

Abbildung 7.41: Europa in 4 Farben

Man beachte, dass bei einer zulässigen Färbung nicht verlangt werden kann, dass verschiedene Gebiete, die politisch zu demselben Land gehören sollen, dieselbe Farbe erhalten. Der zugehörige duale Graph zu einer Landkarte, in der Länder aus mehreren Gebieten bestehen dürfen, ist nämlich nicht notwendigerweise planar.

In Europa bestehen das Vereinigte Königreich, Russland und die Türkei aus jeweils 2 getrennten Gebieten. Man kann zeigen, dass der zugehörige duale Graph in der Tat nicht planar ist.

Dennoch weist die oben angegebene Färbung den jeweiligen Teilen desselben Landes dieselbe Farbe zu. Das ist kein Widerspruch zum eben Festgestellten, denn wir haben schon am Beispiel der vollständigen bipartiten Graphen gesehen, dass auch nichtplanare Graphen mit 4 Farben zulässig gefärbt werden können: Die Umkehrung des 4-Farben-Satzes gilt nicht.

7.6 Übungsaufgaben

Aufgabe 7.1

a) Bilden Sie die Adjazenzmatrix und die Adjazenzliste des abgebildeten Graphen.

b) Begründen Sie, warum der Graph keinen Eulerkreis hat.

c) Fügen Sie möglichst wenige Kanten hinzu, sodass der Graph einen Eulerkreis hat.

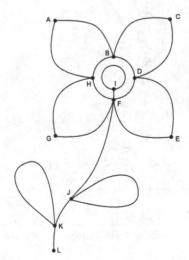

Aufgabe 7.2

a) Finden Sie im folgenden Graphen einen Eulerkreis (oder Eulerweg) und einen Hamiltonkreis, falls das möglich ist. Begründen Sie gegebenenfalls, warum es nicht geht.

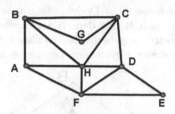

b) Ergibt der folgende Graph andere Resultate?

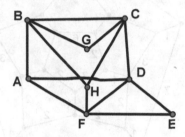

c) Ergibt der folgende Graph andere Resultate?

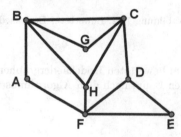

Aufgabe 7.3

Konstruieren Sie eine Graphen, der einen Eulerkreis, aber keinen Hamiltonkreis hat.

Aufgabe 7.4

Ein Dodekaeder ist ein 3-dimensionaler Körper bestehend aus 12 regelmäßigen Fünfecken. Der Dodekaedergraph stellt die Projektion eines Dodekaeders in die Ebene dar (analog zum Prismengraphen, siehe Abbildung 7.29).

Berechnen Sie in dem bewerteten Dodekaedergraphen aus Abbildung 7.42 den kürzesten Weg von A nach B mit dem Algorithmus von Dijkstra. Sie müssen nicht alle Zwischenschritte angeben, aber zeichnen Sie die kürzesten Wege zu allen Punkten ein, die dieser Algorithmus berechnet hat.

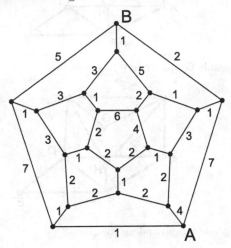

Abbildung 7.42: Bewerteter Dodekaedergraph

Aufgabe 7.5

Bestimmen Sie in dem bewerteten Dodekaedergraphen aus Abbildung 7.42 einen minimalen spannenden Baum nach dem Algorithmus von Kruskal.

Aufgabe 7.6

Bilden Sie im Übungsgraphen von Abbildung 7.43 Gerüste, die folgende Größen minimieren:

a) Gesamtlänge der Wege von A zu allen anderen Ecken (Dijkstra)

b) Gesamtlänge aller Kanten (Kruskal)

Berechnen Sie zur Überprüfung Ihres Resultats die Gesamtlänge der Wege von A sowie aller Kanten für beide Gerüste.

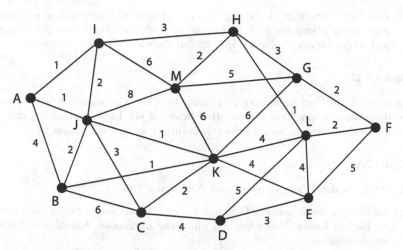

Abbildung 7.43: Übungsgraph für die Aufgaben 7.6, 7.10, 7.12

Aufgabe 7.7

Zeichnen Sie alle Bäume mit 6 Ecken und wählen Sie für jeden Baum eine Wurzel so aus, dass seine maximale Suchtiefe minimal ist. Geben Sie diese Suchtiefe an.

Aufgabe 7.8

Zeichnen Sie

a) einen binären Suchbaum mit genau 18 Knoten und minimaler Suchtiefe.

b) einen ternären Suchbaum mit genau 18 Knoten und minimaler Suchtiefe.

c) einen 5-ären Suchbaum mit genau 18 Knoten und minimaler Suchtiefe.

d) einen binären, ternären und 5-ären Suchbaum mit 18 **Blättern** und minimaler Suchtiefe.

Aufgabe 7.9

Beweisen Sie mit Hilfe des Satzes von Kuratowski, dass der Petersengraph nicht planar ist.

Aufgabe 7.10

a) Ist der Übungsgraph von Abbildung 7.43 planar? Begründen Sie Ihre Antwort.

b) Falls Ihre Antwort in a) „ja" war, fügen Sie Kante(n) hinzu, sodass der Graph nicht mehr planar ist. Falls Ihre Antwort „nein" war, entfernen Sie Kanten, sodass der Graph planar ist. Begründen Sie wiederum Ihre Antwort.

Aufgabe 7.11

Zeigen Sie anhand der Abbildung 7.41, dass der duale Graph, der entsteht, wenn man die Königsberger Exklave und Russland als ein Land betrachtet, das im dualen Graphen nur durch eine Ecke repräsentiert wird, nicht planar ist.

Aufgabe 7.12

Betrachten Sie den Übungsgraphen von Abbildung 7.43.

a) Färben Sie die Ecken des Graphen so, dass benachbarte Ecken verschiedene Farben haben. Versuchen Sie mit einer minimalen Anzahl von Farben auszukommen.

b) Färben Sie die Kanten des Graphen so, dass in derselben Ecke inzidente Kanten verschiedene Farben haben. Versuchen Sie mit einer minimalen Anzahl von Farben auszukommen.

Aufgabe 7.13

Färben Sie die Bundesländer von Deutschland so, dass benachbarte Länder unterschiedliche Farben bekommen, aber insgesamt möglichst wenige Farben verbraucht werden.

Literaturverzeichnis

[Aig06] Martin Aigner: *Diskrete Mathematik*, 6. Aufl. Vieweg, Braunschweig, Wiesbaden (2006).

[AZ18] Martin Aigner und Günther M. Ziegler: *Das Buch der Beweise*, 5. Aufl. Springer-Verlag, Berlin, Heidelberg (2018).

[Big02] Norman L. Biggs: *Discrete Mathematics*, 2. Aufl. Oxford University Press, New York (2002).

[BZ14] Albrecht Beutelspacher und Marc-Alexander Zschiegner: *Diskrete Mathematik für Einsteiger*, 5. Aufl. Springer Spektrum, Wiesbaden (2014).

[Die17] Reinhard Diestel: *Graphentheorie*, 5. Aufl. Springer-Verlag, Berlin, Heidelberg (2017).

[EL19] Wolfgang Ertel, Ekkehard Löhmann: *Angewandte Kryptographie*, 6. Aufl. Carl Hanser Verlag, München (2019).

[GKP94] Ronald L.Graham, Donald E. Knuth, und Oren Pataschnik: *Concrete Mathematics*, 2. Aufl. Addison-Wesley, Reading (1994).

[Koe06] Wolfram Koepf: *Computeralgebra*, Springer-Verlag, Berlin, Heidelberg (2006).

[Kur08] Hans Kurzweil: *Endliche Körper*, 2. Aufl. Springer-Verlag, Berlin, Heidelberg (2008).

[MM15] Christoph Meinel und Martin Mundhenk: *Mathematische Grundlagen der Informatik*, 6. Aufl. Vieweg+Teubner, Wiesbaden (2015).

[MN07] Jiří Matoušek und Jaroslaw Nešetřil: *Diskrete Mathematik*, 2. Aufl. Springer-Verlag, Berlin, Heidelberg (2007).

[PB18] Friedhelm Padberg und Andreas Büchter: *Elementare Zahlentheorie*, 4. Aufl. Springer-Spektrum, Berlin (2018).

[Skl01] Bernard Sklar: *Digital Communications: Fundamentals and Applications*, 2. Aufl. Prentice-Hall, Upper Saddle River (NJ) (2001).

[Ste07] Angelika Steger: *Diskrete Strukturen*, Band 1, 2. Aufl.Springer-Verlag, Berlin, Heidelberg (2007).

© Springer Fachmedien Wiesbaden GmbH, ein Teil von Springer Nature 2021
S. Iwanowski und R. Lang, *Diskrete Mathematik mit Grundlagen*,
https://doi.org/10.1007/978-3-658-32760-6

Symbolverzeichnis

© Springer Fachmedien Wiesbaden GmbH, ein Teil von Springer Nature 2021
S. Iwanowski und R. Lang, *Diskrete Mathematik mit Grundlagen*,
https://doi.org/10.1007/978-3-658-32760-6

$\mathbb{C}$ Menge der komplexen Zahlen, 50

$\cap$ Schnittmenge, 52

$\cup$ Vereinigungsmenge, 52

$\backslash$ Differenzmenge, 53

$\triangle$ symmetrische Differenzmenge, 53

$\subseteq$ Teilmenge (Mengengleichheit eingeschlossen), 54

$\subset$ Teilmenge, 54

$\subsetneq$ Teilmenge (Mengengleichheit ausgeschlossen), 54

$\mathcal{P}(M)$ Potenzmenge von M: Die Menge der Teilmengen von M, 56

$\overline{M}$ Komplementärmenge von M: Menge der Elemente, die nicht in M sind, 56

$\times$ Mengenprodukt, 58

$(\ldots)$ Begrenzungszeichen für ein Tupel (geordnete Zusammenfassung), 58

$\sim$ Relationszeichen, 60

$\overset{R}{\sim}$ Relationszeichen für Relation R, 60

$\cong$ Äquivalenzzeichen, 63

$\approx$ Ähnlichkeitszeichen (auch benutzt als Äquivalenzzeichen), 63

$\equiv$ Identitätszeichen (auch benutzt als Äquivalenzzeichen), 63

$<$ kleiner als, 67

$>$ größer als, 67

$\leq$ kleiner oder gleich, 67

$\geq$ größer oder gleich, 67

$\preccurlyeq$ kleiner oder gleich für beliebige Ordnungsrelationen, 68

$\succcurlyeq$ größer oder gleich für beliebige Ordnungsrelationen, 68

$F : M \longrightarrow N$ Funktion F mit Definitionsbereich M und Zielmenge N, 77

$m \longmapsto F(m)$ Abbildung des Elements m auf den Wert $F(m)$, 77

$\mathbb{Q}^+$ Menge der positiven rationalen Zahlen, 87

$\top$ true (Wahrheitswert), 89

$\bot$ false (Wahrheitswert), 89

$\sim$ einstelliges Operatorzeichen, verallgemeinerte Negation, 91

$\oplus$ zweistelliges Operatorzeichen, verallgemeinerte Addition, 91

$\odot$ zweistelliges Operatorzeichen, verallgemeinerte Multiplikation, 91

$|$ Teilbarkeitszeichen, 139

$\mathcal{Z}_{10}$ Menge der Dezimalziffern, 142

$[141]_{10}$ Dezimaldarstellung der Zahl 141, 143

$[\ldots]_b$ Darstellung einer Zahl zur Basis b, 143

$[8D]_{16}$ Hexadezimaldarstellung der Zahl 141, 144

$Q_b(x)$ Quersumme von x zur Zahlenbasis b, 145

ggT   größter gemeinsamer Teiler, 147

kgV   kleinstes gemeinsames Vielfaches, 148

DIV   ganzzahliger Quotient, 152

MOD   ganzzahliger Rest, 152

$\equiv_m$ kongruent modulo m, 166

$[x]_m$ Restklasse von x modulo m, 167

$\mathbb{Z}_m$ Restklassenmenge modulo m, 167

$\circ$ Symbol für beliebige Verknüpfung, 170

$(G, \circ)$ Struktur aus Menge G mit Verknüpfung $\circ$, 179

$\mathbb{Z}_m^*$ prime Restklassenmenge modulo m, 183

$\varphi(m)$ Anzahl der zu m teilerfremden Zahlen (Eulersche φ-Funktion), 184

S_3 Symmetriegruppe eines gleichseitigen Dreiecks, 185

$\mathbb{Q}_6$ Gruppe von 6 rationalen Funktionen, 187

$\mathbb{Z}_m^r$ r-faches Mengenprodukt aus Restklassenmengen $\mathbb{Z}_m$, 188

$\oplus_m$ additive Verknüpfung in der Restklassenmenge modulo m, 188

$\cong$ Isomorphie von Strukturen, 191

$(K, \oplus, \odot)$ Struktur aus Menge K mit zwei Verknüpfungen, 198

$\ominus$ zweistelliges Operatorzeichen, verallgemeinerte Subtraktion, 200

$\oslash$ zweistelliges Operatorzeichen, verallgemeinerte Division, 200

$K[x]$ Menge aller Polynome mit Koeffizienten aus K, 207

$\deg(f)$ Grad des Polynoms f, 207

$\odot_p^{h(x)}$ Polynommultiplikation in Z_p modulo eines Polynomes $h(x)$, 219

$\odot_p^g$ Multiplikation von Vektoren im Galoisfeld mit Primkörper $\mathbb{Z}_p$, 220

$\chi(G)$ chromatische Zahl eines Graphen G, 307

$\chi'(G)$ kantenchromatische Zahl eines Graphen G, 310

$L(G)$ Kantengraph von G, 310

$\chi^*(G)$ gebietschromatische Zahl eines Graphen G, 312

Index

Printed in the United States
By Bookmasters